STROPPE u. a.

PHYSIK • Beispiele und Aufgaben

Prof. Dr.-Ing. habil. *Heribert Stroppe*
Dr. rer. nat. habil. *Peter Streitenberger*
Dr. rer. nat. *Eckard Specht*
Dr. rer. nat. *Jürgen Zeitler*
Dr. rer. nat. *Heinz Langer*

# PHYSIK

## Beispiele und Aufgaben

---

Band 2

*Elektrizität und Magnetismus –*
*Schwingungen und Wellen –*
*Atom- und Kernphysik*

2., verbesserte Auflage

Mit 265 durchgerechneten Beispielen, 225 Zusatzaufgaben
und 153 Bildern

**Fachbuchverlag Leipzig**
im Carl Hanser Verlag

Bibliografische Information Der Deutschen Bibliothek

Die Deutsche Bibliothek verzeichnet diese Publikation in der Deutschen Nationalbibliografie; detaillierte bibliografische Daten sind im Internet über http://dnb.ddb.de abrufbar.

ISBN 3-446-22847-0



Fachbuchverlag Leipzig im Carl Hanser Verlag

www.fachbuch-leipzig.hanser.de
Projektleitung: Dipl.-Phys. Jochen Horn
Herstellung: Renate Roßbach
Satz: Eckard & Michael Specht, Magdeburg
Grafik: Holger Gräfe, Eckard Specht, Magdeburg
Druck und Bindung: Druckhaus „Thomas Müntzer“ GmbH, Bad Langensalza
Printed in Germany

# Vorwort

Der vorliegende Band 2 von „PHYSIK – Beispiele und Aufgaben“ enthält Aufgaben aus den Gebieten Elektrizität und Magnetismus, Schwingungen und Wellen, Optik sowie Atom- und Kernphysik. Das zweibändige Werk wendet sich an alle Studierenden, die eine physikalische Grundlagenausbildung durchlaufen (müssen), vorzugsweise also naturwissenschaftlicher und technischer Studienrichtungen. Hinsichtlich Inhalt, Darstellung und Niveau schließt es an das vom gleichen Verlag herausgegebene, bereits seit 1974 eingeführte Hochschullehrbuch STROPPE „PHYSIK für Studenten der Natur- und Technikwissenschaften“ an, ist aber unabhängig von diesem und in Verbindung auch mit jedem anderen Physiklehrbuch zu verwenden.

Gegliedert und didaktisch aufbereitet nach Art eines Lehrbuches wird in den beiden Bänden der in einer Physik-Anfängervorlesung üblicherweise behandelte Stoff anhand von gezielt ausgewählten Beispiel- und Zusatzaufgaben wiederholt, gefestigt und vertieft. Für die Beispielaufgaben (mit jeweils eigener Überschrift, die auf das behandelte physikalische Problem hinweist) wird der gesamte Lösungsweg und vollständige Rechengang mit Erläuterung des physikalischen Hintergrundes ausführlich dargestellt, für die Zusatzaufgaben (ohne Überschrift), die der Selbstkontrolle dienen sollen, sind nur die Lösungen und ggf. Zwischenrechnungen angegeben.

Bei der Auswahl der Aufgaben war es in erster Linie unser Bestreben, ein tieferes Verständnis der physikalischen Gesetzmäßigkeiten und ihres theoretischen Gehalts zu erreichen. Das Grundsätzliche soll dabei betont und das formale Denken gefördert werden. Dabei darf jedoch ein anderes wichtiges Anliegen nicht zu kurz kommen: Die Studentin und der Student, welche die Physik als Grundlagenfach betreiben, sollen möglichst frühzeitig deren Bedeutung für die theoretische Grundlegung und Weiterentwicklung anderer Wissenschaftsdisziplinen, vor allem aus dem gesamten Bereich der Technik, erkennen. Aus diesem Grunde wird – wo immer möglich – die praktische Anwendung nicht aus den Augen verloren, und es werden in beiden Bänden Querverbindungen zu anderen Grundlagenfächern, wie z. B. Technische Mechanik, Strömungslehre, Thermodynamik, Elektrotechnik u. a., hergestellt.

Um einen möglichst breiten Benutzerkreis anzusprechen und eingedenk dessen, dass das Verständnis beim Erlernen der Physik erfahrungsgemäß ein allgemeines Problem ist, wurde der Schwierigkeitsgrad der Aufgaben bewusst unterschiedlich gewählt. Die Schwierigkeiten resultieren aber häufig nicht aus der physikalischen Fragestellung, sondern aus dem Anspruch an die für die Lösung des Problems notwendige Mathematik. Leider stehen die erforderlichen mathematischen Grundlagen, bedingt zum einen durch den Studienablauf, zum anderen durch die zuweilen ungenügende Vorarbeit der Schule, nicht immer rechtzeitig und in ausreichendem Maße zur Verfügung. Für den Inhalt dieses Bandes dürfte dies vor allem auf die in der Schwingungs- und Wellenlehre sowie in der Wechselstromlehre und Quantenmechanik vorteilhafte Verwendung von komplexen Zahlen anstelle von trigonometrischen Funktionen, auf das Rechnen mit Vektoren sowie generell auf die Infinitesimalrechnung zutreffen.

Dennoch wurde auf diesbezüglich etwas anspruchsvollere Aufgaben nicht verzichtet; denn stets steht das physikalische Problem im Vordergrund, und dies zu erfassen, ist bei den gegebenen Erläuterungen und Hinweisen, z. B. auf vorausgegangene ähnliche Beispiele, u. E. immer auch dann möglich, wenn der ausführliche Rechengang nicht oder noch nicht durchgängig nachvoll-

zogen werden kann. Man sollte sich deshalb also keinesfalls entmutigen lassen, vielmehr sollten solche Aufgaben für den engagierten Studenten Ansporn zum weiterführenden Lernen sein.
Ein Buch mit so viel Formeln und Zahlen ist a priori nie frei von Fehlern. Für Hinweise auf solche – zahlenmäßiger wie grundsätzlicher Art – sowie für Anregungen zur Verbesserung des Werkes sind die Verfasser stets dankbar.
Für die Anfertigung der Bilder danken wir Herrn cand. phys. H. GRÄFE sowie M. SPECHT für die Mithilfe beim Satz.
Dem Fachbuchverlag Leipzig sowie dem Carl Hanser Verlag München Wien danken wir für die jederzeit gedeihliche Zusammenarbeit, bei der Herausgabe dieses Buches im besonderen Herrn Dipl.-Phys. J. HORN, Leipzig.

Magdeburg Die Autoren

# Hinweise

In diesem Buch werden ausschließlich die gesetzlich vorgeschriebenen SI-Einheiten sowie gültige SI-fremde Einheiten verwendet (vgl. die Tabellen auf der hinteren Einband-Innenseite). Die Verwendung von SI-Einheiten bietet den Vorteil, dass alle Größengleichungen auch als Zahlenwertgleichungen benutzt werden können, sofern alle Größen in *kohärenten* SI-Einheiten (welche aus den Basiseinheiten des SI ohne Zahlenfaktoren gebildet sind) in die entsprechenden Beziehungen eingesetzt werden. Auch darf nicht vergessen werden, alle *Vorsätze* von Einheiten, wie z. B. beim km, mA oder GJ, in die entsprechenden dezimalen Vielfachen oder Teile zu „übersetzen", also in $10^3$ m, $10^{-3}$ A und $10^9$ J (außer beim kg als Basiseinheit). Ist also z. B. die Geschwindigkeit $v = 90$ km/h gegeben, so ist dafür der Wert $(90/3{,}6)$ m/s $= 25$ m/s einzusetzen, oder anstelle von $\varrho = 7{,}8$ g/cm$^3$ für die Dichte von Eisen der Wert $7{,}8 \cdot 10^3$ kg/m$^3$, anstelle von $p_0 = 1{,}013\,25$ bar für den Normluftdruck $1{,}013\,25 \cdot 10^5$ Pa (Pascal) usw. Wird dies alles beachtet, erhält man auch die Ergebnisgröße automatisch in der ihr zukommenden kohärenten SI-Einheit.
Für die Zahlenrechnungen genügt ein einfacher Taschenrechner mit den wichtigsten mathematischen Funktionen. Sind im Lösungstext gerundete numerische Zwischenergebnisse angegeben, werden zur weiteren Rechnung dennoch die exakten Zahlenwerte im Rahmen der Taschenrechner-Genauigkeit verwendet.
Die Aufgabenstellungen sind so abgefasst, dass sie keine überflüssigen Angaben enthalten. Manchmal sind bestimmte Konstanten wie Gravitationskonstante, Gaskonstante usw. mit angegeben, in der Regel zu Beginn des Abschnittes, in dem sie erstmals auftreten. Fehlen solche Angaben, so bedeutet das nicht, dass diese für die Lösung nicht benötigt werden. Auf der vorderen Einband-Innenseite sind alle (in diesem Band) vorkommenden Konstanten nochmals zusammengestellt.

# Inhaltsverzeichnis

## Band 2:

### *Elektrizität und Magnetismus – Schwingungen und Wellen – Atom- und Kernphysik*

## Band 1:
## *Mechanik – Wärmelehre*

# ELEKTRISCHES FELD

## Kraftwirkungen des elektrischen Feldes. Feldstärke, Potential, Spannung

**471** *Coulomb-Gesetz (1)*
Um eine Vorstellung von der Größe der Ladungseinheit 1 Coulomb (C) zu bekommen, berechne man die Kraft, mit der sich zwei Kugeln mit Ladungen von je 1 C in 100 m Entfernung anziehen bzw. abstoßen!

**472** *Coulomb-Gesetz (2)*
Welche gleich große spezifische Ladung $q/m$ müssten zwei Himmelskörper mit den Massen $m_1$ und $m_2$ haben, damit deren Gravitationswirkung durch die elektrostatische Abstoßung gerade kompensiert wird? Welche Ladungen kämen dann der Erde ($m_E = 5{,}976 \cdot 10^{24}$ kg) und dem Mond ($m_M = 7{,}347 \cdot 10^{22}$ kg) zu?

**473** *Feldstärke und Potential des kugelsymmetrischen Feldes (Zentralfeld)*
Der Kern des Wasserstoffatoms, das Proton, trägt eine positive Elementarladung. Man bestimme a) die Feldstärke $E$ und das Potential $\varphi$ auf der kernnächsten Elektronenbahn (Kreisbahn) mit dem sog. BOHRschen Radius $r_1 = 0{,}53 \cdot 10^{-10}$ m (K-Schale). b) Welche Feldstärke- und Potentialdifferenz besteht zwischen der K- und der darüber liegenden L-Schale mit dem Bahnradius $r_2 = 2^2 r_1$? c) Wie groß ist die potentielle Energie $W_p$ eines Elektrons auf den beiden Bahnen? Elementarladung $e = 1{,}602 \cdot 10^{-19}$ C.

**474** *Resultierende Feldstärke und Feldkraft zweier Ladungen*
Zwei positive Punktladungen $Q_1 = 400$ nC (1 nC $= 10^{-9}$ C) und $Q_2 = 150$ nC haben voneinander den Abstand 10 cm. a) Wie groß ist die Kraft auf eine genau in der Mitte zwischen den beiden Ladungen befindliche kleine positive Probeladung $q = 10$ nC? Wie groß ist die elektrische Feldstärke an dieser Stelle? b) Wie groß sind Feldkraft und Feldstärke, wenn $Q_2$ negativ ist?

**475** *Potential eines Punktladungssystems. Potentialdifferenz (Spannung)*
(Bild) In drei Ecken eines Quadrats mit der Kantenlänge $a = 4$ cm befinden sich die Punktladungen $Q_1 = +100$ pC, $Q_2 = -200$ pC und $Q_3 = +300$ pC. Man berechne das Potential des Ladungssystems in den Punkten $P_1$ (Eckpunkt) und $P_2$ (Mittelpunkt) sowie die Spannung $U$ zwischen den beiden Punkten!

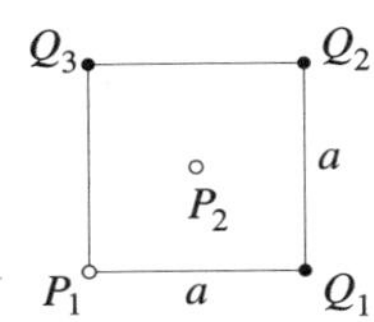


**476** *Elektrischer Dipol*
(Bild) Zwei Punktladungen unterschiedlichen Vorzeichens $q = \pm 20$ nC, die sich in einem festen Abstand $l = 1$ cm zueinander befinden, bilden einen elektrischen Dipol. a) Wie groß sind Potential $\varphi$ und Feldstärke $E$ im Punkt $P$ in der Entfernung $r = 1{,}50$ m vom Dipol? Wie groß sind $\varphi$ und $E$ im Punkt $P$, wenn der Dipol durch eine einzelne Punktladung $q = 20$ nC ersetzt wird? b) Welches Drehmoment wirkt auf den Dipol, wenn sich in $P$ eine Ladung $Q = 100$ nC befindet und die Dipolachse senkrecht zu der im Bild gezeichneten Lage steht?

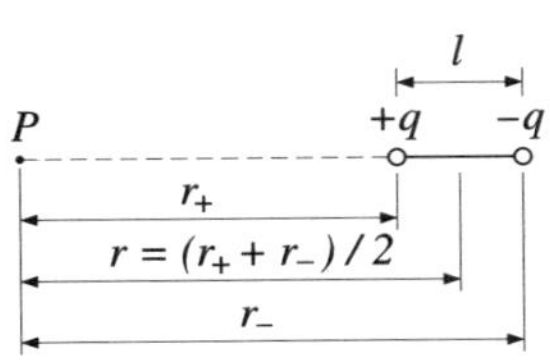

**477** *Arbeit beim elektrischen Aufladen*
Eine elektrisch neutrale Metallkugel vom Radius $R = 5$ cm soll auf die Ladung $Q = 10\,\mu$C aufgeladen werden. a) Welche Arbeit ist dazu erforderlich? b) Welche Spannung liegt dann an der Kugel?

**478** *Probeladung im homogenen elektrischen Feld*
Eine Seifenblase mit dem Durchmesser $2r = 4$ cm sinkt in Luft mit der Geschwindigkeit $v = 3$ cm/s zur Erde (dynamische Viskosität von Luft bei 20 °C: $\eta = 1{,}84 \cdot 10^{-5}$ Pa s). Wie viele Elementarladungen $e$ müsste sie tragen, um in einem lotrechten elektrischen Feld der Feldstärke $E = 130$ V/m gerade in der Schwebe gehalten zu werden?

**479** *Freies Elektron im homogenen elektrischen Feld (1)*
In einer Vakuumröhre befinden sich zwei parallele plattenförmige Elektroden im Abstand $d =$ 2 cm, an denen eine Spannung $U = 300$ V liegt. Man bestimme a) die elektrische Feldstärke $E$ im Raum zwischen den Platten, b) die Kraft auf ein Elektron im Feld zwischen den Platten, c) die von einem Elektron gewonnene Energie, wenn es sich von der Katode zur Anode bewegt, d) die Geschwindigkeit, mit der es auf die Anode trifft. Masse des Elektrons $m = 9{,}1 \cdot 10^{-31}$ kg.

**480** *Freies Elektron im homogenen elektrischen Feld (2)*
(Bild) Ein Elektron tritt senkrecht zu den elektrischen Feldlinien mit der Geschwindigkeit $v_0$ in den Vakuumraum eines Plattenkondensators ein und durchläuft ihn auf gekrümmter Bahn. a) Um welche Art von Bahnkurve handelt es sich? b) Der Kondensator habe einen Plattenabstand von $d = 4$ cm und eine Plattenlänge von $l = 10$ cm, die an den Platten anliegende Spannung ist $U = 300$ V. Mit welcher Geschwindigkeit $v$ tritt das Elektron aus dem Kondensatorfeld aus, wenn $v_0 = 1{,}6 \cdot 10^7$ m/s? c) Wie groß ist die Abweichung $h$ von der ursprünglichen Bewegungsrichtung beim Austritt aus dem Feld? d) Welche Änderung der Gesamtenergie erfährt das Elektron beim Durchqueren des Feldes? Ladung des Elektrons $e = 1{,}602 \cdot 10^{-19}$ C, Masse des Elektrons $m = 9{,}109 \cdot 10^{-31}$ kg.

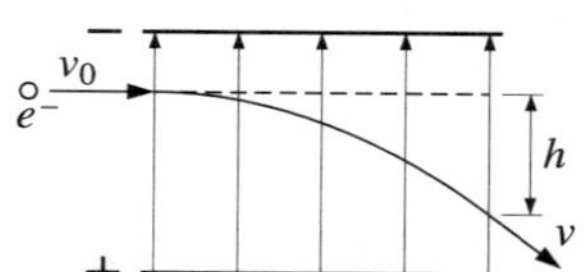


**481** *Beschleunigungsspannung*
Welche Spannung muss ein Elektron im Vakuum durchlaufen, um auf 95% der Lichtgeschwindigkeit $c$ beschleunigt zu werden? Man beachte die relativistische Massenzunahme des Elektrons (Ruhmasse $m_0 = 9{,}1 \cdot 10^{-31}$ kg)!

## ZUSATZAUFGABEN

**482** a) Wie viel Elektronen sind in 1 Coulomb (C) enthalten? b) Welche Ladung $Q$ und Masse $m$ hat $n = 1$ mol Elektronen?

**483** Berechnen Sie a) die Feldstärke, welche durch eine kleine, räumlich konzentrierte Gaswolke, bestehend aus 1 kmol einwertiger Ionen, in 100 km Entfernung hervorgerufen wird, und b) die Potentialänderung, die sich bei Vergrößerung der Entfernung auf 500 km ergibt!

**484** Welche Arbeit wird verrichtet, wenn ein Elektron eine Potentialdifferenz (Spannung) von 1 V durchläuft?

485 Welche größte Annäherung ist beim zentralen Stoß eines $\alpha$-Teilchens ($He^{++}$) der Energie $E_\alpha = 2$ MeV mit dem Kern eines Aluminiumatoms (Ordnungszahl 13) möglich (RUTHERFORD-Streuung)? Die kinetische Energie geht bei größter Annäherung vollständig in potentielle Energie über.

486 In den Ecken eines gleichseitigen Dreiecks von $a = 10$ cm Seitenlänge befinden sich die Ladungen $Q_1 = +1\,\mu$C, $Q_2 = +2\,\mu$C und $Q_3 = -3\,\mu$C. Man berechne den Betrag der resultierenden Kraft, mit der $Q_1$ und $Q_2$ auf $Q_3$ wirken!

487 Eine Ladung von 8 µC befindet sich in 1 m Entfernung von einer zweiten Ladung 50 µC und wird a) auf 50 cm an diese angenähert, b) auf einer Kreisbahn um diese herumgeführt. Wie groß ist in den beiden Fällen die dazu notwendige Arbeit?

488 Im Abstand von 1 m befinden sich zwei Punktladungen $Q_1 = 5$ nC und $Q_2 = -3$ nC ($Q_1$ links von $Q_2$). Auf der Verbindungsgeraden beider Ladungen liegt rechts von $Q_1$ in der Entfernung 25 cm ein Punkt $A$ und 25 cm links von $Q_2$ ein Punkt $B$. a) Welcher Punkt befindet sich auf dem höheren Potential? b) Welche Arbeit ist zu verrichten, um eine Probeladung $q = -50\,\mu$C von $A$ nach $B$ zu verschieben?

489 In Aufgabe 488 ist die Lage desjenigen Punktes zu ermitteln, in dem das resultierende Potential null ist.

490 In einem Teilchenbeschleuniger werden Protonen auf eine kinetische Energie von 10 GeV gebracht. Wie weit hat sich dadurch die Teilchengeschwindigkeit der Lichtgeschwindigkeit angenähert? Auf das Wievielfache hat die bewegte Masse $m$ gegenüber ihrer Ruhmasse $m_0$ zugenommen? Spezifische Ladung des Protons: $e/m_0 = 9{,}579 \cdot 10^7$ C/kg.

## Elektrischer Fluss, Flussdichte

491 *Elektrische Durchflutung*
a) Man berechne die elektrische Feldstärke $E$ in der Entfernung $r = 50$ cm von einer Punktladung $Q = 2{,}7 \cdot 10^{-12}$ C! b) Wie groß ist die Flussdichte $D$ in dieser Entfernung und der elektrische Fluss $\Psi$ durch eine um die Ladung herumgelegte, beliebige geschlossene Fläche? Elektrische Feldkonstante $\varepsilon_0 = 8{,}854 \cdot 10^{-12}$ C/(V m).

492 *Zylindersymmetrisches Feld eines langen Drahtes*
Auf die Oberfläche eines sehr langen, geraden Metalldrahtes von 2 mm Durchmesser werden Ladungen mit dem Ladungsbelag $Q' = Q/l = 90$ nC/m (Ladung je Längeneinheit) gebracht. Welchen Feldstärke- und Potentialverlauf weist das vom Draht erzeugte Feld in seiner Umgebung (Luft) auf? Wie groß sind Feldstärke und Flächenladungsdichte an der Drahtoberfläche?

493 *Atmosphärisches elektrisches Feld*
Bei ungestörtem schönen Wetter beträgt das lotrechte elektrische Feld in Bodennähe $E_1 = 130$ V/m und in $h = 10$ km Höhe $E_2 = 4$ V/m. a) Welche Flächenladungsdichte $\sigma$ der Erdoberfläche und welche (als homogen angenommene) Raumladungsdichte $\varrho$ der Atmosphäre folgt aus diesen Angaben? b) Welche Potentialdifferenz $U$ herrscht zwischen Erdoberfläche und 10 km Höhe?

**494** *Quellen- und Wirbelfeld*
(Bild) Sind die dargestellten Kraftfelder, deren Feldstärke $\boldsymbol{E}$ a) in Feldlinienrichtung, b) senkrecht zur Feldrichtung linear zunimmt, Quellen- oder Wirbelfelder? – *Anleitung:* Man untersuche den elektrischen Fluss $\Psi$ durch ein geschlossenes Raumgebiet und prüfe, ob beim Umlauf einer Probeladung auf einem geschlossenen Weg Arbeit verrichtet wird.

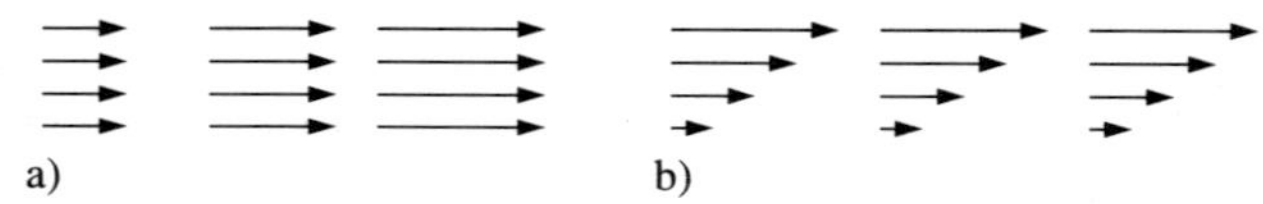


ZUSATZAUFGABEN

**495** An einem Plattenkondensator (Plattenfläche $A = 100\,\text{cm}^2$, Plattenabstand $d = 2\,\text{cm}$) liegt eine Spannung von $U = 70$ V. Wie groß ist die Ladung auf einer Platte?

**496** Ein elektrisches Feld der Feldstärke $E = 905$ V/m wird durch eine dazu senkrechte Metallschicht abgeschirmt. Wie viel Elementarladungen werden auf der Oberfläche je Flächeneinheit influenziert, d. h., wie groß ist ihre Flächenladungsdichte $\sigma$?

**497** Eine 4 cm von einem langen, elektrisch geladenen Draht entfernte Punktladung $q = 6{,}69 \cdot 10^{-10}$ C wird auf 2 cm Entfernung an den Draht herangeführt. Dazu muss die Arbeit $W = 5 \cdot 10^{-6}$ J verrichtet werden. Welchen Ladungsbelag $Q/l$ hat der Draht?

## Elektrisches Feld in Stoffen. Feldenergie

**498** *Geschichtetes Dielektrikum. Effektive Dielektrizitätszahl*
(Bild) Das Innere eines Plattenkondensators ist mit zwei parallel zu den Platten verlaufenden Schichten aus unterschiedlichen Isolierstoffen mit den Dielektrizitätszahlen $\varepsilon_{r1} = 7{,}5$ (Glas) und $\varepsilon_{r2} = 150$ (Keramik) voll ausgefüllt. Die Schichtdicken sind $d_1 = 2{,}5$ mm und $d_2 = 1$ mm. Am Kondensator liegt die Spannung $U = 2500$ V an. Wie groß sind a) die Feldstärken $E_1$ und $E_2$, b) die Spannungsabfälle $U_1$ und $U_2$ in den beiden Schichten? c) Welche „effektive" Dielektrizitätszahl $\varepsilon_r$ müsste ein Stoff haben, der bei voller Ausfüllung des Kondensators mit diesem Stoff die gleiche elektrische Polarisation erzeugt wie das geschichtete Dielektrikum?

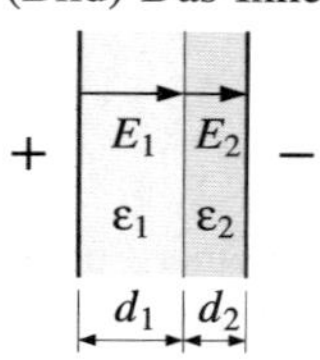


**499** *Energiedichte des elektrischen Feldes*
Ein Plattenkondensator (Plattengröße $A = 5\,\text{cm}^2$, Plattenabstand $d = 1$ mm) ist mit Glimmer (Dielektrizitätszahl $\varepsilon_r = 7$) ausgefüllt. Er wird auf eine Spannung von 500 V aufgeladen. Man berechne a) die Feldstärke $E$ und b) die Flussdichte $D$ im Kondensatorraum, c) die Ladung $Q$ auf einer Kondensatorplatte, d) die Energiedichte $w_e$ und e) die Energie $W_e$ des elektrischen Feldes im Kondensator!

**500** *Elektrische Polarisation*
Wie groß ist in Aufgabe 499 die Polarisation $\boldsymbol{P}$ des im Plattenkondensator befindlichen Dielektrikums (Glimmer)? Wie groß sind die infolge Polarisation auf dem Dielektrikum entstandenen freien Oberflächenladungen $Q_P$?

**501** *Durchgang des E- und D-Feldes durch Grenzflächen*
In einem ausgedehnten Dielektrikum (Sonderkeramik mit $\varepsilon_r = 500$) herrsche ein homogenes elektrisches Feld der Flussdichte $D = 4\,\mu C/m^2$. Gesucht ist die elektrische Feldstärke $E_L$ in einem darin enthaltenen engen Luftspalt mit $\varepsilon_{rL} = 1$ a) längs zur Feldrichtung, b) quer zur Feldrichtung, c) in einem kleinen kugelförmigen Hohlraum. Feldstärke im Innern einer Kugel, die sich in einem äußeren Feld $E_0$ befindet: $E_i = 3\varepsilon_a E_0/(\varepsilon_i + 2\varepsilon_a)$ mit $\varepsilon_i$, $\varepsilon_a$ Dielektrizitätszahlen im Innen- und Außenraum.

**502** *Brechungsgesetz für Feldlinien*
(Bild) Aus einem Dielektrikum mit hoher Dielektrizitätszahl $\varepsilon_r$ treten elektrische Feldlinien – auch wenn sie streifend die Oberfläche treffen – nahezu senkrecht aus. Man berechne für Nitrobenzol ($\varepsilon_r = 36$) den maximalen Einfallswinkel $\alpha_1$ gegen die Grenzflächennormale, für den der Brechungswinkel $\alpha_2$ nicht mehr als 10° von der Grenzflächennormalen abweicht!

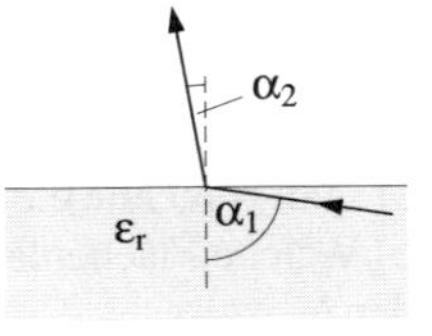


ZUSATZAUFGABEN

**503** Ein Plattenkondensator ist mit gleich dicken Schichten zweier Isolierstoffe mit den Dielektrizitätskonstanten $\varepsilon_1$ und $\varepsilon_2$ ausgefüllt. Wie groß ist die mittlere (effektive) Dielektrizitätskonstante $\varepsilon$?

**504** Berechnen Sie für den Plattenkondensator in Aufgabe 498 die Anteile der Feldenergie in den beiden mit unterschiedlichen Dielektrika ausgefüllten Kondensatorräumen sowie die Gesamtenergie und die daraus folgende mittlere Energiedichte des Kondensatorfeldes! Plattenfläche $A = 5\,cm^2$.

**505** Im Unterschied zu Aufgabe 499 wird das Dielektrikum (Glimmer, $\varepsilon_r = 7$) erst in den Kondensator eingebracht, wenn dieser bereits an die Spannungsquelle von 500 V angeschlossen ist. Welche Ladung muss von der Spannungsquelle auf den Kondensator nachfließen, wenn sich die Feldstärke im Kondensator nicht ändern soll? Geben Sie die Ladungen $Q_0$ und $Q$ vor und nach Einbringen des Dielektrikums an!

**506** Ein Plattenkondensator (Plattenabstand 5 mm) ist mit einem Dielektrikum gefüllt, das eine Suszeptibilität von $\chi_e = \varepsilon_r - 1 = 1{,}5$ hat. Am Kondensator liegt eine Spannung von 4 kV. Wie groß ist die Flächendichte der Ladung auf den Kondensatorplatten ($\sigma_K$) und auf dem Dielektrikum ($\sigma_D$)?

## Kapazität, Kondensatoren

**507** *Leerer Plattenkondensator*
Auf die 1 cm voneinander entfernten Platten eines luftleeren Kondensators der Kapazität $C_1 = 100\,pF$ wird aus einer Spannungsquelle die Ladung $Q = 22\,nC$ aufgebracht. Danach wird der Kondensator wieder von der Spannungsquelle abgeklemmt. a) Welche Spannung $U_1$ liegt am Kondensator, und wie groß ist die Feldstärke $E_1$ im Kondensatorraum? b) Welche Werte nehmen Kapazität, Spannung und Feldstärke an, wenn der Plattenabstand auf $d_2 = 2\,cm$ vergrößert wird?

**508** *Kondensator ohne und mit Dielektrikum*
Ein Luftkondensator der Kapazität $C_0 = 80\,\text{pF}$ wird auf die Spannung $U_0 = 220\,\text{V}$ aufgeladen und danach a) von der Spannungsquelle getrennt, b) an der Spannungsquelle belassen. Wie ändern sich im Fall a) und im Fall b) Kapazität, Ladung, Spannung und Energieinhalt des Kondensators, wenn er mit Öl (Dielektrizitätszahl $\varepsilon_r = 2,75$) gefüllt wird?

**509** *Kraft zwischen Kondensatorplatten*
Berechnen Sie die Kraft $F$, mit der sich zwei ebene Kondensatorplatten der Fläche $A = 0,15\,\text{m}^2$ im Abstand $x = 2\,\text{mm}$ anziehen, wenn zwischen ihnen eine Spannung $U = 300\,\text{V}$ herrscht! Wie groß muss die Zugspannung $\sigma$ sein, um die Platten auseinander zu halten?

**510** *Kapazität einer Kugel*
a) Man berechne die Kapazität einer freistehenden Metallkugel vom Durchmesser $2R = 10\,\text{cm}$! b) Welche Flächenladungsdichte ist erforderlich, um sie auf eine Spannung von $10\,\text{kV}$ aufzuladen?

**511** *Durchschlagsspannung*
Gesucht ist die Spannung $U$, auf die eine Metallkugel vom Durchmesser $2R = 20\,\text{cm}$ in einer Hochspannungsanlage maximal aufgeladen werden kann, wenn die Durchschlags-Feldstärke in Luft $E_D = 2\,\text{MV/m}$ beträgt. Es wird vorausgesetzt, dass sich die Kugel in hinreichend großem Abstand von leitenden Wänden befindet.

**512** *Koaxialkabel (1)*
Ein Koaxialkabel besteht aus einer zentralen Ader (Innenleiter vom Radius $a$) und einer sie umgebenden zylindrischen Hülle (Außenleiter mit dem Radius $b$). Dazwischen befindet sich ein Isolator (Dielektrizitätszahl $\varepsilon_r$). a) Berechnen Sie allgemein die Kapazität eines solchen Kabels! – *Anleitung:* Man gehe von der Potentialdifferenz zwischen $r = a$ und $r = b$ aus (vgl. Aufgabe 492). b) Wie groß ist für ein Koaxialkabel mit $b/a = 6,667$ und $\varepsilon_r = 2,3$ der Kapazitätsbelag (Kapazität je Längeneinheit)?

**513** *Koaxialkabel (2)*
Der Radius der zentralen Ader eines Koaxialkabels beträgt $a = 1,5\,\text{cm}$, der Radius der umgebenden zylindrischen Hülle $b = 3,5\,\text{cm}$. Zwischen Ader und Hülle besteht ein Potentialunterschied von $U = 2300\,\text{V}$. Gesucht ist die elektrische Feldstärke $E$ in einem Abstand $r = 2\,\text{cm}$ von der Kabelachse.

**514** *Kondensatorschaltung (1)*
(Bild) Zwei Kondensatoren mit den Kapazitäten $C_1 = 200\,\text{pF}$ und $C_2 = 600\,\text{pF}$ werden parallel geschaltet und auf $120\,\text{V}$ aufgeladen. Man bestimme a) die Ladung auf den Kondensatoren und die Gesamtladung der Schaltung, b) die Gesamtkapazität der Schaltung.

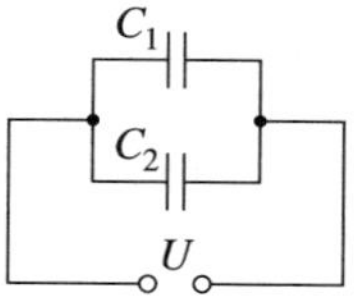


**515** *Kondensatorschaltung (2)*
(Bild) Zwei Kondensatoren ($C_1 = 1\,\mu\text{F}$, $C_2 = 3\,\mu\text{F}$) werden in Reihe geschaltet und dann an $U = 24\,\text{V}$ Gleichspannung angeschlossen. Man berechne a) die Gesamtkapazität, b) die Gesamtladung und die Einzelladungen auf den Kondensatoren, c) die Spannungen an beiden Kondensatoren, d) die in den Kondensatoren gespeicherte Energie $W$. e) Nach dem Laden werden die Kondensatoren von der Spannungsquelle getrennt. Welche Spannung stellt sich ein, wenn sie anschließend mit gleicher/entgegengesetzter Polarität parallel geschaltet werden?

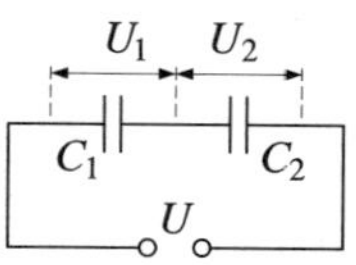

ZUSATZAUFGABEN

516 Ein $\gamma$-Quant erzeugt in einem GEIGER-MÜLLER-Zählrohr eine Ladungslawine von etwa $10^5$ Elementarladungen. Welche Höhe des Zählrohrimpulses ist bei einer Zählrohrkapazität (einschließlich Schaltkapazität) von 16 pF zu erwarten?

517 Man berechne die Kapazität eines aus einem Metallfolienpaar und einem Papier- oder Kunststofffolienpaar hergestellten platzsparenden Wickelkondensators nach dem Schema des Plattenkondensators und beachte, dass jede Metallfolie beidseitig Ladung trägt! Dicke der Papierfolie $d_P = 80\ \mu m$, Dicke der Metallfolie $d_M = 8\ \mu m$, Dielektrizitätszahl $\varepsilon_r = 2,2$, Volumen des Wickelkondensators $V = 17\ cm^3$.

518 Welche Kapazität hat a) eine aus Stanniolpapier geknetete Kugel von der Größe eines Tischtennisballes ($R = 1,5$ cm) und b) die Erdkugel ($R = 6378$ km)? $\varepsilon_r \approx 1$.

519 Eine Seifenblase vom Radius $R_1 = 2$ cm wird auf eine Spannung $U_1 = 10$ kV aufgeladen. Durch Zerplatzen entstehe ein Tröpfchen vom Radius $R_2 = 0,5$ mm. Auf welchem Potential $U_2$ befindet sich das Tröpfchen?

520 Ein Kugelkondensator, wie er z. B. für die Untersuchung photoelektrischer Vorgänge benutzt wird, besteht aus einer inneren Metallkugel (Radius $R_1 = 0,8$ cm) als Katode, um die konzentrisch eine innen versilberte Kugelschale (Innenradius $R_2 = 5$ cm) als Anode angeordnet ist. Dazwischen herrscht annähernd Vakuum. Man berechne die Kapazität dieses Kondensators! *Anleitung:* Man gehe von der Potentialdifferenz im kugelsymmetrischen Feld (vgl. Aufgabe 473) aus!

521 Zwei Kondensatoren $C_1 = 1\ \mu F$ und $C_2 = 4\ \mu F$ werden einzeln auf $U_0 = 110$ V aufgeladen. Dann werden Sie mit entgegengesetzter Polarität parallel geschaltet. Berechnen Sie die resultierende Ladung und Spannung der Kombination!

522 Drei auf je 500 V aufgeladene 120 pF-Plattenkondensatoren werden in Reihe geschaltet. Gesucht ist a) die Gesamtkapazität der Schaltung, b) die Gesamtspannung zwischen den Endplatten, c) die Ladung auf jedem Kondensator, d) die im System gespeicherte Energie.

523 Ein 2 µF-Kondensator wird auf 50 V aufgeladen. Danach wird er mit einem auf 100 V aufgeladenen 4 µF-Kondensator parallel geschaltet. Wie groß ist a) die Gesamtladung und die Gesamtspannung der Schaltung, b) die Ladung auf jedem der Kondensatoren, c) die in beiden Kondensatoren gespeicherte Gesamtenergie, d) die gespeicherte Gesamtenergie, bevor die Kondensatoren parallel geschalten wurden?

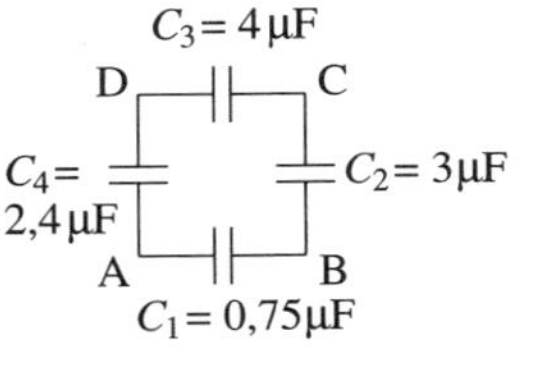


524 (Bild) Zwischen je zwei Eckpunkten des dargestellten Netzwerkes von Kondensatoren kann man mit einem Messgerät einen Kapazitätswert bestimmen. Welche Gesamtkapazitäten liegen zwischen den Punkten AB, AC, AD, BC, BD und CD?

525 An das Netzwerk von vier Kondensatoren in Aufgabe 524 (Bild) wird zwischen den Punkten A und C eine Spannung von 20 V angelegt. Welche Spannung misst man zwischen den Punkten B und D?

# GLEICHSTROMKREIS

## Einfacher Stromkreis. Ohmsches Gesetz

526 *Urspannung, Klemmenspannung, Innenwiderstand (1)*
Wie viel Prozent der Urspannung $U_0$ beträgt die Klemmenspannung $U_K$ eines Elements, dessen Innenwiderstand $R_i = nR_a$ ist ($R_a$ äußerer Widerstand des Stromkreises)? Man gebe den Prozentwert für a) $n = 0,1$; b) $n = 1$; c) $n = 10$ an!

527 *Urspannung, Klemmenspannung, Innenwiderstand (2)*
Eine Autobatterie mit dem Innenwiderstand $R_i = 0,03\ \Omega$ hat die Urspannung $U_0 = 12,6$ V. Die angeschlossenen Verbraucherwiderstände betragen für den Anlasser $R_1 = 0,17\ \Omega$ und für die Beleuchtung $R_2 = 2\ \Omega$. Welche Ströme $I$ fließen, und welche Werte hat die Klemmenspannung $U_K$ der Batterie a) im Leerlauf, b) bei Kurzschluss, c) bei betätigtem Anlasser, d) bei eingeschalteter Beleuchtung?

528 *Urspannung, Klemmenspannung, Innenwiderstand (3)*
Wird einer Batterie ein Strom von 10 A entnommen, so ist die Klemmenspannung 42 V. Bei Entnahme von 20 A sinkt die Klemmenspannung auf 36 V. Wie groß sind Urspannung (EMK) $U_0$ und innerer Widerstand $R_i$ der Batterie?

529 *Reihen- und Parallelschaltung zweier Elemente*
Wie muss man zwei gleiche Elemente (Urspannung $U_0$, Innenwiderstand $R_i$) verbinden – a) in Reihe oder b) parallel –, um in einem Stromkreis mit dem äußeren Widerstand $R_a$ die größere Stromstärke zu erhalten? Welche Rolle spielt dabei das Verhältnis $R_a/R_i$?

ZUSATZAUFGABEN

530 An eine Batterie mit der Urspannung $U_0 = 12,0$ V wird ein Gerät mit dem Widerstand $3,2\ \Omega$ angeschlossen. Es fließt ein Strom von 3,7 A. Wie groß ist die Stromstärke, wenn ein Gerät mit nur halb so großem Widerstand angeschlossen wird?

531 Bei Unfällen mit elektrischem Strom spielt der Übergangswiderstand der Haut eine große Rolle. Der Widerstand des Körperinneren ist dagegen vernachlässigbar klein. Welcher Widerstand ist für die Ein- und Austrittsfläche des Stromes zu veranschlagen, wenn bei der Berührung einer (als unbedenklich geltenden) Spannung von 42 V ein Strom von 15 mA über den Körper fließt?

532 Eine Trockenzelle hat eine Urspannung von 1,52 V. Wie groß ist der Innenwiderstand der Zelle, wenn der Kurzschlussstrom 25 A beträgt?

533 Berechnen Sie a) den Innenwiderstand $R_i$ einer Spannungsquelle mit der Urspannung $U_0 = 15$ V, die beim Einschalten des Widerstandes $R_a = 1,8\ \Omega$ einen Strom von $I = 7,5$ A abgibt, und b) die Stromstärke des maximal möglichen Stromes!

534 Zwei Widerstände von $12\ \Omega$ und $2,4\ \Omega$ werden in Reihe geschaltet und mit den Klemmen eines elektrischen Generators verbunden. Dieser erzeugt eine Urspannung (EMK) von 75 V und hat einen Innenwiderstand von $0,6\ \Omega$. Man bestimme a) die Stromstärke im Kreis, b) den Spannungsabfall am $2,4\ \Omega$- sowie am $12\ \Omega$-Widerstand, c) die Klemmenspannung am Generator,

wenn Strom fließt, d) die Anzeige eines Spannungsmessers, der die Pole des Generators im offenen Stromkreis verbindet!

535 Zwei Widerstände sind parallel zueinander und mit einem dritten in Reihe geschaltet. Alle Widerstände sind gleich groß und an eine Batterie von sechs in Reihe geschalteten Akkus mit einer Klemmenspannung von je 2 V und einem Innenwiderstand von je 100 mΩ angeschlossen. Der Gesamtstrom beträgt 500 mA. a) Wie groß ist ein Widerstand? b) Berechnen Sie die Urspannung der gesamten Batterie!

536 Sowohl die Urspannung $U_0$ als auch der Innenwiderstand $R_i$ einer Batterie sind geringfügig lastabhängig. Zu ihrer Bestimmung wird daher eine Belastungskennlinie für die Klemmenspannung $U_K$ in Abhängigkeit vom Laststrom $I$ aufgenommen. Für $I = 260; 325; 405; 550;$ 860 mA erhält man $U_K = 1{,}32;\ 1{,}27;\ 1{,}21;\ 1{,}10;\ 0{,}86$ V. Zwischen $U_K$ und $I$ besteht näherungsweise ein linearer Zusammenhang. Berechnen Sie $U_0$ und $R_i$ mit Hilfe linearer Regression (z. B. verfügbar als Taschenrechner-Programm), oder bestimmen Sie $U_0$ und $R_i$ ersatzweise graphisch!

537 Zwei gleiche Batterien haben je eine Leerlaufspannung von $U_0 = 4{,}8$ V und einen Kurzschlussstrom von $I_K = 16$ A. Mit ihnen soll eine Glühlampe, welche einen Lastwiderstand $R_a = 4\ \Omega$ darstellt, in einem einfachen Stromkreis betrieben werden. Finden Sie über die Berechnung der Lastströme $I$ heraus, ob die Glühlampe bei Reihen- oder bei Parallelschaltung der Spannungsquellen heller leuchtet!

## Widerstände und Netzwerke

538 *Widerstand, spezifischer Widerstand*
Wie viel Windungen eines Chromnickeldrahtes von $d = 1$ mm Durchmesser muss eine Heizspirale mit einem Durchmesser von $D = 5$ cm haben, wenn ihr Widerstand bei Zimmertemperatur $R = 35\ \Omega$ betragen soll? Spezifischer Widerstand des Drahtmaterials bei 20 °C: $\varrho = 1{,}1 \cdot 10^{-6}\ \Omega\,\text{m}$ (= $1{,}1\ \Omega\,\text{mm}^2/\text{m}$).

539 *Leitwert, elektrische Leitfähigkeit*
Der elektrische Widerstand eines 110 m langen Drahtes von 0,50 mm Durchmesser wird zu $R = 9{,}5\ \Omega$ gemessen. Man bestimme a) den Leitwert $G$ des Drahtes, b) die elektrische Leitfähigkeit $\varkappa$ der Drahtmaterials!

540 *Ohmsches Gesetz*
Bestimmen Sie den Durchmesser eines Batteriekabels aus Kupfer (elektrische Leitfähigkeit $\varkappa = 5{,}9 \cdot 10^7$ S/m), an dem der Spannungsabfall nicht mehr als $U/l = 0{,}5$ V/m betragen soll, wenn ein Strom von $I = 180$ A fließt!

541 *Temperaturabhängigkeit des Widerstandes*
Welche Betriebstemperatur nimmt der Wolframdraht einer Glühlampe an, wenn die Betriebsstromstärke der Lampe auf ein Fünfzehntel des Wertes der Einschaltstromstärke, bei der die Glühwendel noch Zimmertemperatur 20 °C hat, abfällt? Widerstands-Temperaturkoeffizienten von Wolfram bei 20 °C: $\alpha = 4{,}1 \cdot 10^{-3}\ \text{K}^{-1}$, $\beta = 10^{-6}\ \text{K}^{-2}$.

## 542 *Nichtlinearer Widerstand (Lichtbogen)*

Zur Strombegrenzung wird ein Lichtbogen mit der fallenden Kennlinie $U(I) = A + B/I$ ($A = 48$ V, $B = 100$ VA) in Reihe mit einem ohmschen Widerstand $R = 18\ \Omega$ an eine Gleichspannung $U_B = 220$ V angeschlossen. a) Welche Stromstärke stellt sich ein? b) Warum stellt die zweite vorkommende Lösung keinen stabilen Arbeitspunkt dar? c) Bei welcher Betriebsspannung $U_B$ verlöscht der Bogen, wenn diese absinkt?

## 543 *Widerstandsmessung (spannungs- und stromrichtige Schaltung)*

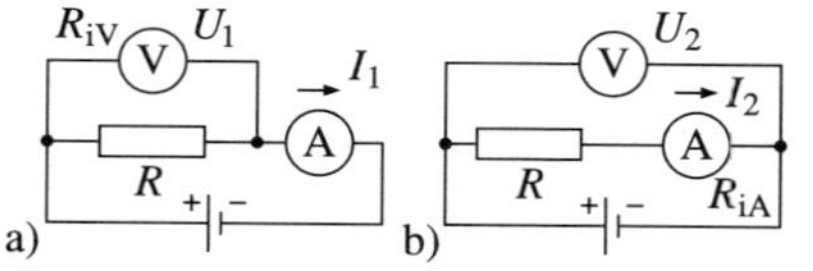


(Bild) Ein unbekannter Widerstand $R$ wird a) in spannungsrichtiger Schaltung durch Messung der Spannung $U_1$ und der Stromstärke $I_1$, b) in stromrichtiger Schaltung durch Messung von $U_2$ und $I_2$ bestimmt. Wie groß ist der relative Fehler bei der Messung eines Widerstandes $R = 10\ \Omega$; $100\ \Omega$; $1\ \text{k}\Omega$, wenn im Fall a) der Strom durch den Spannungsmesser mit dem Innenwiderstand $R_{iV} = 1\ \text{k}\Omega$ und im Fall b) der Spannungsabfall am Innenwiderstand $R_{iA} = 2\ \Omega$ des Strommessers unberücksichtigt bleibt?

## 544 *Kirchhoffsche Gesetze (1)*

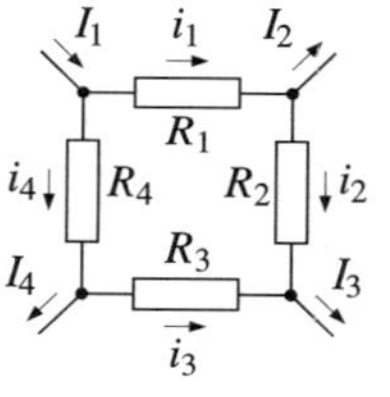


(Bild) Man berechne die Stromverteilung $i_1 \ldots i_4$ im Widerstandsnetzwerk $R_1 \ldots R_4$, wenn die zu- und abfließenden Ströme $I_1 \ldots I_4$ bekannt sind! Es sei $I_1 = 3{,}75$ A; $I_2 = 1$ A; $I_3 = 0{,}75$ A; $I_4 = 2$ A und $R_1 = 2\ \Omega$; $R_2 = 8{,}6\ \Omega$; $R_3 = 2{,}4\ \Omega$; $R_4 = 12\ \Omega$.

## 545 *Kirchhoffsche Gesetze (2)*

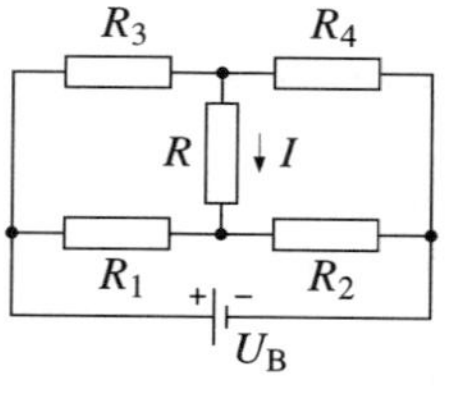


(Bild) In der dargestellten WHEATSTONEschen Brückenschaltung (Gleichstrom) mit den bekannten Widerständen $R$, $R_1$,.., $R_4$ und der Urspannung $U_B$ ist mit Hilfe der KIRCHHOFFschen Gesetze der Brückenstrom $I$ allgemein zu berechnen. Welche Bedingung folgt daraus für die abgeglichene Brücke ($I = 0$)?

## 546 *Spannungsteiler (1)*

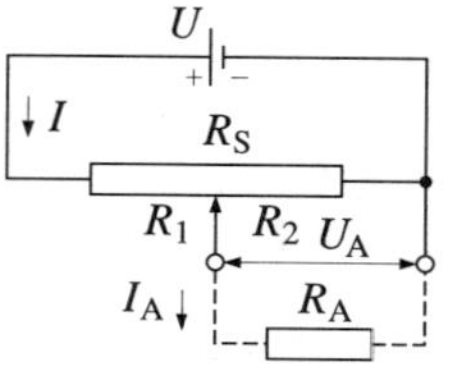


(Bild) Ein zunächst unbelasteter Spannungsteiler $R_S = 200\ \Omega$ wird durch Zuschalten eines Arbeitswiderstandes $R_A = 100\ \Omega$ belastet. a) Man berechne die Ausgangsspannungen $U_A$ und $U'_A$ des unbelasteten und des belasteten Spannungsteilers bei Mittelstellung des Abgriffs ($R_1 = R_2 = R_S/2$), wenn die Spannung $U = 24$ V beträgt! b) Wie groß ist die jeweilige Stromstärke $I$ (im Leerlauf) bzw. $I'$ (bei Belastung)?

## 547 *Spannungsteiler (2)*

Ein 8 km langes, in der Erde verlegtes Elektrokabel mit einem Widerstand je Längeneinheit der Doppelleitung von $R' = 10^{-3}\ \Omega/\text{m}$ hat an einer Stelle einen Isolationsschaden zwischen beiden Leitern. Um die schadhafte Stelle zu orten, werden am Kabelanfang beide Leiter an eine Batterie mit $U = 12{,}6$ V angeschlossen, und es wird die zwischen ihnen vorhandene Stromstärke gemessen; die Messung ergibt $I_1 = 820$ mA. Gleichzeitig wird mit einem zweiten Strommesser am Kabelende zwischen beiden Leitern eine Stromstärke von $I_2 = 760$ mA gemessen. Gesucht ist der Ort $x$ und der Übergangswiderstand $R_0$ des Schadens.

**548** *Messbereichserweiterung (1)*
Aus einem Drehspulgalvanometer mit dem Endausschlag $U = 100\,\text{mV}$ bei $I = 50\,\mu\text{A}$ soll ein Vielfachmesser mit den Messbereichen $U_n = 2{,}5$ V; 10 V; 25 V; 100 V; 250 V aufgebaut werden. Welche Präzisionswiderstände müssen dafür zugeschaltet werden? Entwerfen Sie dafür eine geeignete Schaltung!

**549** *Messbereichserweiterung (2)*
Im Unterschied zu Aufgabe 548 soll jetzt mit demselben Drehspulgalvanometer (Endausschlag $U = 100\,\text{mV}$ bei $I = 50\,\mu\text{A}$) ein Vielfachmesser mit den Strom-Messbereichen $I_n = 10\,\text{mA}$; 25 mA; 100 mA; 250 mA; 1 A aufgebaut werden. a) Wie sieht die Schaltung aus? b) Welche Widerstände sind zu verwenden?

**550** *Netzwerkentflechtung*
Man denke sich alle Eckpunkte eines Tetraeders entlang jeder der sechs Kanten durch gleiche Widerstände $R = 100\,\Omega$ leitend verbunden. Wie groß ist der Gesamtwiderstand des Netzwerkes zwischen zwei Eckpunkten?

**551** *RC-Glied (1)*
Ein geladener Kondensator der Kapazität $C = 4\,\mu\text{F}$ wird vom Zeitpunkt $t = 0$ an über einen Widerstand $R = 25\,\text{k}\Omega$ entladen. a) Nach welchen Zeiten ist die Spannung des Kondensators auf die Hälfte; auf den e-ten Teil (e Basis des natürlichen Logarithmus); auf ein Zehntel der Anfangsspannung $U_0$ abgefallen? b) Welchen Isolationswiderstand $R_\text{D}$ hat das Dielektrikum des Kondensators, wenn dieser sich innerhalb von 7 min von selbst um die Hälfte entlädt?

**552** *RC-Glied (2)*
(Bild) Ein Kondensator $C = 2\,\mu\text{F}$ wird über einen Widerstand $R = 47\,\text{k}\Omega$ von einer Gleichspannungsquelle $U_0 = 220\,\text{V}$ aufgeladen. Parallel zum Kondensator liegt eine Glimmröhre mit der Zündspannung $U_\text{Z} = 180\,\text{V}$ und der Löschspannung $U_\text{L} = 120\,\text{V}$. Sie entlädt bei Erreichen der Zündspannung den Kondensator praktisch momentan bis auf die Löschspannung. Danach beginnt der Ladevorgang aufs Neue, es entsteht eine Kippschwingung. Welche Periodendauer $T$ der Sägezahn-Spannung $U(t)$ stellt sich ein?

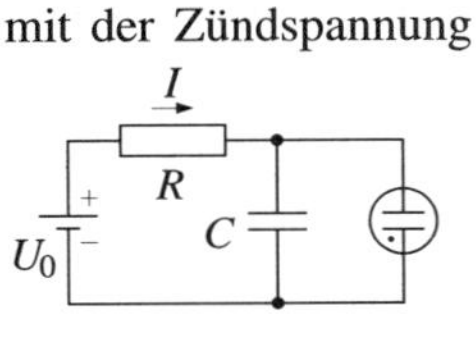


ZUSATZAUFGABEN

**553** Eine Luftspule aus Kupferdraht hat den Widerstand $R = 10{,}8\,\Omega$ und die Masse $m = 3{,}4\,\text{kg}$. Wie groß sind Länge $l$ und Durchmesser $d$ des Drahtes? Dichte $\varrho_\text{m} = 8960\,\text{kg/m}^3$; spezifischer Widerstand $\varrho = 1{,}78 \cdot 10^{-8}\,\Omega\,\text{m}$.

**554** Eine Kupfer- und eine Aluminiumleitung haben gleiche elektrische Widerstände und gleiche Massen. In welchem Verhältnis stehen ihre Längen, ihre Querschnittsflächen und ihre Radien zueinander? Dichten: $\varrho_{\text{m}1} = 8920\,\text{kg/m}^3$ (Cu), $\varrho_{\text{m}2} = 2700\,\text{kg/m}^3$ (Al); spezifische Widerstände: $\varrho_1 = 1{,}7 \cdot 10^{-8}\,\Omega\,\text{m}$ (Cu), $\varrho_2 = 2{,}8 \cdot 10^{-8}\,\Omega\,\text{m}$ (Al).

**555** Ein DANIELL-Element besteht aus je einer ebenen Kupfer- und Zinkelektrode mit den Flächen $A = 100\,\text{cm}^2$ im Abstand $d = 4\,\text{mm}$. Die elektrische Leitfähigkeit der sauren Kupfersulfat- bzw. Zinksulfatlösung betrage $\varkappa = 5$ S/m. Wie groß ist der Innenwiderstand $R_\mathrm{i}$ des Elements?

556 Ein luftgefüllter Plattenkondensator hat die Kapazität $C = 800$ pF. Wird er in eine Elektrolytlösung getaucht, hat er den ohmschen Widerstand $R = 0{,}22\ \Omega$. Wie groß ist die elektrische Leitfähigkeit $\varkappa$ der Lösung?

557 Ein als freie Spirale (ohne Unterlage) gewickelter dünner Draht, der bei Zimmertemperatur $\vartheta_1 = 20\,°\mathrm{C}$ einen Widerstand $R_1$ von genau 100 Ω hat, soll als Widerstandsthermometer genutzt werden. Zuvor sind dazu für das Drahtmaterial die Widerstands-Temperaturkoeffizienten $\alpha$ und $\beta$ gemäß $R(\vartheta) = R_0(1 + \alpha\vartheta + \beta\vartheta^2)$ zu bestimmen. Dazu werden zusätzlich zu dem bekannten Drahtwiderstand $R_1$ der Widerstand $R_0$ bei $\vartheta_0 = 0\,°\mathrm{C}$ (Eispunkt) und $R_2$ bei $\vartheta_2 = 100\,°\mathrm{C}$ (Siedepunkt von Wasser) gemessen. Diese sind $R_0 = 92{,}65\ \Omega$ und $R_2 = 128{,}97\ \Omega$. Man bestimme daraus $\alpha$ und $\beta$!

558 Zwei Leiter mit den Widerständen $R_1$ und $R_2$ sind einmal parallel und einmal in Reihe geschaltet. Dabei werden die Gesamtwiderstände zu $R_\mathrm{I} = 240\ \mathrm{m}\Omega$ und $R_\mathrm{II} = 1\ \Omega$ ermittelt. Berechnen Sie $R_1$ und $R_2$ der einzelnen Leiter!

559 (Bild) Die drei gleichen Widerstände $R$ in der Schaltung betragen jeweils 10 Ω. Man bemesse den Widerstand $R_x$ so, dass der Ersatzwiderstand $R_\mathrm{AB} = 9\ \Omega$ beträgt!

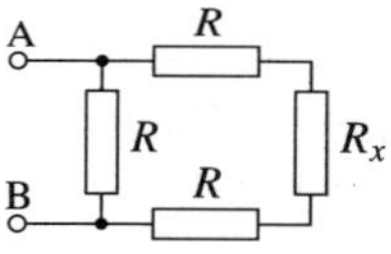


560 (Bild) Zwei Stromkreise, bestehend aus Spannungsquelle und Widerstand ($U_1 = 6{,}3$ V, $R_1 = 75\ \Omega$; $U_2$ variabel, $R_2 = 96\ \Omega$), werden über den gemeinsamen Widerstand $R_3 = 240\ \Omega$ gekoppelt. Wie groß muss die Spannung $U_2$ sein, wenn a) im linken Kreis, b) im rechten Kreis kein Strom fließen soll?

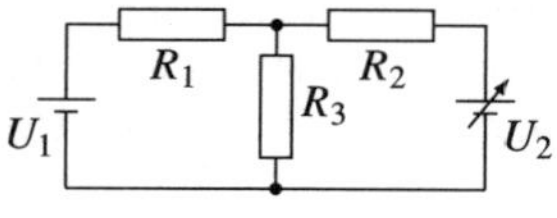


561 Leiten Sie für den belasteten Spannungsteiler in Aufgabe 546 (Bild) das für die Ausgangsspannung $U'_\mathrm{A}$ erhaltene Ergebnis mit Hilfe der KIRCHHOFFschen Gesetze her! Berechnen Sie darüber hinaus die Ströme $I_1$, $I_2$ und $I_\mathrm{A}$ durch die Teilwiderstände $R_1$, $R_2$ und $R_\mathrm{A}$ sowie die Spannungsabfälle an ihnen! Man skizziere $U'_\mathrm{A}$ und $I_\mathrm{A}$ in Abhängigkeit von $R_\mathrm{A}$!

562 Für die WHEATSTONEsche Brückenschaltung in Aufgabe 545 lautet die Abgleichbedingung ($I = 0$): $R_1/R_2 = R_3/R_4$. a) Begründen Sie diese Bedingung, ohne ein lineares Gleichungssystem lösen zu müssen! b) Bleibt der abgeglichene Zustand erhalten, wenn Spannungsquelle und Widerstand $R$ vertauscht werden?

563 (Bild) Gegeben sind die Widerstände in der Dreieck-Schaltung $R_1$, $R_2$ und $R_3$. a) Man berechne die Widerstände $R_\mathrm{AB}$, $R_\mathrm{BC}$ und $R_\mathrm{CA}$ zwischen den jeweiligen Eckpunkten des Dreiecks! b) Die Dreieck-Schaltung ist durch eine Sternschaltung (rechts) zu ersetzen. Wie groß müssen die Widerstände $R_\mathrm{A}$, $R_\mathrm{B}$ und $R_\mathrm{C}$ sein?

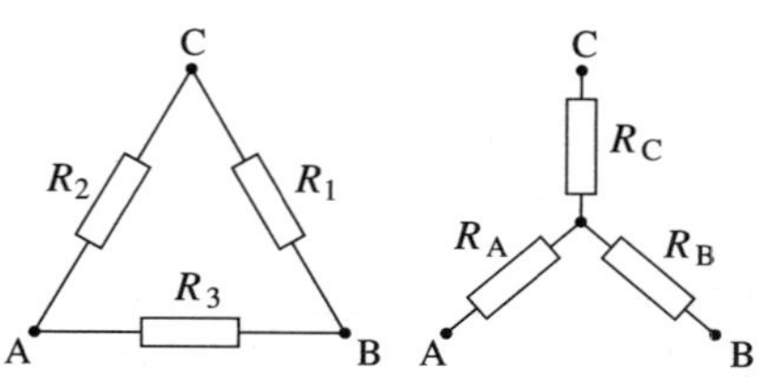

## Energie, Wärme und Leistung von Gleichströmen

**564** *Energie, Leistung*
a) Welche elektrische Energie besitzt ein 12 V-Akkumulator, der eine Ladung von 36 A h (Amperestunden) enthält? b) Wie lange könnte damit die Scheinwerferbeleuchtung eines Pkw bei insgesamt 72 W Leistung bis zur Erschöpfung brennen? c) Welcher Ladestrom $I$ muss von der Lichtmaschine nachfließen, damit keine Entladung des Akkumulators eintritt?

**565** *Leistung im Stromkreis*
Ein abgelegener Raum wird mit zwei (parallel geschalteten) 100 W-Lampen beleuchtet, die über eine 400 m lange Doppelleitung aus Kupferdraht (spez. Widerstand $\varrho = 1{,}7 \cdot 10^{-8}\ \Omega\,\mathrm{m}$) von 1 mm$^2$ Querschnittsfläche mit dem 220 V-Netz verbunden sind. Wie groß ist die tatsächlich in einer Lampe umgesetzte elektrische Leistung $P$, wenn davon ausgegangen wird, dass der Lampenwiderstand $R$ vom Strom unabhängig ist?

**566** *Stromwärme (1)*
Eine in vier Stufen einstellbare elektrische Heizung am 220 V-Netz soll durch zwei Heizwiderstände $R_1$ und $R_2$ realisiert werden, wobei für die niedrigste Heizstufe die Reihenschaltung und für die höchste Heizstufe die Parallelschaltung von $R_1$ und $R_2$ vorgesehen ist, während für die mittleren Heizstufen die Widerstände $R_1$ oder $R_2$ eingeschaltet werden. Die Heizleistungen sollen sich wie $P_1 : P_2 : P_3 : P_4 = 1 : \nu : \nu^2 : \nu^3$ verhalten, d. h. von Stufe zu Stufe um einen konstanten Faktor $\nu$ zunehmen. Berechnen Sie $P_1$, $P_2$ und $P_3$, wenn die maximale Heizleistung $P_4 = 2{,}2$ kW beträgt, sowie $R_1$ und $R_2$!

**567** *Stromwärme (2)*
(Bild) An eine 24 V-Gleichspannungsquelle mit dem Innenwiderstand $R_i = 8\ \Omega$ werden zwei Widerstände $R_1 = 5\ \Omega$ und $R_2 = 12{,}8\ \Omega$ a) in Parallelschaltung, b) in Reihenschaltung angeschlossen. Bei Parallelschaltung wird der Widerstand $R_1$, bei Reihenschaltung der Widerstand $R_2$ heiß. Berechnen Sie zur Erklärung die Leistungsaufnahmen $P_1$ und $P_2$ der Widerstände $R_1$ und $R_2$ für beide Fälle! Untersuchen Sie allgemein, wie sich in Schaltung a) und b) die Leistungen zu den Widerständen verhalten!

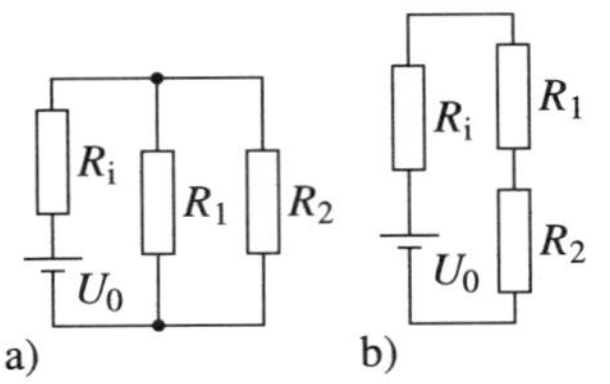


**568** *Stromwärme (3)*
Ein Stromkreis ist durch eine Schmelzsicherung mit einem Schmelzeinsatz aus Silberdraht von 0,24 mm Durchmesser abgesichert. a) Nach welcher Zeit $t$ schmilzt bei einem Kurzschlussstrom von 16 A die Sicherung? Daten von Silber: Dichte $\varrho_m = 10{,}49 \cdot 10^3$ kg/m$^3$; Mittelwert des spezifischen Widerstandes im Temperaturbereich zwischen Umgebungstemperatur $T_1 = 293$ K und Schmelztemperatur $T_S = 1234$ K: $\varrho = 4{,}8 \cdot 10^{-8}\ \Omega\,\mathrm{m}$; spezifische Wärmekapazität $c = 235$ J/(kg K). b) Zu welchem Ergebnis würde eine genauere Rechnung unter Berücksichtigung der Temperaturabhängigkeit des spezifischen Widerstandes $\varrho$ führen, wenn diese vereinfachend als linear zu $\varrho(T) = \varrho_1[1 + \alpha(T - T_1)]$ mit $\varrho_1 = 1{,}63 \cdot 10^{-8}\ \Omega\,\mathrm{m}$ und $\alpha = 0{,}004\ \mathrm{K}^{-1}$ angenommen wird?

**569** *Leistungsanpassung*
Berechnen Sie die maximale elektrische Leistung $P_{max}$, die einer Spannungsquelle (Urspannung $U_0 = 24$ V, Innenwiderstand $R_i = 0{,}09\ \Omega$) durch einen geeigneten („angepassten“) Lastwiderstand $R_a$ entzogen werden kann!

ZUSATZAUFGABEN

570 Ein Heizstab entwickelt 2 kW, wenn an seine Enden 20 V angelegt werden. Gesucht ist sein Widerstand.

571 Ein Akkumulator mit einer Urspannung von 6,4 V und einem Innenwiderstand von 0,08 Ω wird von einem 15 A-Strom geladen. Man berechne a) die Ladeleistung, b) den Leistungsverlust infolge innerer Erwärmung der Batterie!

572 Mit 60 Niederspannungs-Glühlampen (11 W bei 0,6 A Betriebsstrom) sollen Lichterketten am 220 V-Netz betrieben werden. a) Wie viele Lampen je Stromkreis und wie viele Stromkreise werden benötigt? b) Welche elektrische Leistung wird verbraucht?

573 Ein Trockenofen soll je Stunde eine Wärme von $Q = 8,1$ MJ abgeben. Bemessen Sie den Widerstand des Heizkörpers so, dass bei einer Netzspannung von 220 V die dafür notwendige Heizleistung erbracht wird!

574 Eine elektrische Therme erhitzt 5 l Wasser von $\vartheta_1 = 15\,°\mathrm{C}$ (spezifische Wärmekapazität $c = 4,19$ kJ/(kg K)) bei $U = 220$ V und $I = 6$ A Heizstrom. Auf welche Temperatur $\vartheta_2$ hat sich die Wassermenge nach $t = 10$, 20 und 30 min erwärmt, wenn 12% der zugeführten Energie für die Erwärmung des Wassers verloren gehen? Nach welcher Zeit ist das siedende Wasser vollständig verdampft? Dichte von Wasser $\varrho = 10^3$ kg/m$^3$; spezifische Verdampfungswärme $r = 2257$ kJ/kg.

575 Um wie viel Prozent geht die Leistung $P$ eines Elektromotors zurück, wenn die Netzspannung um 10% sinkt?

## Elektrische Leitungsvorgänge. Elektrolyse

576 *Elektronenleitung (1)*
Mit Hilfe des HALL-Effektes wurde die Ladungsdichte der Leitungselektronen in Silber (Dichte $\varrho_\mathrm{m} = 10,49 \cdot 10^3$ kg/m$^3$, Molmasse $M = 0,1079$ kg/mol) zu $\varrho = 1,32 \cdot 10^{10}$ C/m$^3$ bestimmt. a) Wie viele Elektronen je Atom nehmen am Leitungsvorgang teil? b) Wie groß ist ihre Driftgeschwindigkeit bei der Stromdichte $j = 1$ A/mm$^2$?

577 *Elektronenleitung (2)*
Man berechne die Driftgeschwindigkeit $v$ der Leitungelektronen in einem Kupferdraht, zwischen dessen Enden eine elektrische Feldstärke von $E = 1$ V/m herrscht! Leitfähigkeit von Kupfer $\varkappa = 58 \cdot 10^6\ \Omega^{-1}\mathrm{m}^{-1}$ (S/m), Dichte der Leitungselektronen $n = 8,5 \cdot 10^{28}$ /m$^3$.

578 *Ionenleitung (1)*
Gesucht ist der elektrische Widerstand einer mit Luft gefüllten Röhre von 1 m Länge und 1 cm$^2$ Querschnittsfläche, in der sich im Gleichgewicht je Kubikzentimeter $10^7$ Paare von einwertigen Ionen beiderlei Vorzeichens mit den Beweglichkeiten $\mu_\mathrm{K} = 1,3 \cdot 10^{-4}$ m$^2$/(V s) für die positiven Ionen (Kationen) und $\mu_\mathrm{A} = 1,8 \cdot 10^{-4}$ m$^2$/(V s) für die negativen Ionen (Anionen) befinden.

**579** *Ionenleitung (2)*
In einer als Plattenkondensator (Kapazität $C = 12\,\text{pF}$) ausgebildeten Ionisationskammer fließt (in Gegenwart ionisierender Strahlung) bei $U = 400\,\text{V}$ Elektrodenspannung ein Strom von $I = 2{,}5\,\mu\text{A}$. Wie viele einwertige Ionenpaare je Volumeneinheit befinden sich in der Kammer, wenn die Beweglichkeit der Kationen (+) $\mu_\text{K} = 1{,}3 \cdot 10^{-4}\,\text{m}^2/(\text{V s})$ und die der Anionen (−) $\mu_\text{A} = 2{,}1 \cdot 10^{-4}\,\text{m}^2/(\text{V s})$ beträgt?

**580** *1. Faradaysches Gesetz. Elektrochemisches Äquivalent*
a) Man berechne allgemein, wie viel Kilogramm eines Stoffes in Lösung, der in $z$-fach geladene Ionen dissoziiert, bei der Elektrolyse durch einen Strom von 1 A und 1 s Dauer, d. h. bei Transport der Ladung 1 C, abgeschieden werden (elektrochemisches Äquivalent $K$)! b) Wie groß ist $K$ für Gold? Gold hat die relative Atommasse $A_\text{r} = 196{,}967$ und ist 3-wertig.

**581** *2. Faradaysches Gesetz*
Zwei elektrolytische Tröge mit $AgNO_3$- und $CuSO_4$-Lösungen sind in Reihe geschaltet. Wie viel Kupfer wird in derselben Zeit abgeschieden, in der 108 mg Silber abgeschieden worden sind? Relative Atommassen: $A_\text{r1} = 107{,}868$ (Ag); $A_\text{r2} = 63{,}546$ (Cu).

**582** *Elektrolyse (1)*
Die Reaktion zur Bildung von Wasser aus Wasserstoff und Sauerstoff $2\,H_2 + O_2 \rightarrow 2\,H_2O$ erfolgt unter Wärmeabgabe (exotherm), wobei eine Wärme von $\Delta H = 5{,}75 \cdot 10^5\,\text{J}$ freigesetzt wird. Wie groß muss die elektrische Spannung $U$ mindestens sein, um eine Zerlegung des Wassers durch Elektrolyse zu erreichen?

**583** *Elektrolyse (2)*
Ein Strom von 100 A fließt durch Meerwasser, wobei 80% des Stromflusses durch Kochsalzionen getragen wird. Wie viel Natronlauge (NaOH) und wie viel Chlorgas (Gasdichte $\varrho = 3{,}214\,\text{kg/m}^3$ unter Normbedingungen) werden in der Zeiteinheit abgeschieden? An welcher Elektrode erfolgt jeweils die Abscheidung? FARADAY-Konstante $F = 96\,485{,}3\,\text{C/mol}$.

## ZUSATZAUFGABEN

**584** Ein 100 m langer Aluminiumdraht von 1 mm Durchmesser hat einen elektrischen Widerstand von $3{,}5\,\Omega$. Die Beweglichkeit der Leitungselektronen im Aluminium beträgt $\mu = 1{,}26 \cdot 10^{-3}\,\text{m}^2/(\text{V s})$. Man ermittle die Elektronendichte $n$!

**585** a) Welche Stromstärke ist erforderlich, damit pro Stunde die Ladung von 1 mol Elektronen durch ein Galvanisierbad fließt? b) Wie viel Gramm Silber ($Ag^+$), Cadmium ($Cd^{++}$) und Aluminium ($Al^{+++}$) werden dadurch freigesetzt?

**586** Berechnen Sie die abgeschiedenen Massen je Ladungseinheit bei der Elektrolyse von geschmolzenen Salzen (Schmelzflusselektrolyse) zur Gewinnung von reinem Natrium, Magnesium und Aluminium!

**587** Welche Zinn- und welche Zinkmenge werden von einer vorgegebenen Elektrizitätsmenge abgeschieden, von der man weiß, dass sie 2 g Silber abscheidet? Relative Atommassen: 107,87 ($Ag^+$); 118,69 ($Sn^{++}$); 65,37 ($Zn^{++}$).

**588** Ein mit einem elektrolytischen Trog, der eine $AgNO_3$-Lösung enthält, in Reihe geschalteter Strommesser zeigt eine Stromstärke von 1,2 A an. Zeigt der Strommesser den richtigen Wert an, wenn nach 10 Minuten Stromfluss 872 mg Silber abgeschieden worden sind? $A_r$ von Silber: 107,868.

**589** Ein Strom von 15 A dient in einem wässrigen Nickelsulfatbad zur Bildung einer Nickelschicht auf einer $A = 4 \times 4\,\mathrm{cm}^2$ großen Metallfolie als Katode. a) Wie dick ist die in einer Stunde auf beiden Seiten der Folie gebildete Schicht, wenn der zur Ni-Abscheidung wirksame Stromanteil 60% beträgt? b) Welches Volumen $H_2$ wird dabei gleichzeitig gebildet? $A_r(\mathrm{Ni}^{++}) = 58,71$; Dichte $\varrho = 8,8\,\mathrm{g/cm}^3$.

**590** Die $z$-wertigen Ionen in einem binären Elektrolysebad ($n_+ = n_- = n$) haben die Beweglichkeiten $\mu_K = 4,8 \cdot 10^{-8}\,\mathrm{m^2/(V\,s)}$ und $\mu_A = 6,1 \cdot 10^{-8}\,\mathrm{m^2/(V\,s)}$. Welcher Anteil des elektrischen Stromes durch den Elektrolyten wird von den positiven Ionen getragen?

# MAGNETISCHES FELD

## Magnetfeld von Dipolen und Gleichströmen

**591** *Dipolmoment, Feldstärke, Drehmoment*

(Bild) Zur Messung der Feldstärke $\boldsymbol{H}$ eines horizontal verlaufenden homogenen Magnetfeldes wird eine in der Horizontalebene ($x$, $y$-Ebene) frei drehbare Magnetnadel mit dem magnetischen Dipolmoment $m = 2 \cdot 10^{-6}\,\mathrm{V\,s\,m}$ an einem Torsionsfaden im Feld aufgehängt.

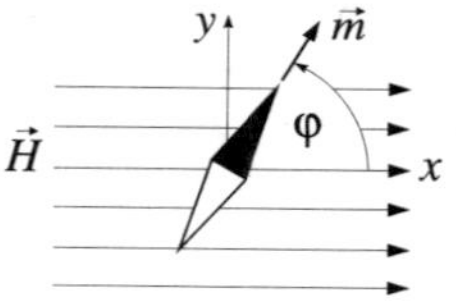


Der Aufhängepunkt des Torsionsfadens wird so verdrillt, dass die ursprünglich in $x$-Richtung zeigende Magnetnadel um den Drehwinkel $\varphi = 90°$ aus ihrer Gleichgewichtslage ausgelenkt wird. Dabei wird ein rücktreibendes Drehmoment von $M_z = 3 \cdot 10^{-4}\,\mathrm{N\,m}$ gemessen. a) Welche Feldstärke hat das Magnetfeld? b) Wie groß ist die Arbeit bei der Drehung der Magnetnadel?

**592** *Magnetisches Dipolfeld*

(Bild) Man berechne allgemein die magnetische Feldstärke $\boldsymbol{H}$ eines kleinen Stabmagneten mit dem magnetischen Dipolmoment $\boldsymbol{m}$ a) in einem Punkt $P_1$ in großer Entfernung $z$ in Richtung der Stabachse, b) in einem Punkt $P_2$ im Abstand $r$ senkrecht zur Stabachse, unter der Annahme, dass der Magnet als ein magnetischer Dipol, bestehend aus zwei punktförmigen magnetischen Polen unterschiedlichen Vorzeichens mit dem magnetischen Fluss $\Phi$ als Polstärke und einem Polabstand $l \ll z, r$ betrachtet werden kann!

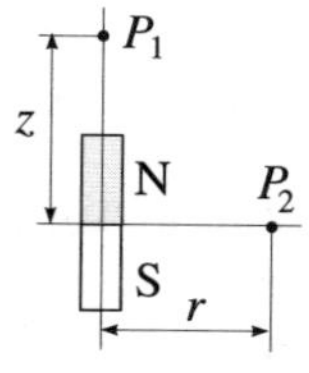


**593** *Bestimmung des Erdmagnetfeldes nach Gauß*

(Bild) Ein horizontal gelagerter Stabmagnet mit bekanntem magnetischen Moment ($m = 1,27 \cdot 10^{-5}\,\mathrm{V\,s\,m}$) wird senkrecht zum Erdmagnetfeld ausgerichtet und mit einer in Dipolrichtung im Abstand $z$ befindlichen Kompassnadel die Richtung des resultierenden Magnetfeldes $\boldsymbol{H}$ bestimmt, welches sich aus der Horizontalkomponente $H_E$ des Erdmagnetfeldes und der Kom-

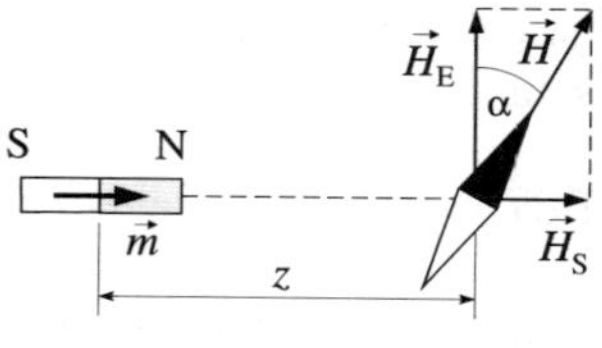

ponente $H_S$ des Stabmagneten in Dipolrichtung ergibt. Wie groß ist $H_E$, wenn im Abstand $z = 50\,\mathrm{cm}$ die Kompassnadel um $\alpha = 41°$ ausgelenkt wird? Das Feld des Stabmagneten soll als Dipolfeld wie in Aufgabe 592 behandelt werden.

**594** *Kraft im inhomogenen Magnetfeld. Magnetische Wechselwirkungsenergie*
a) Welche Kraft $\boldsymbol{F}$ wird in Aufgabe 593 vom Magnetfeld $\boldsymbol{H}$ auf die Drehachse der Kompassnadel ausgeübt, wenn das magnetische Dipolmoment der Nadel $m_N = 10^{-6}\,\mathrm{V\,s\,m}$ beträgt? b) Wie groß ist $\boldsymbol{F}$, wenn die Kompassnadel (durch ein äußeres mechanisches Drehmoment) 1) parallel, 2) senkrecht, 3) antiparallel zum Stabmagneten orientiert wird?

**595** *Magnetische Feldenergie*
Die gleich großen, ebenen Polflächen von Nord- und Südpol zweier Stabmagnete sind passend aneinander gelegt. In dem sehr engen Luftspalt zwischen den Polflächen (Größe $A = 4\,\mathrm{cm}^2$) herrsche ein homogenes Magnetfeld der Flussdichte $B = 0{,}75\,\mathrm{T}$. Welche Kraft $F$ ist erforderlich, um beide Magnete voneinander zu trennen?

**596** *Durchflutungsgesetz (1)*
Gesucht ist die magnetische Feldstärke $H$ in einem Punkt, der $r = 2\,\mathrm{cm}$ von einem unendlich langen Leiter entfernt ist, durch den ein Gleichstrom von $I = 7\,\mathrm{A}$ fließt.

**597** *Durchflutungsgesetz (2)*
(Bild) Eine koaxiale Doppelleitung, bestehend aus einer zentralen Ader vom Radius $R_1$ als Innenleiter und einem zylindrischen Mantel der Dicke $R_3 - R_2$ als Außenleiter wird von den Strömen $\pm I$ durchflossen. Der Strom im Innenleiter sei in die Zeichenebene hinein gerichtet, im Außenleiter aus ihr heraus. Man berechne allgemein die magnetische Feldstärke $H$ im Abstand $r$ von der Symmetrieachse im Innenleiter ($r \leq R_1$), im Zwischenraum ($R_1 \leq r \leq R_2$), im Außenleiter ($R_2 \leq r \leq R_3$) sowie im Außenraum ($r \geq R_3$) und skizziere $H(r)$!

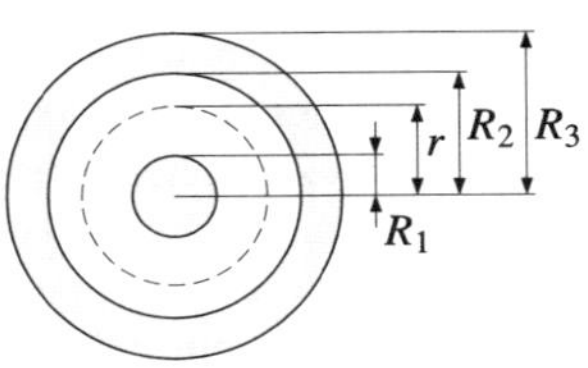


**598** *Gesetz von Biot-Savart (1)*
Man berechne die magnetische Feldstärke eines vom elektrischen Strom $I$ durchflossenen geraden Leiters der Länge $l$ im senkrechten Abstand $a$ von der Mitte des Leiters! Man zeige, dass für $l \to \infty$ das Resultat in die Feldstärke $H_\infty = I/(2\pi a)$ außerhalb eines unendlich langen geraden Stromleiters übergeht!

**599** *Gesetz von Biot-Savart (2)*
(Bild) a) Gesucht ist die magnetische Feldstärke $H$ im Punkt $P$ innerhalb einer rechteckförmigen Aussparung mit den angegebenen Maßen in einem geraden elektrischen Leiter, durch den ein Strom von 10 A fließt. b) Zu welchem Radius $R$ muss der Draht gebogen werden, wenn das Rechteck durch einen Halbkreis ersetzt wird und die Feldstärke im Punkt $P$ die gleiche bleiben soll?

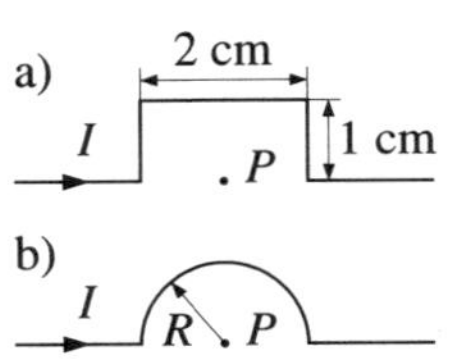


**600** *Magnetfeld eines Kreisstromes*
a) Man berechne mit Hilfe des Gesetzes von BIOT-SAVART das Magnetfeld $\boldsymbol{H}$ eines Kreisstromes entlang seiner Symmetrieachse $z$! b) Welcher Strom muss demnach in einem Ring vom Durchmesser $2R = 2\,\mathrm{cm}$ fließen, wenn das Feld im Zentrum des Kreisstromes gerade das Erdmagnetfeld (Flussdichte $B_E \approx 5 \cdot 10^{-5}\,\mathrm{T}$) kompensieren soll? c) In welcher Entfernung vom Zentrum in Richtung der Achse beträgt das Feld nur noch $0{,}1\,B_E$?

**601** *Magnetisches Dipolmoment eines Kreisstromes*

(Bild) a) Man leite durch Gleichsetzen der magnetischen Feldstärke eines Stabmagneten in Dipolrichtung (s. Aufgabe 592) mit der eines Kreisstromes auf dessen Achse für große Abstände (s. Aufgabe 600) einen Ausdruck für das magnetische Dipolmoment $m$ des Kreisstromes her! b) Wie groß ist das maximale Drehmoment, das eine kreisförmige Leiterschleife vom Radius $R = 3$ cm bei einem Strom von $I = 0,5$ A in einem homogenen Magnetfeld von $B = 0,1$ T erfährt? c) Welche Arbeit ist erforderlich, um die Leiterschleife aus ihrer stabilen Gleichgewichtslage im Magnetfeld um $\varphi = 180°$ zu drehen?

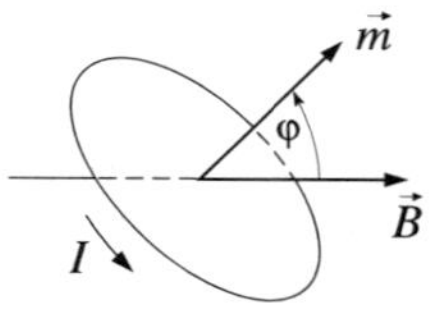


ZUSATZAUFGABEN

**602** Ein Stabmagnet hat Pole, welche $l = 25$ cm auseinander liegen und deren Polstärke durch den von ihnen ausgehenden (bzw. eintretenden) magnetischen Fluss $\Phi = 6 \cdot 10^{-5}$ Wb gegeben ist. a) Wie groß ist der Betrag des Dipolmoments $\boldsymbol{m}$ des Magneten? b) Welches Drehmoment $M$ kann den im Mittelpunkt drehbar gelagerten Stabmagneten in einem äußeren Magnetfeld der Flussdichte $B = 0,15$ T unter einem Winkel von $\alpha = 60°$ gegenüber den Feldlinien halten? c) Welches Kräftepaar $F$, das senkrecht zur Achse des Magneten an dessen Enden angreift, ist dazu erforderlich?

**603** Zur Bestimmung der Horizontalkomponente $H_E$ der magnetischen Feldstärke des Erdfeldes wird diesem ein in der Horizontalebene senkrecht zur magnetischen Nord-Süd-Richtung verlaufendes Zusatzfeld $H_S$ einer flachen stromdurchflossenen Spule überlagert. Die Richtung der resultierenden Feldstärke wird durch eine im Zentrum der Spule horizontal angeordnete Magnetnadel angezeigt (Tangentenbussole). Wie groß ist $H_E$, wenn mit einem Spulendurchmesser $2R = 30$ cm und einer Windungszahl $N = 20$ bei $I = 150$ mA für beide Stromrichtungen eine Magnetnadelablenkung von $\alpha = \pm 32°$ bestimmt wird?

**604** Zwei gerade, unendlich lange parallele Leiter *1* und *2*, die einen Abstand von $d = 10$ cm voneinander haben, werden von den Gleichströmen $I_1 = 20$ A und $I_2 = 30$ A in gleicher Richtung durchflossen. a) Berechnen Sie die resultierende magnetische Feldstärke $H$ für einen Punkt, der genau in der Mitte zwischen den beiden Leitern liegt! b) In welchem Abstand $x$ vom Leiter *1* ist die resultierende Feldstärke gleich null?

**605** Gemäß dem BOHRschen Atommodell kreist im Wasserstoffatom (im Grundzustand) ein Elektron mit der Geschwindigkeit $v = 2,19 \cdot 10^6$ m/s im Abstand $a_H = 0,529 \cdot 10^{-10}$ m um ein Proton als Atomkern. a) Welcher Stromstärke entspricht diese Ladungsbewegung? b) Wie groß ist das magnetische Dipolmoment dieses Kreisstromes? c) Wie stark ist das Magnetfeld, das das kreisende Elektron am Ort des Protons erzeugt? Masse des Elektrons $m_e = 9,109 \cdot 10^{-31}$ kg; Elementarladung $e = 1,602 \cdot 10^{-19}$ A s.

**606** a) Wie groß ist die magnetische Feldstärke im Mittelpunkt einer vom Strom $I = 200$ mA durchflossenen quadratischen Leiterschleife der Kantenlänge $l = 4$ cm? b) Welches magnetische Dipolmoment $\boldsymbol{m}$ hat die Leiterschleife? c) Wie groß ist das Drehmoment, das ein homogenes Magnetfeld von $B = 0,25$ T auf die Leiterschleife ausübt, wenn das Magnetfeld 1) parallel, 2) senkrecht zur Ebene der Leiterschleife verläuft?

607 a) Wie groß ist die Arbeit, um zwei übereinander gesteckte Zylinderspulen von annähernd gleichem Radius $R = 2$ cm, gleicher Länge $l = 10$ cm und den jeweiligen Windungszahlen $N_1 = 1000$ und $N_2 = 500$ weit auseinander zu ziehen, wenn die Spulen von den konstanten, gleich gerichteten Strömen $I_1 = 0,5$ A und $I_2 = 1,5$ A durchflossen werden? b) Wie groß ist die Arbeit, wenn $I_2$ entgegengesetzt zu $I_1$ gerichtet ist? Die magnetische Feldenergie außerhalb der Spulen ist zu vernachlässigen.

## Kraftwirkungen des Magnetfeldes auf Stromleiter und bewegte Ladungsträger

608 *Kraft auf Stromleiter im Magnetfeld (1)*
Welche Kraft erfährt nach Betrag und Richtung ein langer gerader stromdurchflossener Leiter (Stromstärke $I = 5$ A) je Längeneinheit in einem homogenen Magnetfeld der Flussdichte $B = 0,1$ T, wenn Leiter und Feldlinien den Winkel a) $\alpha = 90°$, b) 45°, c) 0° einschließen?

609 *Kraft auf Stromleiter im Magnetfeld (2)*
(Bild) Man berechne die Kraft auf jeden der vier Leiterabschnitte sowie die resultierende Kraft, die der vom Strom $I = 15$ A durchflossene Leiter ($l_2 = 10$ cm, $l_3 = 15$ cm, $\gamma = 45°$) im homogenen Magnetfeld von $B = 0,3$ T erfährt!

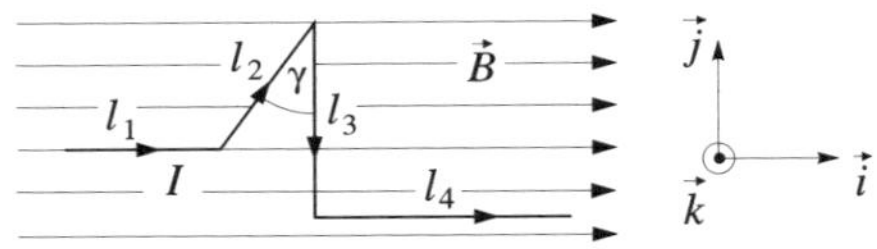


610 *Kraft auf Stromleiter im Magnetfeld (3)*
Wann immer ist bei der Verschiebung eines geraden Stromleiters in einem homogenen Magnetfeld die dabei zu verrichtende Arbeit a) maximal, b) null? c) Wie groß ist in Aufgabe 608 die Arbeit je cm Leiterlänge, wenn die Verschiebung des Leiters $s = 10$ cm beträgt und senkrecht zum Leiter und zum Magnetfeld sowie entgegen der angreifenden Kraft erfolgt?

611 *Kraft zwischen Stromleitern (1)*
Welche Kraft wirkt je Längeneinheit zwischen zwei langen, im Abstand $r = 5$ cm befindlichen parallelen Leitern, wenn ein Strom von $I = 10$ A durch den einen Leiter hin und den anderen Leiter zurück fließt?

612 *Kraft zwischen Stromleitern (2)*
(Bild) Welches Drehmoment erfährt eine um die Achse A drehbar gelagerte stromdurchflossene rechteckige Leiterschleife ($a = 2$ cm, $b = 4$ cm, $I_1 = 2$ A) im Magnetfeld eines im Abstand $c = 2$ cm parallel zur Drehachse A angeordneten langen geraden Leiters mit dem Strom $I_2 = 6$ A, wenn die Leiterschleife um den Winkel $\alpha = 90°$ um A gedreht, also senkrecht zur Zeichenebene angeordnet ist?

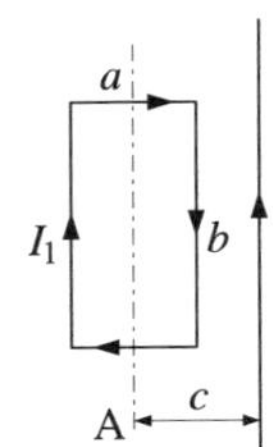


613 *Kraft zwischen Stromleitern (3)*
Durch zwei sehr lange gerade Leiter, die in Luft im Abstand 10 cm parallel zueinander verlaufen, fließen in der gleichen Richtung Ströme von je 57 A. Welche Arbeit muss verrichtet werden, um die beiden Leiter entlang 10 m Länge bis auf einen Abstand von 20 cm auseinander zu rücken?

**614** *Lorentz-Kraft (1)*

Die Elektronen einer Elektronenstrahlröhre (ähnlich einer Fernsehbildröhre) durchlaufen zunächst eine Beschleunigungsspannung von $U = 25\,\text{kV}$ und werden anschließend durch ein senkrecht zum Elektronenstrahl angeordnetes homogenes Magnetfeld von $B = 6 \cdot 10^{-3}\,\text{T}$ abgelenkt. Die Anfangsgeschwindigkeit der Elektronen sei null. a) Wie groß ist der Ablenkwinkel, wenn das Magnetfeld der Ablenkeinheit in Strahleintrittsrichtung eine Ausdehnung von $l = 5\,\text{cm}$ hat? b) Mit welcher Geschwindigkeit treffen die Elektronen auf dem Leuchtschirm auf? (Nichtrelativistische Rechnung!).

**615** *Lorentz-Kraft (2)*

Von einem Punkt in einem homogenen Magnetfeld der Flussdichte $B = 0{,}01\,\text{T}$ geht ein divergentes Bündel von Elektronenstrahlen aus, deren Geschwindigkeitsvektoren alle den gleichen Betrag $v = 3 \cdot 10^7\,\text{m/s}$ haben und mit den Magnetfeldlinien den Winkel $\alpha = 10°$ einschließen. a) Welche Art von Bahnen durchlaufen die Elektronen in dem Magnetfeld? b) In welcher Entfernung $s$ treffen sich die Elektronen wieder in einem Punkt (Prinzip der magnetischen Linse)?

**616** *Ablenkung im magnetischen und elektrischen Feld*

Ein Protonenstrahl wird in ein Raumgebiet gelenkt, in dem ein homogenes elektrisches Feld $\boldsymbol{E} = E_0\boldsymbol{i}$ und ein homogenes magnetisches Feld $\boldsymbol{B} = B_0\boldsymbol{j}$ jeweils senkrecht zum Geschwindigkeitsvektor $\boldsymbol{v} = v_0\boldsymbol{k}$ gerichtet sind (WIENsches Geschwindigkeitsfilter). a) Bei welcher Geschwindigkeit $v$ passieren die Protonen das Gebiet auf geradliniger Bahn? b) Innerhalb welchen Geschwindigkeitsintervalls $\Delta v_0$ werden die Teilchen nach $l = 0{,}5\,\text{m}$ Strahlweg durch einen 5 mm breiten Spalt noch durchgelassen? $E_0 = 10\,\text{kV/m}$, $B_0 = 0{,}01\,\text{T}$, spezifische Ladung des Protons $e/m_\text{p} = 9{,}5788 \cdot 10^7\,\text{C/kg}$.

**617** *Magnetron*

Ein Elektron wird aus der Ruhelage heraus durch die gemeinsame Wirkung eines homogenen elektrischen Feldes (Feldstärke $E = 2 \cdot 10^5\,\text{V/m}$) und eines dazu senkrecht orientierten homogenen magnetischen Feldes (Flussdichte $B = 0{,}01\,\text{T}$) beschleunigt (Prinzip des Magnetrons). Man berechne die Bahnkurve des Elektrons! Welche maximale Verschiebung erfährt das Elektron in Richtung der elektrischen Feldlinien?

## ZUSATZAUFGABEN

**618** Mit welcher Kraft stoßen sich die beiden im Abstand 12 mm befindlichen Adern eines 10 m langen Starkstromkabels ($\mu_\text{r} \approx 1$) ab, wenn ein Strom von 120 A fließt?

**619** Zwei sehr lange, gerade Stromleiter mit gleicher Stromstärke, die im Abstand von 1 m parallel zueinander verlaufen, ziehen sich je Meter Länge der Doppelleitung mit der Kraft $2 \cdot 10^{-7}\,\text{N}$ an. Wie groß ist die Stromstärke?

**620** Zwischen den übereinander liegenden Polen eines Hufeisenmagneten befindet sich, an dünnen Stromzuführungen waagrecht aufgehängt, ein Draht aus Aluminium (Dichte $\varrho = 2{,}7 \cdot 10^3\,\text{kg/m}^3$), welcher im vertikalen Magnetfeld (Flussdichte $B = 0{,}08\,\text{T}$) frei schwingen kann. Durch den Draht fließt ein Strom der Stromdichte $j = 10^5\,\text{A/m}^2$. Um welchen Winkel gegenüber der Vertikalen wird die Pendelaufhängung (sog. LORENTZ-Schaukel) ausgelenkt?

621 (Bild) a) Welches maximale Drehmoment erfährt die quadratische Leiterschleife der Seitenlänge $a = 2$ cm im homogenen Magnetfeld von $B = 0{,}01$ T in Bezug auf die eingezeichnete Drehachse, wenn durch die Schleife ein Strom von $I = 10$ A fließt? b) Um welchen Drehwinkel wird die Leiterschleife ausgelenkt, wenn die Winkelrichtgröße einer an der Drehachse befestigten Rückstellfeder $D = 8 \cdot 10^{-5}$ N m beträgt (Prinzip des Drehspulgalvanometers)?

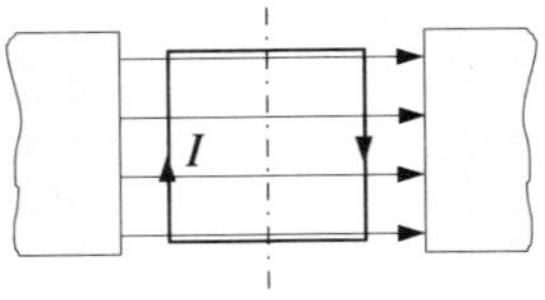


622 a) Man berechne das Drehmoment der rechteckigen Leiterschleife in Aufgabe 612 für einen beliebigen Drehwinkel $\alpha$ der Schleife um die Achse A! b) Welches maximale Drehmoment erfährt die Leiterschleife, und für welche Winkel $\alpha$ tritt es auf?

623 Ein Zyklotron vom Radius $R = 1$ m beschleunigt $\alpha$-Teilchen (Helium-Kerne, $q = 2e$, $m_\alpha = 6{,}6465 \cdot 10^{-27}$ kg) auf eine Energie von $E = 30$ MeV. Wie groß ist die Flussdichte des magnetischen Führungsfeldes?

624 Ein anfänglich ruhendes $^{63}$Cu-Ion (Ladung $+e$, Masse $m_1 = 1{,}045 \cdot 10^{-25}$ kg) wird durch ein Potentialgefälle von $U = 2{,}5$ kV beschleunigt und anschließend in einem senkrecht zur Flugbahn des Ions verlaufenden homogenen Magnetfeld von $B = 0{,}18$ T abgelenkt (Massenspektrometer). a) Welchen Radius hat die Flugbahn? b) Welchen Radius hat die Flugbahn eines ebenfalls einwertigen $^{65}$Cu-Ions der Masse $m_2 = 1{,}078 \cdot 10^{-25}$ kg?

625 Innerhalb welchen Geschwindigkeitsintervalls $\Delta v_0$ um die Sollgeschwindigkeit $v_0$ werden Elektronen durch das WIENsche Geschwindigkeitsfilter der Aufgabe 616 durchgelassen? *Hinweis:* Bei der Berechnung der Bahnkurve eines Elektrons mit der Anfangsgeschwindigkeit $\boldsymbol{v}_0 = (v_0 + \Delta v_0)\boldsymbol{k}$ ist zu berücksichtigen, dass $\Delta v_0$ infolge der LORENTZ-Kraft sowohl zu einer zeitlichen Änderung der $x$- als auch der $z$-Komponente des Geschwindigkeitsvektors führt: $\boldsymbol{v} = \Delta v_x \boldsymbol{i} + (v_0 + \Delta v_z)\boldsymbol{k}$ (vgl. Aufgabe 617).

## Magnetisches Feld in Stoffen

626 *Magnetisierung, magnetische Polarisation*
Im Innern einer Luftspule (Länge $l = 10$ cm, Windungszahl $N = 200$), durch die ein Strom von $I = 0{,}25$ A fließt, befinden sich Eisenfeilspäne (Permeabilitätszahl $\mu_r = 5000$) von länglicher Form, welche sich im Magnetfeld der Spule längs der Spulenachse ausgerichtet haben. a) Wie groß sind Magnetisierung $M$ und magnetische Polarisation $J$ der Eisenfeilspäne sowie die in den Spänen hervorgerufene magnetische Flussdichte $B$? b) Welches magnetische Dipolmoment $m$ wird in einem Span vom Volumen $V = 0{,}1$ mm$^3$ erzeugt?

627 *Magnetisierungskurve*
(Bild) Für Stahlguss und Gusseisen wurden die im Bild angegebenen Abhängigkeiten der erregten mittleren Flussdichte $B$ von der magnetischen Feldstärke $H$ gemessen (technische Magnetisierungskurve). a) Wie groß sind Permeabilitätszahl $\mu_r$, magnetische Polarisation $J$ und Magnetisierung $M$ dieser Materialien in einem Magnetfeld der Feldstärke $H = 0{,}5$ kA/m? b) Man skizziere den Verlauf der Permeabilitätszahl $\mu_r$ beider Materialien als Funktion der Feldstärke $H$! Bei welcher Feldstärke wird die Permeabilitätszahl von Stahlguss annähernd am größten?

### 628 *Hysteresisschleife*

(Bild) Die Hysteresisschleife eines ferromagnetischen Werkstoffs habe die Form eines Parallelogramms mit horizontaler Sättigungscharakteristik, wobei die Koerzitivfeldstärke $H_K = 800$ A/m, die Sättigungspolarisation $J_S = 0{,}9$ T und die Remanenz $J_R = 0{,}5$ T betragen. a) Wie groß ist das magnetische Dipolmoment $m$ eines Permanentmagneten von $l = 10$ cm Länge und $A = 1\ \text{cm}^2$ Querschnitt aus diesem Material? b) Man berechne die mittlere Verlustleistung $P$ infolge der Hysteresisverluste durch ständige Ummagnetisierung, wenn sich dieser Werkstoff als Eisenkern vom Volumen $V = 10\ \text{cm}^3$ in einer von Wechselstrom ($f = 50$ Hz) durchflossenen Spule befindet!

### 629 *Ringspule mit Eisenkern*

Wie groß sind magnetische Feldstärke $H$ und magnetische Flussdichte $B$ im Innern einer vom Strom der Stärke $I = 0{,}6$ A durchflossenen ringförmigen Zylinderspule (Toroid) mit $N = 600$ Windungen und der Länge (mittlerer Umfang) $l = 30$ cm a) ohne Eisenkern in der Spule; b) mit einem geschlossenen Kern aus Stahlguss (Magnetisierungskurve wie in Aufgabe 627)? c) Welche Stromstärke wäre erforderlich, um in der leeren Spule dieselbe magnetische Flussdichte wie bei b) zu erzeugen?

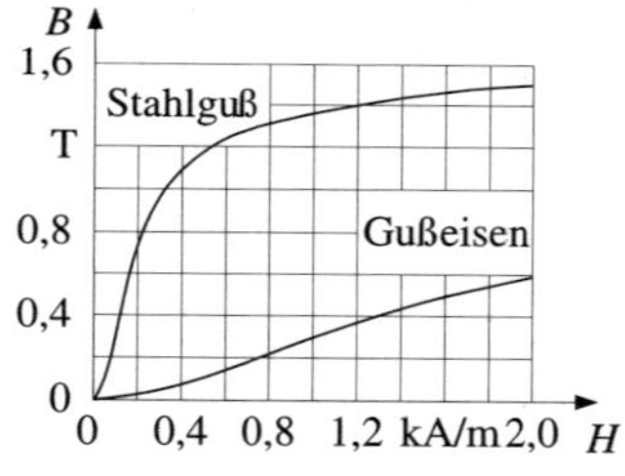

Aufgabe 627

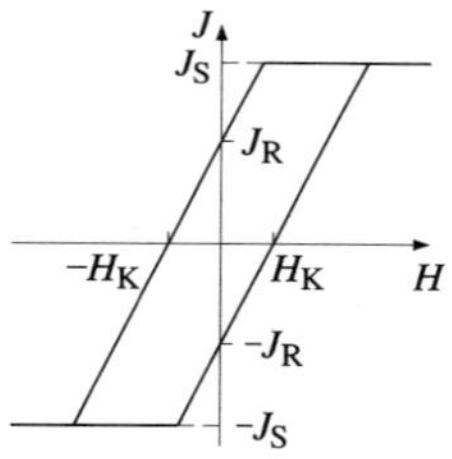

Aufgabe 628

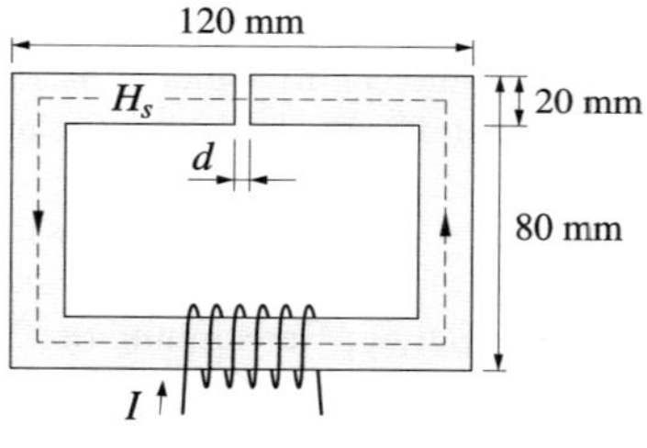

Aufgabe 630

### 630 *Magnetischer Kreis mit Luftspalt (1)*

(Bild) Ein durch einen Luftspalt ($d = 0{,}5$ mm) unterbrochener Eisenkern (Permeabilitätszahl $\mu_{rE} = 1860$) wird mittels einer darauf gewickelten Spule (Windungszahl $N = 250$, Stromstärke des Spulenstroms $I = 2{,}5$ A) magnetisiert. Man berechne die Flussdichte $B$ im magnetischen Kreis sowie die magnetische Feldstärke $H_E$ im Eisenkern und $H_L$ im Luftspalt ($\mu_{rL} = 1$)!

### 631 *Magnetischer Kreis mit Luftspalt (2)*

Man berechne die Größen $B$, $H_E$, $H_L$ des magnetischen Kreises in Aufgabe 630 für den Fall, dass die Permeabilitätszahl $\mu_r$ des Spulenkerns unbekannt ist, anhand der Magnetisierungskurve $B = B(H_E)$ für Stahlguss (Bild zu Aufgabe 627)!

### 632 *Tragkraft eines Elektromagneten*

(Bild) Wie groß ist die Tragkraft des im Bild dargestellten Elektromagneten (magnetisches Joch mit $\mu_{r1} = 2200$, $R = 0{,}2$ m, Windungszahl $N = 300$, Stromstärke $I = 3$ A), dessen beide Polschuhe mit der Polfläche $A = 8\ \text{cm}^2$ durch den zu tragenden ferromagnetischen Körper (Anker, $\mu_{r2} = 850$) zu einem magnetischen Kreis geschlossen werden? – *Hinweis:* Man gehe davon aus, dass die im engen Luftspalt zwischen Polschuh und Anker vorhandene magnetische Energiedichte (vgl. Aufgabe 595) gleich dem Anpressdruck zwischen Joch und Anker ist.

**633** *Ohmsches Gesetz der Magnetostatik (1)*
(Bild) Gegeben ist ein magnetischer Kreis, bestehend aus einem Anker (mittlerer Eisenweg $l_1 = 0{,}36$ m, Querschnittsfläche $A_1 = 12\ \mathrm{cm}^2$, Permeabilitätszahl $\mu_{r1} = 400$) und einem Joch ($2l_2 = 0{,}6$ m, $A_2 = 8\ \mathrm{cm}^2$, $\mu_{r2} = 800$), welches einen Luftspalt der Breite $d = 2$ mm enthält. Der Kreis wird durch eine Ankerspule (Windungszahl $N = 600$, Stromstärke $I = 2{,}5$ A) magnetisiert. Man berechne die magnetische Umlaufspannung $U_m$, den magnetischen Widerstand $R_m$ des Kreises, den magnetischen Fluss $\Phi$ im Kreis sowie die magnetischen Feldstärken $H_{E1}$, $H_{E2}$, $H_L$ und Flussdichten $B_{E1}$, $B_{E2}$, $B_L$ in Anker, Joch und Luftspalt!

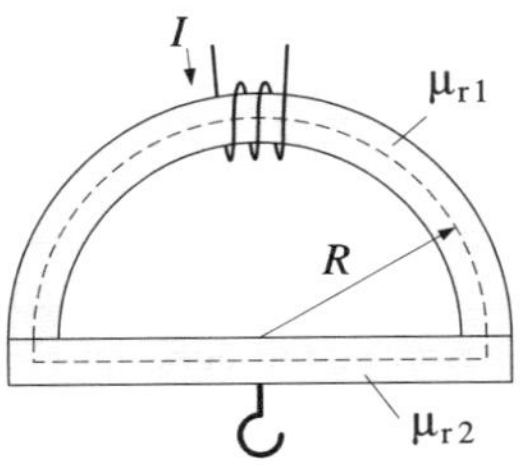

Aufgabe 632

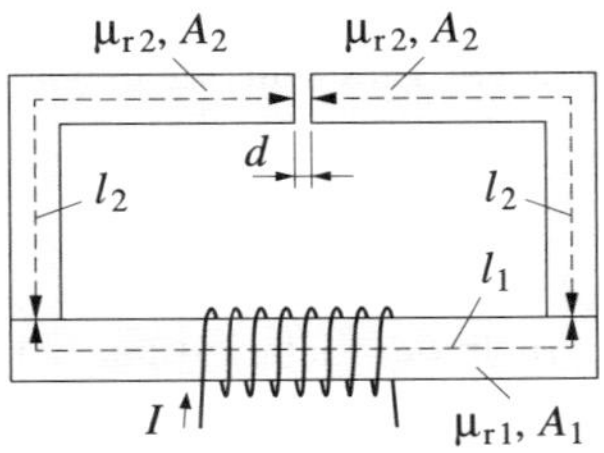

Aufgabe 633

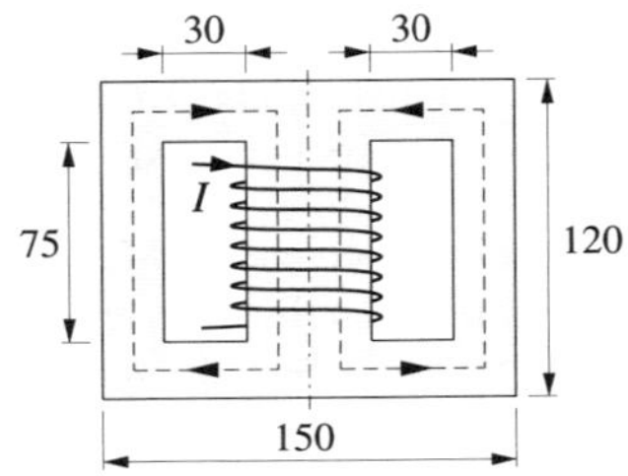

Aufgabe 634

**634** *Ohmsches Gesetz der Magnetostatik (2)*
(Bild) Ein Paket aus Dynamoblechen mit der Permeabilitätszahl $\mu_r = 3000$ hat die Dicke 52 mm und die aus dem Bild ersichtlichen Abmessungen (in mm). Es trägt auf dem Innenjoch eine stromdurchflossene Spule, deren magnetischer Fluss sich je zur Hälfte auf den linken und rechten Magnetkreis aufteilt. Das Produkt aus Windungszahl und Stromstärke (magnetische Umlaufspannung) beträgt $U_m = NI = 159$ A. a) Wie groß ist der magnetische Widerstand $R_m$ des Gesamtkreises? b) Wie groß ist der magnetische Widerstand des Gesamtkreises, wenn das Paket einmal im Innenjoch und einmal in einem der beiden Außenjochs einen Luftspalt der Breite $d = 0{,}5$ mm quer zur Feldrichtung aufweist? c) Wie groß ist die magnetische Flussdichte $B$ im Innenjoch für die Fälle a) und b)? – *Hinweis:* Die mittlere Länge $l$ der Feldlinien definiere man aus Volumen und Querschnittsfläche des Magnetkreises.

## ZUSATZAUFGABEN

**635** Ein Permanentmagnet von 6 mm × 10 mm Querschnittsfläche und 25 cm Länge hat eine remanente magnetische Polarisation von $J_R = 1{,}8$ T. Welches magnetische Dipolmoment $m$ haben die Teilstücke, wenn der Stab genau in der Mitte a) quer, b) längs geteilt wird? Welcher magnetische Fluss $\Phi$ dringt dann jeweils durch die Polenden?

**636** Ein Hufeisenmagnet mit der Polstärke $\Phi = 7{,}5 \cdot 10^{-5}$ Wb wird durch eine Weicheisenbrücke mit der Querschnittsfläche $A = 0{,}8\ \mathrm{cm}^2$ und der Permeabilitätszahl $\mu_r = 2980$ kurzgeschlossen. Wie groß sind magnetische Flussdichte $B$ und magnetische Feldstärke $H$ im Weicheisen?

**637** Wie groß ist die magnetische Flussdichte $B$ im Eisenkern einer Spule bei der Feldstärke $H = 150{,}0$ kA/m, wenn bereits bei der Feldstärke $H_S = 30{,}5$ kA/m mit $B(H_S) \equiv B_S = 1{,}85$ T die magnetische Sättigung des Eisens erreicht wird?

638 Auf einen ringförmigen geschlossenen Eisenkern (Querschnittsfläche $A = 2,8\,\text{cm}^2$; mittlerer Eisenweg $l = 20\,\text{cm}$; $\mu_r = 2500$) ist eine Spule gewickelt. a) Welche Amperewindungszahl ist erforderlich, um im Spuleninneren einen magnetischen Fluss von $\Phi = 1,1\,\text{mWb}$ zu erzeugen? b) Wie groß muss bei $N = 1000$ dann die Stromstärke sein? c) Welche Energie ist in der Spule gespeichert und wie groß ist deren Induktivität $L$?

639 Wie ändern sich in vorstehender Aufgabe die Größen a) bis c), wenn der ringförmige Eisenkern nicht geschlossen ist, sondern einen Luftspalt von $d = 1$ mm Breite enthält?

640 Auf welchen Wert reduziert sich die Tragkraft $F$ des Elektromagneten in Aufgabe 632, wenn der magnetische Kreis durch einen Luftspalt im magnetischen Joch der Breite $d = 1,5$ mm unterbrochen wird?

641 In ein homogenes Magnetfeld der Flussdichte $B = 0,7\,\text{T}$ wird senkrecht zu den Feldlinien eine (unendlich große) Eisenplatte ($\mu_r = 1850$) gestellt. a) Gesucht ist die magnetische Feldstärke $H_0$ außerhalb und $H$ innerhalb der Platte. b) Für beliebige, in einem äußeren Feld $H_0$ befindliche Körper gilt $H = H_0/(1 + \beta\chi_m)$ mit der magnetischen Suszeptibilität $\chi_m = \mu_r - 1$ und dem sog. Entmagnetisierungsfaktor $\beta$, welcher von der Gestalt des Körpers abhängt und den Wertebereich $0 \le \beta \le 1$ umfasst. Wie groß ist demnach $\beta$ für die senkrecht zum Magnetfeld stehende Platte?

642 Eine Zylinderspule (Spulenlänge $l$, Windungszahl $N$, Spulenstromstärke $I$) ist mit einem stabförmigen zylindrischen Eisenkern der Länge $l_E = l$ voll ausgefüllt. Warum kann man für die Berechnung der magnetischen Feldstärke $H_E$ im Eisenkern das Durchflutungsgesetz in der Form $H_E l_E = NI$ nicht anwenden?

# ELEKTROMAGNETISCHE INDUKTION. WECHSELSTROMKREIS

## Induktionsgesetz. Selbstinduktion

643 *Induktionsgesetz (1)*
Ein Draht der Länge $l$ bewegt sich in einem homogenen Magnetfeld der Induktion $\boldsymbol{B}$ mit konstanter Geschwindigkeit $\boldsymbol{v}$ in einer willkürlich angenommenen Richtung. a) Welche Potentialdifferenz stellt sich zwischen den Drahtenden ein? b) Für welche Bewegungsrichtung des Drahtes ist die induzierte Spannung maximal, bei welcher verschwindet sie?

644 *Induktionsgesetz (2)*
(Bild) Eine Leiterschleife vom Radius $R = 2\,\text{cm}$ befindet sich in einem homogenen Magnetfeld der Flussdichte $B = 0,1\,\text{T}$. Dabei zeigt die Normale der Schleifenfläche in Feldrichtung ($z$-Richtung). a) Wie groß ist die mittlere induzierte Spannung, wenn die Schleife in $0,05$ s um $90°$ um die $x$-Achse gedreht wird? b) In welcher Richtung, von oben gesehen, fließt der Induktionsstrom in der Schleife? c) Wie groß ist die Induktionsspannung, wenn die Schleife in $y$-Richtung ohne Drehung durch das Feld bewegt wird?

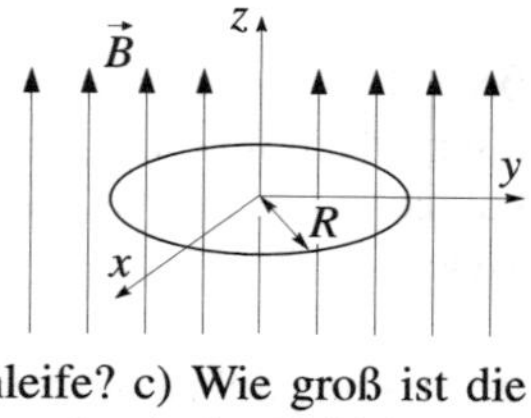

## 645 *Induktionsgesetz (3)*

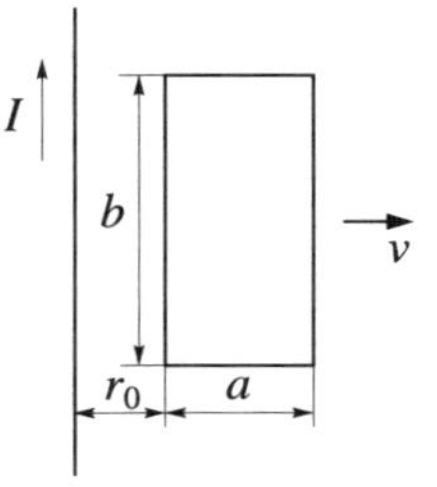


(Bild) Eine rechteckige Leiterschleife, deren Seite $b$ sich im Abstand $r_0 = 1$ cm parallel zu einem langen geraden Draht befindet, wird mit der konstanten Geschwindigkeit $v = 2{,}5$ m/s von diesem wegbewegt. Durch den Draht fließt ein Strom von $I = 10$ A von unten nach oben. a) Wie groß ist die induzierte Spannung in der Schleife ($a = 6$ cm, $b = 20$ cm) zu den Zeitpunkten $t_1 = 0{,}01$ s und $t_2 = 0{,}1$ s nach Beginn der Bewegung? b) Welchen Umlaufsinn hat der Induktionsstrom in der Schleife?

## 646 *Lenzsche Regel*

(Bild) Ein waagrechter, $l = 40$ mm langer und $d = 2$ mm dicker runder Kupferstab tritt frei fallend und beidseitig geführt durch zwei senkrechte, elektrisch leitende Schienen von vernachlässigbarem ohmschen Widerstand in ein horizontales homogenes Magnetfeld der

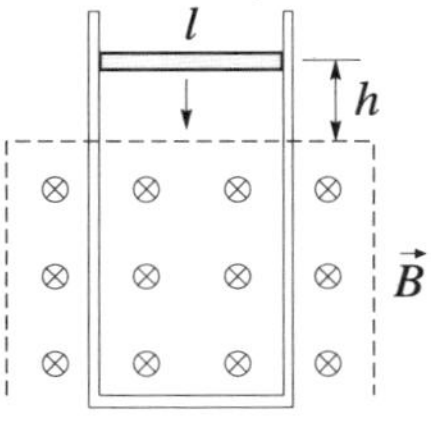


Flussdichte $B = 0{,}035$ T ein und durchquert dieses. a) Aus welcher Höhe $h$ über dem oberen Rand des Magnetfeldes muss der Stab losgelassen werden, wenn er das Feld mit konstanter Geschwindigkeit $v$ passieren soll? b) Wie groß sind betragsmäßig die induzierte Spannung, der Strom, die Bremskraft und die im Stab umgesetzte elektrische Leistung? In welcher Richtung fließt der Strom? Daten von Kupfer: $\varrho_m = 8{,}96 \cdot 10^3$ kg/m$^3$, $\varrho = 1{,}78 \cdot 10^{-8}\ \Omega$ m.

## 647 *Wechselstromgenerator*

Zur Erzeugung von Einphasen-Wechselstrom der Frequenz $f = 50$ Hz lassen wir eine Spule (Anker) in einem konstanten homogenen Magnetfeld rotieren, deren Drehachse senkrecht zur Feldrichtung steht. Die Ankerspule sei rechteckig mit den Abmessungen $a = 5$ cm und $b = 3$ cm und habe $N = 1500$ Windungen aus $0{,}2$ mm dickem Kupferdraht ($\varrho = 1{,}78 \cdot 10^{-8}\ \Omega$ m). a) Welche Flussdichte $B$ muss das Magnetfeld haben, damit in der Ankerwicklung eine Urspannung mit dem Scheitelwert $U_0 = 311$ V (entsprechend $U = 220$ V Effektivspannung, vgl. Aufgabe 665) induziert wird? b) Auf welchen Wert sinkt die Klemmenspannung an den Spulenenden, wenn an ihnen ein Strom von $I = 0{,}2$ A (Glühlampe) entnommen wird?

## 648 *Induktivität einer Ringspule (Toroid)*

10 m Draht (Durchmesser $d_D = 1$ mm) werden auf einen ringförmigen Eisenkern (Durchmesser $d_E = 10$ mm, Permeabilitätszahl $\mu_r = 600$) zu einer einlagigen Ringspule (mittlerer Durchmesser $d_S = 10$ cm) gewickelt. Man berechne a) deren Induktivität $L$, b) die magnetische Feldenergie $W_m$, wenn durch die Wicklung ein Strom von 1 A fließt!

## 649 *Induktivität eines Koaxialkabels*

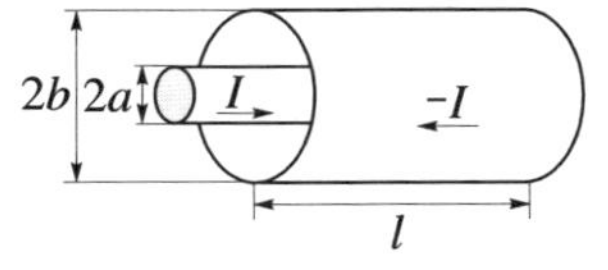


(Bild) Für ein Koaxialkabel, bestehend aus einem zylindrischen Innenleiter vom Durchmesser $2a = 0{,}6$ mm und einem konzentrisch dazu angeordneten Mantel aus Aluminiumfolie (Durchmesser $2b = 4{,}0$ mm) ist die Induktivität je Meter Kabellänge $L' = L/l$ zu berechnen. Permeabilitätszahl aller Materialien $\mu_r \approx 1$. – *Anleitung:* Man gehe von der radialen Verteilung der magnetischen Feldstärke $H(r)$ im Innenleiter sowie zwischen Innen- und Außenleiter aus (vgl. Aufgabe 597), berechne daraus die magnetische Energiedichte $w_m$ in diesen Raumbereichen und aus $W_m = LI^2/2$ die Induktivität!

**650** *Selbstinduktion (1)*
Durch eine auf einen geschlossenen ringförmigen Eisenkern (Durchmesser des Kerns $d_E = 2$ cm, mittlerer Durchmesser des Rings $d_S = 10$ cm, Permeabilitätszahl $\mu_r = 600$) einlagig gewickelte Spule mit $N = 300$ Windungen fließt bei einer anliegenden Gleichspannung von $U_0 = 133$ V ein Strom von $I_0 = 3{,}5$ A. Auf elektronischem Wege wird die Spannung abgeschaltet und gleichzeitig die Spule kurzgeschlossen. Wie groß ist die Stromstärke in der Spule $t = 10^{-3}$ s nach dem Abschalten?

**651** *Selbstinduktion (2)*
(Bild) Der Stromkreis, bestehend aus einer Spule mit der Induktivität $L = 0{,}8$ H, einem ohmschen Widerstand $R = 10\,\Omega$ und einer Spannungsquelle $U_0$ wird zum Zeitpunkt $t = 0$ geschlossen. Nach welcher Zeit hat die Stromstärke 99% ihres Endwertes erreicht?

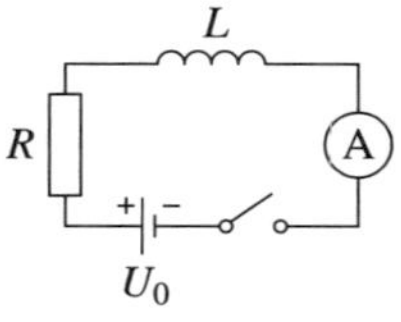


**652** *Gegeninduktion*
Zwei einlagige Zylinderspulen (Luftspulen) von $l = 40$ cm Länge und unterschiedlichem Durchmesser sind konzentrisch übereinander angeordnet. Durch die äußere Spule (Primärspule) mit dem Durchmesser $d_1 = 10$ cm und der Windungszahl $N_1 = 800$ fließt ein harmonischer Wechselstrom der Frequenz $f = 50$ Hz mit dem Scheitelwert $I_0 = 1{,}0$ A. a) Welche Spannung $U_0$ wird in der Sekundärspule (Durchmesser $d_2 = 5$ cm, Windungszahl $N_2 = 2000$) induziert? b) Wie groß ist die Gegeninduktivität, wenn man Primär- und Sekundärspule vertauscht?

**653** *Umspanntransformator*
Ein spannungsreduzierender Transformator wird primärseitig von einer 2,5 kV-Leitung gespeist und sekundärseitig mit 80 A belastet. Das Verhältnis der Windungszahlen von Primär- und Sekundärwicklung (Übersetzungsverhältnis) beträgt 20 : 1. Man bestimme die Sekundärspannung, den Primärstrom und die Leistungsabgabe bei einem Wirkungsgrad von 100% (idealer Transformator)!

## ZUSATZAUFGABEN

**654** Auf einem Tisch liegt eine kreisringförmige, isolierte Leiterschleife vom Radius $R$ und darüber, entlang eines Durchmessers der Schleife, ein gerader langer Draht, durch den ein Wechselstrom $i = I_0 \sin \omega t$ fließt. a) Welche induzierte Spannung zeigt ein an die Leiterschleife angeschlossenes Voltmeter in dieser Anordnung an? Was zeigt das Voltmeter an, wenn b) der Draht nicht durch den Schleifenmittelpunkt führt, c) der Draht den Tisch senkrecht durchsetzt?

**655** Welche Elektrizitätsmenge wird in einer einfachen, kreisringförmigen Drahtschleife von 5 cm Durchmesser und $0{,}2\,\Omega$ Widerstand, die sich zwischen den Polen eines Elektromagneten senkrecht zu den Feldlinien befindet, in Bewegung gesetzt, wenn das Magnetfeld der Stärke $B = 1$ T plötzlich abgeschaltet wird?

**656** Ein Zug fährt mit 120 km/h in nördliche Richtung. Die vertikale Komponente des Erdmagnetfeldes beträgt $4{,}5 \cdot 10^{-5}$ T. a) Welche Potentialdifferenz wird zwischen beiden Schienen gemessen (Spurweite 1435 mm), wenn das Feld (auf der Nordhalbkugel) in den Erdkörper hinein gerichtet ist? b) Welche Schiene ist positiv?

**657** Entlang der Achse einer langen Zylinderspule ($N$ Windungen, Länge $l$, Radius $R$) liegt ein Draht, der von einem Wechselstrom $i = I_0 \sin \omega t$ durchflossen wird. Wie groß ist die in der Spule induzierte Spannung?

**658** Im Innern einer langen Spule aus 5000 Windungen, durch die ein Strom von 3 A fließt, herrscht ein magnetischer Fluss von 1,9 mWb. Welche Induktivität hat die Spule?

**659** Eine Aluminiumscheibe (Radius $R = 20$ cm) rotiert mit konstanter Winkelgeschwindigkeit $\omega = 150\,\mathrm{s}^{-1}$ in einem homogenen Magnetfeld $B = 1{,}2$ T. Welche Potentialdifferenz besteht zwischen dem Drehpunkt und dem Rand der Scheibe?

**660** Durch eine $l = 200$ m lange Doppelleitung, bei der zwei Kupferdrähte vom Radius $r = 1$ mm im lichten Abstand $d = 3$ mm parallel zueinander verlaufen, fließt ein Strom von $I = 6$ A. Wie groß ist a) die Induktivität $L$ der Doppelleitung und b) die magnetische Energie $W_m$ im Kabel, wenn das Magnetfeld im Innern der Leiter vernachlässigt wird? – *Hinweis:* Man wende sinngemäß die Lösung von Aufgabe 649 für die Induktivität $L$ eines Koaxialkabels auf das hier vorliegende Problem an!

**661** In einem Stromkreis wie in Aufgabe 651 soll die Stromstärke eine Sekunde nach dem Einschalten genau die Hälfte ihres Endwertes annehmen. Wie groß muss die Zeitkonstante des Stromkreises sein?

**662** (Bild) Welcher Strom fließt 0,1 s nach Schließen des Schalters? $U_0 = 24$ V; $L = 0{,}2$ H; $R = 0$ (idealer Stromkreis).

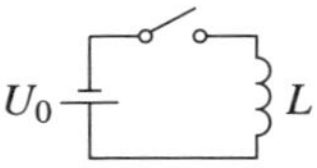


**663** Welche Induktionsspannungen lassen sich mit nebenstehender Relaisschaltung mindestens erzielen, wenn sich die Kontakte mit der Frequenz $f = 450$ Hz periodisch öffnen und schließen und dabei ein maximaler Strom von 350 mA fließt („Elektrisierapparat")? Induktivität der Relaisspule $L = 0{,}6$ H.

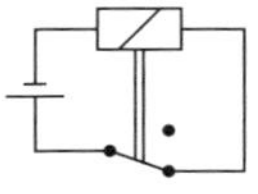

**664** Ein verlustloser Transformator hängt primärseitig an einer Hochspannungsleitung von 110 kV und liefert sekundärseitig 1 kA bei 220 V. Wie groß ist eingangsseitig die der Leitung entnommene Stromstärke?

## Wechselstrom

**665** *Effektivwerte harmonischer Wechselspannungen und -ströme*
Welche Leistung wird an einem Wirkwiderstand von $R = 100\,\Omega$ umgesetzt, wenn an ihn eine harmonische Wechselspannung $u(t) = U_0 \sin \omega t$ mit dem Scheitelwert von $U_0 = 150$ V angelegt wird? Wie groß sind in diesem Fall die Effektivwerte von Spannung und Stromstärke?

**666** *Effektivwerte anharmonischer Wechselspannungen und -ströme*
(Bild) Ein elektrischer Verbraucher mit einem Widerstand von $R = 100\,\Omega$ wird an einen Wechselspannungsgenerator angeschlossen, der a) eine Dreieckspannung mit der Amplitude $U_0 = 150$ V, b) eine Rechteckspannung der Größe $U_0 = 150$ V erzeugt. Welche Leistung wird jeweils im Verbraucher umgesetzt, und wie groß sind hierbei die Effektivwerte von Stromstärke und Spannung?

**667** *Reihenschaltung von Wirk- und Blindwiderständen*

(Bild) An die Netzspannung 220 V/50 Hz sind in Reihe liegend ein Verbraucher mit dem ohmschen Widerstand $R = 500\,\Omega$, eine Spule mit der Induktivität $L = 2{,}5$ H (ihr ohmscher Widerstand sei gegenüber dem des Verbrauchers $R$ vernachlässigbar) sowie ein Kondensator der Kapazität $C = 1{,}5\,\mu$F angeschlossen. Berechnen Sie a) den Scheinwiderstand $Z$ der Reihenschaltung, b) den Effektivwert der Stromstärke $I$ des Kreises, c) die Phasenverschiebung $\varphi$ zwischen Gesamtspannung und Stromstärke, d) die Spannungsabfälle an $R$, $L$ und $C$! Wie addieren sich diese zur Gesamtspannung $U$?

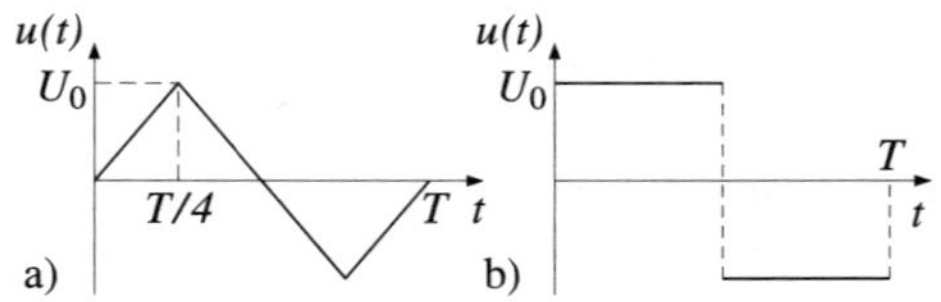


Aufgabe 666

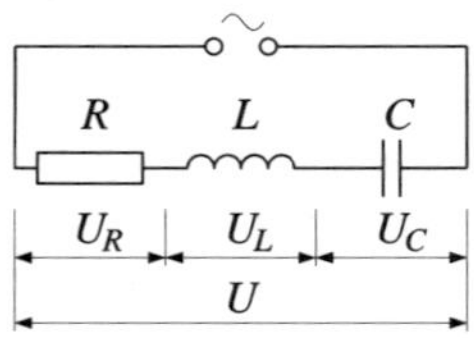


Aufgabe 667

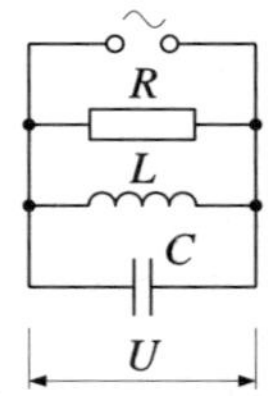


Aufgabe 668

**668** *Parallelschaltung von Wirk- und Blindwiderständen*

(Bild) Der ohmsche Widerstand $R = 500\,\Omega$, die Induktivität $L = 2{,}5$ H und die Kapazität $C = 1{,}5\,\mu$F aus der vorigen Aufgabe sind jetzt parallelgeschaltet und an Wechselspannung 220 V/50 Hz angeschlossen. Bestimmen Sie a) den Scheinwiderstand $Z$ der Schaltung, b) den Effektivwert der Gesamtstromstärke $I$, c) den Phasenwinkel $\varphi$ zwischen Spannung $U$ und Stromstärke $I$, d) die Teilstromstärken durch $R$, $L$ und $C$! Wie setzen sich diese zu $I$ zusammen?

**669** *Wechselstromwiderstände*

Im Bild a) ist eine $RC$-Kombination ($R_1 = 9\,\mathrm{k}\Omega$, $R_2 = 1\,\mathrm{k}\Omega$, $C_1 = 1\,\mu$F) dargestellt, die als Bestandteil einer komplexeren Schaltung gegen die im Bild b) angegebene ausgetauscht werden soll. Wie groß müssen $R_3$, $R_4$ und $C_2$ gewählt werden, damit sich beide Kombinationen für alle Frequenzen völlig identisch verhalten?

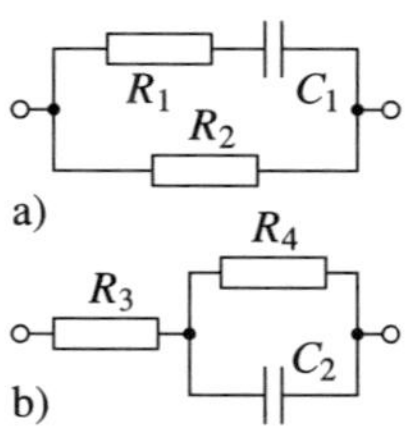


Aufgabe 669

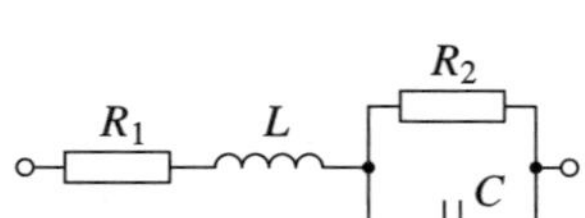


Aufgabe 670

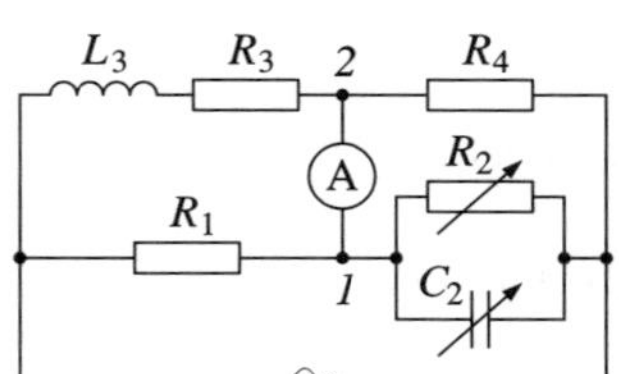


Aufgabe 671

**670** *Frequenzverhalten einer RLC-Kombination. Resonanz*

(Bild) a) Wie groß ist die Impedanz $Z = R + \mathrm{j}\,X$ des im Bild dargestellten Zweipols mit $R_1 = 100\,\Omega$, $R_2 = 300\,\Omega$, $L = 0{,}1$ H, $C = 2\,\mu$F für $f = 100$ Hz? Skizzieren Sie $R$ und $X$ als Funktion der Frequenz $f$! b) Welchen Wert nimmt $Z$ für $f = 0$ bzw. $f \to \infty$ an? c) Bei welcher Frequenz ist die Phasenverschiebung zwischen Spannung und Strom null?

**671** *Maxwell-Brücke*
(Bild) Mit der skizzierten Wechselstrombrücke lässt sich auf einfache Weise die Induktivität $L_3$ einer Spule und deren ohmscher Widerstand $R_3$ ermitteln. Bei anliegender Wechselspannung werden der Widerstand $R_2$ und die Kapazität des Kondensators $C_2$ so eingestellt, dass im Brückenzweig zwischen den Punkten *1* und *2* kein Strom fließt. Wie groß sind $L_3$ und $R_3$ einer Eisenspule, wenn $R_2 = 85\ \text{k}\Omega$ und $C_2 = 2{,}7\ \mu\text{F}$ gemessen werden? $R_1 = 300\ \Omega$, $R_4 = 500\ \Omega$.

**672** *Leistung im Wechselstromkreis*
Eine Glühlampe mit einer Leistung von $P = 75$ W, die für eine Betriebsspannung von $U_1 = 110$ V vorgesehen ist, soll an die Netzspannung $U_2 = 220$ V, $f = 50$ Hz angeschlossen werden. Wie groß muss a) die Kapazität eines zur Glühlampe in Reihe geschalteten Kondensators, b) die Induktivität $L$ einer in Reihe geschalteten Drossel sein, um die Wirkleistung $P$ zu erbringen? c) Welchen Wert hat dabei jeweils der Leistungsfaktor $\cos\varphi$? d) Wie groß sind Scheinleistung $S$ und Blindleistung $Q$? e) Wie groß ist die Stromstärke?

**673** *Blindleistungskompensation*
Ein Einphasen-Wechselstrommotor nimmt an einem 220 V/50 Hz-Netz bei seiner Nennleistung 180 W (Wirkleistung) einen Strom der Stromstärke 1,17 A auf. a) Berechnen Sie Leistungsfaktor und Phasenwinkel des Motors! b) Bestimmen Sie die Kapazität des Kondensators, der dem Motor parallel geschaltet werden muss, damit die aufgenommene Blindleistung insgesamt null wird!

## ZUSATZAUFGABEN

**674** Welche Spannung zeigt ein Vielfachmesser an, wenn an seine Klemmen eine harmonische Wechselspannung der Frequenz $f = 50$ Hz mit einem Scheitelwert von 311,1 V angelegt wird?

**675** Ein Wechselstrom erzeugt in einem 10-Ω-Widerstand Wärme mit einer Leistung von 360 W. Wie groß sind die Effektiv- und Scheitelwerte von Stromstärke und Spannung?

**676** Durch eine Spule fließt bei $U_{-} = 10{,}0$ V Gleichspannung ein Strom von $I_{-} = 6{,}1$ A, bei $U_{\sim} = 10{,}0$ V Wechselspannung von 50 Hz ein Strom von $I_{\sim} = 1{,}99$ A. Gesucht sind a) ohmscher Widerstand $R$, b) Scheinwiderstand $|Z|$ und c) Induktivität $L$ der Spule.

**677** An eine Wechselspannungsquelle (Effektivspannung $U = 12$ V, Frequenz $f = 50$ Hz) werden nacheinander ein Kondensator, eine Spule und beide in Reihe angeschlossen. Die dabei gemessenen Effektivstromstärken betragen in dieser Reihenfolge $I_1 = 86$ mA, $I_2 = 26$ mA und $I_3 = 37$ mA. Wie groß sind a) die Kapazität $C$ des Kondensators, b) die Induktivität $L$ und der ohmsche Widerstand $R$ der Spule?

**678** (Bild) Man bestimme für die skizzierte Schaltung aus je zwei gleichen Kapazitäten und Induktivitäten die Frequenz $\omega$, bezogen auf $\omega_0 = 1/\sqrt{LC}$, für die der Wechselstromwiderstand der Schaltung null wird!

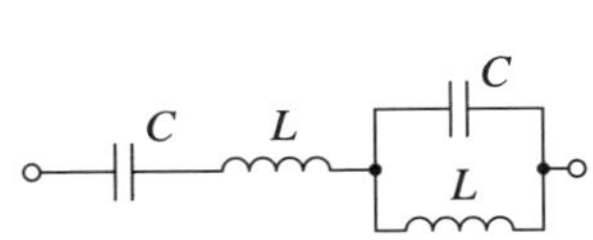


**679** (Bild) Gibt es eine Frequenz $f$, bei der sich die dargestellte $RLC$-Kombination ($R_1 = 100\ \Omega$, $R_2 = 500\ \Omega$, $L = 0{,}08$ H, $C = 220$ nF) wie ein reiner Wirkwiderstand $R$ verhält?

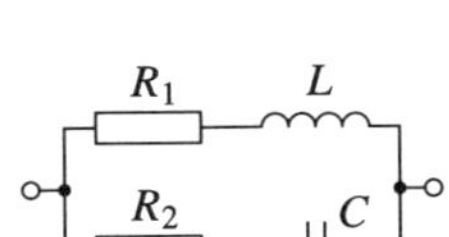

# SCHWINGUNGEN UND WELLEN

## Mechanische Schwingungen

### 680 *Schwingung*

Der Begriff „Schwingung“ wird häufig als Vorgang definiert, bei dem sich eine physikalische Größe zeitlich periodisch ändert. Bedeutet dies, dass *jeder* zeitlich periodische Vorgang, wie z. B. die Bewegung des Kolbens im Zylinder eines Motors, eine Schwingung ist? Was kennzeichnet ein schwingungsfähiges System? Wann führt es *harmonische* Schwingungen aus?

### 681 *Harmonische Schwingung (1)*

Zu welchen Zeitpunkten $t$ (ausgedrückt in Teilen bzw. Vielfachen der Periodendauer $T$) sind Geschwindigkeit und Beschleunigung eines harmonischen Oszillators (z. B. eines Masse-Feder-Schwingers) dem Betrage nach maximal, wenn zur Zeit $t = 0$ die Auslenkung $x = 0$ ist?

### 682 *Harmonische Schwingung (2)*

Ein ungedämpft schwingender harmonischer Oszillator mit der Eigenfrequenz $f = 25\,\text{Hz}$ hat zum Zeitpunkt $t = 0$ eine Auslenkung aus der Ruhelage von 5 cm und eine Geschwindigkeit von 13,6 m/s. Man bestimme die Amplitude $x_\text{m}$ und die Anfangsphase $\varphi_0$ des Oszillators!

### 683 *Mathematisches Pendel*

(Bild) Senkrecht unter dem Aufhängepunkt $A$ eines mathematischen Pendels der Pendellänge $l_1 = 1{,}0\,\text{m}$ befindet sich ein Stift $S$, an den sich der Pendelfaden beim Zurückschwingen anlegt (Pendelhemmung). Das Pendel schwingt dann nach rechts mit der verkürzten Pendellänge $l_2$. a) Wie groß ist der Abstand des Stiftes vom Aufhängepunkt, wenn die Schwingungsdauer für beide Halbschwingungen zusammen $T = 1{,}5\,\text{s}$ beträgt? b) Wie hoch schwingt die Pendelmasse nach rechts aus, wenn das Pendel um $\varphi_1 = 3{,}0°$ nach links ausgelenkt und dann losgelassen wird? c) Wie groß ist der maximale Auslenkungswinkel $\varphi_2$ beim Ausschwingen nach rechts?

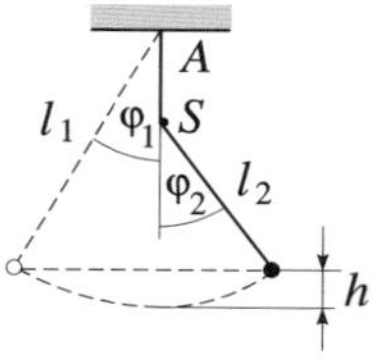


### 684 *Physisches Pendel (Reduzierte Pendellänge)*

Eine homogene Kreisscheibe vom Radius $R$ schwingt unter dem Einfluss der Schwerkraft um eine Achse $A$ senkrecht zur Scheibenfläche im Abstand $s$ vom Schwerpunkt $S$. a) Gesucht ist ein allgemeiner Ausdruck für die Schwingungsdauer dieses physischen Pendels. b) Wie groß ist die Länge $l$ eines mathematischen Pendels mit der gleichen Schwingungsdauer $T$ wie die des physischen Pendels im Falle des Schwerpunktabstandes $s = R = 17\,\text{cm}$? Welche Schwingungsdauer haben die Pendel? c) Was ergibt sich für den Grenzfall, wenn sich die Achse $A$ außerhalb der Scheibe in einem so großen Abstand befindet, dass demgegenüber die Abmessungen der Scheibe vernachlässigbar klein sind?

### 685 *Masse-Feder-Schwinger (1)*

Mit welcher Eigenfrequenz $f$ bzw. Schwingungsdauer $T$ kann ein Pkw auf Grund seiner Federung schwingen, wenn sich seine Karosserie mit der Leermasse $m_0 = 800\,\text{kg}$ bei einer Zuladung von $m_1 = 250\,\text{kg}$ um $x_1 = 30\,\text{mm}$ senkt? Wie groß sind $f_0$ und $T_0$ für die leere Karosserie?

**686** *Masse-Feder-Schwinger (2)*

In Aufgabe 8 fährt ein Wagen gegen die Pufferfedern eines Prellbocks. Der Stoßvorgang lässt sich als eine Viertelschwingung auffassen, deren maximale Geschwindigkeit $v_1 = 4{,}5$ m/s gegeben und deren Amplitude $x_1$ (maximale Stauchung der Federn) gesucht ist. Man ermittle $x_1$ aus der Bewegungsgleichung für die harmonische Schwingung mit $a = \ddot{x} = -\beta x$! Wie lange dauert der Stoßvorgang, wenn $\beta = 2 \cdot 10^3\ \mathrm{s}^{-2}$ ist?

**687** *Masse-Feder-Schwinger (3)*

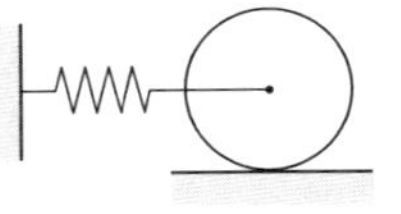

(Bild) Um welchen Faktor unterscheidet sich die Eigenfrequenz des Federschwingers im Bild mit a) rollendem Vollzylinder (Massenträgheitsmoment bezüglich der Schwerpunktachse $J_S = mr^2/2$), b) rollender Kugel ($J_S = 2mr^2/5$) von derjenigen eines Federschwingers mit gleicher Federkonstante und gleich großer, aber reibungsfrei gleitender Masse $m$?

**688** *Schwingung gekoppelter Massen*

(Bild) Zwei Massen $m_1 = 0{,}6$ kg und $m_2 = 0{,}4$ kg, die auf einer waagrechten Unterlage reibungsfrei gleiten können, sind durch eine Feder mit der Federkonstante $k = 341$ N/m miteinander verbunden. Wird die Feder gespannt und dann wieder freigegeben, führen die Massen Schwingungen gegeneinander aus. Man berechne Frequenz $f_0$ und Schwingungsdauer $T_0$ des gekoppelten Systems!

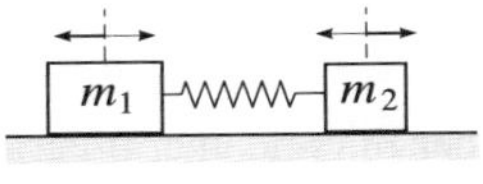


**689** *Gekoppelte Schwingungen*

(Bild) Zwei benachbarte Wasserstoffatome (Masse $m = 1{,}673 \cdot 10^{-27}$ kg) sind Bestandteil einer komplexeren chemischen Verbindung. Die „Federkonstante" der quasielastischen Bindung zwischen den H-Atomen beträgt $k_{12} = 0{,}028$ N/m, für die Bindungen zwischen H-Atom und angrenzenden (als starr angenommenen) Nachbaratomen $k = 0{,}034$ N/m. Gesucht sind die Fundamentalschwingungen des gekoppelten Systems.

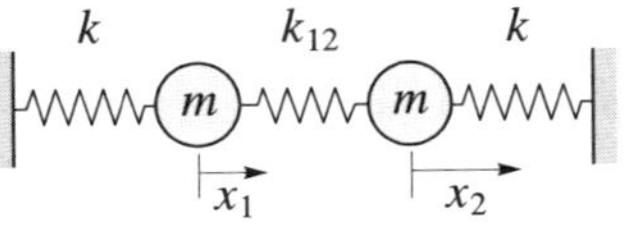


**690** *Vertikalschwingung und Drehschwingung*

(Bild) Ein homogener Stab der Masse $m$ und der Länge $l$ ist mit den Stabenden waagrecht an zwei gleichen Federn der Federkonstante $k$ aufgehängt. Man vergleiche die Frequenz der Vertikalschwingungen mit der von Drehschwingungen um die Mittelachse bei kleinen Auslenkungen und fehlender Dämpfung!

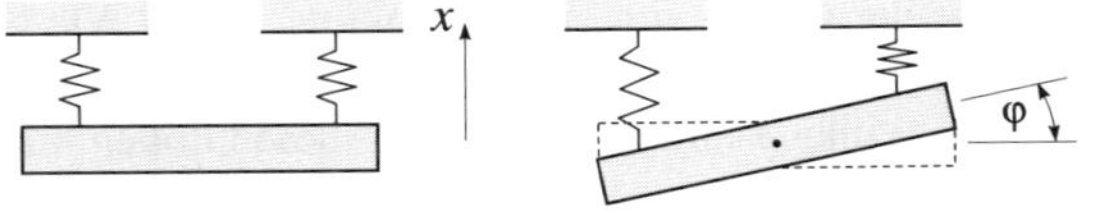


**691** *Drehschwingung (1)*

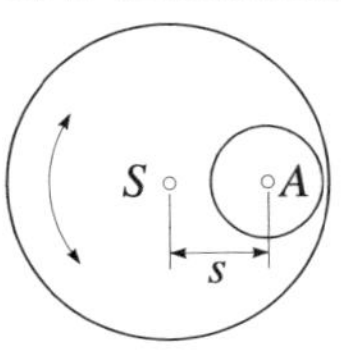


(Bild) Eine Metallscheibe mit dem Trägheitsmoment $J_S = 60\ \mathrm{kg\,cm^2}$ kann an einer Torsionsfeder Drehschwingungen um ihre Achse $S$ senkrecht durch die Scheibenmitte ausführen. Im Abstand $s = 6{,}0$ cm von $S$ befindet sich mit $A$ als Mittelpunkt eine zweite Scheibe, welche an den Drehschwingungen teilnimmt. Dabei kann sich diese zweite Scheibe entweder um $A$ reibungsfrei drehen, oder sie ist durch eine Arretierung mit der ersten Scheibe fest verbunden. Die Schwingungsdauer im ersten Fall sei $T_1$, im zweiten, bei arretierter Scheibe, $T_2$. Man bestimme das Verhältnis $T_2/T_1$, wenn die zweite Scheibe eine Masse von $m = 0{,}7$ kg und einen Radius von $r = 13$ cm hat!

**692** *Drehschwingung (2)*

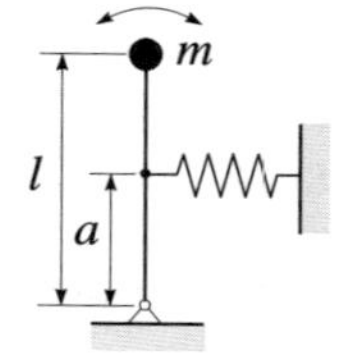


(Bild) Ein senkrecht stehender, drehbar gelagerter masseloser Stab (Länge $l = 16\,\text{cm}$) mit der Punktmasse $m = 200\,\text{g}$ am oberen Stabende wird im Abstand $a$ vom Drehpunkt von einer Schraubenfeder (Federkonstante $k = 100\,\text{N/m}$) gehalten. Welchen Wert darf $a$ nicht unterschreiten, damit der Stab bei kleiner Auslenkung eine harmonische Schwingung um die vertikale Ruhelage ausführt? Man berechne dazu dessen Eigenfrequenz!

**693** *Drehschwingung (3)*

(Bild) In einer zylindrischen Schale (Radius $R = 20\,\text{cm}$) führt ein Vollzylinder (Radius $r = 5\,\text{cm}$, Trägheitsmoment um die Zylinderlängsachse $J_S = mr^2/2$) eine Rollbewegung geringer Amplitude um die Ruhelage aus. Wie groß ist die Periodendauer dieser harmonischen Schwingung?

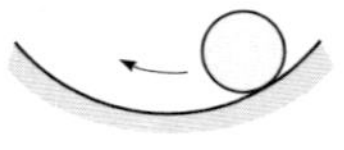

**694** *Schwingungsenergie (1)*

Für welche Auslenkungen $x$ einer ungedämpften harmonischen Schwingung einer Masse $m$ an einer Feder der Federkonstante $k$ sind potentielle und kinetische Energie gleich?

**695** *Schwingungsenergie (2)*

Man vergleiche die zeitlichen Mittelwerte von potentieller und kinetischer Energie über $n$ Perioden bei ungedämpften harmonischen Federschwingungen!

**696** *Freie gedämpfte Federschwingung*

Ein Körper der Masse $m$ schwingt an einer Feder der Federkonstante $k$, wobei die der Geschwindigkeit $v = \dot{x}$ proportionale Luftwiderstandskraft $F_R = -\beta\dot{x}$ ($\beta$ Dämpfungskonstante) die Schwingung dämpft. Man zeige, dass die Bewegungsgleichung $m\ddot{x} + \beta\dot{x} + kx = 0$ durch die spezielle Lösung für nicht zu starke Dämpfung $x = x_m\,e^{-\delta t}\sin\omega t$ mit der Abklingkonstanten $\delta = \beta/(2m)$ und der Kreisfrequenz $\omega = \sqrt{(k/m) - \delta^2}$ erfüllt wird! Wie groß sind Abklingkonstante und Kreisfrequenz für $m = 0{,}1\,\text{kg}$, $\beta = 2{,}0\,\text{kg/s}$ und $k = 90\,\text{N/m}$?

**697** *Logarithmisches Dekrement (1)*

a) Wie groß ist das logarithmische Dekrement $\Lambda$ einer gedämpften Schwingung $x(t) = x_m\,e^{-\delta t}\sin\omega t$, wenn die Schwingungsdauer $T$ durch die Dämpfung gerade doppelt so groß ist wie die der ungedämpften Schwingung $T_0$? b) Wie groß ist bei dieser Schwingung das zweite Schwingungsmaximum $x_{m2}$, wenn das erste $x_{m1} = 10\,\text{cm}$ beträgt? c) Es sei $T = 0{,}9\,\text{s}$. Man gebe $\delta$, $\omega$ und $\omega_0$ an und vergleiche diese Größen miteinander!

**698** *Logarithmisches Dekrement (2)*

Ein Federschwinger führt gedämpfte harmonische Schwingungen aus. Nach 5 vollen Perioden ist die Amplitude auf $1/10$ des Anfangswertes $x_{m0}$ abgeklungen. Die Schwingungsdauer wird zu $T = 0{,}5\,\text{s}$ bestimmt. a) Wie groß sind logarithmisches Dekrement $\Lambda$ und Abklingkonstante $\delta$? b) Wie groß ist die Amplitude $x_{m10}$ nach 10 Schwingungsperioden?

**699** *Schwingfall, Kriechfall, aperiodischer Grenzfall*

(Bild) Gießt man Flüssigkeit (Dichte $\varrho$) in ein U-Rohr, führt die Flüssigkeitssäule Schwingungen um die Gleichgewichtslage (Gleichstand der Flüssigkeitsoberfläche in beiden Schenkeln) aus, die infolge Reibung nach einer gewissen Zeit zum Stillstand kommen. Ist $2x$ der Höhenunterschied der Flüssigkeit in den beiden Schenkeln, so wirkt die zu $2x$ proportiona-

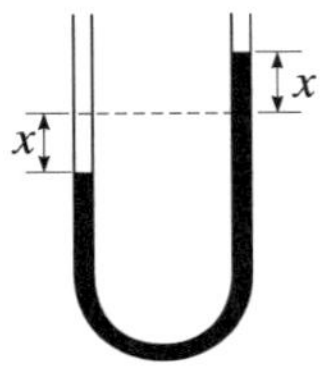


le Gewichtskraft $F_G$ der überstehenden Flüssigkeit als rücktreibende Kraft. Die Schwingungsdämpfung wird (laminare Strömung im Rohr vorausgesetzt) nach HAGEN-POISEUILLE durch die zur Geschwindigkeit $v = \dot{x}$ proportionale Reibungskraft $F_R = 8\pi\eta l v$ ($l$ Länge der Flüssigkeitssäule, $\eta$ Viskosität der Flüssigkeit) verursacht. Es sei $l = 20\,\text{cm}$ und der Rohrquerschnitt $A = 1{,}0\,\text{cm}^2$. Man ermittle durch Vergleich der Bewegungsgleichung $m\ddot{x} + F_R + F_G = 0$ mit deren allgemeiner Form $\ddot{x} + 2\delta\dot{x} + \omega_0^2 x = 0$ die Eigenfrequenz $\omega_0$ der ungedämpften Schwingung sowie a) für Wasser ($\varrho = 1{,}0\,\text{g/cm}^3$; $\eta = 1{,}0\,\text{mPa s}$), b) Glycerin ($\varrho = 1{,}26\,\text{g/cm}^3$; $\eta = 1600\,\text{mPa s}$), c) Speiseöl ($\varrho = 0{,}92\,\text{g/cm}^3$; $\eta = 72{,}5\,\text{mPa s}$) die Abklingkonstante $\delta$ und die Kreisfrequenz der gedämpften Schwingung $\omega = \sqrt{\omega_0^2 - \delta^2}$! Diskutieren Sie den jeweils vorliegenden Dämpfungsfall!

700 *Erzwungene Schwingung (Amplitudenresonanz)*
Das Fundament einer Maschine mit der Eigenfrequenz der ungedämpften Schwingung $f_0 = 4{,}0\,\text{Hz}$ und einer Abklingkonstante von $\delta = 3{,}5\,\text{s}^{-1}$ (als Resonator) wird durch eine rotierende, schlecht ausgewuchtete Maschinenwelle zum Mitschwingen mit der Frequenz $f$ angeregt. a) Bei welcher Frequenz $f_R$ (bzw. $\omega_R$) tritt Resonanz auf? b) Wie groß ist im Resonanzfall die Überhöhung der Amplitude $u_m$ der Resonatorschwingung gegenüber der Amplitude $x_m$ der Erregerschwingung? c) Mit welcher Phasenverschiebung $\varphi$ folgt für $\omega = \omega_R$ die Resonator- der Erregerschwingung?

701 *Überlagerung von Schwingungen gleicher Frequenz*
Zwei gleich gerichtete harmonische Schwingungen gleicher Frequenz und gleicher Amplitude $x_0 = 10\,\text{cm}$, welche zueinander eine Phasenverschiebung von $\varphi = 60°$ aufweisen, werden überlagert. Gesucht sind Amplitude $x_m$ und Anfangsphase $\varphi_0$ der resultierenden Schwingung. *Hinweis:* Man benutze das Additionstheorem $\sin\alpha + \sin\beta = 2\cos[(\alpha-\beta)/2]\sin[(\alpha+\beta)/2]$!

702 *Überlagerung von Schwingungen verschiedener Frequenz (Schwebung)*
Eine angezupfte Saite von 87,4 cm Länge erzeugt den gleichen Ton wie eine Stimmgabel. Verlängert man die Saite bei gleich bleibender Saitenspannung um 0,6 cm, so erzeugen die Töne von Saite und Stimmgabel in ihrer Überlagerung eine Schwebung mit der Schwebungsfrequenz von $f_S = 3\,\text{Hz}$. Mit welcher Frequenz schwingt die Stimmgabel?

703 *Senkrechte Überlagerung von Schwingungen*
Ein Punkt nimmt gleichzeitig an zwei zueinander senkrechten harmonischen Schwingungen $x(t)$ und $y(t)$ von gleicher Frequenz mit den Amplituden $x_m = 3\,\text{cm}$ und $y_m = 4\,\text{cm}$ teil, deren Anfangsphasen sich um a) $\Delta\varphi = 0$; b) $\Delta\varphi = \pi/2$; c) $\Delta\varphi = 3\pi/4$ unterscheiden. Welche resultierende Schwingung vollführt der Punkt in den drei Fällen?

704 *Zeigerdarstellung von Schwingungen*
Zwei gleich gerichtete Schwingungen gleicher Frequenz mit unterschiedlichen Amplituden $x_{m1} = 10{,}0\,\text{cm}$, $x_{m2} = 8{,}5\,\text{cm}$ und Anfangsphasen $\varphi_1 = 20°$, $\varphi_2 = 80°$ werden zu einer resultierenden Schwingung überlagert. Wie groß ist die Amplitude $x_m$ der Überlagerungsschwingung und die Phasenverschiebung $\psi$ zwischen der ersten der beiden Teilschwingungen und der resultierenden Schwingung? Man löse die Aufgabe mit der in vielen Fällen vorteilhaften Zeigerdarstellung von Schwingungen durch komplexe Zahlen unter Verwendung der EULERschen Formel $e^{j\varphi} = \cos\varphi + j\sin\varphi$!

ZUSATZAUFGABEN

705 Zu welchen Zeiten ist die Auslenkung $x$ während der ersten Periode einer ungedämpften harmonischen Schwingung $x = x_m \sin \omega t$ mit der Schwingungsdauer $T = 0{,}12$ s dem Betrag nach gleich der halben Amplitude $x_m$?

706 Ein Körper führt in 30 s 10 Schwingungsperioden aus. Der Weg von einem Umkehrpunkt zum anderen beträgt 30 cm. Wie groß ist die Auslenkung $x$ zu den Zeitpunkten 1, 2, 5 Sekunden sowie 5 Minuten nach dem ersten beobachteten Durchgang des Körpers durch seine Nullage (von negativen zu positiven Werten)?

707 Gesucht sind Amplitude $x_m$ und Anfangsphase $\varphi_0$ einer harmonischen Schwingung mit der Periodendauer $T = 0{,}3$ s, deren schwingender Punkt eine maximale Beschleunigung von $a_m = \pm 57$ m/s$^2$ und zum Zeitpunkt null eine Auslenkung von $x_0 = 92$ mm hat.

708 Ein Körper schwingt an zwei gleichen Federn, wobei einmal die Federn in Reihe untereinander gehängt, das andere Mal parallel nebeneinander angeordnet werden. Wie verhalten sich die Eigenfrequenzen zueinander?

709 Wie groß ist die Amplitude $x_m$ der Schwingung eines Körpers an einer Feder, wenn die gesamte Schwingungsenergie $E = 3{,}0 \cdot 10^{-5}$ J und die Kraft an den Umkehrpunkten $F = 1{,}5 \cdot 10^{-3}$ N beträgt?

710 Im Wasserstoffmolekül ($H_2$) beträgt die Kraft zwischen beiden H-Atomen (Masse $m = 1{,}673 \cdot 10^{-27}$ kg) im Abstand $r$ voneinander $F = -A(r - r_0)$, wobei $A = 0{,}028$ N/m und $r_0$ der Gleichgewichtsabstand zwischen den Zentren der H-Atome ist. Wie groß ist die Frequenz der Schwingung, welche die beiden Atome im Molekül gegeneinander ausführen?

711 Ein starrer Körper ist in seinem Schwerpunkt an einem Draht aufgehängt. Ein von außen angreifendes Drehmoment von 35 N m verdreht den Körper um einen Winkel von 15°. Nach dem Loslassen führt dieser als Torsionspendel 90 Schwingungen je Minute aus. Man bestimme das Massenträgheitsmoment $J$ des Körpers bezüglich der Drehachse!

712 Das Massenträgheitsmoment $J$ eines an einem Torsionsfaden aufgehängten Drehschwingers kann experimentell bestimmt werden, indem eine Zusatzmasse mit bekanntem Trägheitsmoment $J_1$ an ihm befestigt wird und die Schwingungsdauern $T_0$ und $T_1$ ohne und mit Zusatzmasse gemessen werden. a) Wie groß ist $J$, wenn $J_1 = 1{,}0 \cdot 10^{-3}$ kg m$^2$, $T_0 = 8{,}41$ s und $T_1 = 11{,}18$ s betragen? b) Man bestimme zusätzlich die Winkelrichtgröße $D$ des Torsionsfadens!

713 Ein Körper von der Form eines homogenen Zylinders hängt senkrecht an einer Schraubenfeder. Er kann sowohl Vertikalschwingungen mit der Kreisfrequenz $\omega_V = \sqrt{k/m}$ als auch Drehschwingungen um die Zylinderachse mit $\omega_D = \sqrt{D/J}$ ausführen. Wie groß ist der Radius des Zylinders, wenn Vertikal- und Drehschwingung gleiche Eigenfrequenzen haben? Federkonstante $k = 200$ N/m; Winkelrichtgröße $D = 0{,}16$ N m/rad.

714 (Bild) Eine Stange der Länge $l$ und der Masse $m$ ist an einem Ende drehbar gelagert und am anderen federnd aufgehängt. Wie groß ist die Schwingungsfrequenz bei kleinen Auslenkungen $x \ll l$ für $m = 0{,}3$ kg und $k = 40$ N/m? Reibung wird vernachlässigt.

**715** (Bild) Man ermittle die Eigenfrequenz des im Bild dargestellten schwingungsfähigen Systems für kleine Auslenkungen! Vgl. Aufgabe 692.

**716** Nach wie viel Perioden $n$ klingt die Amplitude einer gedämpften Schwingung mit der Frequenz $f = 2{,}0$ Hz und der Abklingkonstante $\delta = 0{,}1386\ \text{s}^{-1}$ auf die Hälfte der Anfangsamplitude $x_0$ ab?

**717** Wie groß ist das logarithmische Dekrement $\Lambda$ eines mathematischen Pendels, wenn sich die Amplitude der Schwingungen nach 1 Minute auf die Hälfte verringert hat? Die Länge des Pendels ist 1 m.

**718** An eine Feder wird ein Massenstück gehängt. Dabei verlängert sie sich um 9,8 cm. Wie groß ist die Abklingkonstante $\delta$, wenn a) die Amplitude der nach einer weiteren kleinen Auslenkung der Feder entstehenden Schwingungen nach 10 s auf 1% abgefallen ist, b) das Massenstück im aperiodischen Grenzfall in die Gleichgewichtslage zurückkehrt, c) das logarithmische Dekrement $\Lambda$ den Wert 6 hat?

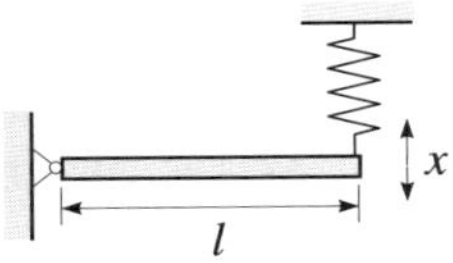

Aufgabe 714

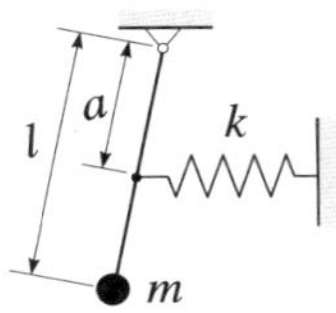

Aufgabe 715

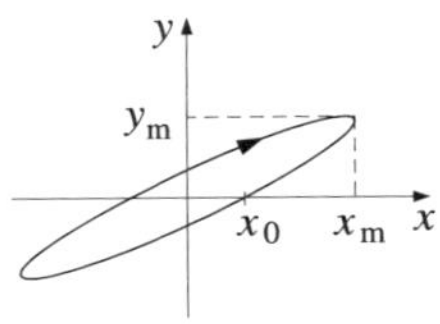

Aufgabe 722

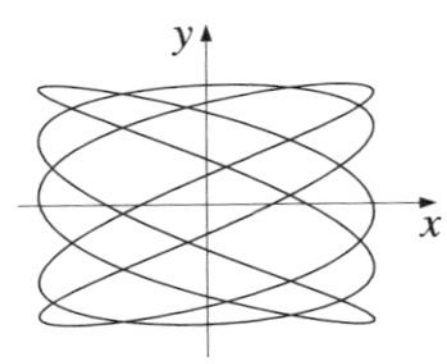

Aufgabe 723

**719** Wie groß ist im Resonanzfall die Phasenverschiebung $\varphi_R$ zwischen Resonator und Oszillator und die Amplitudenüberhöhung der Resonatorschwingung bei verschwindender Dämpfung? Vgl. dazu Aufgabe 700.

**720** Auf einer Fernverkehrsstraße befinden sich im Abstand $l = 12$ m Bodenwellen der Tiefe $h = 5$ cm, die an einem fahrenden Pkw (Masse der Karosserie einschl. Beladung $m = 1000$ kg, Gesamtfederkonstante der Federung $k = 1{,}3 \cdot 10^5$ N/m, Abklingkonstante der Stoßdämpfer $\delta = 1{,}4\ \text{s}^{-1}$) vertikale Schwingungen hervorrufen. a) Bei welcher Geschwindigkeit $v$ sind die Schwingungen am größten (Resonanz!)? b) Wie groß kann die Schwingungsamplitude werden?

**721** Durch Überlagerung der Töne zweier Stimmgabeln, von denen die zweite durch Anbringung einer Zusatzmasse ein wenig verstimmt ist, entsteht eine Schwebung, deren Dauer gleich dem 50-fachen der Schwingungsdauer $T_1$ der ersten Stimmgabel ist. a) Um wie viel Prozent weicht die Schwingungsdauer $T_2$ der verstimmten Stimmgabel von $T_1$ ab? b) Mit welcher Frequenz schwingt die zweite Stimmgabel, wenn $f_1 = 440$ Hz beträgt?

**722** (Bild) Welche Phasendifferenz $\Delta\varphi$ weisen die senkrecht zueinander überlagerten Schwingungen gleicher Frequenz auf, deren LISSAJOUS-Figur mit der Amplitude $x_m = 40{,}0$ cm die $x$-Achse bei $x_0 = 13{,}7$ cm schneidet?

**723** (Bild) In welchem rationalen Verhältnis stehen die Frequenzen der beiden in der LISSAJOUS-Figur dargestellten Schwingungen?

724 Zwei gleich gerichtete Schwingungen gleicher Frequenz und Amplitude überlagern sich derart, dass die resultierende Schwingung wiederum die gleiche Amplitude hat. Wie groß ist die Phasenverschiebung $\varphi$ zwischen den beiden Schwingungen und $\psi$ zwischen einer dieser Schwingungen und der resultierenden Schwingung?

## Elektrische Schwingungen

725 *Freie, ungedämpfte elektrische Schwingungen*
(Bild) Ein elektrischer Schwingkreis bestehe aus einer Spule der Induktivität $L = 1{,}0\,\mathrm{H}$ und einem Kondensator der Kapazität $C = 1{,}0\,\mu\mathrm{F}$. a) Man zeige, dass sich mit $u_L$ als Spannung an der Spule und $u_C$ als Spannung am Kondensator aus dem Maschensatz $u_L + u_C = 0$ eine Differentialgleichung für die Kondensatorladung $q = q(t)$ ergibt, die freie, ungedämpfte Schwingungen beschreibt, und berechne die Eigenfrequenz!
b) Wie ist die Differentialgleichung zu erweitern, wenn zusätzlich der Wirkwiderstand $R$ des Schwingkreises berücksichtigt wird?

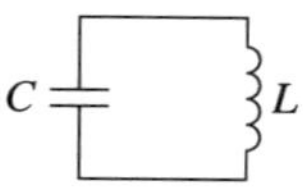


726 *Freie, gedämpfte elektrische Schwingungen*
Man ermittle aus der Schwingungsdifferentialgleichung $\ddot{q} + (R/L)\dot{q} + [1/(LC)]q = 0$ für den Reihenschwingkreis mit dem komplexen Lösungsansatz $q = q_0 e^{-\delta t} e^{j\omega t}$ (s. Aufgabe 704) die Abklingkonstante $\delta$ und die Kreisfrequenz $\omega$ in Abhängigkeit von $L$, $R$ und $C$! Was ergibt sich für $\delta$ und $\omega$ mit $L = 1{,}0\,\mathrm{H}$, $R = 1{,}0\,\mathrm{k}\Omega$ und $C = 1{,}0\,\mu\mathrm{F}$?

727 *Schwingungsenergie, Dissipation*
Welcher Bruchteil der momentanen Schwingungsenergie einer gedämpften Schwingung der Frequenz $f = 2\,\mathrm{kHz}$ und der Abklingkonstante $\delta = 80\,\mathrm{s}^{-1}$ wird während einer Periodendauer am Dämpfungswiderstand $R$ in Wärme umgesetzt?

728 *Erzwungene Schwingungen (Reihenresonanz)*
(Bild) Ein Schwingkreis als Reihenschaltung von $L$, $R$ und $C$ wird durch die Wechselspannung $u = U_0 e^{j\omega t}$ zu erzwungenen Stromschwingungen $i = I_0 e^{j(\omega t - \varphi)}$ mit $\varphi$ als Winkel der Phasenverschiebung zwischen $u$ und $i$ angeregt. Die Schwingungsdifferentialgleichung lautet hier, im Unterschied zu Aufgabe 725 b, mit $i = \dot{q}$:

$$L\frac{di}{dt} + Ri + \frac{1}{C}\int i\,dt = u.$$

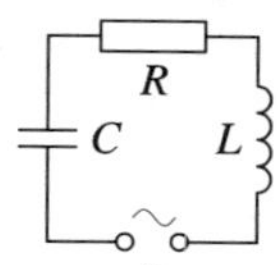


a) Man bestimme den Phasenwinkel $\varphi$ sowie das Amplitudenverhältnis $U_0/I_0$! b) Was ergibt sich im Resonanzfall? c) Es sei $L = 1{,}0\,\mathrm{H}$, $R = 1{,}0\,\mathrm{k}\Omega$ und $C = 1{,}0\,\mu\mathrm{F}$. Gesucht ist $\varphi$ für die drei Frequenzen $\omega_1 = 800\,\mathrm{s}^{-1}$, $\omega_2 = 1000\,\mathrm{s}^{-1}$ und $\omega_3 = 1200\,\mathrm{s}^{-1}$.

729 *Parallelresonanz zur Blindstromkompensation*
(Bild) Einer Spule der Induktivität $L = 0{,}132\,\mathrm{H}$ mit einem Wirkwiderstand von $R = 47{,}2\,\Omega$ wird ein Kondensator parallel geschaltet. Bei Erregung durch die Spannung $u = U_0 e^{j\omega t}$ mit der Frequenz $f = 50\,\mathrm{Hz}$ soll die Phasenverschiebung zwischen der Spannung $u$ und dem Strom $i = I_0 e^{j(\omega t - \varphi)}$ verschwinden. Man berechne die Kapazität $C$ des sog. Phasenschieberkondensators!

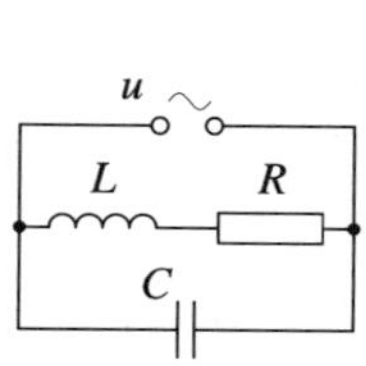

**730** *Resonanzbreite (Bandbreite)*

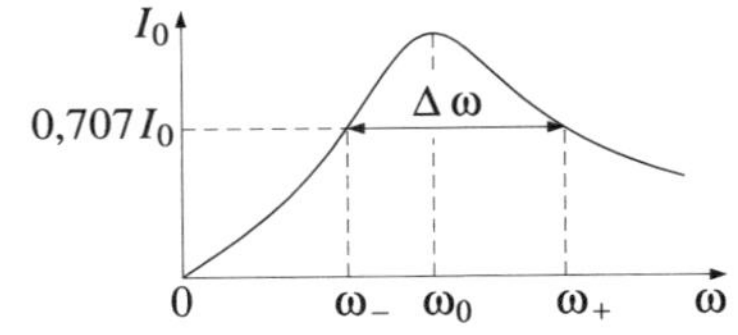


(Bild) Im Reihenschwingkreis ist die Abhängigkeit der Stromamplitude von der Erregerfrequenz durch

$$I_0(\omega) = \frac{U_0}{\sqrt{R^2 + [\omega L - 1/(\omega C)]^2}}$$

gegeben. Im Resonanzfall bei $\omega = \omega_0 = 1/\sqrt{LC}$ ist die Amplitude $I_0(\omega_0) = U_0/R$ am größten. Man bestimme die Resonanzbreite $\Delta\omega$ als Differenz der Frequenzen $\omega_+$ und $\omega_-$, bei denen die Amplituden $I_0(\omega_+) = I_0(\omega_-)$ um den Faktor $1/\sqrt{2} \approx 0{,}707$ gegenüber dem Maximalwert $I_0(\omega_0)$ abgesunken sind! Wie groß sind Resonanzfrequenz $\omega_0$ und Resonanzbreite $\Delta\omega$ eines Reihenschwingkreises mit $L = 100\,\text{mH}$, $R = 10\,\Omega$ und $C = 10\,\mu\text{F}$?

**731** *Resonanzschärfe (Güte)*

Als Maß für die Schärfe der Resonanzkurve eines Schwingkreises dient dessen Güte $Q = \omega_0/\Delta\omega$, wobei $\omega_R = \omega_0$ die Resonanzkreisfrequenz und $\Delta\omega$ die Resonanzbreite ist. Wie groß ist $Q$ a) für den Reihenschwingkreis von Aufgabe 730, b) für einen Parallelkreis wie in Aufgabe 668 mit $L = 10\,\text{mH}$, $C = 22\,\text{nF}$ und $R = 10\,\text{k}\Omega$?

**732** *Fourier-Analyse*

(Bild) Man stelle den Spannungsverlauf der Kippschwingung in einem Oszillographen als FOURIER-Reihe dar! Die Spannung sei gegeben durch die Funktion

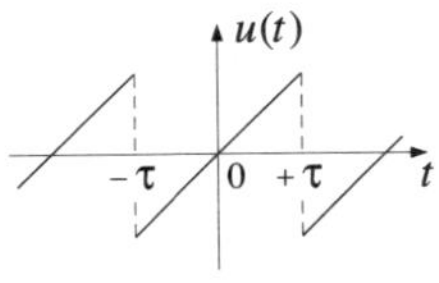


$$u(t) = U_0 \frac{t}{\tau} \quad (-\tau \leq t < \tau),$$

die sich mit der Periodendauer $T = 2\tau$ bzw. mit $\omega = 2\pi/T = \pi/\tau$ periodisch fortsetzt.

## ZUSATZAUFGABEN

**733** Ein Schwingkreis mit einem leeren Plattenkondensator hat die Eigenfrequenz $f_0 = 120\,\text{kHz}$. Wird der Raum zwischen den Platten der Kondensators vollständig mit Transformatorenöl gefüllt, sinkt die Eigenfrequenz auf $f_0' = 82{,}8\,\text{kHz}$. Wie groß ist die Dielektrizitätszahl $\varepsilon_r$ des Transformatorenöls?

**734** Ein Kondensator der Kapazität $C = 1{,}0\,\mu\text{F}$ wird an einer Gleichspannungsquelle $U_0 = 10\,\text{V}$ aufgeladen, anschließend von ihr getrennt und über eine Spule der Induktivität $L = 10\,\text{mH}$ entladen. a) Man bestimme Amplitude und Frequenz der auftretenden Schwingung der Kondensatorladung $q = q(t)$ bei Vernachlässigung der Dämpfung! b) Wie ändert sich die Frequenz, wenn der Wirkwiderstand des Schwingkreises $R = 30\,\Omega$ berücksichtigt wird? c) Wie groß darf $R$ höchstens sein, damit überhaupt Schwingungen auftreten?

**735** Ein elektrischer Schwingkreis hat ein logarithmisches Dekrement von $\Lambda = 1{,}0$. Um wie viel Prozent nimmt bei jeder vollen Schwingung a) die nachfolgende Stromamplitude, b) die zugehörige Schwingungsenergie ab?

**736** Wie ändert sich die Eigenfrequenz $f_0 = 52\,\text{kHz}$ eines Schwingkreises, bestehend aus einer langen Zylinderspule und einem Kondensator, wenn in die zuvor leere Spule ein Eisenkern mit der (entsprechend der Stromstärke und der Frequenz sich effektiv auswirkenden) Permeabilitätszahl $\mu_r = 300$ eingeführt wird und die Dämpfung vernachlässigt werden kann?

737 An einen Schwingkreis aus einer Reihenschaltung von $L = 10\,\text{mH}$, $R = 20\,\Omega$ und $C = 1{,}0\,\mu\text{F}$ wird durch einen WOBBEL-Generator eine Wechselspannung mit $U_0 = 12\,\text{V}$ und variierbarer Frequenz gelegt. a) Bei welcher Erregerfrequenz hat die Stromamplitude ihr Maximum? b) Wie groß ist die maximale Stromamplitude im Resonanzfall? c) Welche Resonanzbreite und d) welche Resonanzschärfe hat der Schwingkreis?

738 Von einer periodischen Funktion ist bekannt, dass sich in ihrer FOURIER-Reihenentwicklung die Beträge der Koeffizienten $b_n$ wie $1 : 3^{-2} : 5^{-2} : \ldots = 1 : (1/9) : (1/25) : \ldots$ verhalten. Man finde durch Vergleich mit einem Tabellenwerk, um welche Funktion es sich dabei handelt!

## Allgemeine Wellenlehre

739 *Welle. Charakteristische Größen*
Eine Welle hat eine Wellenlänge von $\lambda = 34$ cm und eine Periodendauer von $T = 1{,}0$ ms. Wie groß sind Frequenz $f$, Phasengeschwindigkeit $c$, Kreisfrequenz $\omega$ und Wellenzahl $k$?

740 *Wellenfunktion (1)*
Man gebe die spezielle Form der Wellenfunktion $u(t, x)$ für eine in $x$-Richtung fortschreitende, ebene harmonische Welle der Amplitude $u_\text{m}$ an, wenn alternativ a) die Schwingungsdauer $T$ und die Wellenlänge $\lambda$, b) die Frequenz $f$ bzw. Kreisfrequenz $\omega$ und die Phasengeschwindigkeit $c$, c) die Kreisfrequenz $\omega$ und die Wellenzahl $k$ der Welle gegeben sind! d) Wie lautet die Wellenfunktion in der Darstellung mittels komplexer Zahlen?

741 *Wellenfunktion (2)*
Auf einem Seil breitet sich eine Welle mit der Amplitude $u_\text{m} = 5{,}0$ cm und der Frequenz $f = 4{,}0$ Hz in positiver $x$-Richtung aus. In der Entfernung $x = \lambda/2$ vom Ort der Erregung der Welle befindet sich zum Zeitpunkt $t = 0$ gerade ein Wellental. a) Wie lautet die Wellenfunktion $u(t, x)$? b) Wie groß sind zu den Zeitpunkten $t = 0$ bzw. $t = T/4$ Elongation, Geschwindigkeit und Beschleunigung der erregenden Schwingung? Man skizziere den Verlauf von $u(t, x)$ für diese beiden Zeitpunkte!

742 *Phase und Phasengeschwindigkeit*
Eine ebene Welle werde durch die Wellenfunktion $u(t, x) = u_\text{m} \sin(\omega t - kx)$ mit $\omega = 20{,}5\,\text{s}^{-1}$ und $k = 2{,}5\,\text{m}^{-1}$ beschrieben. a) Wie lautet das Ort-Zeit-Gesetz $x = x(t)$, nach welchem sich die Phase, die dem Teilchen der Welle am Ort $x_1 = 0{,}40$ m zum Zeitpunkt $t_1 = 0{,}1$ s zukommt, ausbreitet? b) Wie groß ist die Phasengeschwindigkeit? c) In welchem nächsten Abstand $\Delta x$ befinden sich Teilchen mit gleicher Elongation $u(t_1, x_1)$?

743 *Reflexion einer Welle am dichteren Medium*
Eine in der positiven $x$-Richtung fortschreitende Seilwelle, die am Ort ihrer Erregung $x = 0$ zum Zeitpunkt $t = 0$ einen Wellenberg hat, trifft nach einem Laufweg $x = l$ senkrecht auf eine Wand und wird an ihr reflektiert. Wie lauten die Wellenfunktionen für die einfallende Welle $u_1(t, x)$ und die reflektierte Welle $u_2(t, x)$?

744 *Reflexion einer Welle am dünneren Medium*
Eine ebene Schallwelle $u_1(t, x) = u_\text{m} \sin(\omega t - kx)$ in einem langen Metallstab wird bei $x = l$ an der an Luft grenzenden Stirnfläche des Stabes reflektiert. a) Wie lautet die Wellenfunktion $u_2(t, x)$ der reflektierten Welle? b) Wie groß ist der Phasensprung an der Reflexionsstelle?

**745** *Interferenz zweier ebener Wellen*
Man überlagere zwei ebene Wellen $u_1 = u_\mathrm{m}\mathrm{e}^{\mathrm{j}(\omega t - kx)}$ und $u_2 = u_\mathrm{m}\mathrm{e}^{\mathrm{j}(\omega t - kx + \Delta\varphi)}$ mit der Phasendifferenz $\Delta\varphi$ und bestimme, für welche Phasendifferenzen bzw. Gangunterschiede $\Delta L$ der Realteil der resultierenden Amplitude maximal bzw. minimal wird!

**746** *Interferenz zweier kreisförmiger Oberflächenwellen*
Auf der Oberfläche einer Flüssigkeit ($x$, $y$-Ebene) breiten sich Kreiswellen aus, die gleichphasig von zwei im Abstand $d$ befindlichen Quellpunkten $Q_1$ und $Q_2$ auf der $x$-Achse bei $x_1 = -d/2$ und $x_2 = +d/2$ ausgehen. Zur Demonstration wird dies in der Vorlesung häufig mit einer Wellenwanne vorgeführt. Welches ist der geometrische Ort für die Interferenzmaxima $n$-ter Ordnung? Wodurch ist dabei die höchstmögliche Ordnung begrenzt?

**747** *Stehende Welle*
Als Folge der Überlagerung von einfallender und reflektierter Seilwelle $u_1(t, x)$ und $u_2(t, x)$ aus Aufgabe 743 bildet sich eine stehende Welle. a) Geben Sie die Wellenfunktion $u(t, x)$ dieser Welle an! Man verwende die Beziehung $\cos\alpha - \cos\beta = 2\sin[(\alpha+\beta)/2]\sin[(\beta-\alpha)/2]$. b) Die Wellenlänge sei $\lambda = 1$ m, die Phasengeschwindigkeit $c = 10$ m/s. An welchen Orten $x$ bilden sich Schwingungsknoten und wo Schwingungsbäuche, wenn die Welle in der Entfernung $x = l = 3$ m vom Ort der Erregung reflektiert wird? Man skizziere den Verlauf der stehenden Welle!

**748** *Schwebung*
Von zwei gegeneinander verstimmten Stimmgabeln gehen Schallwellen von gleicher Amplitude, aber geringfügig verschiedener Frequenz $f_1 = 440$ Hz und $f_2 = 438$ Hz aus, die sich in gleicher Richtung ausbreiten und dabei überlagern. a) Wie lautet die Wellenfunktion $u(t, x)$ für die resultierende, als Schwebung bezeichnete charakteristische Wellenerscheinung? Man wende die Beziehung $\sin\alpha + \sin\beta = 2\cos[(\alpha-\beta)/2]\sin[(\alpha+\beta)/2]$ an! b) Welche Frequenz $f$ und Wellenlänge $\lambda$ hat die resultierende Welle, die akustisch wahrgenommen wird? c) Welche Breite $\Delta x$ hat eine sog. Wellengruppe zwischen zwei Amplitudenminima, und wie groß ist die zugehörige Schwebungsfrequenz $f_\mathrm{S}$ (An- und Abschwellen des Tones)? Schallgeschwindigkeit in Luft: $c = 340$ m/s.

**749** *Dispersion. Phasen- und Gruppengeschwindigkeit*
In nicht zu flachem Wasser berechnet sich die Phasengeschwindigkeit von Wasserwellen mit großer Wellenlänge $\lambda$ (Schwerewellen) zu $c = \sqrt{g\lambda/(2\pi)}$, für kleine Wellenlängen (Kapillarwellen) gilt dagegen $c = \sqrt{2\pi\sigma/(\varrho\lambda)}$ mit $\sigma = 0{,}0725$ N/m als Oberflächenspannung und $\varrho = 10^3$ kg/m$^3$ als Dichte von Wasser. Man bestimme für Wellenlängen a) von 10 m, b) von 5 mm die Phasengeschwindigkeit $c$ und die Gruppengeschwindigkeit $c_\mathrm{g}$ der Wasserwellen! Liegt normale oder anomale Dispersion vor? Vgl. auch Aufgabe 756!

**750** *Machsche Kopfwelle*
Aus einer Aufnahme der Kopfwelle eines Geschosses in Luft (Schallgeschwindigkeit $c =$ 340 m/s) wurde der halbe Öffnungswinkel $\alpha$ des sog. MACHschen Kegels zu 35° ermittelt. Wie groß war die Geschossgeschwindigkeit?

**751** *Doppler-Effekt beim Schall*
Ein Zuschauer eines Autorennens steht am Rande eines längeren geraden Stückes der Rennstrecke. Mit den Augen verfolgt er einen sich mit der Geschwindigkeit $v_0$ von links nähernden und dann nach rechts vorbeifahrenden Rennwagen. a) Wie groß ist die Frequenz $f$ des von ihm

wahrgenommenen Motorgeräusches in Abhängigkeit vom Winkel $\varphi$ der Blickrichtung, wenn dieselbe bei ruhendem Fahrzeug $f_0$ beträgt? b) Welche Abhängigkeit der Frequenz ergibt sich von der Entfernung $e$ des Rennwagens vom Beobachter, wenn der Abstand im Moment des Vorbeifahrens gleich $l$ ist? Man gebe $f/f_0$ für $e/l = 10, 2$ und 1 beim Annähern bzw. $e/l = 2$ und 10 beim Entfernen des Rennwagens mit $v_0 = 270$ km/h an! Schallgeschwindigkeit in Luft: $c = 340$ m/s.

**752** *Doppler-Effekt beim Licht*
Die Wellenlängen im Spektrum des von den Galaxien ausgesandten Lichts zeigen zum überwiegenden Teil eine Verschiebung $\Delta\lambda$ zu größeren Wellenlängen, also zum Roten hin. Aus dieser sog. Rotverschiebung der Spektrallinien kann nach dem DOPPLER-Effekt die Fluchtgeschwindigkeit $v$ der Objekte berechnet werden. Wie groß ist $v$ für eine Galaxie, wenn in ihrem Emissionsspektrum die Wellenlänge des Neons $\lambda_0 = 585{,}25$ nm um $\Delta\lambda = 31{,}0$ nm größer erscheint? Lichtgeschwindigkeit im Vakuum $c \approx 300\,000$ km/s.

## ZUSATZAUFGABEN

**753** Ein Punkt konstanter Phase auf einer ebenen Welle legt in 10 Sekunden eine Strecke von 25 Wellenlängen zurück. Wie groß sind Frequenz $f$ und Schwingungsdauer $T$?

**754** Eine ebene Welle der Frequenz $f = 10$ Hz breitet sich mit der Phasengeschwindigkeit $c = 12$ m/s in $x$-Richtung aus. Im Punkt $x = 0$ ist zum Zeitpunkt $t = 0$ die Auslenkung null. An welchem nächstgelegenen Ort $x_1$ ist sie zum gleichen Zeitpunkt gleich der halben (positiven) Maximalauslenkung?

**755** Man stelle die Wellenfunktion $u(t, x)$ für eine in negativer $x$-Richtung fortschreitende Seilwelle der Frequenz $f$ und der Wellenlänge $\lambda$ auf, bei der die Ausschwingung des Seiles am Ort $x_1 = \lambda/2$ zur Zeit $t$ gleich $u(t, x_1) = u_m \sin \omega t$ ist! b) Wie groß ist $u(T/2, x_1)$?

**756** Die Phasengeschwindigkeit $c$ von Wasserwellen wird durch das Zusammenwirken von Schwerebeschleunigung $g$ und Oberflächenspannung $\sigma$ bestimmt:

$$c = \sqrt{\frac{g}{k} + \frac{\sigma}{\varrho} k}$$

mit der Wellenzahl $k = 2\pi/\lambda$. Für sehr lange Wellen überwiegt der Einfluss der Schwerebeschleunigung, für kurze Wellen der der Oberflächenspannung. Bei welcher Wellenlänge ist die Phasengeschwindigkeit am kleinsten, und wie groß ist diese? $\sigma = 0{,}0725$ N/m; $\varrho = 10^3$ kg/m$^3$.

**757** Zwei ebene Wellen mit den Frequenzen $f_1 = 420$ Hz und $f_2 = 360$ Hz, die sich in gleicher Richtung mit der Phasengeschwindigkeit $c = 336$ m/s ausbreiten, passieren einen Punkt $P$ mit gleicher Phase. a) In welcher kürzesten Entfernung $\Delta x$ von $P$ liegt zu dieser Zeit ebenfalls Phasengleichheit vor? b) Nach welcher Zeit $\Delta t$ sind beide Wellen in $P$ zum ersten Mal wieder phasengleich?

**758** Zwei ebene harmonische Wellen gleicher Amplitude mit den Frequenzen $f_1 = 3{,}5$ Hz und $f_2 = 4{,}0$ Hz und den Phasengeschwindigkeiten $c_1 = 0{,}45$ m/s und $c_2 = 0{,}40$ m/s, welche zur Zeit $t = 0$ am Ort $x = 0$ gleiche Phase haben, überlagern sich. Wie groß ist die Gruppengeschwindigkeit $c_g$ der resultierenden Schwebungswelle?

759 Wie groß sind Gangunterschied $\Delta L$ und Phasendifferenz $\Delta\varphi$ für die Interferenzminima der Ordnung $n$ und $n + z$?

760 Jemand befindet sich gleich weit von den beiden Lautsprechern einer Stereoanlage entfernt und hört einen reinen Ton. Er bewegt sich nun so lange in seitlicher Richtung, bis der Ton auf ein Minimum geschwächt ist. An diesem Ort befindet er sich $L_1 = 3{,}06$ m vom linken Lautsprecher und $L_2 = 2{,}45$ m vom rechten entfernt. Wie groß ist die Frequenz $f$ des Tones? Schallgeschwindigkeit 340 m/s.

761 Die Luftsäule a) in einem beiderseits geschlossenen, b) beiderseits offenen, c) einseitig geschlossenen Rohr der Länge $l = 1{,}70$ m wird zu Eigenschwingungen angeregt. Welche Eigenfrequenzen sind jeweils möglich? Schallgeschwindigkeit in Luft: $c = 340$ m/s.

762 Wie lautet die Wellenfunktion $u(t, x)$ für eine stehende longitudinale Schallwelle in einem Metallstab der Länge $l$? Man skizziere den Verlauf für den Fall $l = \lambda$!

763 Eine Stimmgabel mit einer Frequenz von 440 Hz wird zur Verbesserung der Schallabstrahlung auf einen Resonanzkasten gesetzt. Welche Länge $l$ muss der Resonanzkasten mindestens haben?

764 Eine Stimmgabel wird angeschlagen und über ein senkrecht stehendes, vollständig mit Wasser gefülltes Rohr (Resonanzrohr) gehalten, wobei der Wasserspiegel kontinuierlich abgesenkt wird. Bei einer Absenkung um 20 cm und danach nochmals um 40 cm hört man den Ton besonders laut. Wie groß ist die Frequenz der Stimmgabel? Schallgeschwindigkeit in Luft: $c = 340$ m/s.

765 Mit einem Radargerät, das bei einer Frequenz von 9,4 GHz arbeitet, wird ein herannahender Pkw angepeilt. Die Überlagerung der vom Pkw reflektierten mit den vom Gerät ausgesandten elektromagnetischen Wellen ($c = 3 \cdot 10^5$ km/s) ergibt eine Schwebungsfrequenz von $f_S = 1{,}044$ kHz. Welche Geschwindigkeit hat der Pkw?

766 Zwei Züge fahren mit der gleichen Geschwindigkeit $v$ einander entgegen. Die Frequenz des Pfeiftones des einen Zuges wird im anderen um den Faktor $9/8$ erhöht wahrgenommen. Wie groß ist $v$? Schallgeschwindigkeit 340 m/s.

767 Aus dem Spektrum des Sterns $\varepsilon$ im Andromedanebel geht hervor, dass die Titan-Linie ($\lambda_0 = 495{,}4$ nm) zum violetten Ende des Spektrums hin um $\Delta\lambda = 0{,}17$ nm verschoben ist. Was lässt sich daraus über die Bewegung des Sterns relativ zur Erde aussagen?

768 Quantenobjekte können durch Wellengruppen mit entsprechender Dispersionsrelation $\omega = \omega(k)$ beschrieben werden. Wie hängt für freie Elektronen mit $\omega(k) = [h/(4\pi m)]k^2$ ($h$ PLANCKsches Wirkungsquantum, $m$ Elektronenmasse) die Gruppengeschwindigkeit der Elektronenwellen, die gleich der Teilchengeschwindigkeit $v$ ist, von der Wellenzahl $k$ ab?

769 Unter dem Einfluss der Wärme führen die Atome im Kristallgitter eines Festkörpers harmonische Schwingungen um ihre Ruhelage aus, die sich als Wellen durch den Kristall hindurch ausbreiten (Phononen). Für Wellenlängen $\lambda$, die mit dem Atomabstand $a$ (Gitterkonstante) vergleichbar sind, zeigen die Wellen Dispersion; mit $k = 2\pi/\lambda$ und $\omega_m$ als maximaler Schwingungsfrequenz gilt die Dispersionsrelation $\omega(k) = \omega_m \sin(ka/2)$. a) Man berechne daraus die Gruppengeschwindigkeit der Phononen! b) Zeigen Sie, dass für $\lambda \gg a$ keine Dispersion mehr auftritt! c) Für welchen Wert von $k$ bzw. $\lambda$ treten im Kristallgitter stehende Wellen auf?

## Schallwellen. Akustik

**770** *Hörbereich*

Das menschliche Ohr nimmt Schallwellen im Frequenzbereich zwischen 16 Hz und maximal 20 kHz wahr. Welches Wellenlängenspektrum umfasst demnach der Hörbereich? Geschwindigkeit des Schalls in Luft: $c = 340$ m/s.

**771** *Sirene*

Welche Frequenz hat der Ton einer Sirene, deren Scheibe $z = 15$ Löcher hat und deren Drehzahl $n = 20\ \text{s}^{-1}$ ist?

**772** *Schallgeschwindigkeit in Luft (1)*

Man berechne die Schallgeschwindigkeit $c_0$ in trockener Luft unter Normbedingungen, also bei 0 °C und 1013,25 hPa Atmosphärendruck, entsprechend einer Luftdichte von $\varrho = 1{,}29\ \text{kg/m}^3$!

**773** *Schallgeschwindigkeit in Luft (2)*

Wie groß ist die Schallgeschwindigkeit $c$ in Luft im Sommer bei der Temperatur +30 °C und im Winter bei −20 °C? Um wie viel ändert sich $c$ im Mittel je Grad Temperaturänderung? Molmasse von trockener Luft $M = 28{,}9$ g/mol; Adiabatenexponent $\varkappa = 1{,}4$.

**774** *Schallgeschwindigkeit in Wasser*

Die Dichte von Meerwasser ist in 1000 m Tiefe 0,46% größer als an der Oberfläche mit $\varrho = 1030\ \text{kg/m}^3$. Welcher Wert folgt daraus für die Schallgeschwindigkeit in Meerwasser?

**775** *Schallgeschwindigkeit in Festkörpern (1)*

Ein in der Mitte eingespannter Messingstab der Länge $l = 120$ cm wird mechanisch zu Schwingungen angeregt. Die Wellenlänge der mit der Grundschwingung abgestrahlten Schallwellen in Luft wird in einem Resonanzrohr (KUNDTsche Röhre) zu $\lambda_L = 23{,}6$ cm ermittelt. Man bestimme daraus für Messing die Schallgeschwindigkeit $c_M$ und den Elastizitätsmodul $E$! Die Dichte von Messing ist $\varrho = 8{,}6\ \text{g/cm}^3$, die Schallgeschwindigkeit in Luft beträgt $c_L = 340$ m/s.

**776** *Schallgeschwindigkeit in Festkörpern (2)*

Ein Stab aus Kupfer (Dichte $\varrho = 8{,}92\ \text{g/cm}^3$) von 3,0 m Länge und 20 mm² Querschnittsfläche wird in Längsrichtung durch eine Masse von 40 kg belastet. Die dadurch hervorgerufene Längenänderung des Stabes $\Delta l$ wird aus der Geschwindigkeit eines Ultraschallsignals bestimmt, das genau 0,78 ms benötigt, um den Stab in Längsrichtung zu durchlaufen. Wie groß ist $\Delta l$?

**777** *Schwingende Saite*

Eine Stahlsaite hat eine Länge von $l = 40$ cm. a) Bei welcher Spannung $\sigma$ der Saite erzeugt sie in ihrer Grundschwingung einen Ton mit der Frequenz 200 Hz? Welcher Zugkraft $F$ entspricht dies bei einem Saitendurchmesser von $d = 0{,}5$ mm? b) Welche Grundfrequenz ergäbe sich, wenn die Saite halb so lang und doppelt so dick wäre und nur unter einem Viertel der Zugkraft stünde? Dichte von Stahl: $\varrho = 7{,}8\ \text{g/cm}^3$.

**778** *Schallintensität, Schalldruck, Schallpegel*

Zwei Töne unterscheiden sich im Schallpegel um 1 dB (Dezibel). Wie groß ist das Verhältnis a) der Schallintensitäten, b) der Schalldrücke beider Töne?

**779** *Lautstärke(pegel)*
Man gebe den Lautstärkepegel $\Lambda$ für eine Schallintensität von a) $J_1 = 10 J_0$ (leises Flüstern), b) $J_2 = 100 J_0$ (Blätterrauschen), c) $J_3 = 10^5 J_0$ (Unterhaltung) und d) $J_4 = 10^{12} J_0$ (laufende Flugzeugturbinen in wenigen Metern Entfernung) an! Hörschwelle beim 1000-Hz-Ton: $J_0 = 10^{-12}\ \mathrm{W/m^2}$.

**780** *Schalldämmung*
In Unterrichtsräumen darf die Lärmeinwirkung von außen den Dauerschallpegel von 40 dB nicht überschreiten. a) Wie groß darf demnach – um dieser Forderung gerecht zu werden – der Außenschallpegel maximal sein, wenn die Gebäudemauern das vorgeschriebene Mindestdämmmaß von 50 dB haben? b) Welches Verhältnis der Schallintensitäten außen zu innen ergibt sich daraus?

**781** *Schallpegel mehrerer Schallquellen*
Der Unterrichtsraum in Aufgabe 780 liegt unmittelbar an einer Straßenkreuzung, an der bei normalem Verkehr ein Lärmpegel von 70 dB herrscht. Zur Spitzenverkehrszeit steigt der Fahrzeugstrom auf das Achtfache an, wobei vereinfachend angenommen wird, dass alle Fahrzeuge im Mittel gleich laut sind. Wird dadurch der für das Rauminnere zulässige Dauerschallpegel von 40 dB bei einem Dämmmaß der Außenmauern von 50 dB überschritten?

**782** *Schallleistung, Schallenergie*
Ein Großlautsprecher gibt eine Schallleistung von $P = 100\ \mathrm{W}$ ab, wobei angenommen wird, dass sich die Schallenergie ungehindert isotrop ausbreiten kann. Ein Hörer befindet sich $r = 20\ \mathrm{m}$ vom Lautsprecher entfernt. Berechnen Sie a) die Schallintensität $J$ und die Schallwechseldruckamplitude $p_\mathrm{m}$ sowie ihren Effektivwert $p$ am Ort des Hörers, b) den von ihm wahrgenommenen Schallpegel $L$, c) die in 1 l Luft enthaltene Schallenergie! Schallgeschwindigkeit in der Luft $c = 340\ \mathrm{m/s}$, Dichte der Luft $\varrho = 1,18\ \mathrm{kg/m^3}$.

## ZUSATZAUFGABEN

**783** Eine Stimmgabel hat in Luft eine Frequenz von 350 Hz. Wie groß ist die Wellenlänge des ausgesandten Tones bei 25 °C?

**784** Man berechne die Schallgeschwindigkeit a) in Helium-Gas bei 800 °C, b) in Kohlendioxid ($\varkappa = 1,293$) bei 20 °C!

**785** Die Meerestiefe $h$ wird von einem Schiff aus mittels Echolot bestimmt. Wie tief ist das Meer, wenn das Echo nach $\Delta t = 2,89\ \mathrm{s}$ empfangen wird? Meerwasser hat die Dichte $\varrho = 1030\ \mathrm{kg/m^3}$ und einen Kompressionsmodul von $K = 2,174 \cdot 10^9\ \mathrm{Pa}$.

**786** Ein langer Träger aus Stahl (Elastizitätsmodul $E = 206\ \mathrm{GPa}$; Dichte $\varrho = 7,86\ \mathrm{g/cm^3}$) wird von einem Trägerende aus mit Ultraschallimpulsen auf Materialfehler untersucht. Das Echo eines an einer Fehlerstelle reflektierten Impulses wird nach $\Delta t = 1,25\ \mathrm{ms}$ empfangen. Wie weit ist die Fehlerstelle vom Trägerende entfernt?

**787** Bis zu welcher maximalen Frequenz kann man die KUNDTsche Röhre zur Bestimmung der Schallgeschwindigkeit anwenden, wenn in ihr der kleinste noch unterscheidbare Abstand zwischen den Bäuchen $l = 4\ \mathrm{mm}$ beträgt? Schallgeschwindigkeit in Luft: $c = 340\ \mathrm{m/s}$.

788 Ultraschall kann durch longitudinale Eigenschwingungen piezoelektrisch angeregter Quarzplättchen erzeugt werden. Wie groß sind Eigenfrequenz $f$ des Quarzes und Wellenlänge $\lambda$ der Ultraschallwellen in Luft ($c = 340$ m/s), wenn das Plättchen eine Dicke von $l = 1{,}0$ mm hat? Quarz hat einen Elastizitätsmodul von $E = 77{,}2$ GPa und eine Dichte von $\varrho = 2{,}65$ g/cm$^3$.

789 Eine dünne Saite hat eine Masse von 1 g und eine Länge von 60 cm. Wie groß muss die Spannkraft $F$ sein, damit die Saite im Grundton mit der Frequenz 200 Hz schwingt?

790 a) Das Ticken einer Uhr wird in einem bestimmten Abstand mit 1 dB wahrgenommen. Wie laut ticken zwei gleiche Uhren? b) Ein Motorrad ohne Schalldämpfer erzeugt 100 dB. Wie viel dB erzeugen zwei solcher Motorräder?

791 Eine bestimmte Schallintensität wird 1000-fach verstärkt. a) Um wie viel Dezibel vergrößert sich der Schallpegel? b) Wievielmal größer wird die Schalldruckamplitude?

792 Welche Schallintensität ist 3 dB „lauter“ als eine Schallintensität von 10 $\mu$W/cm$^2$?

793 Eine punktförmige Schallquelle strahlt einen 1000-Hz-Ton in den Raum. Der Schallpegel im Abstand $r_1$ betrage $L_1$. Um wie viel dB ändert sich der Schallpegel, wenn a) bei gleichem Abstand die Leistung $P$ der Schallquelle verdoppelt wird, b) bei gleicher Leistung der Schallquelle der Abstand $r_1$ verdoppelt wird?

794 Zur Bestimmung von Schallfeldgrößen wird an einem Ort des Schallfeldes mit einem Kondensatormikrofon der Effektivwert des Schalldruckes zu $p = 0{,}71$ Pa gemessen. Man berechne a) die Amplitude $p_{\mathrm{m}}$ des Schallwechseldrucks, b) die maximale Schallschnelle $v_{\mathrm{m}}$, c) die mittlere Energiedichte $w$, d) die Schallintensität $J$, e) den Schallintensitätspegel $L$! Luftdichte $\varrho = 1{,}23$ kg/m$^3$; Schallgeschwindigkeit $c = 340$ m/s.

795 In $r = 20$ m Entfernung von einem an der Wand angebrachten Lautsprecher wird ein (effektiver) Schalldruck von $p = 29$ $\mu$bar gemessen. Wie viel Watt strahlt der Lautsprecher in den Halbraum ab? Luftdichte $\varrho = 1{,}23$ kg/m$^3$; Schallgeschwindigkeit $c = 340$ m/s.

## Elektromagnetische Wellen

796 *Wellengleichung. Phasengeschwindigkeit*
Bei einer in $x$-Richtung sich ausbreitenden linear polarisierten elektromagnetischen Welle schwingen elektrische und magnetische Feldstärke $\boldsymbol{E}$ und $\boldsymbol{H}$ in zueinander senkrechten Ebenen. Zeigen Sie, dass die Wellenfunktionen für die $y$-Komponente von $\boldsymbol{E}$ und die $z$-Komponente von $\boldsymbol{H}$,

$$E_y = E_0 \sin\left[\omega\left(t - \frac{x}{c}\right)\right] \quad \text{und} \quad H_z = H_0 \sin\left[\omega\left(t - \frac{x}{c}\right)\right], \tag{1a,b}$$

die Wellengleichungen

$$\frac{\partial^2 E_y}{\partial x^2} = \varepsilon\mu\frac{\partial^2 E_y}{\partial t^2} \quad \text{und} \quad \frac{\partial^2 H_z}{\partial x^2} = \varepsilon\mu\frac{\partial^2 H_z}{\partial t^2} \tag{2a,b}$$

(mit $\varepsilon = \varepsilon_0\varepsilon_{\mathrm{r}}$ und $\mu = \mu_0\mu_{\mathrm{r}}$) erfüllen! Leiten Sie auf diese Weise eine Beziehung zwischen $\varepsilon$, $\mu$ und der Phasengeschwindigkeit $c$ her, und berechnen Sie daraus $c_0$ für das Vakuum! $\varepsilon_0 = 8{,}854\,187\,817 \cdot 10^{-12}$ A s/(V m); $\mu_0 = 4\pi \cdot 10^{-7}$ V s/(A m).

**797** *Lecher-Leitung*
Zur Bestimmung der Dielektrizitätszahl $\varepsilon_r$ einer elektrisch nicht leitenden Flüssigkeit, die sich in einem größeren Trog befindet, werden auf einer abstimmbaren Doppelleitung (LECHER-Leitung) stehende elektromagnetische Wellen erzeugt. Die Abstände der Schwingungsbäuche in der Flüssigkeit wurden zu $\Delta l = 17$ cm ermittelt, nachdem zuvor in Luft $\Delta l_0 = 37$ cm gemessen wurde. Wie groß ist die Dielektrizitätszahl der Flüssigkeit?

**798** *Eindringtiefe elektromagnetischer Wellen in Leiter. Skineffekt*
Elektrische Leiter absorbieren elektromagnetische Wellen auf Grund ihrer Leitfähigkeit so stark, dass sie als undurchdringlich gelten. Die Eindringtiefe $\delta$ einer elektromagnetischen Welle der Frequenz $f$ in einen Leiter der elektrischen Leitfähigkeit $\varkappa$ ist angenähert $\delta = 1/\sqrt{2\mu_0\mu_r\varkappa\omega}$. Wie groß ist die Eindringtiefe in Kupfer a) für eine Radiowelle im UKW-Bereich von 100 MHz, b) für eine Lichtwelle mit einer Wellenlänge in Luft von 600 nm? Elektrische Leitfähigkeit von Kupfer: $\varkappa = 5{,}8 \cdot 10^7$ S/m.

**799** *Wellenwiderstand des freien Raumes*
Man berechne den Wellenwiderstand $Z$ bei der Ausbreitung elektromagnetischer Wellen a) in Wasser (Dielektrizitätszahl $\varepsilon_r = 80{,}8$); b) im Vakuum!

**800** *Wellenwiderstand eines Koaxialkabels*
Welchen Wellenwiderstand $Z$ weist das in den Aufgaben 512 und 649 betrachtete Koaxialkabel für hohe Frequenzen auf? Das Verhältnis der Radien von Außen- zu Innenleiter beträgt $\varrho = b/a = 6{,}667$; Isolator zwischen beiden Leitern ist Polyethylen ($\varepsilon_r = 2{,}3$). – *Hinweis:* Das vom Innenleiter herrührende Magnetfeld kann auf Grund des Skineffektes vernachlässigt werden (s. Lösung zu Aufgabe 649).

**801** *Phasengeschwindigkeit von Strom- und Spannungswellen in Leitungen*
Mit welcher Phasengeschwindigkeit $c$ breiten sich elektromagnetische Wellen bei hohen Frequenzen in dem in den Aufgaben 512 und 649 betrachteten Koaxialkabel mit dem Verhältnis von Außen- zu Innenradius $\varrho = b/a = 6{,}667$ und Polyethylen ($\varepsilon_r = 2{,}3$) als Isolationsmaterial aus?

**802** *Poynting-Vektor*
Man bestimme den POYNTING-Vektor $\boldsymbol{S}$ für eine ebene elektromagnetische Welle

$$\boldsymbol{E} = E_0 \sin(\omega t - kx)\,\boldsymbol{j}, \qquad \boldsymbol{H} = H_0 \sin(\omega t - kx)\,\boldsymbol{k}$$

($\boldsymbol{i}, \boldsymbol{j}, \boldsymbol{k}$ Einheitsvektoren in $x$-, $y$-, $z$-Richtung)! Was ergibt sich für den zeitlichen Mittelwert der Strahlungsintensität (oder Energiestromdichte) $S$ an der Stelle $x = 0$, wenn die Effektivwerte der elektrischen und magnetischen Feldstärke der Welle zu $E_{\text{eff}} = 0{,}26$ mV/m und $H_{\text{eff}} = 0{,}69$ µA/m gemessen wurden?

**803** *Intensität elektromagnetischer Wellen*
In unmittelbarer Nähe eines 50-kW-Rundfunksenders wird versucht, die großen Feldstärkegradienten illegal zum Betrieb von Glühlampen zu verwenden. Wie dicht muss man mit den 10 m entfernten Enden der Anschlussleitung zur Glühlampe an den Sendeturm herangehen, um eine effektive Spannung von 12 V abgreifen zu können?

**804** *Intensität und Strahlungsdruck*
Eine 200-W-Glühlampe emittiere 30% ihrer Leistung als kugelförmige elektromagnetische Wellen isotrop in den Raum. Wie groß ist a) die Intensität, b) der Strahlungsdruck und c) das elektrische und magnetische Feld in einer Entfernung $r = 2$ m von der Lichtquelle?

ZUSATZAUFGABEN

805 a) Wie groß sind die Wellenlängen, die UKW-Radiosender bei $f_1 = 100{,}6$ MHz und Mittelwellensender bei $f_2 = 600$ kHz mit ihren Programmen ausstrahlen? b) Bei welcher Frequenz arbeiten „Radarfallen“, deren Wellenlänge $\lambda = 3{,}2$ cm beträgt?

806 Bei welcher Frequenz wird die Verschiebungsstromdichte $\dot{D}$ a) bei guten Leitern (elektrische Leitfähigkeit $\varkappa \approx 5 \cdot 10^7$ S/m, $\varepsilon_r \approx 1$), b) bei Porzellan ($\varkappa \approx 2 \cdot 10^{-13}$ S/m, $\varepsilon_r \approx 5$) genauso groß wie die Leitungsstromdichte $j$?

807 Die Feldstärke einer elektromagnetischen Welle wurde an einer Empfangsantenne effektiv mit $E_{eff} = 0{,}50$ mV/m gemessen. Wie groß sind a) die magnetische Feldstärke $H_{eff}$ (wenn man in Luft mit dem Wellenwiderstand $Z \approx Z_0 = 377\ \Omega$ des Vakuums rechnet), b) die Energiestromdichte $S$ und c) die Energiedichte $w$?

808 Welche Kraft übt die elektromagnetische Strahlung der Sonne auf ein 100 m$^2$ großes, diese vollständig absorbierendes Sonnensegel oberhalb der Erdatmosphäre aus? Solarkonstante $E_{eS} = 1395$ W/m$^2$.

809 a) Welche Leistung müsste ein Lasergewehr haben, damit ein im Weltall schwebender Astronaut von 90 kg Gesamtmasse sich nach dem Rückstoßprinzip eine Beschleunigung von $a = 0{,}01$ m/s$^2$ geben kann? b) Welche Energie wird dabei für das Erreichen des 10 m entfernten Raumschiffs benötigt?

# OPTIK

## Strahlenoptik (Geometrische Optik)

810 *Fermatsches Prinzip (1)*
(Bild) Der alexandrinische Gelehrte HERON (um 100 n. Chr.) untersuchte das Problem, das ein Reiter lösen muss, wenn er bei Einbruch der Dämmerung vom Weidegrund $P$ möglichst schnell zu seiner Unterkunft $Q$ reiten und unterwegs noch sein Pferd am Fluss tränken will. Welchen Punkt $R$ am Ufer muss er ansteuern? Welches Gesetz der Optik verbirgt sich hinter diesem Optimierungsproblem, analog dem „Prinzip der kürzesten Ankunft“ von FERMAT? Die Koordinaten (in willkürlichen Längeneinheiten) seien $P(0; 2)$ und $Q(3; 4)$. Man berechne zunächst die $x$-Koordinate von $R(x; 0)$ und daraus die Winkel $\alpha$ und $\alpha'$, welche die Strecken $\overline{PR}$ und $\overline{RQ}$ mit dem Lot in $R$ auf das Flussufer einschließen!

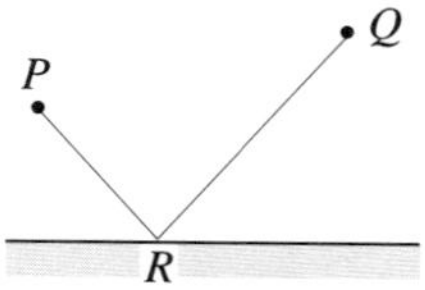


811 *Fermatsches Prinzip (2)*
(Bild) Bestimmen Sie denjenigen Punkt $P$, für den der Lichtweg von $P_1$ in Luft über $P$ an der Grenzfläche Luft/Wasser nach $P_2$ in Wasser derjenige mit der kürzesten Überbrückungszeit ist! Die Lichtgeschwindigkeit in Wasser $c_2$ beträgt $3/4$ von derjenigen $c_1$ in Luft. – *Anleitung:* Drücken Sie die Lage des Übertrittspunktes $P$ durch die Winkel $\alpha_1$ und $\alpha_2$ aus!

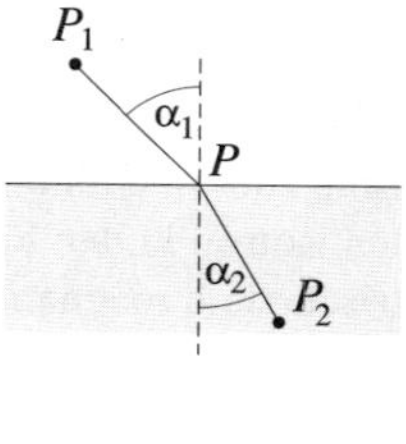

## 812 *Reflexion am ebenen Spiegel*

Ein Spiegel der Höhe $S$ soll an der Wand eines Raumes so aufgehängt werden, dass sich eine im Raum stehende Person darin gerade in ihrer vollen Größe $G$ sehen kann. Die Augenhöhe über dem Fußboden sei $a$. In welcher Höhe $h$, gemessen vom Fußboden bis zur Unterkante, muss der Spiegel aufgehängt werden?

## 813 *Reflexion am Winkelspiegel*

(Bild) Ein auf einen ebenen Spiegel $S_1$ unter dem Winkel $\alpha = 45°$ einfallender und an diesem reflektierter Lichtstrahl wird an einem zweiten ebenen Spiegel $S_2$, der um $\varepsilon = 70°$ gegenüber $S_1$ geneigt ist, nochmals reflektiert. Zeigen Sie, dass der Winkel $\delta$ zwischen dem einfallenden und dem zweimal reflektierten Strahl unabhängig vom Einfallswinkel $\alpha$ ist! Was folgt allgemein für $\varepsilon \lesseqgtr 90°$?

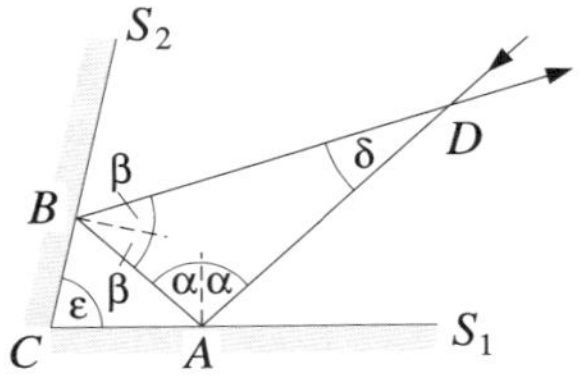


## 814 *Brechzahl und Brechungsgesetz*

a) Um welchen Winkel ändert sich die Ausbreitungsrichtung des Lichts beim Übertritt von Wasser in Diamant, wenn der Einfallswinkel $\alpha_W = 50°$ beträgt? b) Wie groß sind die Lichtgeschwindigkeiten in Wasser und Diamant? Die Brechzahlen von Wasser und Diamant gegenüber Luft sind 1,333 und 2,417.

## 815 *Bildanhebung durch Brechung*

Ein Mikroskop ist scharf auf einen Fleck fokussiert. Wenn über den Fleck eine planparallele Glasplatte von 4,5 mm Dicke gelegt wird, muss das Mikroskop 1,5 mm höher eingestellt werden, um erneut zu fokussieren. Wie groß ist die Brechzahl des Glases?

## 816 *Achromatisches und geradsichtiges Prisma*

(Bild) Zwei Prismen, aus Kron- und Flintglas, werden so aneinandergelegt, dass sie entgegengesetzt ablenken. Durch geeignete Wahl der brechenden Winkel $\omega_{Kr}$ und $\omega_{Fl}$ der beiden Prismen kann man erreichen, dass das Licht a) zwar abgelenkt, aber nicht in Farben zerlegt wird (achromatisches Prisma) oder b) zwar in Farben zerlegt, jedoch im Mittel nicht abgelenkt wird (geradsichtiges Prisma). Man bestimme das Verhältnis der brechenden Winkel $\omega_{Kr}/\omega_{Fl}$, damit a) die FRAUNHOFERschen Linien F und C insgesamt gleich stark abgelenkt werden; b) die D-Linie insgesamt nicht abgelenkt wird. Die Brechzahlen für die Wellenlängen der C-, D- und F-Linie sind bei Kronglas $n_C = 1{,}507\,62$; $n_D = 1{,}510\,02$; $n_F = 1{,}515\,67$; bei Flintglas $n_C = 1{,}608\,05$; $n_D = 1{,}612\,79$; $n_F = 1{,}624\,64$. Man benutze für die Gesamtablenkung $\varepsilon$ durch die Prismen die Näherung $\varepsilon = (n-1)\omega$ für kleine Winkel $\omega$!

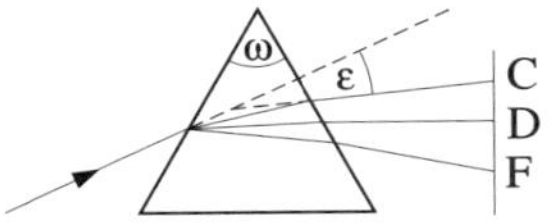


## 817 *Totalreflexion (1)*

Am Boden eines $h = 1$ m tiefen Wasserbeckens befindet sich eine (punktförmig angenommene) Lampe, welche Licht in alle Richtungen ausstrahlt. Blickt man von oben her auf die Wasseroberfläche, so sieht man eine kreisförmige Lichtscheibe. Wie groß ist ihr Radius $R$? Brechzahl von Wasser (gegen Luft): $n = 4/3$.

818 *Totalreflexion (2)*

(Bild) Bis zu welchem größten Einfallswinkel $\alpha_1$, unter dem Licht auf die ebene Stirnfläche einer zylindrischen Glasfaser trifft, kann es im Kern der Glasfaser mit der Brechzahl $n_K = 1{,}67$ durch Totalreflexion am Mantel mit der Brechzahl $n_M = 1{,}34$ weitergeleitet werden?

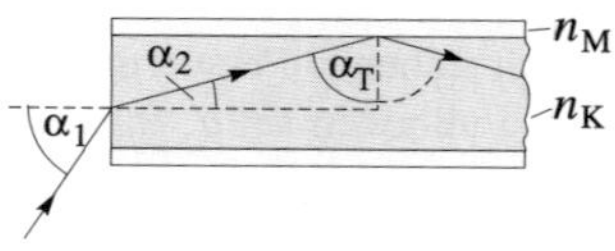


819 *Abbildung durch Hohl- und Wölbspiegel (1)*

Beschreiben Sie Art, Lage und Größe des Bildes eines 20 cm a) vor einem Hohlspiegel, b) vor einem Wölbspiegel, beide vom Krümmungsradius $r = 60$ cm, aufgestellten Gegenstandes!

820 *Abbildung durch Hohl- und Wölbspiegel (2)*

In einer Entfernung von $e = 90$ cm vor einem Hohlspiegel ($f_1 = 30$ cm) befindet sich auf gleicher optischer Achse ein Wölbspiegel ($f_2 = -60$ cm). Es sollen das Bild und der Abbildungsmaßstab für einen Gegenstand $G$ bestimmt werden, der sich $g = 40$ cm vor dem Hohlspiegel befindet. Das vom Hohlspiegel erzeugte Bild $B_1$ soll als Gegenstand $G_2$ für die anschließende Abbildung durch den Wölbspiegel aufgefasst werden.

821 *Sammel- und Zerstreuungslinse*

Eine dünne Sammellinse aus Glas mit der Brechzahl $n_G = 1{,}51$ hat eine Brennweite in Luft ($n_L = 1{,}00$) von $f_L = 30$ cm. Wie groß ist die Brennweite, wenn sich die Linse vollständig a) in Wasser ($n_W = 1{,}33$), b) in Schwefelkohlenstoff ($n_S = 1{,}63$) befindet?

822 *Abbildung durch Sammellinse*

Der Abstand zwischen einem Gegenstand und dem durch eine Sammellinse von $f = 20$ cm Brennweite entworfenen Bild beträgt $d = 83{,}3$ cm. Wie groß ist der Abstand des Gegenstandes von der Linse?

823 *Abbildung durch Sammel- und Zerstreuungslinse*

Eine Linsenkombination besteht aus einer Sammellinse der Brennweite $f_1 = 3$ cm und einer $e = 4$ cm dahinter angeordneten Zerstreuungslinse der Brennweite $f_2 = -2{,}5$ cm. Bestimmen Sie Art und Lage des Bildes eines 6 cm von der Sammellinse entfernten Gegenstandes sowie den Abbildungsmaßstab!

824 *„Gummilinse"*

Durch geringfügiges Variieren des gegenseitigen Abstandes $e$ zweier dünner, eng zueinander angeordneter Sammellinsen mit den Brennweiten $f_1 = 18$ cm und $f_2 = 12$ cm soll die Brennweite $f$ des zweilinsigen Systems zwischen 8 cm und 9 cm verändert werden können. Welches Intervall ergibt sich daraus für $e$?

825 *Bestimmung der Brennweite nach Bessel*

Auf einer optischen Bank befinden sich ein Gegenstand und eine Mattscheibe in einem festen Abstand $e = 100$ cm voneinander. Verschiebt man eine dazwischen befindliche Sammellinse, so ergeben sich zwei Stellungen der Linse, in denen der Gegenstand auf der Mattscheibe scharf abgebildet wird. Es entsteht einmal ein verkleinertes, das andere Mal ein vergrößertes Bild. Die beiden Linsenstellungen liegen symmetrisch zu Gegenstand und Mattscheibe; ihr Abstand wird zu $d = 40$ cm ermittelt. Wie groß ist die Brennweite $f$ der Linse?

826 *Brille. Deutliche Sehweite*
Ein Weitsichtiger kann Gegenstände, die weniger als 70 cm vom Auge entfernt sind, nicht mehr scharf sehen. Berechnen Sie Brennweite und Brechwert der Brillenlinsen, die es ihm ermöglichen, in der deutlichen Sehweite $s = 25$ cm zu lesen!

827 *Diaskop*
Als Objektiv für einen einfachen Projektor soll eine einzelne dünne Linse verwendet werden. a) Wie groß ist ihre Brennweite $f$ zu wählen, wenn bei einer Bildweite von 4 m eine 20-fache Vergrößerung des Diapositivs erreicht werden soll? b) In welchen Grenzen muss der Abstand Diapositiv-Linse variiert werden können, damit auch Bildweiten in den Grenzen $2\,\text{m} < b < 6\,\text{m}$ möglich werden?

828 *Mikroskop*
Mit einem 10-fach vergrößernden Okular soll ein einfaches Mikroskop aufgebaut werden. Wie groß ist die Brennweite des Objektivs zu wählen, damit eine 400-fache Gesamtvergrößerung erreicht wird? Die Tubuslänge (Abstand der inneren Brennpunkte von Objektiv und Okular) betrage wie üblich $t = 160$ mm.

829 *Spiegelteleskop*
Das große Teleskop auf dem Mt. Palomar hat einen konkaven Objektspiegel mit einem Krümmungsradius von $r = 46$ m und ein Okular der Brennweite 1,3 cm. Welche Vergrößerung erreicht das Instrument?

ZUSATZAUFGABEN

830 Ein Autofahrer blickt aus $d = 40$ cm Entfernung in den Rückspiegel von $b = 12$ cm Breite. Welche Breite $B$ kann er in $D = 20$ m Entfernung überblicken a) mit einem ebenen Spiegel, b) mit einem Wölbspiegel, dessen Brennweite vom Betrag $f = 30$ cm ist?

831 Mit einem Hohlspiegel (Krümmungsradius $r = 120$ mm) soll die Wärmestrahlung einer Flamme auf einen kleinen Versuchskörper übertragen werden. Dazu wird die Flamme auf den Körper abgebildet, wobei der Abstand $d = 90$ mm zwischen beiden einzuhalten ist. In welchen Abständen vom Spiegel müssen Flamme und Körper aufgestellt werden?

832 (Bild) Weshalb ist es nicht notwendig, die reflektierenden Flächen des Umlenkprismas zu versilbern? Brechzahl des Glases $n = 1,5 \ldots 1,7$.

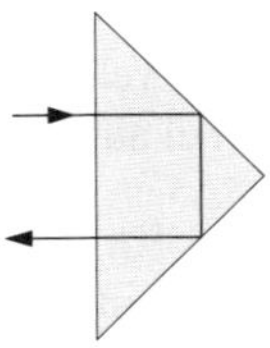
Aufgabe 832

833 Bei einer Inversionswetterlage ist Luft von 5 °C von wärmerer Luft der Temperatur 15 °C überschichtet. Wie groß ist der Grenzwinkel der Totalreflexion $\alpha_T$ für vom Erdboden nach oben abgestrahlte Schallwellen? Man gehe näherungsweise von einer sprunghaften Änderung der Temperatur an der Luftmassengrenze aus. Schallgeschwindigkeit in Luft der Temperatur $\vartheta$: $c/(\text{ms}^{-1}) = 331,6 + 0,6\,\vartheta/{}^\circ\text{C}$.

834 Man bestimme Bildweite und Abbildungsmaßstab für die Abbildung eines Gegenstandes, der sich a) 40 cm vor einem Hohlspiegel von 30 cm Brennweite, b) 30 cm vor einem Wölbspiegel von 60 cm Brennweite befindet! Man beschreibe jeweils das Bild.

835 In vielen Lehrbüchern ist die Art der Abbildung durch sphärische Spiegel und Linsen für verschiedene Gegenstandsweiten tabellarisch dargestellt. Eine übersichtliche Darstellung erhält man, wenn man die Gegenstandsweite $g$ als Vielfaches der Brennweite $f$ a) bei Hohlspiegel und Sammellinse durch $g = xf$, b) bei Wölbspiegel und Zerstreuungslinse durch $g = -xf$ $(0 < x < \infty)$ ausdrückt. Man ermittle Bildweite $b$ und Abbildungsmaßstab $\beta$ bei fester Brennweite $f$ als Funktion von $x$!

836 Man bestimme die dem Betrag nach gleichen Krümmungsradien $r$ einer bikonvexen Linse ($n = 1{,}50$), die als Lupe benutzt eine Normalvergrößerung von $V = 10$ haben soll!

837 Gesucht ist die Vergrößerung $\Gamma$ einer Lupe mit einer Brennweite von $f = 2$ cm a) für ein normales Auge mit der konventionellen Sehweite $s = 25$ cm, b) für ein kurzsichtiges Auge mit $s' = 15$ cm.

838 Ein Kurzsichtiger kann ein Objekt nur dann scharf erkennen, wenn er es bis auf 10 cm an sein Auge heranführt. Wie muss seine Brille beschaffen sein, damit er in der deutlichen Sehweite 25 cm scharf sehen kann?

839 Zur Bestimmung der Brennweite $f_Z$ einer dünnen Zerstreuungslinse wird diese an eine dünne Sammellinse von $f_S = 8{,}0$ cm Brennweite dicht angelegt. Mit diesem Linsensystem wird ein Gegenstand bei einer Gegenstandsweite von 40 cm auf einer Mattscheibe in $17{,}1$ cm Abstand vom Linsensystem scharf abgebildet. Man berechne die Brennweite der Zerstreuungslinse!

840 Welche Brennweite $f_2$ muss eine im Abstand $e = 6$ cm von einer Sammellinse mit $f_1 = 9$ cm stehende Zerstreuungslinse haben, damit die sammelnde Wirkung gerade aufgehoben wird?

841 Ein Gegenstand, der sich 30 cm vor einer Sammellinse befindet, wird auf dem 90 cm vom Gegenstand entfernten Schirm scharf abgebildet. Die Linse wird jetzt um 10 cm vom Gegenstand weggeschoben. Wie muss der Schirm verschoben werden, um wieder eine scharfe Abbildung zu erhalten?

842 Ein Opernglas hat ein Objektiv mit der Brennweite $f_1 = 9$ cm und ein Okular mit der Brennweite $f_2 = -3$ cm. a) Welchen Abstand $e$ müssen die Linsen voneinander haben, um bei entspanntem Auge einen 20 m entfernten Gegenstand gut beobachten zu können? b) Welche Vergrößerung $\Gamma$ wird erreicht?

843 Welche Länge $L$ hat ein Fernrohr mit einem Objektiv der Brennweite $f_{\mathrm{Ob}} = 900$ mm, das bei auf unendlich akkomodiertem Auge 45-fach vergrößert?

844 Ein Fernrohr hat ein Objektiv mit der Brennweite $f_{\mathrm{Ob}} = 150$ cm und ein Okular mit einer Brennweite von $f_{\mathrm{Ok}} = 10$ cm. Unter welchem Sehwinkel $\sigma$ kann man den Vollmond mit dem Fernrohr sehen, wenn man ihn mit unbewaffnetem Auge unter dem Winkel $\sigma_0 = 31'$ sieht?

845 Ein Teleobjektiv besteht aus einer Sammellinse mit der Brennweite $f_1 = 6$ cm und einer Zerstreuungslinse (als Okular) mit $f_2 = -2{,}5$ cm; die Linsen haben einen Abstand von $e = 4$ cm. Bestimmen Sie a) die Lage des Bildes eines sehr weit entfernten Gegenstandes; b) den Abbildungsmaßstab $\Gamma_2$ der Zerstreuungslinse!

## Wellenoptik

846 *Frequenz, Wellenlänge, Lichtgeschwindigkeit und Brechzahl*
Eine Lichtwelle der Wellenlänge $\lambda_L = 750\,\text{nm}$ (in Luft) trifft unter dem Einfallswinkel $\alpha_L = 45°$ auf eine Glasscheibe mit der Brechzahl $n = 1{,}5$ und geht durch sie hindurch. a) Wie groß ist die Lichtgeschwindigkeit $c_G$ in der Scheibe? b) Welche Frequenz und Wellenlänge hat die Welle in der Scheibe und hinter der Scheibe (wieder in Luft)? c) Unter welchem Winkel verlässt sie die Scheibe?

847 *Polarisation des Lichts durch Reflexion und Brechung (1)*
Lässt man natürliches Licht schräg unter einem solchen Einfallswinkel $\alpha_1 = \alpha_P$ auf eine ebene Glasplatte fallen, dass der reflektierte Strahl auf dem im Glas unter dem Winkel $\alpha_2$ gebrochenen Strahl senkrecht steht, so ist das reflektierte Licht senkrecht zur Einfallsebene vollständig linear polarisiert, d. h., es führt Schwingungen nur in der Ebene aus, die senkrecht zur Einfallsebene steht (s. die folgende Aufgabe). Man bestimme unter Anwendung des Reflexions- und Brechungsgesetzes den sog. BREWSTERschen Winkel $\alpha_P$ aus der Brechzahl $n$ des Glases! Wie groß ist $\alpha_P$ für $n = 1{,}54$?

848 *Polarisation des Lichts durch Reflexion und Brechung (2)*
Natürliches Licht fällt unter dem BREWSTERschen Winkel $\alpha_P$ auf Glas der Brechzahl $n = 1{,}54$. a) Welcher prozentuale Anteil des einfallenden Lichts sowie des darin enthaltenen senkrecht und parallel zur Einfallsebene polarisierten Lichts wird an der Grenzfläche Luft/Glas reflektiert und welcher geht gebrochen durch das Glas hindurch? b) Wie groß ist der Polarisationsgrad $P$ für das reflektierte und das gebrochene Licht? Die Absorption des Lichts ist zu vernachlässigen.

849 *Gangunterschied und Interferenz*
Mit Hilfe eines MICHELSON-Interferometers soll die Wellenlänge $\lambda$ einer Spektrallinie bestimmt werden. Man beobachtet, dass bei einer Verschiebung eines der beiden Spiegel um $s = 42\,\mu\text{m}$ 150 dunkle Streifen durch das Sehfeld des Interferometers wandern. Wie groß ist $\lambda$?

850 *Optische Weglänge und Interferenz*
In einem Interferometer wird eine evakuierte Glasröhre von $l = 100\,\text{mm}$ Länge in den Strahlengang mit Licht der Wellenlänge $\lambda = 589\,\text{nm}$ gebracht und das Interferenzstreifensystem beobachtet. Wenn die Glasröhre mit Chlor bei 20 °C bis zum Normaldruck von 1013 hPa gefüllt wird, verschiebt sich das Interferenzstreifensystem um 131 Streifen. Man bestimme die Brechzahl $n$ für Chlor unter den angegebenen Bedingungen!

851 *Interferenzen an planparallelen Schichten*
Weißes Licht fällt auf eine Ölschicht, die sich auf einer Wasseroberfläche ausgebreitet hat. An einer Stelle ist der Ölfilm gerade $d = 0{,}60\,\mu\text{m}$ dick. Die Brechzahl des Öls ist $n = 1{,}50$. Welche Wellenlängen werden im sichtbaren Bereich ($\lambda \approx 380\ldots780\,\text{nm}$) nach Reflexion a) bei senkrechtem Lichteinfall, b) bei schrägem Lichteinfall unter dem Winkel $\alpha = 45°$ durch Interferenz ausgelöscht?

852 *Newtonsche Ringe*
Eine dünne plankonvexe Linse aus Flintglas ($n = 1{,}613$) liegt mit der sphärisch gekrümmten Fläche auf einer ebenen Glasplatte. Über einen halbdurchlässigen Spiegel wird senkrecht von oben mit monochromatischem Licht der Wellenlänge $\lambda = 589\,\text{nm}$ beleuchtet. Mit einem Messmikroskop wird der Radius des dunklen NEWTONschen Ringes 2. Ordnung zu $a_2 =$

915 µm, der Radius 7. Ordnung zu $a_7 = 1405$ µm ausgemessen. Man bestimme den Krümmungsradius $R$ und die Brennweite $f$ der Linse!

## 853 *Beugung am Spalt*

Paralleles Licht der Wellenlänge $\lambda = 694{,}3$ nm (das rote Licht eines Rubin-Lasers) fällt senkrecht auf einen Spalt in einem Hindernis. Die Spaltbreite beträgt $b = 0{,}2$ mm. Das durch den Spalt hindurchgehende gebeugte Licht wird auf einem Schirm in der Entfernung $e = 2{,}30$ m hinter dem Spalt beobachtet. a) An welchen Stellen des Beugungsbildes liegen dunkle Streifen (Beugungsminima), und an welchen Stellen treten helle Nebenmaxima auf? b) Man berechne die Intensität $S$ der aufeinander folgenden Nebenmaxima (normiert auf die einfallende Lichtintensität $S_0$) und zeichne deren Verlauf!

## 854 *Beugung am Strichgitter (1)*

Das Beugungsspektrum 1. Ordnung, das durch ein Strichgitter erzeugt wird, erscheint auf einer Mattscheibe mit Millimeterteilung, die sich in $e = 1000$ mm Entfernung parallel zur Gitterebene befindet. Die grüne Hg-Linie mit $\lambda_1 = 546$ nm hat einen Abstand $s_1 = 226$ mm vom Maximum 0. Ordnung und eine rote Linie unbekannter Wellenlänge den Abstand $s_2 = 306$ mm. Wie groß ist der Spaltabstand des Gitters (Gitterkonstante) $a$? Wie groß ist die Wellenlänge $\lambda_2$ der roten Linie?

## 855 *Beugung am Strichgitter (2)*

(Bild) Ab einer bestimmten Beugungsordnung $z$ können sich die von einem Beugungsgitter erzeugten Spektren aufeinander folgender Beugungsordnung teilweise überlappen (im Bild die Beugungsspektren der 3. und 4. Ordnung). Von welcher Ordnung $z$ an überlappen sich die Spektren des sichtbaren Lichts zwischen $\lambda_1 = \lambda_V = 390$ nm (violett) und $\lambda_2 = \lambda_R = 780$ nm (rot)?

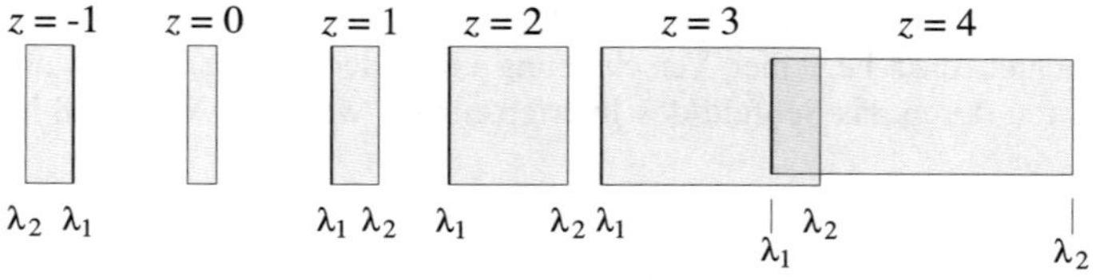


## 856 *Auflösungsvermögen eines Objektivs*

Welchen Durchmesser $d$ muss ein Kameraobjektiv haben, mit dem man von einem Satelliten in $h = 150$ km Höhe aus mit Licht der Wellenlänge $\lambda = 550$ nm Objekte von $s = 1$ m Ausdehnung noch deutlich voneinander unterscheiden kann?

## 857 *Auflösungsvermögen eines Gitterspektrometers*

Wie viel Gitterspalte (Spaltöffnungen) $N$ eines Beugungsgitters benötigt man, um die Spektrallinien des Natrium-D-Dubletts mit den Wellenlängen $\lambda_1 = 589{,}0$ nm und $\lambda_2 = 589{,}6$ nm in 1. Beugungsordnung trennen („auflösen") zu können?

## 858 *Auflösungsvermögen und Vergrößerung eines Fernrohrs*

Aus welcher Entfernung $e$ kann man mit einem Fernrohr, dessen Objektiv einen Durchmesser von $d = 50$ mm hat, einen Zaun mit einer Lattenbreite und einem Lattenabstand von je $a = 10$ cm gerade noch auflösen? Welche Vergrößerung ist für die Beobachtung mindestens erforderlich, wenn der Auflösungwinkel des Auges von $\sigma_A = 6 \cdot 10^{-4}$ rad berücksichtigt wird? Man rechne mit einer Wellenlänge des Lichts von $\lambda = 550$ nm.

**859** *Auflösungsvermögen und Vergrößerung eines Mikroskops*
Welche Okularvergrößerung $V_{Ok}$ wählt man zweckmäßigerweise bei einem Mikroskop mit einem Objektiv der Vergrößerung $\beta_{Ob} = 100$ (Abbildungsmaßstab) und einer numerischen Apertur $A = 1{,}35$? Man beachte, dass das Auflösungsvermögen des Auges bei einem Sehwinkel von $\sigma_A = 6 \cdot 10^{-4}$ rad liegt. Es werde monochromatisches Licht mit $\lambda = 550$ nm benutzt. Wie groß ist dann die förderliche Vergrößerung des Mikroskops?

ZUSATZAUFGABEN

**860** Welchen Winkel muss die Sonne mit dem Horizont bilden, damit das von der Oberfläche eines Sees reflektierte Licht vollständig polarisiert ist? Brechzahl von Wasser $n = 4/3$.

**861** Natürliches Licht fällt unter 45° auf eine ebene Glasfläche (Brechzahl $n = 1{,}5$). Wie viel Prozent des auftreffenden Lichts werden von ihr reflektiert? a) Wie verteilt sich das reflektierte Licht auf die beiden Polarisierungsrichtungen senkrecht und parallel zur Einfallsebene? b) Welche Zusammensetzung hat das gebrochene Licht? c) Wie groß ist der Polarisierungsgrad für das reflektierte und das gebrochene (durchgehende) Licht?

**862** (Bild) Um die Dicke $d$ einer dünnen Folie ($F$) genau zu bestimmen, wird diese auf einer Seite zwischen die Enden zweier übereinander liegender ebener Glasplatten gebracht, wodurch zwischen ihnen ein Luftkeil entsteht. Dieser wird senkrecht von oben mit Natrium-Licht der Wellenlänge $\lambda = 589$ nm beleuchtet. Im reflektierten Licht beobachtet man 11 dunkle Interferenzstreifen. Wie groß ist $d$?

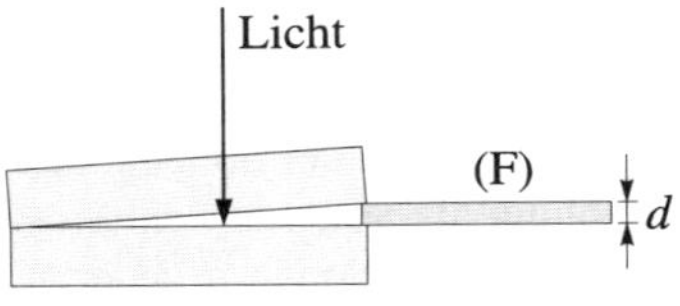


**863** Auf eine ausgespannte Seifenhaut (Brechzahl $n = 1{,}33$) fällt weißes Licht unter einem Winkel von 45°. Wie dick ist die Haut mindestens, wenn das reflektierte Licht eine gelbe Farbe ($\lambda = 600$ nm) hat?

**864** Bei einer Anordnung zur Erzeugung NEWTONscher Ringe (vgl. Bild zur Lösung von Aufgabe 852) ist der Raum zwischen Linse und Glasplatte mit einer Flüssigkeit ausgefüllt, deren Brechzahl $n$ zu bestimmen ist. Es wird das hindurchgehende Licht beobachtet. Der Krümmungsradius der Linse beträgt $r = 10$ m, die Wellenlänge des Lichts $\lambda = 589$ nm. Der Radius des dritten hellen Interferenzringes wird zu $a_3 = 3{,}65$ mm gemessen.

**865** Weißes Licht fällt a) senkrecht, b) unter $\alpha = 45°$ auf eine Folie von $d = 0{,}72$ µm Dicke und der Brechzahl $n = 1{,}25$. Welche Wellenlängen werden in den beiden Fällen im durchgehenden Licht ausgelöscht?

**866** In Aufgabe 854 wurde gezeigt, dass sich schon ab der 2. Beugungsordnung die Beugungsspektren des sichtbaren Lichts überlappen. a) Bei welcher Wellenlänge $\lambda$ im Spektrum der 2. Beugungsordnung beginnt die Überlappung mit dem Spektrum 3. Ordnung? Wie groß ist demnach der überlappungsfreie Wellenlängenbereich $\Delta\lambda$ im Spektrum 2. Ordnung? b) Zeigen Sie, dass für den überlappungsfreien Bereich $\Delta\lambda$ in einem Beugungsspektrum der Ordnung $z$, welcher von $\lambda_1$ bis $\lambda$ reicht, allgemein $\lambda_1/\Delta\lambda = z$ gilt!

867 Die Anzahl der mit einem Beugungsgitter erhältlichen Beugungsordnungen ist begrenzt. Gesucht ist die höchste Ordnung $z$ des Beugungsspektrums für die gelbe Spektrallinie einer Quecksilberdampflampe mit der Wellenlänge $\lambda = 579$ nm, wenn die Gitterkonstante $a = 3$ µm beträgt.

868 Welche Gitterkonstante $a$ und Breite $B$ muss ein Beugungsgitter haben, wenn das Dublett des gelben Natriumlichts $\lambda_1 = 589{,}0$ nm und $\lambda_2 = 589{,}6$ nm in 1. Beugungsordnung aufgelöst und dabei der Beugungswinkel $\alpha = 8{,}5°$ nicht überschritten werden soll?

869 Ein paralleles Laserlichtbündel ($\lambda = 694{,}3$ nm) von kreisförmigem Querschnitt mit $d = 5$ cm Durchmesser wird auf den Mond gerichtet. Wie groß ist der Durchmesser $D$ der beleuchteten Fläche auf dem Mond? Entfernung Erde–Mond: $e = 384\,000$ km.

870 Bei Betrachtung eines Diatomeenpräparates durch ein Mikroskop mit einem Objektiv der numerischen Apertur $A = 0{,}95$ wird die Skelettstruktur bei Rotfilterlicht ($\lambda_{\text{rot}} = 700$ nm) nicht aufgelöst. Dagegen erkennt man das Skelett im Blaufilterlicht ($\lambda_{\text{blau}} = 390$ nm) gut aufgelöst. In welcher Größenordnung liegen die Abmessungen $s$ der Skelettstruktur?

## Temperaturstrahlung

871 *Stefan-Boltzmannsches Gesetz (1)*
Die Temperatur der Sonnenoberfläche werde mit $T_{\text{S}} = 5800$ K angenommen und die Sonnenstrahlung als Strahlung eines „schwarzen Körpers" (Emissionsgrad $\varepsilon = 1$). a) Welche Energie strahlt die Sonne in jeder Sekunde ab? b) Wie groß ist davon die Strahlungsenergie, die je Sekunde von 1 m² Erdoberfläche bei senkrechtem Einfall der Strahlung empfangen wird (Solarkonstante)? Sonnenradius $R_{\text{S}} = 6{,}97 \cdot 10^8$ m; mittlerer Erdbahnradius um die Sonne $r_{\text{E}} = 1{,}5 \cdot 10^{11}$ m.

872 *Stefan-Boltzmannsches Gesetz (2)*
Eine Spezialglühlampe hat einen Glühfaden aus Wolfram von $l = 80$ cm Länge und $d = 50$ µm Durchmesser. a) Wie hoch ist die Temperatur des Glühfadens bei einer Leistung der Lampe von 100 W? Die gesamte elektrische Leistung soll mit einem Emissionsgrad $\varepsilon = 0{,}3$ abgestrahlt werden. Die Umgebungstemperatur betrage 20 °C. b) Wie hoch wäre die Temperatur des Glühfadens bei $\varepsilon = 1$ (Emissionsgrad des „schwarzen Körpers")?

873 *Plancksches Strahlungsgesetz (1)*
Wie viel Watt der von 1 cm² Oberfläche eines "schwarzen Körpers" der Temperatur $T = 1500$ K in den Halbraum abgegebenen Strahlung entfallen auf ein Wellenlängenintervall von $\Delta\lambda = 0{,}01$ µm in der Umgebung der Wellenlänge $\lambda = 1{,}0$ µm?

874 *Plancksches Strahlungsgesetz (2)*
a) Schätzen Sie ab, wie viel Prozent der Strahlungsleistung der Sonne bei einer angenommenen Sonnnentemperatur von $T = 5800$ K auf den Wellenlängenbereich des sichtbaren Lichts ($\lambda = 400 \ldots 750$ nm) entfallen! Die Sonnenstrahlung werde näherungsweise als Strahlung eines „schwarzen Körpers" angesehen. – *Anleitung:* Berechnen Sie nach dem PLANCKschen Strahlungsgesetz (s. Aufgabe 873) zunächst die sog. spektrale Strahldichte $L_{\text{e}\lambda} = \mathrm{d}L_{\text{e}}/\mathrm{d}\lambda$ in Intervallen $\mathrm{d}\lambda = 50$ nm für den in Frage kommenden $\lambda$-Bereich und daraus als Summe aller $L_{\text{e}\lambda}\,\mathrm{d}\lambda$ die Strahldichte $\Delta L_{\text{e}}$ des sichtbaren Lichts sowie die zugehörige Strahlungsflussdichte

$\Delta M_e = \pi\ \Delta L_e$; setzen Sie diese ins Verhältnis zu der aus dem STEFAN-BOLTZMANNschen Gesetz folgenden Gesamtstrahlungsflussdichte $M_e$ der Sonne! b) Stellen Sie die Abhängigkeit $L_{e\lambda}(\lambda)$ für $\lambda = 150$ nm (Ultraviolett) bis $\lambda = 4000$ nm (Infrarot) graphisch dar und markieren Sie darin das sichtbare Gebiet!

875 *Wiensches Verschiebungsgesetz*
Gesucht sind die Wellenlängen $\lambda_{max}$, bei denen die Maxima der spektralen Energieverteilung der Strahlung liegen, für a) die Wendel einer Glühlampe ($T = 3000$ K), b) die Sonnenoberfläche ($T = 5800$ K), c) eine Atombombe, in der zum Zeitpunkt der Zündung die Temperatur auf etwa $10^7$ K ansteigt, als Strahlungsquelle.

ZUSATZAUFGABEN

876 Wie groß ist die strahlende Fläche eines Körpers mit einem Emissionsgrad $\varepsilon = 0,3$ für einen Gesamtstrahlungsfluss $\Phi_e = 100$ W bei 2350 °C und einer Umgebungstemperatur von 20 °C?

877 Wie ändern sich der Gesamtstrahlungsfluss $\Phi_e$ und die Wellenlänge $\lambda_{max}$ für das Maximum der spektralen Strahlungsdichte eines schwarzen Körpers, der von $T_1 = 2000$ K auf $T_2 = 1000$ K abgekühlt wird?

878 Eine glühende Metalloberfläche von 10 cm² strahlt je Minute eine Energie von 40 kJ ab. Die Temperatur der Oberfläche beträgt $T = 2500$ K. a) Wie groß ist ihr (integraler) Emissionsgrad $\varepsilon$? b) Bei welcher Temperatur $T_s$ („schwarze Temperatur“) würde die Oberfläche gleich stark strahlen, wenn sie absolut schwarz wäre?

879 a) Um wie viel verringert sich die Masse der Sonne infolge der Strahlung in einem Jahr? b) Nach wie viel Jahren hat die Sonne (konstante Strahlungsleistung vorausgesetzt) nur noch die Hälfte ihrer Masse? Sonnenoberflächentemperatur 5800 K; Sonnenmasse $1,97 \cdot 10^{30}$ kg.

880 Man drücke die spektrale Strahldichte

$$L_{e\lambda} = \frac{2hc^2}{\lambda^5}\frac{1}{e^{hc/(\lambda kT)} - 1}$$

des schwarzen Körpers als Funktion der Frequenz $f$ der Strahlung aus und gebe eine Näherung a) für kleine Frequenzen $hf \ll kT$ und b) für große Frequenzen $hf \gg kT$ an!

## Photometrie

881 *Lichtstärke und Lichtstrom*
Eine Lampe der Lichtstärke $I_v = 1000$ cd hängt in der Mitte zwischen zwei $d = 10$ m entfernten Wänden. An der linken Wand befindet sich in Lampenhöhe ein ebener Spiegel. Wie groß ist der Lichtstrom $\Phi_v$, der auf eine Fläche von $A_2 = 0,45$ m² der rechten Wand in Höhe der Lampe fällt?

**882** *Lichtstärke und Beleuchtungsstärke*
a) In welcher Höhe $h$ über der Mitte einer kreisrunden Tischplatte vom Durchmesser $2R = 1{,}10$ m muss eine Lampe angebracht werden, damit bei gleichmäßiger Abstrahlung in alle Raumrichtungen die Beleuchtungsstärke am Tischrand maximal ist? b) Wie groß muss demnach die Lichtsstärke der Lampe mindestens sein, wenn am Tischrand die zum Lesen erforderliche Beleuchtungsstärke von 80 lx vorhanden sein soll? c) Wie viel Watt müsste demnach eine Glühlampe mit der „Lichtausbeute“ 13 lm/W haben?

**883** *Lichtstärke, Leuchtdichte und spezifische Lichtausstrahlung*
Zur Frühlings- und Herbst-Tagundnachtgleiche (21. 3. und 23. 9.) steht die Sonne mittags am Äquator im Zenit. Man misst zu dieser Zeit an der Erdoberfläche am Äquator eine Beleuchtungsstärke von $10^5$ lx. Wie groß sind a) Lichtstärke, b) Leuchtdichte, c) spezifische Lichtausstrahlung der Sonne? Sonnenradius $R = 6{,}97 \cdot 10^8$ m; mittlere Entfernung Erde–Sonne $r_E = 1{,}5 \cdot 10^{11}$ m.

**884** *Photometrisches Grundgesetz*
Der Fettfleck eines Fettfleckphotometers wird gleichzeitig von der einen Seite durch eine Glühlampe $L_1$ und von der anderen durch eine in 20 cm Abstand befindliche Lampe $L_2$ so beleuchtet, dass er scheinbar verschwindet. Nachdem die Stromstärke durch die Glühlampe $L_1$ erhöht wurde, musste Lampe $L_2$ um 2 cm verschoben werden, damit der Fettfleck wiederum nicht wahrgenommen werden kann. Um wie viel Prozent hat sich die Lichtstärke der Glühlampe infolge der Erhöhung der Stromstärke vergrößert?

## ZUSATZAUFGABEN

**885** Zur Frühlings- und Herbst-Tagundnachtgleiche beträgt mittags, wenn die Sonne am Äquator im Zenit steht, dort die Beleuchtungstärke der Erdoberfläche $E_{v0} = 10^5$ lx. Wie groß ist zu dieser Zeit die Beleuchtungsstärke a) einer horizontalen Fläche auf der Erde, b) einer senkrechten Gebäudewand an einem Ort 60° nördlicher Breite (z. B. Oslo, St. Petersburg)?

**886** Eine Lampe strahlt senkrecht nach unten mit einer Lichtstärke $I_{v0} = 500$ cd und hat seitlich eine Lichtstärkeverteilung der Form $I_v = I_{v0} \cos \alpha_1$. Wie groß ist die Beleuchtungsstärke $E_v$ auf einer horizontalen Fläche $h = 4$ m unter der Lampe in $a = 3$ m Entfernung vom Fußpunkt senkrecht unter der Lampe?

**887** Eine Lampe besteht aus einer nahezu punktförmigen Lichtquelle der Lichtstärke $I_v = 100$ cd im Mittelpunkt einer Milchglaskugel von 10 cm Durchmesser. Wie groß sind spezifische Lichtausstrahlung $M_v$ und Leuchtdichte $L_v$ der Lampe, wenn Lichtverluste im Milchglas vernachlässigt werden?

**888** Zwei Lampen von 5 cd und 20 cd sind 1,50 m voneinander entfernt. An welchem Punkt zwischen ihnen ist die von jeder Lampe erzeugte Beleuchtungsstärke gleich?

# ATOME UND ATOMKERNE

## Welle-Teilchen-Dualismus

889 *Energie, Masse und Impuls eines Photons*
Ein Laser mit der Lichtleistung $P = 5$ W emittiert kohärentes Licht der Wellenlänge $\lambda = 690$ nm. a) Wie groß sind Energie $E_{Ph}$, Masse $m_{Ph}$ und Impuls $p_{Ph}$ eines Photons sowie die Anzahl der je Zeiteinheit emittierten Photonen $\dot{N}_{Ph}$? b) Welcher Lichtleistung entspricht der vom menschlichen Auge noch wahrnehmbare Photonenstrom von $\dot{N}_{Ph,A} = 5\ s^{-1}$?

890 *Lichtdruck (Strahlungsdruck)*
a) Welche Strahlungsleistung muss ein Laser kontinuierlich erzeugen, damit sein Lichtstrahl ein verspiegeltes Glasplättchen der Masse $m_S = 0,1$ mg gegen die Erdanziehung in der Schwebe halten kann (optische Levitation)? b) Wie groß ist dabei der Lichtdruck auf das Plättchen, wenn dieses $d = 0,1$ mm dick ist und eine Dichte von $\varrho = 2,5 \cdot 10^3$ kg/m$^3$ hat?

891 *Photoeffekt (1)*
a) Wie groß ist die Strahlungsleistung $P$ des auf die Photokatode einer Photozelle fallenden blauen Lichts der Wellenlänge $\lambda = 430$ nm, wenn die Quantenausbeute der lichtelektrischen Schicht der Photokatode $\eta = N_e/N_{Ph} = 0,14$ ($N_e$ Zahl der ausgelösten Elektronen, $N_{Ph}$ Zahl der eingestrahlten Photonen) beträgt und ein maximaler Photoelektronenstrom von $I = 0,5$ mA gemessen wird? b) Welche Elektronenaustrittsarbeit $W_a$ hat das Material der lichtelektrischen Schicht, wenn durch ein Gegenfeld der Spannung $U = 0,94$ V der Photoelektronenstrom gerade vollständig unterdrückt wird? Wie groß ist die Geschwindigkeit der Photoelektronen? c) Für welche Wellenlängen tritt kein Photoelektronenstrom auf?

892 *Photoeffekt (2)*
Kann ein freies Elektron ein Lichtquant absorbieren? Man untersuche dazu mit Hilfe des (relativistischen) Energie- und Impulssatzes den unelastischen Stoß eines Photons der Frequenz $f$ mit einem anfangs ruhenden Elektron!

893 *Compton-Effekt (1)*
Ein Gammaquant der Energie $E_\gamma = 0,1$ MeV führt einen geraden (zentralen) Stoß mit einem anfangs ruhenden Elektron aus, wobei das Gammaquant in die Einstrahlrichtung zurückreflektiert wird. Man ermittle mit Hilfe von Energie- und Impulssatz die Geschwindigkeit und die kinetische Energie des Elektrons nach dem Stoß! Sind dabei Energie- und Impulssatz in relativistischer oder nichtrelativistischer Form anzusetzen? Welche relative Frequenzänderung erfährt das Gammaquant?

894 *Compton-Effekt (2)*
(Bild) a) Man berechne die Wellenlängen- und Frequenzänderung (COMPTON-Verschiebung), die Röntgenstrahlung der Wellenlänge $\lambda = 0,3$ nm bei Streuung an den quasifreien Elektronen in einer Metallfolie für Streuwinkel $\vartheta = 90°$ und $180°$ erfährt! b) Wie groß sind jeweils die kinetische Energie $E_k$ und die Geschwindigkeit $v$ des Rückstoßelektrons? c) In welche Richtung $\varphi$ gegenüber der Einstrahlungsrichtung wird das Rückstoßelektron abgelenkt?

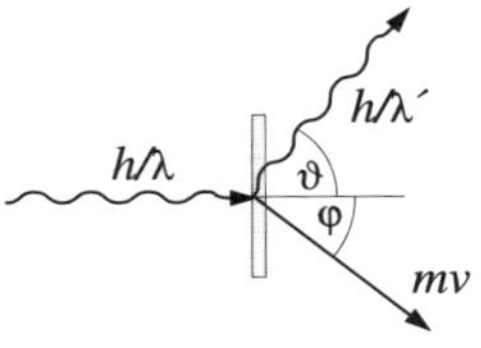

## 895 *Materiewellen*

a) Man gebe die Beziehungen für Frequenz $f$, Wellenlänge $\lambda$ und Phasengeschwindigkeit $u$ von Materiewellen (DE-BROGLIE-Wellen) an, indem man die für Photonen geltenden Beziehungen $E = hf$ für die Energie und $p = h/\lambda$ für den Impuls auf Elektronen der Geschwindigkeit $v$ überträgt! b) Welche Frequenz, Wellenlänge und Phasengeschwindigkeit kommt einem Elektron der Geschwindigkeit $v_1 = 10^6$ m/s; $v_2 = 2 \cdot 10^8$ m/s zu? c) Wie groß ist die DE-BROGLIE-Wellenlänge der Erde $\lambda_E$ (Masse $M_E = 5{,}976 \cdot 10^{24}$ kg), die sich mit $v_E = 29{,}9$ km/s im Sonnensystem bewegt? Man vergleiche die berechneten Wellenlängen der Objekte mit ihren eigenen Abmessungen (Radien)!

## 896 *Elektronenmikroskop*

a) Man berechne die DE-BROGLIE-Wellenlänge der abbildenden Elektronen eines Elektronenmikroskops, das mit einer Beschleunigungsspannung von $U = 100$ kV arbeitet! Die Anfangsgeschwindigkeit der Elektronen sei zu vernachlässigen. b) Wie groß ist der kleinste mit dem Elektronenmikroskop auflösbare Abstand zweier Objektpunkte $s = \lambda/(n \sin\alpha)$ (Auflösungsvermögen), wenn der optimale Öffnungswinkel von Elektronenlinsen $\alpha = 0{,}34°$ und die Brechzahl $n = 1$ betragen? Man vergleiche das Ergebnis mit dem Auflösungsvermögen eines Lichtmikroskops mit der numerischen Objektivapertur $A = n \sin\alpha = 0{,}65$, wenn mit blauem Licht ($\lambda = 458$ nm) gearbeitet wird!

## 897 *Brechungsgesetz für Materiewellen*

Elektronen erfahren beim Eintritt in ein Medium eine zusätzliche Beschleunigung durch einen inneren Potentialunterschied $U_i$, der vom elektrostatischen Feld der Atomkerne und Elektronen des Mediums herrührt. Infolgedessen ist ihre Wellenlänge im Medium ($\lambda_2$) von derjenigen in Vakuum oder Luft ($\lambda_1$) verschieden. Man berechne a) die Wellenlängenänderung; b) den Brechungswinkel $\alpha_2$ von Elektronen der Energie $eU = 10$ eV, die unter einem Winkel $\alpha_1 = 45°$ zum Einfallslot in einen Nickelkristall mit $U_i = 1{,}3$ V eindringen! Wie groß ist die elektronenoptische Brechzahl $n \approx \lambda_1/\lambda_2$ des Nickelkristalls?

## 898 *Elektronenbeugung*

(Bild) Ein Elektronenbündel durchstrahlt nach Durchlaufen einer Beschleunigungsspannung von $U = 10$ kV eine polykristalline Graphitaufdampfschicht (Probe $P$), wobei der auf dem kugelförmigen Leuchtschirm $S$ beobachtete Interferenzring 1. Beugungsordnung einen Radius $r = 1{,}29$ cm aufweist. a) Wie groß ist der Abstand $d$ der in interferenzfähiger Lage befindlichen Netzebenen (gedachte Ebenen im Kristall, welche gleichmäßig mit Gitterebenen belegt sind) des Graphitkristalls? b) Bis zu welcher Beugungsordnung $z$ treten bei der gegebenen Beschleunigungsspannung konstruktive Interferenzen auf? Der Abstand der Probe zum Leuchtsschirm beträgt $2R = 13$ cm.

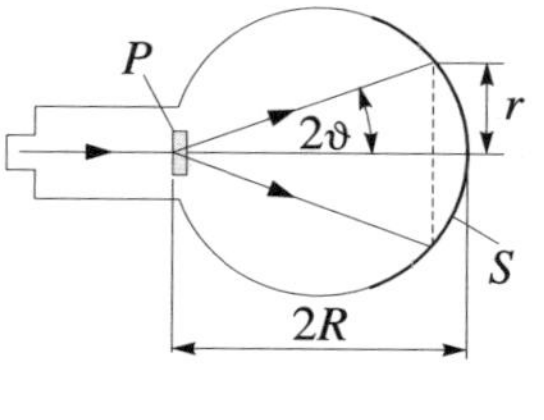


## 899 *Heisenbergsche Unbestimmtheitsrelation (1)*

a) Wie groß ist die minimale kinetische Energie (Nullpunktsenergie) eines Elektrons, das sich nur entlang der $x$-Achse bewegen kann und innerhalb einer Strecke der Länge $L = x_{max} - x_{min} = 10^{-10}$ m eingeschlossen ist? b) Welche Mindestenergie hat ein Elektron, dessen Bewegung in der $x, y$-Ebene auf eine quadratische Querschnittsfläche von $A = 1$ nm$^2$ eingeschränkt ist und in der dazu senkrechten $z$-Richtung ungehindert erfolgen kann (Elektron im „Quantendraht")?

**900** *Heisenbergsche Unbestimmtheitsrelation (2)*
Die $H_\alpha$-Linie der im sichtbaren Spektralbereich liegenden BALMER-Serie des Wasserstoffatoms hat eine Frequenz von $f = 4{,}57 \cdot 10^{14}$ Hz und eine natürliche Linienbreite von $\Delta f = 3 \cdot 10^7$ Hz. a) Wie groß ist die mittlere Lebensdauer $\tau$ des entsprechenden angeregten Zustands des Wasserstoffatoms? b) Welche Energie wird bei Emission des Photons infolge des Rückstoßimpulses auf das Wasserstoffatom (Atommasse $m_A = 1{,}674 \cdot 10^{-27}$ kg) übertragen, und wie groß ist die damit verbundene Rückstoßverschiebung (der Frequenz) der $H_\alpha$-Linie?

**901** *Nullpunktsschwingungen*
Die Atome eines Festkörpers werden als harmonische Oszillatoren mit der Eigenfrequenz $f$ betrachtet, die in allen drei Raumrichtungen $(x, y, z)$ Schwingungen ausführen können. a) Man bestimme die Mindestschwingungsenergie, die ein Kohlenstoffatom im Diamantkristall (Atommasse $m = 1{,}993 \cdot 10^{-26}$ kg) mit der Oszillatorfrequenz $f = 2{,}607 \cdot 10^{13}$ Hz bei der Temperatur $T = 0$ auf Grund der HEISENBERGschen Unbestimmtheitsrelation hat (Nullpunktsenergie)! b) Welcher Temperatur $T$ des Diamantkristalls entspräche diese Energie nach dem Gleichverteilungssatz der klassischen BOLTZMANN-Statistik?

## ZUSATZAUFGABEN

**902** Welche Kraft übt Licht der Strahlungsleistung $P = 10$ mW aus, das senkrecht auf die ebene Oberfläche eines Körpers mit dem Absorptionsgrad $A = 0{,}6$ und dem Durchlassgrad $D = 0{,}1$ trifft?

**903** Zur Messung der Energie von gepulstem Laserlicht wird ein an einem Faden frei beweglich aufgehängter Spiegel der Masse $m_S = 0{,}01$ g (Pendellänge $l = 10$ cm) einem kurzzeitigen Lichtpuls ausgesetzt, der vollständig in sich reflektiert wird. Welche Energie hat ein Lichtpuls, bei dem der Faden eine maximale seitliche Auslenkung von $\Delta s = 0{,}6$ mm erfährt?

**904** Bild zu Aufgabe 894: Man ermittle einen Zusammenhang zwischen dem Streuwinkel $\varphi$ des Rückstoßelektrons und dem Streuwinkel $\vartheta$ des eingestrahlten $\gamma$-Quants beim COMPTON-Effekt! Wie groß ist der maximale Streuwinkel $\varphi$ des Rückstoßelektrons, wenn $\vartheta$ zwischen 0° und 180° variieren kann? Was folgt für $\vartheta = 0$ für die Geschwindigkeit des Elektrons?
*Hinweis:* Man gehe von der Impulsbilanz und der Wellenlängenänderung $\Delta\lambda = 2\lambda_C \sin^2(\vartheta/2)$ der COMPTON-Streuung aus!

**905** (Bild) Zur Messung der DE-BROGLIE-Wellenlänge von Elektronen werden diese senkrecht auf eine kristallographisch ausgezeichnete Oberfläche eines Nickeleinkristalls gestrahlt. Bei einem Streuwinkel von $\Theta = 50°$ wird BRAGGsche Reflexion beobachtet. Wie groß ist die Wellenlänge der Elektronen, wenn der im Bild angegebene Abstand der Nickelatome $a = 2{,}16 \cdot 10^{-10}$ m beträgt?

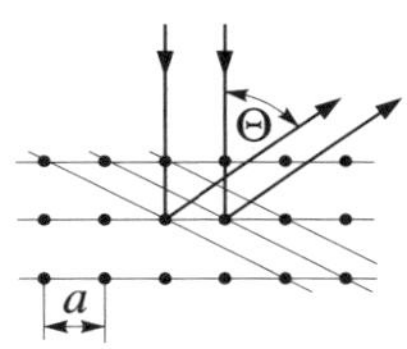


**906** Welche Geschwindigkeit hat ein Elektron, dessen DE-BROGLIE-Wellenlänge gleich seiner COMPTON-Wellenlänge ist?

907 Man ermittle die Abhängigkeit $u = u(\lambda)$ zwischen Phasengeschwindigkeit $u$ und Wellenlänge $\lambda$ (Dispersionsrelation) sowie die daraus resultierende Gruppengeschwindigkeit $u_g$ der DE-BROGLIE-Wellen!

908 Wie groß ist der HEISENBERGschen Unbestimmtheitsrelation zufolge die Nullpunktsenergie eines in einem würfelförmigen Mikrokristalliten („Quantendot") der Kantenlänge $a = 2\,\text{nm}$ eingeschlossenen Elektrons?

909 Atomkerne des Eisenisotops $^{57}$Fe (Atommasse $m_A = 9{,}465\,08 \cdot 10^{-26}$ kg) emittieren beim Übergang vom ersten angeregten Kernniveau in den Grundzustand eine $\gamma$-Strahlung der Energie $E_\gamma = 14{,}4\,\text{keV}$. a) Wie groß ist die Rückstoßverschiebung des $\gamma$-Quants? b) Man vergleiche diese mit der natürlichen Linienbreite der $\gamma$-Strahlung infolge der Lebensdauer des angeregten Kernniveaus von $\tau = 7{,}6 \cdot 10^{-8}$ s!

## Atomhülle

910 *Bohrsches Atommodell*
Berechnen Sie allgemein für die erlaubten kreisförmigen Elektronen-Umlaufbahnen um einen Atomkern der Kernladungszahl $Z$ a) die Bahnradien und Umlaufgeschwindigkeiten! b) Wie groß sind kinetische, potentielle und Gesamtenergie des Elektrons im Wasserstoffatom und in einem einfach-ionisierten Heliumatom?

911 *Anregungs- und Ionisierungsenergie*
Welche Energie und Wellenlänge muss ein Lichtquant haben, um ein zweifach ionisiertes Lithiumatom ($Li^{++}$) aus dem Grundzustand a) in den nächsthöheren Energiezustand anzuheben, b) vollständig zu ionisieren?

912 *Wasserstoffspektrum*
Gesucht ist die kleinste und die größte Wellenlänge der Spektrallinien des Wasserstoffs im sichtbaren Spektralbereich ($380\,\text{nm} \lesssim \lambda \lesssim 780\,\text{nm}$).

913 *Charakteristische Röntgenstrahlung*
Die Wellenlänge der von einer Röntgenröhre erzeugten $K_\alpha$-Strahlung wird zu $\lambda = 0{,}18\,\text{nm}$ gemessen. a) Welches chemische Element dient als Anodenmaterial (Antikatode) der Röntgenröhre? b) Welche Spannung $U$ muss an die Röhre angelegt werden, damit die charakteristische Strahlung mit der angegebenen Wellenlänge entsteht? c) Wie groß muss die Röhrenspannung mindestens sein, damit alle Röntgenlinien angeregt werden?

914 *Kontinuierliche Röntgenstrahlung (Bremsstrahlung)*
Als kürzeste Wellenlänge (Grenzwellenlänge $\lambda_G$) des kontinuierlichen Röntgenspektrums, das von einer Röntgenröhre bei Betriebsspannung von 40 kV ausgestrahlt wird, misst man 0,031 nm. Bestimmen Sie daraus den Wert des PLANCKschen Wirkungsquantums $h$!

915 *Positroniumatom*
(Bild) Ein Elektron (Masse $m_e$; elektrische Ladung $-e$) kann mit seinem Antiteilchen, dem Positron (Masse $m_e$; elektrische Ladung $+e$), ein wasserstoffähnliches Atom, das Positronium, bilden, wobei Elektron und Positron unter der Wirkung ihrer gegenseitigen elektrostatischen Anziehung um den gemeinsamen Massenmittelpunkt ($S$) kreisen. Man berechne allgemein mit

Hilfe der BOHRschen Quantenbedingung für den Gesamtbahndrehimpuls die möglichen Bahnradien und Energiezustände des Positroniumatoms! Wie groß sind Grundzustandsenergie und kleinster Atomdurchmesser?

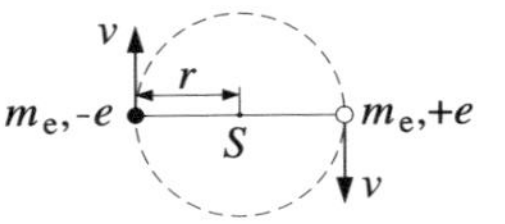


916 *Pauli-Prinzip und Schalenbau der Atome*
a) Durch welche Quantenzahlen werden die Elektronenzustände im Atom beschrieben? b) Wie viel Elektronen finden in den Unterschalen eines Atoms Platz, und welche Quantenzahlen kommen jeweils den einzelnen Elektronenzuständen zu? c) Wie viel Elektronen „passen" in die K-, L-, M- und N-Schale?

917 *Natrium-D-Linie*
Die bekannte gelbe Natrium-D-Linie entsteht beim Übergang des Leuchtelektrons vom Zustand 3p in den Zustand 3s des Natriumatoms. Die RYDBERG-Korrekturen für Na sind $a_0 = 0{,}627$ und $a_1 = 0{,}117$. Man berechne die Wellenlänge der Na-D-Linie! Die Dublettaufspaltung der Linie ist dabei zu vernachlässigen.

ZUSATZAUFGABEN

918 Welches Atom ist im Grundzustand größer, ein H-Atom oder ein $He^+$-Ion?

919 a) Wie ändern sich potentielle und kinetische Energie des Elektrons im H-Atom beim Übergang vom Grundzustand in den nächsthöheren Energiezustand infolge Absorption eines Lichtquants? b) Welche Wellenlänge muss das Lichtquant haben, damit es absorbiert wird?

920 Chrom emittiert beim Elektronenübergang von der M- auf die L-Schale Röntgenstrahlen ($L_\alpha$-Strahlung) der Wellenlänge $\lambda = 2{,}30$ nm. a) Man bestimme die Abschirmkonstante $b$ für die L-Serie der Röntgenlinien! b) Welche Wellenlänge emittiert Wolfram beim gleichen Übergang?

921 Man berechne die RYDBERG-Frequenz des Positroniumatoms (vgl. Aufgabe 915)!

922 Man verschaffe sich anhand des Periodensystems der Elemente eine Übersicht über die Besetzung der Schalen K, L, M, N, O, P der Edelgasatome und leite daraus einige typische Besonderheiten bezüglich der Elektronenkonfiguration dieser Atome sowie hinsichtlich des Aufbaus des Periodensystems ab!

923 Erstellen Sie mit Hilfe des Periodensystems eine tabellarische Übersicht über die Elektronenkonfiguration der Schalen und Unterschalen eines Nickel-Atoms (Ordnungszahl 28)! Geben Sie dabei die Elektronenzahl in den einzelnen Zuständen in der Reihenfolge der Besetzung der Zustände an!

924 Worauf ist die Dublettaufspaltung der Na-D-Linie (s. Aufgabe 917) zurückzuführen?

925 Wie groß ist der Radius eines hypothetischen wasserstoffähnlichen Atoms im Grundzustand, dessen Elektron durch die Gravitationswechselwirkung mit einem elektrisch neutralen Atomkern von der Masse des Protons $m_p$ auf der Umlaufbahn um den Kern gehalten wird?

## Quantenmechanik

### 926 *Eindimensionales Kastenpotential*

(Bild) a) Man ermittle die Eigenfunktionen und Energieeigenwerte der zeitunabhängigen SCHRÖDINGER-Gleichung für ein Elektron, dessen Bewegung in $x$-Richtung durch unendlich hohe Potentialwände bei $x = 0$ und $x = l$ auf das Gebiet $0 \leq x \leq l$ beschränkt ist!

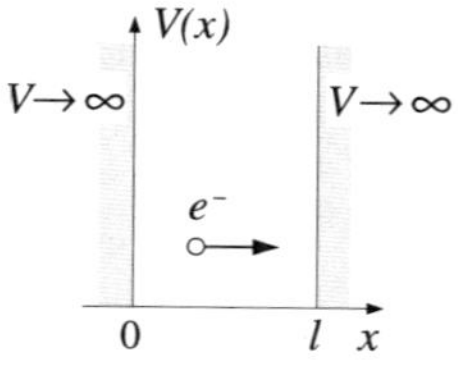


b) Das Kastenpotential entspreche in seiner Linearabmessung einer dünnen Halbleiterschicht der Dicke $l = 10^{-9}$ m. Welche Wellenlänge muss eine eingestrahlte elektromagnetische Welle haben, um das Elektron vom Grundzustand in den dritten Anregungszustand zu heben? c) Man gebe die möglichen Wellenlängen der emittierten Strahlung beim Übergang des Elektrons zurück in den Grundzustand an! Zeichnen Sie ein Termschema!

### 927 *Wahrscheinlichkeitsinterpretation der Wellenfunktion (1)*

a) Geben Sie die Wahrscheinlichkeitsdichte $P_n(x)$ für die Aufenthaltswahrscheinlichkeit eines Elektrons am Ort $x$ im Kastenpotential der Länge $l$ (s. Aufgabe 926) für den Energiezustand $E_n$ an! Skizzieren Sie den Verlauf von $P_n(x)$ für die Zustände $n = 1, 2, 3$! b) Wie groß ist die Wahrscheinlichkeit, ein im Energieniveau $n = 2$ befindliches Elektron in einem Intervall $\Delta x = 10^{-2} l$ um die Orte $x = 0$; $l/4$; $l/2$; $l$ anzutreffen? c) Mit welcher Wahrscheinlichkeit $W_n$ hält sich ein im Zustand $n$ befindliches Elektron im Bereich $0 \leq x \leq l/4$ des Kastens der Länge $l$ auf? Geben Sie die Wahrscheinlichkeit für die Zustände $n = 1, 2, 3$ in diesem Bereich an!

### 928 *Wahrscheinlichkeitsinterpretation der Wellenfunktion (2)*

(Bild) Elektronen fallen auf einen Doppelspalt, wobei die dahinter im Punkt $P$ eintreffenden Elektronen mittels eines Zählrohres D registriert werden. Wenn nur Spalt A oder B geöffnet ist, weist das Zählrohr $\dot{N}_{\mathrm{A}} = \dot{N}_{\mathrm{B}} = 100$ Elektronen je Sekunde nach. a) Wie viel Elektronen je Sekunde $\dot{N}_{\mathrm{AB}}$ werden im Punkt $P$ registriert, wenn unter sonst gleichen Bedingungen beide Spalte geöffnet sind? b) Welche Zählrate würde sich für klassische Teilchen in diesem Fall ergeben?

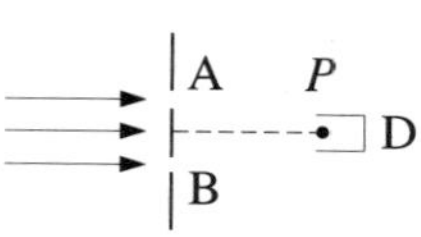


### 929 *Erwartungswert und Unbestimmtheit*

a) Man berechne den Erwartungswert $\overline{x}$ des Ortes, d. h. den Mittelwert aus einer großen Zahl von Ortsmessungen, für ein Elektron der Energie $E_n$ im eindimensionalen Kastenpotential der Länge $l$ von Aufgabe 926! b) Wie groß ist dabei die Unbestimmtheit (Standardabweichung) $\Delta x = \sqrt{\overline{x^2} - \overline{x}^2}$ der Ortsangabe des Elektrons?

### 930 *Klassisches Teilchen im Kastenpotential*

a) Skizzieren Sie die Trajektorie $x = x(t)$ der Bewegung eines klassischen Teilchens im eindimensionalen Kastenpotential der Ausdehnung $0 \leq x \leq l$ (s. Bild zu Aufgabe 926) für die Anfangsbedingungen $x(0) = 0$; $\dot{x}(0) = v$! b) Die Wahrscheinlichkeit, ein klassisches Teilchen im Kastenpotential der Länge $l$ bei unbekannten Anfangsbedingungen zwischen $x$ und $x + \mathrm{d}x$ anzutreffen, ist $\mathrm{d}W(x) = P(x)\,\mathrm{d}x = (1/l)\,\mathrm{d}x$. Man berechne den Mittelwert $\overline{x}$ und die Standardabweichung (Streuung) $\Delta x = \sqrt{\overline{x^2} - \overline{x}^2}$ des Ortes des Teilchens! c) Wie groß ist die mittlere Kraft eines Teilchens der kinetischen Energie $E_{\mathrm{k}}$ auf die Kastenwand?

### 931 *Messung in der Quantenmechanik*

Die Wellenfunktion eines Elektrons im eindimensionalen Kastenpotential von Aufgabe 926 sei zu einem bestimmten Zeitpunkt

$$\psi(x) = \frac{\sqrt{3}}{2}\psi_1(x) + \frac{1}{2}\psi_2(x),$$

wobei

$$\psi_1(x) = \sqrt{\frac{2}{l}}\sin\left(\frac{\pi x}{l}\right) \qquad \text{und} \qquad \psi_2(x) = \sqrt{\frac{2}{l}}\sin\left(\frac{2\pi x}{l}\right)$$

die Eigenfunktionen zu den Energieeigenwerten $E_1 = h^2/(8m_e l^2)$ und $E_2 = h^2/(2m_e l^2)$ sind (s. Lösung zu Aufgabe 926). a) Man zeige, dass die Wellenfunktion $\psi(x)$ die Normierungsbedingung $\int_0^l |\psi(x)|^2\,\mathrm{d}x = 1$ erfüllt! b) Welches sind die möglichen Resultate einer Energiemessung des Elektrons, und mit welcher relativen Wahrscheinlichkeit treten diese ein? c) Die Energiemessung wird unmittelbar danach wiederholt. Welche Messergebnisse werden mit welcher Wahrscheinlichkeit jetzt registriert? – *Hinweis* zu a): Es ist

$$\int \sin(ax)\sin(bx)\,\mathrm{d}x = \frac{\sin[(a-b)x]}{2(a-b)} - \frac{\sin[(a+b)x]}{2(a+b)}.$$

### 932 *Zeitabhängige Schrödinger-Gleichung*

a) Geben Sie die zeitabhängige Wellenfunktion $\Psi_n(t,x)$, d. h. die Lösung der zeitabhängigen SCHRÖDINGER-Gleichung

$$-\frac{\hbar^2}{2m_e}\frac{\partial^2\Psi(t,x)}{\partial x^2} = \mathrm{i}\hbar\,\frac{\partial\Psi(t,x)}{\partial t} \qquad (\text{mit } \mathrm{i} = \sqrt{-1})$$

für ein Elektron im Energiezustand $E_n = \hbar^2\pi^2 n^2/(2m_e l^2)$ mit der Eigenfunktion $\psi_n(x) = \sqrt{2/l}\,\sin(n\pi x/l)$ des eindimensionalen Kastenpotentials von Aufgabe 926 an! b) Die Wellenfunktion eines Elektrons im Kastenpotential sei zum Zeitpunkt $t = 0$ durch das Wellenpaket $\Psi(0,x) = (1/\sqrt{2})[\psi_1(x) + \psi_2(x)]$ gegeben, wobei $\psi_1(x)$ und $\psi_2(x)$ die Eigenfunktionen der beiden niedrigsten Energieniveaus $E_1$ und $E_2$ sind. Berechnen Sie die Verteilungsfunktion für die Aufenthaltswahrscheinlichkeit des Elektrons als Funktion der Zeit $t$, und zeigen Sie, dass diese mit der Kreisfrequenz $\omega = (E_2 - E_1)/\hbar = 3\pi^2\hbar/(2m_e l^2)$ oszilliert! Skizzieren Sie die Wahrscheinlichkeitsverteilung für $t = 0, T/8, T/4, 3T/8, T/2$!

### 933 *Potentialtopf*

(Bild) Ein Elektron in einer zwischen zwei AlGaAs-Kristallen aufgewachsenen GaAs-Schicht (einer Halbleiterheterostruktur, wie sie z. B. bei einer Laserdiode Verwendung findet) hat gegenüber dem angrenzenden Material eine um $V_0 = 0{,}25\,\mathrm{eV}$ geringere potentielle Energie. a) Finden Sie durch Lösen der SCHRÖDINGER-Gleichung eine Beziehung für die Energieeigenwerte $E_n < V_0$ für ein in diesem eindimensionalen Potentialtopf gebundenes Elektron! b) Welche Dicke $l$ muss die GaAs-Schicht mindestens bzw. darf diese maximal haben, damit in dem entstehenden Potentialtopf genau drei Energieniveaus vorhanden sind? c) Versuchen Sie, die drei Energieniveaus für die maximale Schichtdicke näherungsweise, z. B. durch graphische oder iterative Lösung der Eigenwertgleichung, zu bestimmen, und vergleichen Sie die Ergebnisse mit denen des eindimensionalen Kastenpotentials gleicher Länge $l$ (s. Aufgabe 926)! Für die Zahlenwertrechnungen ist anstelle der Elektronenmasse $m_e$ die effektive Elektronenmasse $m_e^* = 0{,}067 m_e$ einzusetzen.

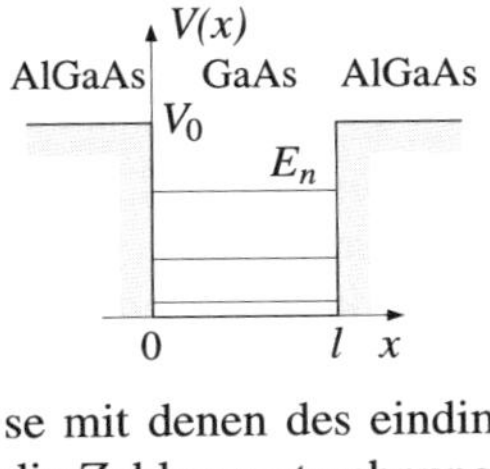

**934** *Tunneleffekt*
(Bild) Elektronen der Energie $E = 10\,\text{eV}$ treffen von links auf einen rechteckigen Potentialwall der Höhe $V_0 = 14\,\text{eV}$ und Breite $d = 0{,}5\,\text{nm}$, ähnlich wie er zwischen Probenoberfläche und Sondenspitze eines Raster-Tunnel-Mikroskops vorhanden ist. a) Berechnen Sie allgemein die Tunnelwahrscheinlichkeit, d. h. das Verhältnis der Amplitudenquadrate von durchgehender und einfallender Welle (Durchlasskoeffizient $D$), mit der ein Elektron den Potentialwall durchdringt! b) Wie groß ist der Tunnelstrom, wenn $\dot{N} = 10^{14}$ Elektronen je Sekunde auf den Potentialwall treffen? Auf welchen Wert ändert sich dieser, wenn die Breite des Potentialwalls um $0{,}2\,\text{nm}$ reduziert wird?

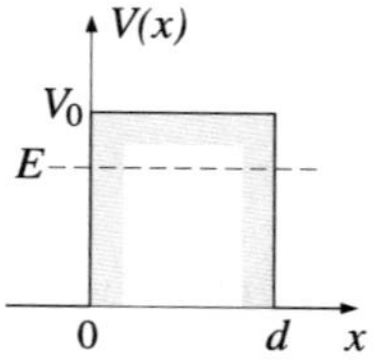


## ZUSATZAUFGABEN

**935** Wie viel Elektronen werden in einem Punkt hinter einem Doppelspalt, in dem sich ein Interferenzminimum befindet, je Sekunde registriert, wenn die Zählraten bei jeweils nur einem geöffneten Spalt $\dot{N}_A = 40$ bzw. $\dot{N}_B = 90$ Elektronen je Sekunde betragen?

**936** Die Wellenfunktion eines Elektrons im 1s-Zustand (Grundzustand) des Wasserstoffatoms ist

$$\psi_{1s}(r) = \frac{1}{\sqrt{\pi a_H^3}}\, e^{-r/a_H}$$

mit $a_H = h^2\varepsilon_0/(\pi m_e e^2)$ als dem BOHRschen Radius. Die Wellenfunktion ist entsprechend der Vorschrift $\int |\psi_{1s}(r)|^2\, dV = \int_0^\infty |\psi_{1s}(r)|^2\, 4\pi r^2\, dr = 1$ normiert. Welcher ist a) der wahrscheinlichste; b) der mittlere Abstand des Elektrons vom Kern? c) Wie groß ist die Unbestimmtheit (Standardabweichung) einer Messung des Kernabstandes (Bahnradius) $r$?
*Hinweis:* Man benutze das Integral

$$\int_0^\infty x^n\, e^{-ax}\, dx = \frac{n!}{a^{n+1}}, \quad n \text{ ganze Zahl!}$$

**937** Man ermittle den Erwartungswert a) des Ortes; b) der Energie eines Elektrons mit der Wellenfunktion

$$\psi(x) = \frac{4}{3\sqrt{l}} \sin\left(\frac{\pi x}{l}\right) + \frac{\sqrt{2}}{3\sqrt{l}} \sin\left(\frac{2\pi x}{l}\right)$$

im Kastenpotential $0 \leq x \leq l$ von Aufgabe 926! c) Wie groß ist die mittlere Kraft des Elektrons auf die Kastenwand? Vergleichen Sie das Ergebnis mit demjenigen eines klassischen Teilchens im Kastenpotential (s. Aufgabe 930)!

**938** Ein Elektron befindet sich im niedrigsten Energieniveau des Kastenpotentials der Länge $l$ (Bild zu Aufgabe 926). Infolge äußerer Einwirkung wird die Kastenlänge durch plötzliche Verschiebung der rechten Wand von $x = l$ nach $x = l' = 2l$ vergrößert, wobei diese Veränderung so schnell vonstatten gehen soll, dass sich die Wellenfunktion des Elektrons im Moment der Wandverschiebung nicht ändert. Mit welcher Wahrscheinlichkeit findet man bei einer anschließenden Energiemessung das Elektron im Grundzustand bzw. im ersten bis fünften angeregten Energieniveau des vergrößerten Kastens?

939 Man ermittle die Zeitabhängigkeit $\overline{x} = \overline{x}(t)$ des Ortserwartungswertes eines Elektrons im Kastenpotential der Länge $l$, dessen Wellenfunktion zum Zeitpunkt $t = 0$ durch $\psi(0, x) = [\psi_1(x) + \psi_2(x)]/\sqrt{2}$ gegeben ist, wobei $\psi_1(x)$ und $\psi_2(x)$ die Eigenfunktionen der beiden niedrigsten Energieniveaus $E_1$ und $E_2$ sind (s. Lösung zu Aufgabe 926)!

940 (Bild) Gesucht ist die radiale Verteilung $j(r)$ des Tunnelstromes von der Probenoberfläche zur Sondenspitze eines Raster-Tunnel-Mikroskops, wobei das Probenmaterial eine Elektronenaustrittsarbeit von $W_a = 4$ eV und die Sondenspitze die Form eines Rotationsparaboloids $z = r^2/(2R)$ mit $R = 100$ nm hat! Wie groß ist das laterale Auflösungsvermögen des Raster-Tunnel-Mikroskops?

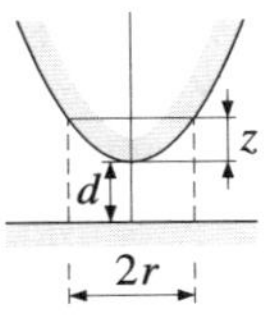


## Atomkern

941 *Massen- und Kernladungszahl*
a) Die erste Kernreaktion, die beobachtet wurde, war $^{14}_{7}\text{N}\,(^{4}_{2}\text{He}, ^{1}_{b}\text{Y})\,^{a}_{8}\text{X}$ (RUTHERFORD, 1919). Bestimmen Sie die entstandenen Kerne X und Y! b) Der Kern des radioaktiven Isotops $^{232}_{90}\text{Th}$ erleidet nacheinander sechs $\alpha$- und vier $\beta$-Umwandlungen. Ermitteln Sie den am Ende der Zerfallsreihe resultierenden Atomkern! c) Bestimmen Sie die unbekannten Partner der Kernreaktion $^{235}_{a}\text{X} + ^{1}_{0}\text{n} \to ^{b}_{56}\text{Y} + ^{92}_{36}\text{Kr} + 3\,^{1}_{0}\text{n}$! Wer waren die Entdecker dieser Kernreaktion?

942 *Massendefekt und Bindungsenergie*
Bestimmen Sie den Massendefekt und die Bindungsenergie der Nuklide $^{235}_{92}\text{U}$, $^{143}_{60}\text{Nd}$ und $^{90}_{40}\text{Zr}$! Welcher Kern ist am stabilsten? Die relativen Atommassen $A_r$ betragen in obiger Reihenfolge: 235,043 915; 142,909 779; 89,904 700.

943 *Tröpfchenmodell und Kernstabilität*
Die Bindungsenergie eines Atomkerns wird in guter Näherung durch die auf dem Tröpfchenmodell beruhende halbempirische BETHE-WEIZSÄCKER-Formel

$$E_B = b_V A + b_S A^{2/3} + b_C Z^2 A^{-1/3} + b_{sym}(N - Z)^2 A^{-1} + b_P \delta A^{-1}$$

mit den Koeffizienten $b_V = +15{,}9$ MeV, $b_S = -18{,}3$ MeV, $b_C = -0{,}71$ MeV, $b_{sym} = -23{,}1$ MeV und $b_P = +33$ MeV sowie $\delta = +1, -1, 0$ für uu-, gg- bzw. gu- oder ug-Kerne beschrieben. a) Ermitteln Sie das stabilste Isobar für eine gegebene ungerade Massenzahl $A$ (gu- oder ug-Kerne)! b) Welche sind die stabilsten Kerne für die Massenzahlen $A = 17, 27, 45$ und 75? Überprüfen Sie anhand einer Tabelle der stabilen Atomkerne, dass es sich tatsächlich um Nuklide handelt und keine stabilen Isobare mit einer um $\Delta z = 1$ niedrigeren oder höheren Ordnungszahl vorkommen!

944 *Potentialtopfmodell des Atomkerns*
Berechnen Sie unter Verwendung eines Potentialtopfmodells mit unendlich hohen Potentialwänden (s. Aufgabe 926) für gegebene Neutronen- und Kernladungszahl a) die Energie des höchsten von den Neutronen bzw. Protonen besetzten Energieniveaus (FERMI-Energie); b) die Gesamtenergie aller Nukleonen im Potentialtopf. c) Zeigen Sie, dass für schwere Kerne ($N, Z \gg 1$) die Energie bei konstanter Massenzahl $A = N + Z$ quadratisch vom Neutronenüberschuss $N - Z$ abhängt und für $N = Z$ ein Minimum annimmt! – *Hinweis:* Man setze vereinfachend geradzahlige $N$ und $Z$ voraus und verwende $\sum_{n=1}^{k} n^2 = k(k+1)(2k+1)/6$!

## 945 *Kernspaltung*

Die bei der Kernspaltungsreaktion

$$^{235}_{92}\mathrm{U} + ^{1}_{0}\mathrm{n} \rightarrow ^{143}_{56}\mathrm{Ba} + ^{90}_{36}\mathrm{Kr} + 3\,^{1}_{0}\mathrm{n}$$

erzeugten Spaltprodukte Barium-143 und Krypton-90 gehen durch nacheinander ablaufende $\beta$-Zerfälle in die stabilen Isobare $^{143}_{60}\mathrm{Nd}$ bzw. $^{90}_{40}\mathrm{Zr}$ (relative Atommassen $A_r$, siehe Aufgabe 942) über. a) Geben Sie die Zerfallsreihen an! b) Berechnen Sie die insgesamt freiwerdende Reaktionsenergie (Energietönung)! c) Wie groß ist die bei der Spaltung von 1 kg Uran-235 nach dieser Reaktion freiwerdende Energie?

## 946 *Kernfusion*

Eine für die Gewinnung von Energie aus der Kernfusion wichtige thermonukleare Reaktion ist die Synthese von Helium aus Deuterium und Tritium nach der Reaktion

$$^{2}_{1}\mathrm{H} + ^{3}_{1}\mathrm{H} \rightarrow ^{4}_{2}\mathrm{He} + ^{1}_{0}\mathrm{n} + Q_1,$$

wobei das in der Natur nur selten vorkommende instabile Tritium unter Ausnutzung des freiwerdenden Neutrons nach der Brutreaktion

$$^{6}_{3}\mathrm{Li} + ^{1}_{0}\mathrm{n} \rightarrow ^{3}_{1}\mathrm{H} + ^{4}_{2}\mathrm{He} + Q_2$$

(mittels eines Lithiummantels um das Reaktionsgefäß) gewonnen wird. a) Berechnen Sie die insgesamt freiwerdende Reaktionsenergie $Q = Q_1 + Q_2$! b) Wie viel Kilogramm Deuterium und Lithium werden in einer Sekunde verbraucht, um eine Leistung von 1 MW zu erzeugen? Welcher Jahresverbrauch ergibt sich daraus für die Bundesrepublik Deutschland mit einer jährlichen Energieerzeugung von $1{,}6 \cdot 10^6$ TJ? Relative Atommassen: $A_r(^{2}_{1}\mathrm{H}) = 2{,}014\,102$; $A_r(^{4}_{2}\mathrm{He}) = 4{,}002\,603$; $A_r(^{6}_{3}\mathrm{Li}) = 6{,}015\,125$.

## 947 *Halbwertszeit, Aktivität, spezifische Aktivität*

a) Wie viel von 1 Million Polonium-210-Kernen (Halbwertszeit 138 d) zerfallen in 24 Stunden? Mit welcher Aktivität strahlen die Kerne? b) Für den Umgang mit Radionukliden sind erst für Aktivitäten oberhalb bestimmter sog. Freigrenzen Schutzvorschriften vorgeschrieben. Für Cobalt-60 (Halbwertszeit 5,3 a) beträgt die Freigrenze $A_F = 50$ kBq. Nach wie viel Halbwertszeiten ist die Aktivität einer Co-60-Quelle von 185 kBq auf das Niveau der Freigrenze abgeklungen? c) Wie groß ist die spezifische Aktivität von Co-60?

## 948 *Radioaktive Zerfallsreihe*

Eine bestimmte Zahl von Atomen des radioaktiven Nuklids Uran-234 zerfällt (als Glied der Zerfallsreihe des Uran-238) mit einer Halbwertszeit von 270 000 a in Thorium-230, das sich seinerseits mit einer Halbwertszeit von 83 000 a in Radium-226 umwandelt. a) Ermitteln Sie den Mengenanteil an Thorium, nachdem die Hälfte der Uran-Kerne zerfallen ist! b) Nach welcher Zeit erreicht die Anzahl der Thorium-Kerne ihr Maximum?

## 949 *Radioaktives Gleichgewicht*

Wie viel Radium (Halbwertszeit $T_{Ra} = 1590$ a) enthält 1 kg natürliches Uran (Halbwertszeit $T_U = 4{,}5 \cdot 10^9$ a)?

**950** *Altersbestimmung*
a) Die aus dem Holz eines archäologischen Fundes gewonnene Kohlenstoffprobe weist eine spezifische Aktivität von $(115 \pm 5)$ Bq/kg auf. Wie alt ist das Holz, wenn die Aktivität lebender Materie 13,6 Zerfälle je Minute und Gramm Kohlenstoff beträgt und das Kohlenstoffisotop $^{14}$C eine Halbwertszeit von 5730 Jahren hat (Radio-Carbon-($^{14}$C)-Methode)? b) Das Mengenverhältnis von in der festen Erdkruste vorhandenem natürlichen Uran ($T_{1/2} = 4{,}5 \cdot 10^9$ a) und daraus durch eine Reihe von Zerfallsprozessen entstandenem stabilen Blei beträgt $N_{\mathrm{Pb}}/N_{\mathrm{U}} = 0{,}85$. Berechnen Sie das Alter der Erdkruste (Blei-Methode)!

**951** *Äquivalentdosis, Äquivalentdosisleistung*
a) In 10 m Entfernung von einer punktförmig angenommenen, nicht abgeschirmten Cobalt-60-Strahlenquelle mit einer Aktivität von 1,2 GBq befindet sich ein Arbeitsplatz. Entscheiden Sie, ob bei einem Grenzwert der Körperdosis für beruflich strahlenexponierte Personen von 50 mSv im Jahr mit 2000 Arbeitsstunden der Arbeitsplatz strahlengefährdet ist! b) Sperrbereiche sind Bereiche, in denen die Ortsdosisleistung höher als 3 mSv/h sein kann. Welchen Durchmesser hätte ein Sperrbereich 1) um eine nicht abgeschirmte, 2) um eine durch eine 3 cm dicke Bleikapsel (Schwächungskoeffizient $\mu = 150\,\mathrm{m}^{-1}$) abgeschirmte Co-60-Quelle mit einer Aktivität von 34,5 GBq? Die Dosisleistungskonstante von Co-60 ist $\Gamma_{\mathrm{H}} = 3{,}5 \cdot 10^{-13}\,\mathrm{Sv\,m^2/(h\,Bq)}$.

## ZUSATZAUFGABEN

**952** a) Ermitteln Sie die unbekannten Partner der Kernreaktion

$$^{182}_{74}\mathrm{W}\,(^{3}_{2}\mathrm{He},\,^{1}_{0}\mathrm{n})\,^{a}_{b}\mathrm{X} \qquad \text{und} \qquad ^{42}_{20}\mathrm{Ca}\,(^{6}_{3}\mathrm{Li},\,^{c}_{d}\mathrm{Y})\,^{45}_{21}\mathrm{Sc}!$$

b) Die Zerfallsreihe von $^{238}_{92}$U endet mit dem stabilen Bleiisotop $^{206}_{82}$Pb. Bestimmen Sie die Anzahl der während des Durchlaufens der Zerfallsreihe emittierten $\alpha$- und $\beta$-Teilchen!

**953** Ist der Atomkern Barium-141, der bei der Urankernspaltung nach der Reaktion

$$^{235}_{92}\mathrm{U} + {}^{1}_{0}\mathrm{n} \rightarrow {}^{141}_{56}\mathrm{Ba} + {}^{92}_{36}\mathrm{Kr} + 3\,{}^{1}_{0}\mathrm{n}$$

entsteht, ein stabiler Kern? Ermitteln Sie unter Verwendung der BETHE-WEIZSÄCKER-Formel für die Kernbindungsenergie das stabile Isobar und geben Sie eine mögliche Zerfallsreihe für Barium-141 an!

**954** a) Wie groß ist die potentielle Energie der beiden Kerne $^{143}_{56}$Ba und $^{90}_{36}$Kr infolge ihrer gegenseitigen COULOMB-Abstoßung, unmittelbar nachdem sie sich als Ergebnis der Kernspaltungsreaktion in Aufgabe 945 gebildet haben? Vergleichen Sie das Ergebnis mit der in Aufgabe 945 errechneten Reaktionsenergie! b) Welche Geschwindigkeit und kinetische Energie haben die Kerne im Ruhsystem des Ausgangskerns, nachdem sie sich unendlich weit voneinander entfernt haben?

**955** a) Welcher Bruchteil einer bestimmten Menge Radium (Halbwertszeit 1590 a) zerfällt in hundert Jahren? b) In welcher Zeit zerfallen jeweils 5 Prozent einer bestimmten Menge Radium?

**956** GEIGER-MÜLLER-Zählrohre haben auch beim Fehlen eines radioaktiven Präparats einen bestimmten Pegel, der durch kosmische Strahlung und radioaktive Verunreinigungen hervorgerufen wird (Nulleffekt). Welcher Menge Radon (Rn) (gasförmiges Zerfallsprodukt des Radiums) entspricht ein Pegel von 1 Impuls in 5 Sekunden? Spezifische Aktivität von Rn: $a = 5{,}7 \cdot 10^{18}$ Bq/kg; relative Atommasse $A_{\mathrm{r}} = 222$.

957 Die Körperdosis infolge innerer Strahlenexposition durch inkorporierte radioaktive Stoffe hängt sowohl von der physikalischen Halbwertszeit $T_\mathrm{p}$ des radioaktiven Zerfalls als auch von der biologischen Halbwertszeit $T_\mathrm{b}$ der stoffwechselbedingten Ausscheidung des radioaktiven Stoffes aus dem Körper ab. Welche die innere Strahlenexposition bestimmende effektive Halbwertszeit $T_\mathrm{eff}$ ergibt sich daraus, wenn für den zeitlichen Verlauf der Ausscheidung aus dem Körper eine dem radioaktiven Zerfallsgesetz analoge exponentielle Abhängigkeit angenommen wird? Wie groß ist dann $T_\mathrm{eff}$ für Strontium-90 ($T_\mathrm{p} = 28$ a, $T_\mathrm{b} = 49$ a), das bevorzugt in den Knochen gespeichert wird?

958 Für radioaktiven Abfall, dessen spezifische Aktivität das $10^{-4}$-fache der Freigrenze je Gramm überschreitet, besteht Ablieferungspflicht. Ein Labor verfügt über 2 Liter wässriger Cs-137-Lösung (Dichte $1{,}0$ g/cm$^3$) mit einer Gesamtaktivität von $1{,}3$ MBq als Originalstandard für relative Aktivitätsmessungen. Zur Messung werden davon 20 ml abpipettiert und auf 1000 ml aufgefüllt. Kann a) der Originalstandard, b) die Messlösung bei einer Freigrenze von $5 \cdot 10^5$ Bq für Cs-137 als normaler Abfall entsorgt werden, oder besteht Ablieferungspflicht?

959 Schutzvorschriften für den Umgang mit Radionukliden sind erst für Aktivitäten oberhalb sog. Freigrenzen vorgeschrieben. Wie viel Gramm trägerfreies Co-60 ergeben eine Aktivität in Höhe der Freigrenze von $A_\mathrm{F} = 5 \cdot 10^4$ Bq?

960 In einem Strahlenschutzbehälter aus Blei mit $d = 3$ cm Wandstärke befindet sich eine Iridium-192-Strahlenquelle. Im Abstand $r = 10$ m vom geschlossenen Behälter wird in 25 Tagen eine Dosis von $H = 4{,}25$ µSv gemessen. Wie groß ist die Aktivität $A$ der Strahlenquelle? Der Schwächungskoeffizient von Blei beträgt für die betreffende Strahlung $\mu = 110\ \mathrm{m}^{-1}$, die Dosisleistungskonstante $\Gamma_\mathrm{H} = 1{,}5 \cdot 10^{-13}$ Sv m$^2$/(h Bq).

# LÖSUNGEN

**471** Die Kraft zwischen zwei Punktladungen $Q_1$ und $Q_2$, die sich im Abstand $r$ voneinander befinden, berechnet sich nach

$$F = \frac{1}{4\pi\varepsilon_0}\frac{Q_1 Q_2}{r^2} \qquad \text{(COULOMB-Gesetz)}$$

mit $\varepsilon_0 = 8{,}8542 \cdot 10^{-12}$ C/(V m) (elektrische Feldkonstante, Influenzkonstante), $1/(4\pi\varepsilon_0) \approx 9{,}0 \cdot 10^9$ V m/C. Da das Gesetz nicht nur für Punktladungen, sondern auch für geladene Kugeln mit $r$ als Mittelpunktsabstand gilt, erhalten wir mit $Q_1 = Q_2 = 1$ C und $r = 100$ m: $F \approx 9 \cdot 10^5$ N $= 0{,}9$ MN, entsprechend dem Gewicht einer Masse von ca. 92 t.

**472** Gravitationskraft und elektrostatische Abstoßungskraft müssen dem Betrage nach gleich sein: $\gamma m_1 m_2/r^2 = q_1 q_2/(4\pi\varepsilon_0 r^2)$. Daraus folgt

$$\frac{q_1 q_2}{m_1 m_2} = \frac{q^2}{m^2} = 4\pi\varepsilon_0\gamma, \qquad \frac{q}{m} = \sqrt{4\pi\varepsilon_0\gamma} = \pm 8{,}62 \cdot 10^{-11}\ \text{C/kg}.$$

Für die Erde wird damit $q_E = (q/m)m_E = 5{,}15 \cdot 10^{14}$ C und für den Mond $q_M = (q/m)m_M = 6{,}33 \cdot 10^{12}$ C.

**473** Die Kraft zwischen Kern (Ladung $Q = +e$) und Elektron (Ladung $q = -e$) im Abstand $r$ ist dem Betrage nach $F = qQ/(4\pi\varepsilon_0 r^2)$ und die vom Kern erzeugte Feldstärke $E = F/q = Q/(4\pi\varepsilon_0 r^2)$. Das Potential in der Entfernung $r$ vom Kern erhält man daraus zu

$$\varphi(r) = -\int_\infty^r E\,\mathrm{d}r = -\frac{Q}{4\pi\varepsilon_0}\int_\infty^r \frac{\mathrm{d}r}{r^2} = \frac{Q}{4\pi\varepsilon_0 r}.$$

a) Mit $Q = e = 1{,}6 \cdot 10^{-19}$ C und $r = r_1 = 0{,}53 \cdot 10^{-10}$ m wird $E_1 = 5{,}13 \cdot 10^{11}$ V/m $= 513$ GV/m und $\varphi_1 = 27{,}2$ V. b) Für $r = r_2 = 4r_1$ folgt $E_2 = E_1/16$ und somit $|\Delta E| = |E_2 - E_1| = 481$ GV/m sowie $\varphi_2 = \varphi_1/4 = 6{,}8$ V, also $|\Delta\varphi| = |\varphi_2 - \varphi_1| = 20{,}4$ V. c) Die potentielle Energie von $q$ beim Potential $\varphi$ ist $W_p = q\varphi$, für das Elektron also $W_{p1} = -e\varphi_1 = -27{,}2$ eV (Elektronvolt) $= -4{,}36 \cdot 10^{-18}$ J $= -4{,}36$ aJ (Atto-Joule) bzw. $W_{p2} = -e\varphi_2 = -6{,}8$ eV $= -1{,}09$ aJ $= W_{p1}/4$. Außer der potentiellen Energie besitzt das Elektron auch noch kinetische Energie.

**474** a) Da $Q_1$ und $Q_2$ von entgegengesetzten Seiten her wirken, ist die resultierende Kraft $F$ auf $q$ gleich der Differenz der von den beiden Ladungen ausgehenden Kräfte:

$$F = F_1 - F_2 = \frac{qQ_1}{4\pi\varepsilon_0 r_1^2} - \frac{qQ_2}{4\pi\varepsilon_0 r_2^2} = \frac{q}{4\pi\varepsilon_0}\left(\frac{Q_1}{r_1^2} - \frac{Q_2}{r_2^2}\right).$$

$r_1$ und $r_2$ sind die Entfernungen der Probeladung $q$ zu $Q_1$ und $Q_2$. Hier ist $r_1 = r_2 = r = 5$ cm, womit man erhält $F = 9{,}0 \cdot 10^{-3}$ N $= 9{,}0$ mN in Richtung $Q_2$ (wegen $q > 0$ und $Q_1 > Q_2$ bei gleichen Entfernungen zu $q$). Die resultierende Feldstärke ist $E = F/q = 0{,}9 \cdot 10^6$ V/m $= 0{,}9$ MV/m. b) Jetzt ist $Q_2$ negativ, und beide Kräfte, $F_1$ und $F_2$, wirken in Richtung $Q_2$. Damit wird $F = q[Q_1 - (-Q_2)]/(4\pi\varepsilon_0 r^2) = 19{,}8$ mN und $E = 1{,}98$ MV/m.

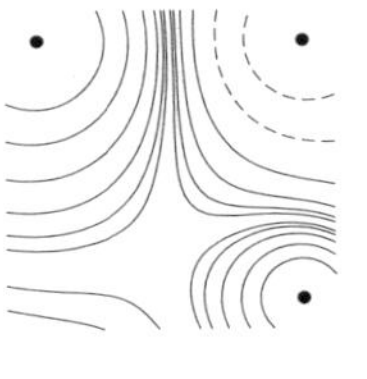

**475** Das Potential einer einzelnen Punktladung $Q$ im Abstand $r$ von ihr berechnet sich zu $\varphi = Q/(4\pi\varepsilon_0 r)$. Das von mehreren Ladungen erzeugte resultierende Potential an einem beliebigen Ort $P$ ergibt sich durch Addition der Einzelpotentiale $\varphi_i$, die von den Ladungen $Q_i$ mit den Abständen $r_i$ von $P$ unabhängig voneinander erzeugt werden. In Bezug auf den Eckpunkt $P_1$ ist also (s. Bild vorn):

$$\varphi_1 = \frac{1}{4\pi\varepsilon_0}\sum_{i=1}^{3}\frac{Q_i}{r_{1i}} = \frac{1}{4\pi\varepsilon_0}\left(\frac{Q_1}{a} + \frac{Q_2}{a\sqrt{2}} + \frac{Q_3}{a}\right).$$

Die Ladungen $Q_i$ sind vorzeichenbehaftet einzusetzen. Mit $1/(4\pi\varepsilon_0) = 9{,}0 \cdot 10^9$ V m/C und den übrigen Werten erhält man $\varphi_1 = 58{,}1$ V. Für $P_2$ als Aufpunkt, der zu allen drei Ladungen den Abstand $a\sqrt{2}/2$ hat, folgt

$$\varphi_2 = \frac{1}{4\pi\varepsilon_0}\sum_{i=1}^{3}\frac{Q_i}{r_{2i}} = \frac{1}{4\pi\varepsilon_0}\frac{1}{a\sqrt{2}/2}(Q_1 + Q_2 + Q_3) = 63{,}6\ \text{V}.$$

Die Spannung $U$ zwischen $P_1$ und $P_2$ ist folglich gleich der Potentialdifferenz $\Delta\varphi = \varphi_2 - \varphi_1 = 5{,}5$ V. Das Bild zeigt für das hier betrachtete Punktladungssystem die Linien konstanten Potentials (Äquipotentiallinien).

**476** a) Das vom Dipol in $P$ erzeugte Potential ist gleich der Summe der beiden Einzelpotentiale $\varphi_\pm = \pm q/(4\pi\varepsilon_0 r_\pm)$. Für $r \gg l$ wie hier folgt wegen $r_+ = r - l/2$ und $r_- = r + l/2$: $r_+r_- = r^2 - l^2/4 \approx r^2$. Mit dem elektrischen Dipolmoment $p = ql = 2\cdot 10^{-10}$ C m erhält man somit für das Potential in $P$:

$$\varphi(r) = \frac{q}{4\pi\varepsilon_0}\left(\frac{1}{r_+} - \frac{1}{r_-}\right) = \frac{q}{4\pi\varepsilon_0}\left(\frac{r_- - r_+}{r_+r_-}\right) \approx \frac{ql}{4\pi\varepsilon_0 r^2} = \frac{p}{4\pi\varepsilon_0 r^2} = 0{,}8\ \text{V}.$$

Die Feldstärke berechnet sich zu $E = -\mathrm{d}\varphi/\mathrm{d}r = p/(2\pi\varepsilon_0 r^3) = 1{,}07$ V/m. Eine einzelne Punktladung erzeugt dagegen das Potential $\varphi = q/(4\pi\varepsilon_0 r) = 120$ V bzw. die Feldstärke $E = q/(4\pi\varepsilon_0 r^2) = 80$ V/m. b) Für den Betrag des Drehmoments gilt $M = Fl = [qQ/(4\pi\varepsilon_0 r^2)]l = Qp/(4\pi\varepsilon_0 r^2) = 8\cdot 10^{-8}$ N m; es bewirkt eine Ausrichtung der Dipolachse in Feldrichtung.

**477** a) Trägt die Kugel in einem Zwischenstadium die Ladung $q$, so herrscht an ihrer Oberfläche das Potential $\varphi(q) = q/(4\pi\varepsilon_0 R)$. Beim weiteren Aufladen um $\mathrm{d}q$ muss gegen die dort bereits vorhandenen (gleichnamigen) Ladungen die Arbeit $\mathrm{d}W = \varphi(q)\,\mathrm{d}q$ verrichtet werden, insgesamt also

$$W = \int_0^Q \varphi(q)\,\mathrm{d}q = \frac{1}{4\pi\varepsilon_0 R}\int_0^Q q\,\mathrm{d}q = \frac{Q^2}{8\pi\varepsilon_0 R} = 9\ \text{J}.$$

b) Die Spannung ist gleich der Potentialdifferenz zwischen Kugeloberfläche (als Sitz der Ladungen) und Unendlich:

$$U = \varphi(R) - \varphi(\infty) = \varphi(R) = \frac{Q}{4\pi\varepsilon_0 R} = 1{,}8\ \text{MV}$$

mit $\varphi(\infty) = 0$. Außerdem folgt damit aus a) die Beziehung $W = QU/2$.

**478** Die an der Seifenblase angreifende Gewichtskraft wird zum einen von der bei konstanter Sinkgeschwindigkeit wirkenden Reibungskraft $6\pi\eta r v$ (STOKESsches Gesetz), andererseits – im Zustand der Schwebe – von der elektrischen Feldkraft $zeE$ (mit $z$ als Anzahl der Elementarladungen auf der Blase) gerade kompensiert. Daraus folgt $zeE = 6\pi\eta r v$, oder mit $e = 1{,}602\cdot 10^{-19}$ C die Anzahl $z = 6\pi\eta r v/(eE) \approx 10^{10}$.

**479** a) Im homogenen elektrischen Feld ist der Betrag der Feldstärke zwischen zwei Punkten mit der Potentialdifferenz $U$: $E = U/d$. Es ist also hier $E = 15\,000$ V/m $= 15$ kV/m. Die Feldlinien verlaufen von der Anode zur Katode. b) Die auf eine Ladung $q$ wirkende Feldkraft ist gleich dem Vektor $\boldsymbol{F} = q\boldsymbol{E}$, für ein Elektron ($q = -e$) also $\boldsymbol{F} = -e\boldsymbol{E}$, d. h., dem Feldstärkevektor entgegengerichtet. Der Betrag der Kraft errechnet sich zu $F = 2{,}4\cdot 10^{-15}$ N. c) Die (gewonnene) Verschiebungsarbeit ist

$$W = Fd = eEd = eU = 4{,}8\cdot 10^{-17}\ \text{J} = 300\ \text{eV}.$$

d) $W$ geht vollständig in kinetische Energie des freien Elektrons über: $W = W_\mathrm{k} = mv^2/2$. Daraus folgt $v = \sqrt{2W_\mathrm{k}/m} = 1{,}03\cdot 10^7$ m/s $\approx c/29$. (Für $v < 0{,}1c$ ist eine relativistische Rechnung i. Allg. noch nicht erforderlich.)

**480** a) Wir haben hier die gleichen Verhältnisse wie beim waagrechten Wurf eines Körpers: Wegen $\boldsymbol{F} = -e\boldsymbol{E}$ (Feldkraft) und $\boldsymbol{F} = m\boldsymbol{a}$ (NEWTONsches Grundgesetz) erfährt das Elektron im Feld eine konstante Beschleunigung vom Betrage $a = eE/m$ (analog der Fallbeschleunigung $g$ beim Wurf), und daher gilt auch hier die Gleichung für die Wurfparabel (vgl. Aufgabe 30 mit dem Einschusswinkel $\alpha_0 = 0°$). b) Die Geschwindigkeit in Einschussrichtung bleibt konstant $v_x = v_0$, in Feldrichtung ist

$v_z = at$, mit $a = eE/m$, $E = U/d$ und $t = l/v_0$ also $v_z = eUl/(mv_0 d) = 8{,}25 \cdot 10^6$ m/s. Damit wird $v = \sqrt{v_x^2 + v_z^2} = 1{,}8 \cdot 10^7$ m/s. c) Die Bewegungen in $x$- und $z$-Richtung sind unabhängig voneinander. Es gilt daher wie beim freien Fall $h = at^2/2 = eUl^2/(2mv_0^2 d) = 25{,}8$ mm. d) Die potentielle Energie nimmt (analog $mgh$ beim freien Fall) um $mah = (h/d)eU = 3{,}1 \cdot 10^{-17}$ J ab, die kinetische Energie um den gleichen Betrag $m(v^2 - v_0^2)/2$ zu. Die Gesamtenergie des Elektrons bleibt also erhalten (konservatives Kraftfeld).

**481** Die Arbeit, die vom elektrischen Feld am Elektron beim Durchlaufen der Potentialdifferenz (Spannung) $U$ verrichtet wird, berechnet sich zu $W = eU$ mit $e$ als Elementarladung. Sie geht vollständig in kinetische Energie des Elektrons über. Diese ist gleich der Differenz aus Gesamtenergie $E = mc^2$ (mit der Impulsmasse $m = m_0/\sqrt{1 - (v^2/c^2)}$) und Ruhenergie $E_0 = m_0 c^2$:

$$eU = m_0 c^2 \left[ \frac{1}{\sqrt{1 - (v^2/c^2)}} - 1 \right].$$

Für $v = 0{,}95\,c$ erhält man daraus $U = 1{,}13$ MV.

**482** a) $6{,}24 \cdot 10^{18}$; b) $Q/n = N_A e = F = 96\,485$ C/mol (FARADAY-Konstante), somit $Q \approx 10^5$ C, $m \approx 0{,}55$ mg.

**483** a) $Q = 9{,}65 \cdot 10^7$ C, $E = 8{,}67 \cdot 10^7$ V/m; b) $|\Delta\varphi| = 6{,}9 \cdot 10^{12}$ V $= 6{,}9$ TV (Teravolt).

**484** $1{,}602 \cdot 10^{-19}$ J $= 1$ eV (Definition der Energieeinheit Elektronvolt).

**485** Aus $E_\alpha = qQ/(4\pi\varepsilon_0 r_{\min})$, $q = 2e$ und $Q = 13e$ folgt $r_{\min} = 1{,}87 \cdot 10^{-14}$ m. $r_{\min}$ ist damit von der Größenordnung des Kernradius.

**486** $F = \dfrac{|Q_3|}{4\pi\varepsilon_0 a^2}\sqrt{Q_1^2 + Q_2^2 - 2Q_1Q_2\cos 120^\circ}$ (Kosinussatz) = 7,14 N.

**487** a) 3,6 J; b) null.

**488** a) $\varphi_A = 144$ V, $\varphi_B = -48$ V, d. h. $\varphi_A > \varphi_B$. b) $W = 9{,}6$ mJ.

**489** 62,5 cm rechts von $Q_1$.

**490** $v = 0{,}9963\,c$; $m = 11{,}66\,m_0$.

**491** (Bild) a) Jede Ladung $Q$ als Quelle eines elektrischen Feldes erzeugt außerhalb von ihr eine elektrische Flussdichte (Verschiebungsdichte) $\boldsymbol{D}$. Bildet man das Integral

$$\oint_{(A)} \boldsymbol{D} \cdot \mathrm{d}\boldsymbol{A} = Q$$

(d$\boldsymbol{A}$ Normalenvektor eines Flächenelements der Größe d$A$)

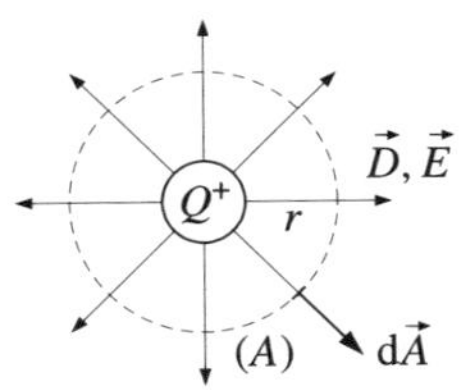


über eine geschlossene Oberfläche $A$, so erhält man die gesamte, von dieser Fläche eingeschlossene Ladung $Q$. Wählt man eine zur Punktladung $Q$ konzentrische Kugelfläche mit $r$ als Radius und somit $A = 4\pi r^2$ als Oberfläche, hat der Flächennormalenvektor d$\boldsymbol{A}$ immer die gleiche Richtung wie die radialsymmetrisch verlaufenden $\boldsymbol{D}$-Vektoren (das skalare Produkt ist daher $\boldsymbol{D} \cdot \mathrm{d}\boldsymbol{A} = D\,\mathrm{d}A \cos 0^\circ = D\,\mathrm{d}A$), und $D$ ist überall auf der Kugelfläche gleich. Weiterhin gilt $D = \varepsilon_0 E$, womit man erhält:

$$\oint_{(A)} D\,\mathrm{d}A = \varepsilon_0 E \oint_{(A)} \mathrm{d}A = \varepsilon_0 E \cdot 4\pi r^2 = Q.$$

Daraus folgt $E = Q/(4\pi\varepsilon_0 r^2) \approx 0{,}1$ V/m. b) $D = \varepsilon_0 E = 8{,}6 \cdot 10^{-13}$ C/m² und wegen $D = \Psi/A$: $\Psi = DA = 2{,}7 \cdot 10^{-12}$ C $= Q$.

**492** Aus Symmetriegründen ergibt sich ein radiales, zylindersymmetrisches Feld, ähnlich dem Bild zu Aufgabe 491 (Lösung). Der Vektor der Feldstärke $\boldsymbol{E}$ steht senkrecht auf jedem beliebigen, konzentrisch zum Draht verlaufenden Zylindermantel im Abstand $r$ zur Drahtachse, und sein Betrag ist dort $E = $ const. Erstreckt man das Flussintegral über ein Drahtstück der Länge $l$, so ist die Oberfläche des

Zylindermantels $A = 2\pi rl$, und es gilt (da das Integral über die Deckflächen wegen $\boldsymbol{D} \perp \mathrm{d}\boldsymbol{A}$ verschwindet)

$$\oint \boldsymbol{D} \cdot \mathrm{d}\boldsymbol{A} = \varepsilon_0 E \oint \mathrm{d}A = \varepsilon_0 E \cdot 2\pi rl = Q; \qquad E(r) = \frac{Q}{2\pi\varepsilon_0 rl} \quad \text{für} \quad r \geq R.$$

Für den Potentialverlauf erhält man damit

$$\varphi(r) = -\int E(r)\,\mathrm{d}r = -\frac{Q}{2\pi\varepsilon_0 l}\int\frac{\mathrm{d}r}{r} = -\frac{Q}{2\pi\varepsilon_0 l}\ln r + \text{const.}$$

Feldstärke $E$ und Potential $\varphi$ sind also vom Ladungsbelag $Q/l$ und vom Abstand $r$ von der Drahtachse abhängig. Für $r = R = 1$ mm (Drahtradius) folgt $E = 1{,}62$ MV/m und als Flächenladungsdichte $\sigma = Q/A = Q/(2\pi Rl) = \varepsilon_0 E = 14{,}3\ \mu\text{C/m}^2$. Das Potential $\varphi$ ist dagegen immer bis auf eine beliebige Konstante bestimmt. Wird es z. B. so normiert, dass es an der Drahtoberfläche null ist, also $\varphi = 0$ für $r = R$, so ergibt sich – wie durch Einsetzen dieser Werte in $\varphi(r)$ folgt – die Konstante zu $Q \ln R/(2\pi\varepsilon_0 l)$, womit man für $r \geq R$ erhält: $\varphi(r) = -Q\ln(r/R)/(2\pi\varepsilon_0 l)$.

**493** a) Wird der Erdkörper als Leiter betrachtet, liegt eine negative Ladung mit einer Flächenladungsdichte $\sigma = -D_1 = -\varepsilon_0 E_1 = -1{,}15 \cdot 10^{-9}\ \text{C/m}^2$ auf seiner Oberfläche. Der elektrische Fluss durch eine Fläche $A$ nimmt mit zunehmender Höhe ab, also enthält die Atmosphäre eine positive Raumladung $Q$, für welche $\varepsilon_0(E_1 - E_2)A = Q$ gilt. Ersetzt man $Q$ durch die Raumladungsdichte $\varrho = \mathrm{d}Q/\mathrm{d}V = \text{const}$, erhält man

$$Q = \varrho\int\mathrm{d}V = \varrho Ah; \qquad \varrho = \frac{Q}{Ah} = \varepsilon_0\frac{E_1 - E_2}{h} = 1{,}12 \cdot 10^{-13}\ \text{C/m}^3.$$

$\varrho$ stellt nur die positive Überschussladung dar. b) Bei gleichmäßig verteilten Raumladungen nimmt $E$ linear mit der Höhe $z$ zwischen $E_1$ und $E_2$ ab: $E = E_1 - (E_1 - E_2)z/h$. Die Potentialdifferenz (Spannung) beträgt

$$U = \int_0^h E\,\mathrm{d}z = \left[E_1 z - \frac{E_1 - E_2}{h}\frac{z^2}{2}\right]_0^h = \frac{E_1 + E_2}{2}h = 670\ \text{kV}.$$

**494** (Bild) a) Als vom Fluss $\Psi$ durchsetztes Raumgebiet wählen wir einen in Feldrichtung liegenden Quader (Seitenansicht ABCD), von dem nur die senkrecht zum Feld orientierten Deckflächen BC und AD durchflutet werden. Da die Feldstärke $\boldsymbol{E}$ in Flussrichtung linear anwächst, ist der aus dem Gebiet austretende Fluss $\Psi_2$ größer als der eintretende $\Psi_1$. Im umschlossenen Gebiet befinden sich also elektrische Ladungen $Q$ als Quellen des Feldes. Es gilt (vgl. Aufgabe 491)

$$\varepsilon_0\oint\boldsymbol{E}\cdot\mathrm{d}\boldsymbol{A} = \Psi_2 - \Psi_1 = Q \qquad \text{mit} \qquad Q > 0 \quad \text{(Quellenfeld).}$$

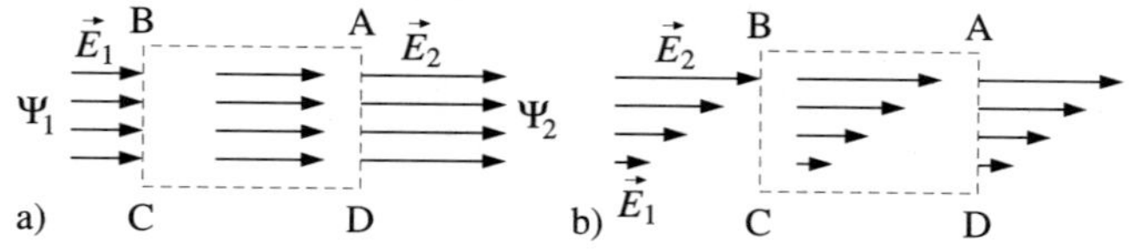


Beim Umlauf einer Probeladung $q$ auf dem geschlossenen Weg A–B–C–D–A wird nur entlang A–B und C–D Arbeit verrichtet. Dabei wird offensichtlich entlang des Weges A–B genau soviel Arbeit geleistet wie längs des Weges C–D wieder frei wird, so dass die insgesamt verrichtete Arbeit null ist:

$$W = \oint\boldsymbol{F}\cdot\mathrm{d}\boldsymbol{r} = q\oint\boldsymbol{E}\cdot\mathrm{d}\boldsymbol{r} = 0,$$

d. h., es handelt sich hier (wie bei jedem elektrostatischen Feld) um ein konservatives Kraftfeld (wirbelfreies Quellenfeld). b) In diesem Feld wird bei einem geschlossenen Umlauf A–B–C–D–A entlang A–B mehr Arbeit verrichtet als auf dem Rückweg C–D gewonnen wird (wegen $E_2 > E_1$), d. h. hier ist $W \neq 0$. Das Feld b) ist ein quellfreies Wirbelfeld und kann damit als elektrostatisches Feld nicht existieren.

**495** $Q = \varepsilon_0 UA/d = 3{,}1 \cdot 10^{-10}$ C.

**496** $\sigma = D = \varepsilon_0 E = 8 \cdot 10^{-9}$ C/m²; $\sigma/e = 5 \cdot 10^{10}$ m$^{-2}$. Für engmaschige Metallnetze gelten die gleichen Zusammenhänge.

**497** $W = qU = q(\varphi_2 - \varphi_1) = qQ\ln(r_1/r_2)/(2\pi\varepsilon_0 l)$ mit $r_1 = 4$ cm und $r_2 = 2$ cm; $Q/l = 6 \cdot 10^{-7}$ C/m.

**498** a) Die Feldlinien des (homogenen) $\boldsymbol{D}$- und $\boldsymbol{E}$-Feldes treten senkrecht durch die Grenzfläche, beide Felder haben also nur Normalkomponenten. Für die Verschiebungsdichte (Flussdichte) $\boldsymbol{D}$ sind diese in beiden Stoffen gleich (stetiger Durchgang): $D_1 = D_2 = D = \varepsilon_1 E_1 = \varepsilon_2 E_2$ (mit $\varepsilon = \varepsilon_r \varepsilon_0$). Mit der Spannung $U$ an den Platten ist

$$U = U_1 + U_2 = E_1 d_1 + E_2 d_2 = D\left(\frac{d_1}{\varepsilon_1} + \frac{d_2}{\varepsilon_2}\right); \qquad D = \frac{U}{\dfrac{d_1}{\varepsilon_1} + \dfrac{d_2}{\varepsilon_2}} = \frac{\varepsilon_0 U}{\dfrac{d_1}{\varepsilon_{r1}} + \dfrac{d_2}{\varepsilon_{r2}}}.$$

Zahlenmäßig erhält man $D = 6{,}5 \cdot 10^{-5}$ C/m². Somit wird $E_1 = D/\varepsilon_1 = D/(\varepsilon_{r1}\varepsilon_0) = 980{,}4$ kV/m und $E_2 = D/\varepsilon_2 = 49{,}0$ kV/m. Die Feldstärke ist in der Schicht mit kleinerem $\varepsilon_r$ am größten. b) $U_1 = E_1 d_1 = 2451$ V, $U_2 = E_2 d_2 = 49$ V. c) Mit $d_1 + d_2 = d$ (Plattenabstand) und $E = U/d$ als effektiver Feldstärke gilt $\varepsilon = D/E = Dd/U$, woraus mit dem obigen Ausdruck für $D$ folgt:

$$\varepsilon = \varepsilon_0 \frac{d_1 + d_2}{\dfrac{d_1}{\varepsilon_{r1}} + \dfrac{d_2}{\varepsilon_{r2}}}, \qquad \varepsilon_r = \frac{\varepsilon}{\varepsilon_0} = \frac{d_1 + d_2}{\dfrac{d_1}{\varepsilon_{r1}} + \dfrac{d_2}{\varepsilon_{r2}}} = 10{,}3.$$

**499** a) Es ist $E = U/d = 500$ kV/m; b) $D = \varepsilon_r\varepsilon_0 E = 31$ µC/m²; c) $D = Q/A$, d. h. $Q = DA = 15{,}5$ nC. d) Für das Aufladen ist die Arbeit $W = QU/2$ erforderlich (vgl. Aufgabe 477); sie wird als elektrische Feldenergie $W_e$ im Kondensator gespeichert. Mit $V = Ad$ (Kondensatorvolumen) folgt somit für die Energiedichte:

$$w_e = \frac{W_e}{V} = \frac{QU}{2Ad} = \frac{(DA)(Ed)}{2Ad} = \frac{1}{2}DE = \frac{1}{2}\varepsilon_r\varepsilon_0 E^2.$$

Die beiden letzten Ausdrücke sind unabhängig von der Geometrie des Kondensators und gelten für jedes beliebige elektrische Feld. Hier wird $w_e = 7{,}75$ J/m³. e) $W_e = w_e V = w_e Ad = 3{,}87$ µJ.

**500** Die Polarisation $\boldsymbol{P}$ ist die Differenz zwischen den Flussdichten $\boldsymbol{D}$ und $\boldsymbol{D}_0$ mit und ohne Dielektrikum bei derselben Feldstärke $\boldsymbol{E}$:

$$\boldsymbol{P} = \boldsymbol{D} - \boldsymbol{D}_0 = \varepsilon_r\varepsilon_0\boldsymbol{E} - \varepsilon_0\boldsymbol{E} = (\varepsilon_r - 1)\varepsilon_0\boldsymbol{E} = \chi_e\varepsilon_0\boldsymbol{E}.$$

$\chi_e = \varepsilon_r - 1$ ist dabei die elektrische Suszeptibilität, hier mit $\varepsilon_r = 7$ also $\chi_e = 6$. Mit $E = 500$ kV/m wird $P = 26{,}6$ µC/m² (Oberflächenladung $Q_P$/Fläche $A$), d. h. $Q_P = 13{,}3$ nC.

**501** a) Die Tangentialkomponente der Feldstärke tritt stetig durch die Grenzfläche, also $E_L = E = D/(\varepsilon_r\varepsilon_0) = 0{,}9$ kV/m. b) Die Normalkomponente der Flussdichte tritt stetig durch die Grenzfläche: $D = D_L = \varepsilon_0 E_L$, d. h. $E_L = D/\varepsilon_0 = 452$ kV/m. c) $E_L = 3\varepsilon_r E_0/(\varepsilon_{rL} + 2\varepsilon_r) = 3D/[\varepsilon_0(1 + 2\varepsilon_r)] = 1{,}35$ kV/m.

**502** Beim Übertritt der Feldlinien von einem Dielektrikum in ein anderes werden sie an der gemeinsamen Grenzfläche nach dem Gesetz $\tan\alpha_1/\tan\alpha_2 = \varepsilon_{r1}/\varepsilon_{r2}$ gebrochen. Mit $\varepsilon_{r1} = 36$ und $\varepsilon_{r2} = 1$ (Luft) folgt daraus für $\alpha_2 \le 10°$ der Einfallswinkel $\alpha_1 \le 81°$.

**503** $\varepsilon = \dfrac{2}{1/\varepsilon_1 + 1/\varepsilon_2} = \dfrac{2\varepsilon_1\varepsilon_2}{\varepsilon_1 + \varepsilon_2}$ (harmonisches Mittel).

**504** $W_e = (1/2)\varepsilon_r\varepsilon_0 E^2 Ad$: $W_{e1} = 39{,}9$ µJ; $W_{e2} = 0{,}8$ µJ; $W_e = 40{,}7$ µJ; $w_e = 23{,}3$ J/m³.

**505** $Q_0 = 2{,}21$ nC, $Q = \varepsilon_r Q_0 = 15{,}5$ nC, d. h. $\Delta Q = 13{,}3$ nC (= Größe der durch Polarisation erzeugten freien Oberflächenladungen $Q_P$; vgl. Aufgabe 500).

**506** $\sigma_K = D = \varepsilon_r\varepsilon_0 E = 1{,}77 \cdot 10^{-5}$ C/m²; $\sigma_D = P = \chi_e\varepsilon_0 E = 1{,}06 \cdot 10^{-5}$ C/m².

**507** a) Aus $Q = C_1U_1$ folgt $U_1 = Q/C_1 = 220\,\text{V}$ und $E_1 = U_1/d_1 = 22\,\text{kV/m}$. b) Die Kapazität eines leeren Plattenkondensators berechnet sich allgemein zu $C = \varepsilon_0 A/d$ ($A$ Plattenfläche). Es ist $C_2/C_1 = d_1/d_2$, $C_2 = (d_1/d_2)C_1 = 50\,\text{pF}$, $U_2 = Q/C_2 = 440\,\text{V}$ und $E_2 = U_2/d_2 = 22\,\text{kV/m} = E_1$. Die Feldstärke bleibt also bei konstanter Aufladung des Kondensators konstant (wegen der gleich bleibenden Flussdichte $D = Q/A = \varepsilon_0 E$).

**508** a) Die Kapazität erhöht sich um den Faktor $\varepsilon_r$ auf $C = \varepsilon_r C_0 = 220\,\text{pF}$. Die Ladung bleibt erhalten: $Q = Q_0 = C_0U_0 = 1{,}76 \cdot 10^{-8}\,\text{A s} = 17{,}6\,\text{nC}$. Wegen $Q = CU = C_0U_0$ wird $U = (C_0/C)U_0 = U_0/\varepsilon_r = 80\,\text{V}$ und somit $W = QU/2 = Q_0U_0/(2\varepsilon_r) = W_0/\varepsilon_r = 7{,}04 \cdot 10^{-7}\,\text{W s} = 704\,\text{nJ}$. Spannung und Energieinhalt fallen also auf den $\varepsilon_r$-ten Teil ab. b) Jetzt ist ebenfalls $C = \varepsilon_r C_0 = 220\,\text{pF}$. Die Spannung bleibt erhalten: $U = U_0$. Damit wird $Q = CU = \varepsilon_r Q_0 = 4{,}84 \cdot 10^{-8}\,\text{A s} = 48{,}4\,\text{nC}$ und $W = QU/2 = \varepsilon_r Q_0U_0/2 = \varepsilon_r W_0 = 5{,}324 \cdot 10^{-6}\,\text{W s} = 5{,}324\,\mu\text{J}$. Ladung und Energieinhalt steigen also auf das $\varepsilon_r$-fache.

**509** Bei einer angenommenen Vergrößerung des Abstandes der Kondensatorplatten von $x$ auf $x + \mathrm{d}x$ muss gegen die Kraft $F$, mit der sich die Platten anziehen, die Arbeit $\mathrm{d}W = -F\,\mathrm{d}x$ verrichtet werden. Diese ist für $U = \text{const}$ gleich der Änderung der im Kondensator gespeicherten elektrischen Feldenergie $\mathrm{d}W_e = (1/2)U^2\,\mathrm{d}C$, wobei wegen $C(x) = \varepsilon_0 A/x$, $\mathrm{d}C/\mathrm{d}x = -\varepsilon_0 A/x^2$ folgt: $\mathrm{d}W_e = -[\varepsilon_0 AU^2/(2x^2)]\,\mathrm{d}x$. Aus $\mathrm{d}W = \mathrm{d}W_e$ ergibt sich mit den Zahlenwerten

$$F = \frac{\varepsilon_0 AU^2}{2x^2} = 15 \cdot 10^{-3}\,\text{N} = 15\,\text{mN}.$$

Damit erhält man als Zugspannung $\sigma = F/A = 0{,}1\,\text{N/m}^2 = 0{,}1\,\text{Pa}$.

**510** a) Die Kapazität eines Körpers, der durch die Ladung $Q$ auf die Spannung $U$ aufgeladen wird, ist $C = Q/U$. Dabei ist $U$ in unserem Fall die Potentialdifferenz zwischen der Kugeloberfläche, dem Sitz der Ladung, und Unendlich: $U = \varphi(R) - \varphi(\infty)$ mit $\varphi(r) = Q/(4\pi\varepsilon_0 r)$, vgl. Aufgabe 473, und $\varphi(\infty) = 0$. Es ist also $U = Q/(4\pi\varepsilon_0 R) = Q/C$ und somit die Kapazität der Kugel $C = 4\pi\varepsilon_0 R = 5{,}56 \cdot 10^{-12}\,\text{F} = 5{,}56\,\text{pF}$. b) Die erforderliche Flächenladungsdichte auf der Kugeloberfläche $A$ beträgt

$$\sigma = \frac{Q}{A} = \frac{CU}{4\pi R^2} = \frac{\varepsilon_0 U}{R} = 1{,}77 \cdot 10^{-6}\,\text{C/m}^2.$$

**511** Die Feldstärke an der Kugeloberfläche $E = Q/(4\pi\varepsilon_0 R^2)$, vgl. Aufgabe 473, darf die Durchschlagsfeldstärke $E_D$ nicht überschreiten. Es muss also gelten $E < E_D$, d. h. mit $C = 4\pi\varepsilon_0 R$ als Kapazität der Kugel:

$$\frac{Q}{4\pi\varepsilon_0 R^2} = \frac{CU}{4\pi\varepsilon_0 R^2} = \frac{U}{R} < E_D$$

oder $U < E_D R = 200\,\text{kV}$.

**512** a) Die Potentialdifferenz zwischen Innen- und Außenleiter beträgt

$$U = \varphi(a) - \varphi(b) = -\frac{Q}{2\pi\varepsilon_0\varepsilon_r l}(\ln a - \ln b) = \frac{Q}{2\pi\varepsilon_0\varepsilon_r l}\ln\frac{b}{a}.$$

Wegen $U = Q/C$ ergibt sich $C = 2\pi\varepsilon_0\varepsilon_r l/\ln(b/a)$. b) Aus den gegebenen Zahlenwerten folgt der Kapazitätsbelag $C' = C/l = 67{,}4\,\text{pF/m}$.

**513** Die Feldstärke eines zylindersymmetrischen Feldes (geladener Draht im Dielektrikum) im Abstand $r$ von der Zylinderachse beträgt $E(r) = Q/(2\pi\varepsilon_0\varepsilon_r lr)$, vgl. Aufgabe 492. Mit $Q = CU$ und $C' = C/l = 2\pi\varepsilon_0\varepsilon_r/\ln(b/a)$, s. Aufgabe 512, folgt

$$E(r) = \frac{U}{r\ln(b/a)} = 135{,}7\,\text{kV/m}.$$

**514** An beiden Kondensatoren liegt die gleiche Spannung $U$, daher ist $Q_1 = C_1U = 2{,}4 \cdot 10^{-8}\,\text{C} = 24\,\text{nC}$ und $Q_2 = C_2U = 7{,}2 \cdot 10^{-8}\,\text{C} = 72\,\text{nC}$. Somit ist die Gesamtladung der Parallelschaltung $Q = Q_1 + Q_2 = 96\,\text{nC}$. b) Die Gesamtkapazität beträgt $C = C_1 + C_2 = 800\,\text{pF}$.

**515** a) Die Gesamtkapazität $C$ der Reihenschaltung berechnet sich nach

$$\frac{1}{C} = \frac{1}{C_1} + \frac{1}{C_2} \qquad \text{bzw.} \qquad C = \frac{C_1 C_2}{C_1 + C_2} = 0{,}75\ \mu\text{F}.$$

b) Es ist $Q = CU = 1{,}8 \cdot 10^{-5}\ \text{C} = 18\ \mu\text{C}$. Die Ladung ist also auf jedem Kondensator 18 µC; denn die „inneren" Platten laden sich durch Influenz auf, so dass beide Kondensatoren jeweils die gleiche Ladung tragen. c) An den Kondensatoren liegen die Spannungen $U_1 = Q/C_1 = 18\ \text{V}$ und $U_2 = Q/C_2 = 6\ \text{V}$. d) Es ist $W = QU/2 = 2{,}16 \cdot 10^{-4}\ \text{J} = 216\ \mu\text{J}$. e) Die Gesamtkapazität bei Parallelschaltung ist $C = C_1 + C_2 = 4\ \mu\text{F}$ und die Gesamtladung bei gleichpoliger Schaltung gleich $2Q$, somit also die Gesamtspannung $U = 2Q/C = 9\ \text{V}$. Bei gegenpoliger Parallelschaltung kompensieren sich die Ladungen; somit wird $U = 0$.

**516** 1 mV.

**517** Die Dicke einer Wickelwindung ist $s = 2d_\text{P} + 2d_\text{M}$. Mit $V = As$ folgt $C = 2\varepsilon_\text{r}\varepsilon_0 A/d_\text{P} = \varepsilon_\text{r}\varepsilon_0 V/[d_\text{P}(d_\text{P} + d_\text{M})] = 47\ \text{nF}$.

**518** a) $C = 1{,}67\ \text{pF}$; b) $C = 710\ \mu\text{F}$.

**519** $Q = 4\pi\varepsilon_0 R_1 U_1 = 4\pi\varepsilon_0 R_2 U_2$; $U_2 = U_1(R_1/R_2) = 400\ \text{kV}$.

**520** $U = \dfrac{Q}{4\pi\varepsilon_0}\left(\dfrac{1}{R_1} - \dfrac{1}{R_2}\right) = \dfrac{Q}{C}$; $C = \dfrac{4\pi\varepsilon_0 R_1 R_2}{R_2 - R_1} \approx 1\ \text{pF}$.

**521** $Q = Q_2 - Q_1 = (C_2 - C_1)U_0 = 330\ \mu\text{C}$. Mit $C = C_1 + C_2$ wird $U = Q/C = 66\ \text{V}$.

**522** a) 40 pF; b) 1,5 kV; c) 60 nC; d) 45 µJ.

**523** a) 500 µC, 83,3 V; b) 167 µC, 333 µC; c) 20,8 mJ; d) 22,5 mJ.

**524** Zwischen den Eckpunkten AB liegen parallel geschaltet die Kapazität $C_1$ und die Ersatzkapazität $C_\text{e}$, welche sich aus der Reihenschaltung von $C_2$, $C_3$ und $C_4$ nach $1/C_\text{e} = (1/C_2) + (1/C_3) + (1/C_4)$ berechnet. Mit $C_\text{e} = 1\ \mu\text{F}$ wird $C_\text{AB} = C_1 + C_\text{e} = 1{,}75\ \mu\text{F}$. Analog erhält man $C_\text{AD} = 2{,}92\ \mu\text{F}$; $C_\text{BC} = 3{,}5\ \mu\text{F}$ und $C_\text{CD} = 4{,}48\ \mu\text{F}$. Als Parallelschaltung der Reihen aus $C_1$ und $C_2$ sowie $C_3$ und $C_4$ erhält man $C_\text{AC} = 2{,}1\ \mu\text{F}$ und analog dazu $C_\text{BD} = 2{,}29\ \mu\text{F}$.

**525** Es ist $U = U_\text{AC} = \varphi_\text{C} - \varphi_\text{A} = 20\ \text{V}$ mit $\varphi_\text{C} = 20\ \text{V}$ und $\varphi_\text{A} = 0$. Für die Reihenschaltung von $C_1$ und $C_2$ mit $C_{12} = C_1C_2/(C_1 + C_2) = 0{,}6\ \mu\text{F}$ folgt (s. Aufgabe 515) $Q_{12} = C_{12}U = 12\ \mu\text{C}$ und damit $U_1 = Q_{12}/C_1 = \varphi_\text{B} - \varphi_\text{A} = 16\ \text{V}$ und $U_2 = \varphi_\text{C} - \varphi_\text{B} = 4\ \text{V}$. Analog erhält man aus der Reihenschaltung von $C_3$ und $C_4$: $U_3 = \varphi_\text{D} - \varphi_\text{C} = -7{,}5\ \text{V}$ und $U_4 = \varphi_\text{A} - \varphi_\text{D} = -12{,}5\ \text{V}$ (jeweils negativ wegen $\sum U_i = 0$). Damit wird $\varphi_\text{B} = 16\ \text{V}$, $\varphi_\text{D} = 12{,}5\ \text{V}$, also $|U_\text{BD}| = |\varphi_\text{D} - \varphi_\text{B}| = 3{,}5\ \text{V}$.

**526** Der Innenwiderstand $R_\text{i}$ des Elements liegt mit dem äußeren Widerstand (Lastwiderstand) $R_\text{a}$ des übrigen Stromkreises in Reihe und bewirkt am Element einen „inneren" Spannungsabfall $IR_\text{i}$, um welchen – abhängig von der Stromstärke $I$ – die Klemmenspannung $U_\text{K}$ des Elements gegenüber seiner Urspannung (EMK) $U_0$ verringert ist:

$$U_\text{K} = U_0 - IR_\text{i} = IR_\text{a}.$$

Für $R_\text{a} = nR_\text{i}$ folgt $IR_\text{i} = U_0/(n+1)$ und damit $U_\text{K}/U_0 = n/(n+1)$. Man erhält also a) 9,1%, b) 50%, c) 91%.

**527** Es ist (vgl. Aufgabe 526)

$$U_\text{K} = U_0 - IR_\text{i} = IR_\text{a}; \qquad I = \frac{U_0}{R_\text{i} + R_\text{a}}.$$

a) Im Leerlauf ist $I = 0$ und somit $U_\text{K} = U_0$. b) Bei Kurzschluss ist $R_\text{a} = 0$, d. h. $U_\text{K} = 0$; die Klemmenspannung bricht zusammen, und es fließt der Kurzschlussstrom $I = U_0/R_\text{i} = 420\ \text{A}$. c) Mit $R_\text{a} = R_1$ wird $I = 63\ \text{A}$, $U_\text{K} = 10{,}7\ \text{V}$. d) Mit $R_\text{a} = R_2$ folgt $I = 6{,}21\ \text{A}$ und $U_\text{K} = 12{,}4\ \text{V}$.

**528** Aus $U_\text{K1} = U_0 - I_1R_\text{i}$ und $U_\text{K2} = U_0 - I_2R_\text{i}$ folgt $R_\text{i} = (U_\text{K1} - U_\text{K2})/(I_2 - I_1) = 0{,}6\ \Omega$ und $U_0 = U_\text{K1} + I_1R_\text{i} = 48\ \text{V}$.

**529** a) Bei Reihenschaltung der Elemente addieren sich deren Urspannungen und inneren Widerstände, so dass gilt

$$2(U_0 - I_1 R_i) = I_1 R_a, \qquad I_1 = \frac{2U_0}{2R_i + R_a} = \frac{2U_0/R_i}{2 + (R_a/R_i)}.$$

b) Bei Parallelschaltung bleibt die Urspannung $U_0$ erhalten, der Innenwiderstand wird halbiert; es gilt also

$$U_0 - I_2 R_i/2 = I_2 R_a, \qquad I_2 = \frac{2U_0}{R_i + 2R_a} = \frac{2U_0/R_i}{1 + 2(R_a/R_i)}.$$

Daraus folgt: Für $R_a = R_i$ ist $I_1 = I_2$, d. h., die Stromstärken sind bei Reihen- und Parallelschaltung der Elemente gleich. Für $R_a > R_i$ ist $I_1 > I_2$, für $R_a < R_i$ ist $I_1 < I_2$. – *Anmerkung:* Bei Parallelschaltung von Spannungsquellen ist Vorsicht geboten. Stimmen ihre Urspannungen nicht genau überein, fließt zwischen den Spannungsquellen ein ständiger Querstrom, so dass sich die eine Spannungsquelle auf Kosten der anderen entlädt.

**530** Mit $R_{a1} = 3{,}2\ \Omega$, $I_1 = 3{,}7$ A und $R_{a2} = 1{,}6\ \Omega$ folgt $R_i = (U_0/I_1) - R_{a1} = 43\ \text{m}\Omega$ und damit $I_2 = U_0/(R_i + R_{a2}) = 7{,}3$ A.

**531** $R = 1{,}4\ \text{k}\Omega$.

**532** 61 m$\Omega$.

**533** a) $R_i = 0{,}2\ \Omega$. b) Der maximale Strom ist der Kurzschlussstrom $I_K = 75$ A.

**534** a) 5 A; b) 12 V, 60 V; c) 72 V; d) 75 V.

**535** a) 16 $\Omega$; b) 12,3 V.

**536** $U_K = U_0 - I R_i$; $U_0 = 1{,}52$ V; $R_i = 0{,}77\ \Omega$.

**537** Der Innenwiderstand einer Batterie beträgt $R_i = U_0/I_K = 0{,}3\ \Omega$. Bei Reihenschaltung der Batterien ist die gemeinsame Urspannung $2U_0 = 9{,}6$ V und der gemeinsame Innenwiderstand $2R_i = 0{,}6\ \Omega$, so dass ein Laststrom von $I = 2U_0/(R_a + 2R_i) = 2{,}09$ A fließt. Bei Parallelschaltung beträgt die Urspannung $U_0$ und der gemeinsame Innenwiderstand $R_i/2 = 0{,}15\ \Omega$, so dass ein Laststrom von $I = U_0/(R_a + R_i/2) = 1{,}16$ A fließt. Die Glühlampe leuchtet also bei Reihenschaltung der Batterien heller. Siehe auch Anmerkung zur Lösung von Aufgabe 529.

**538** Der Widerstand der Spirale ist $R = \varrho l/A$ mit der Drahtlänge $l = N\pi D$ ($N$ Windungszahl) und der Querschnittsfläche des Drahtes $A = \pi d^2/4$. Es ist also $R = 4\varrho N D/d^2$, woraus folgt $N = Rd^2/(4\varrho D) = 159$.

**539** a) Der Leitwert ist $G = 1/R = 0{,}105$ S (Siemens) $= 105$ mS. b) Aus $R = \varrho l/A$ ($l$ Länge, $A$ Querschnittsfläche des Drahtes) folgt der spezifische Widerstand $\varrho = \pi d^2 R/(4l) = 1{,}7 \cdot 10^{-8}\ \Omega\,\text{m} = 0{,}017\ \Omega\,\text{mm}^2/\text{m}$ und daraus die Leitfähigkeit $\varkappa = 1/\varrho = 5{,}9 \cdot 10^7$ S/m $= 59$ S m/mm$^2$ (Kupfer).

**540** Wir benutzen das OHMsche Gesetz in der Form $j = \varkappa E$ mit der Stromdichte $j = I/A$ ($A$ Querschnittsfläche des Leiters) und der (gegebenen) elektrischen Feldstärke $E = U/l$. Aus den bekannten Werten für $\varkappa$ und $E$ erhalten wir $j = I/A = \varkappa E$ bzw. $A = I/(\varkappa E) = 6{,}1 \cdot 10^{-6}\ \text{m}^2$ und daraus den geforderten Mindestdurchmesser $d = 2\sqrt{A/\pi} = 2{,}8$ mm.

**541** Der Abfall der Stromstärke $I$ ist bedingt durch den Anstieg des Widerstandes $R$ der Glühwendel infolge deren Erhitzung. Der Betriebswiderstand $R_2$ bei der Temperatur $\vartheta_2$ berechnet sich aus dem Kaltwiderstand $R_1$ bei $\vartheta_1 = 20\,°\text{C}$ und dem Temperaturanstieg $\Delta\vartheta = \vartheta_2 - \vartheta_1$ zu $R_2 = R_1[1 + \alpha\,\Delta\vartheta + \beta(\Delta\vartheta)^2]$. Durch Lösen der quadratischen Gleichung für $\Delta\vartheta$ erhält man mit $R_2/R_1 = I_1/I_2 = 15$ (wegen $U = RI$ mit $U$ als Netzspannung):

$$\Delta\vartheta = -\frac{\alpha}{2\beta} + \sqrt{\left(\frac{\alpha}{2\beta}\right)^2 + \frac{1}{\beta}\left(\frac{R_2}{R_1} - 1\right)} = 2216\ \text{K}.$$

Die Temperatur der Glühwendel beträgt also $\vartheta_2 = \vartheta_1 + \Delta\vartheta = 2236\,°\text{C}$.

542 (Bild) a) Die Summe der Spannungsabfälle an Widerstand $R$ und Lichtbogen ist $IR + A + B/I = U_B$. Als eine Lösung dieser quadratischen Gleichung für $I$ erhält man

$$I_1 = \frac{U_B - A}{2R} + \sqrt{\left(\frac{U_B - A}{2R}\right)^2 - \frac{B}{R}} = 8{,}93\ \text{A}.$$

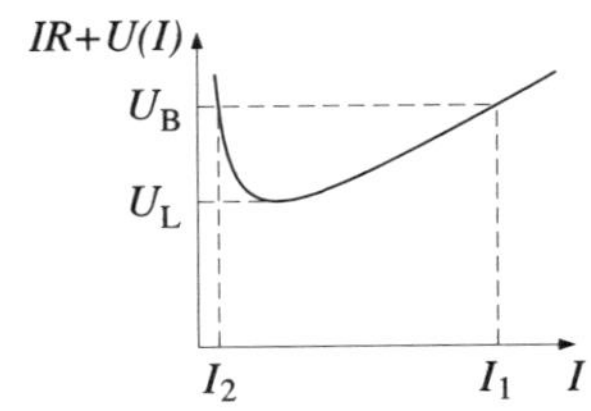


Sie entspricht dem stabilen Arbeitspunkt. b) Die zweite Lösung mit dem Minuszeichen vor der Wurzel liefert einen instabilen Stromstärkewert ($I_2 = 0{,}62$ A). Schon die geringste Störung in Form einer Spannungsschwankung nach unten führt automatisch zu einer immer weiteren Erhöhung der Stromstärke, bis der darüber liegende stabile Arbeitspunkt $I_1$ wieder erreicht ist. c) Da für den Betrieb der Anordnung $[(U_B - A)/(2R)]^2 \geq B/R$ gelten muss, verlöscht für $U_B < U_L = 2\sqrt{BR} + A = 133$ V der Bogen (Löschspannung).

543 In Schaltung a) fließt durch die Parallelschaltung aus den Widerständen $R$ und $R_{iV}$, an denen die Spannung $U_1$ abfällt, der Strom

$$I_1 = U_1\left(\frac{1}{R} + \frac{1}{R_{iV}}\right), \quad \text{woraus folgt} \quad R = \frac{U_1}{I_1 - (U_1/R_{iV})}.$$

Der Strom durch den Spannungsmesser wird null für $R_{iV} \to \infty$, und es ist dann $R' = U_1/I_1$. Damit wird

$$\frac{\Delta R}{R} = \frac{R' - R}{R} = -\frac{U_1}{I_1 R_{iV}} = -\frac{1}{1 + (R_{iV}/R)} = -0{,}01; \quad -0{,}091; \quad -0{,}5;$$

d. h., die Widerstände werden um 1%; 9,1%; 50% zu klein gemessen. In Schaltung b) ist der Spannungsabfall an der Reihenschaltung von $R$ und $R_{iA}$:

$$U_2 = I_2(R + R_{iA}), \quad \text{woraus folgt} \quad R = \frac{U_2}{I_2} - R_{iA}.$$

Für $R_{iA} = 0$ ist $R'' = U_2/I_2$, und es wird $\Delta R/R = (R'' - R)/R = R_{iA}/R = 0{,}2$; $0{,}02$; $0{,}002$; die Widerstände werden also um 20%; 2%; 0,2% zu groß gemessen.

544 (Bild) Die Lösung erfolgt mit Hilfe der KIRCHHOFFschen Gesetze: 1. In jedem Knoten ist die Summe aller zu- und abfließenden Ströme gleich null. 2. In jeder Masche ist die Summe aller Urspannungen sowie Spannungsabfälle an den Widerständen gleich null (Urspannungen sind hier nicht vorhanden). Dabei wird zunächst für jeden Strom die Richtung und für die Masche der Umlaufsinn willkürlich festgelegt. Angewandt auf die vier Knoten und auf die Masche erhält man fünf Gleichungen, von denen nur vier linear unabhängig sind, weil der zufließende Strom $I_1$ bereits durch die Summe der abfließenden Ströme $I_2 + I_3 + I_4$ bestimmt ist. Aus vier der Gleichungen können die unbekannten Ströme $i_1 \dots i_4$ wie folgt berechnet werden: Aus dem Knotensatz folgt für die einzelnen Knoten $i_1 = I_2 + i_2$, $i_2 = I_3 - i_3$, $i_3 = i_4 - I_4$, $i_4 = I_1 - i_1$, und nach dem Maschensatz ist $R_1 i_1 + R_2 i_2 - R_3 i_3 - R_4 i_4 = 0$. Durch Auflösen des linearen Gleichungssystems z. B. nach $i_1$ erhält man $i_1 = 2{,}312$ A und damit aus den Knotenbeziehungen $i_2 = 1{,}312$ A; $i_3 = -0{,}562$ A und $i_4 = 1{,}438$ A. Negative Ströme fließen dabei der ursprünglich angenommenen Stromrichtung entgegen.

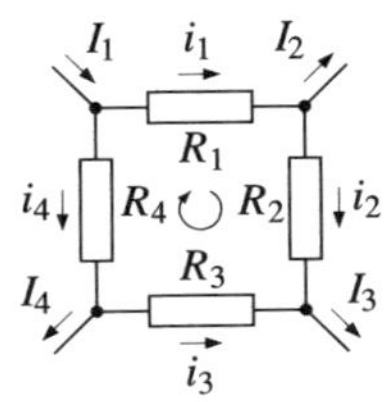


545 (Bild) Es werden so viele voneinander unabhängige Gleichungen benötigt, wie unbekannte Ströme im Netzwerk vorkommen. Zur Berechnung der fünf Ströme liefern die Knoten A und B durch Anwendung des Knotensatzes (vgl. Aufgabe 544) die zwei unabhängigen Gleichungen

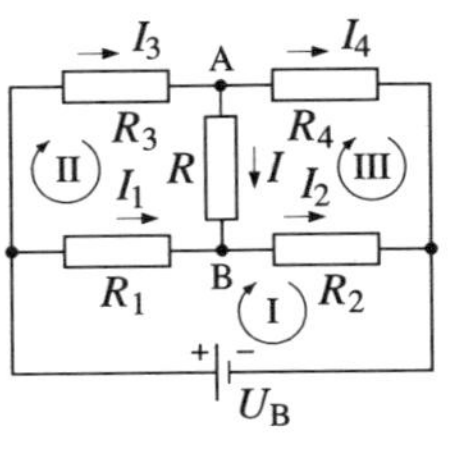


$$I_3 - I_4 - I = 0 \quad \text{(A)}, \qquad I_1 + I - I_2 = 0 \quad \text{(B)}.$$

Die drei Maschen I, II und III ergeben durch Anwendung des Maschensatzes drei weitere Gleichungen:

$$R_1I_1 + R_2I_2 = U_B \quad \text{(I)}, \qquad R_3I_3 + RI - R_1I_1 = 0 \quad \text{(II)}, \qquad R_4I_4 - R_2I_2 - RI = 0 \quad \text{(III)}.$$

Da nur nach $I$ gefragt ist, werden die anderen Ströme $I_1 \dots I_4$ aus dem linearen Gleichungssystem eliminiert. Man erhält so für den Brückenstrom

$$I = \frac{R_1R_4 - R_2R_3}{(R_1+R_2)R_3R_4 + R_1R_2(R_3+R_4) + (R_1+R_2)(R_3+R_4)R} U_B.$$

Für $I = 0$ folgt daraus $R_1/R_2 = R_3/R_4$.

**546** a) $U_A = IR_2 = UR_2/R_S = U/2 = 12$ V; $U'_A = I'R'_2$ mit $R'_2 = R_2R_A/(R_2+R_A)$ (Parallelschaltung von $R_2$ und $R_A$) und $I' = U/(R_1 + R'_2)$. Damit wird

$$U'_A = I'R'_2 = \frac{U}{R_1 + \dfrac{R_2R_A}{R_2+R_A}} \frac{R_2R_A}{R_2+R_A} = \frac{U}{1 + \dfrac{R_1(R_2+R_A)}{R_2R_A}} = \frac{U}{3} = 8\text{ V}.$$

b) $I = U/R_S = 120$ mA; $I' = U/[R_1 + R_2R_A/(R_2+R_A)] = 160$ mA.

**547** (Bild) Das hier vorliegende Problem entspricht dem eines belasteten Spannungsteilers, gebildet aus zwei Widerständen $R_1$ vom Kabelanfang bis zum Kabelschaden und dem Übergangswiderstand $R_0$ sowie einem Nebenkreis, bestehend aus zwei Widerständen $R_2$ vom Ort des Schadens bis zum Kabelende und $R_0$. Mit $l$ als Gesamtlänge des Kabels und $x$ als Entfernung des Schadens vom Kabelanfang gilt $R_1 = xR'$ und $R_2 = (l-x)R'$. Aus dem Knotensatz folgt die Stromstärke durch den Übergangswiderstand zu $I_0 = I_1 - I_2 = 60$ mA. Die Anwendung des Maschensatzes auf die beiden Maschen ergibt die Gleichungen

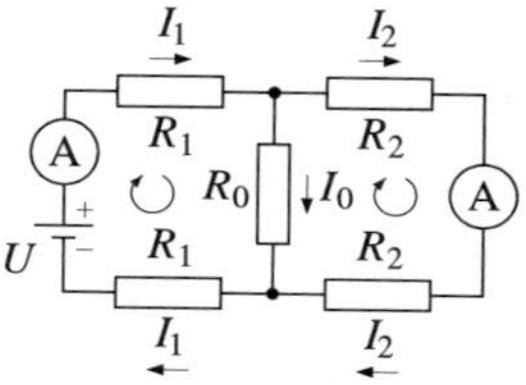


$$U = 2R_1I_1 + R_0I_0, \qquad 0 = 2R_2I_2 - R_0I_0,$$

oder mit den obigen Beziehungen für $R_1$ und $R_2$:

$$U = 2R'I_1x + I_0R_0, \qquad 2R'I_2l = 2R'I_2x + I_0R_0.$$

Aufgelöst nach den gesuchten Größen $x$ und $R_0$ erhält man mit den gegebenen Zahlenwerten

$$R_0 = \frac{(2R'I_1l - U)I_2}{I_0^2} = 109{,}8\ \Omega, \qquad x = \frac{U - 2R'I_2l}{2R'I_0} = 3667\text{ m}.$$

**548** (Bild) Der Innenwiderstand des Galvanometers beträgt $R_i = U/I = 2$ kΩ. Für die Messbereichserweiterung als Spannungsmesser auf das $n$-fache ($n = U_n/U = 25$; 100; 250; 1000; 2500) sind zur Spannungsteilung Vorwiderstände $R_V$ in Reihe zum Galvanometer zu schalten. Bei Reihenschaltung sind die Widerstände den zugehörigen Spannungen proportional: $R_V/R_i = (U_n - U)/U = n - 1$. Damit folgt für die Vorwiderstände $R_V = (n-1)R_i = 48$ kΩ; 198 kΩ; 498 kΩ; 1,998 MΩ; 4,998 MΩ.

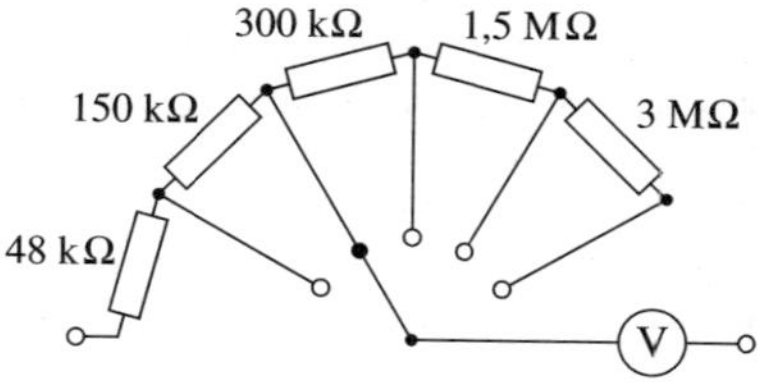


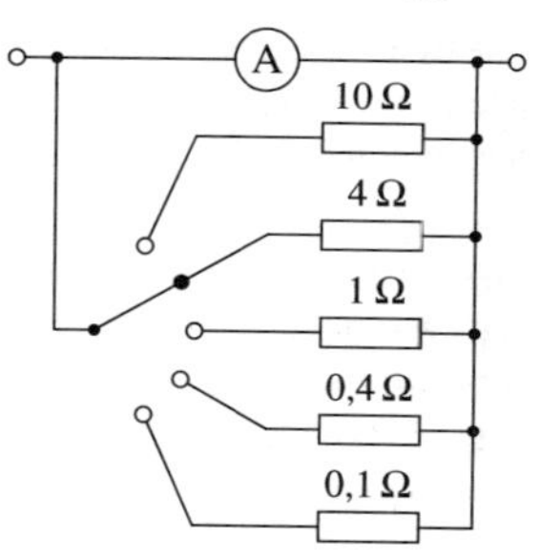


**549** (Bild) Für die Messbereichserweiterung als Strommesser auf das $n$-fache ($n = I_n/I = 200$; 500; 2000; 5000; 20 000) sind zur Stromteilung Nebenwiderstände (Shunts) $R_N$ parallel zum Galvanometer zu schalten. In Parallelschaltung sind die Widerstände den zugehörigen Strömen umgekehrt proportional: $R_N/R_i = I/(I_n - I) = 1/(n-1)$ mit $R_i = U/I = 2$ kΩ (analog Aufgabe 548). Damit sind die Nebenwiderstände $R_N = R_i/(n-1) \approx 10\ \Omega$; 4 Ω; 1 Ω; 0,4 Ω; 0,1 Ω erforderlich.

**550** (Bild) Das linke Teilbild zeigt das in die Ebene projizierte Tetraedernetz der Widerstände, das rechte das gleiche Netzwerk, wie es sich als Parallelschaltung aus einem Widerstand und einer Brücke darstellt. Denkt man sich zwischen den Eckpunkten $A$ und $B$ eine Spannung angelegt, so sind wegen der Gleichheit aller Widerstände die über $C$ und über $D$ von $A$ nach $B$ fließenden Ströme gleich groß. Die Widerstandsstrecke $C$–$D$ kann daher weggelassen werden. Damit erhält man für die Parallelschaltung von zweimal zwei in Reihe liegenden Widerständen $R$ und einem einfachen Widerstand $R$ den Ersatzleitwert $1/R_{\text{ges}} = 1/(2R) + 1/(2R) + 1/R = 2/R$ bzw. den Ersatzwiderstand $R_{\text{ges}} = R/2 = 50\ \Omega$.

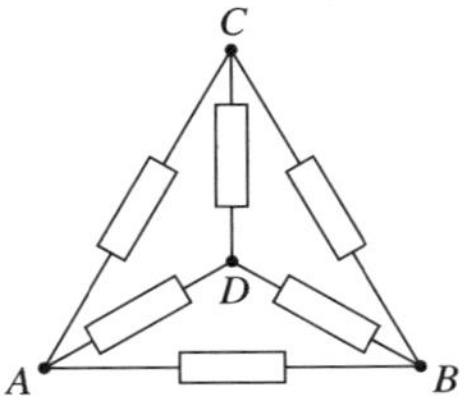


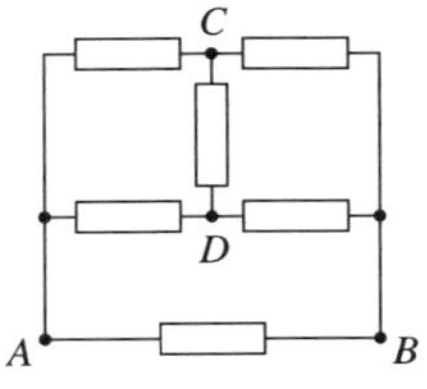


**551** a) Der zeitliche Verlauf der Entladungsstromstärke ist durch die Exponentialfunktion $I(t) = I_0\ \mathrm{e}^{-t/(RC)}$ gegeben. Der Spannungsabfall am Widerstand ist dem Stromverlauf proportional: $U(t) = RI(t)$. Damit folgt für $U/U_0 = 1/2$: $t = RC \ln 2 = 0{,}069$ s; für $U/U_0 = 1/\mathrm{e}$: $t = RC = 0{,}1$ s und für $U/U_0 = 1/10$: $t = RC \ln 10 = 0{,}23$ s. b) Es ist $R_{\text{D}} = (420\ \text{s})/(4\ \mu\text{F} \cdot \ln 2) = 151\ \text{M}\Omega$.

**552** (Bild) Wie in der Aufgabe zuvor gilt $I(t) = I_0\ \mathrm{e}^{-t/(RC)}$ mit $I_0 = U_0/R$. Der Spannungsverlauf am Kondensator ist

$$U(t) = U_0 - RI(t) = U_0 \left(1 - \mathrm{e}^{-\frac{t}{RC}}\right).$$

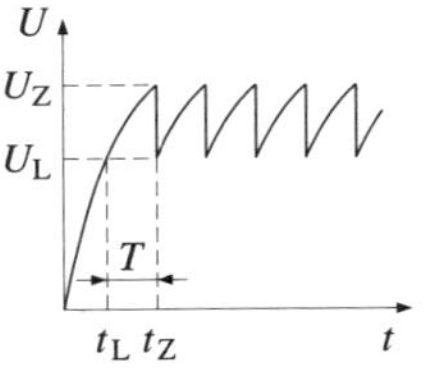


$U(t)$ ist zum Zündzeitpunkt $t = t_{\text{Z}}$ gleich der Zündspannung $U_{\text{Z}}$ und zum Löschzeitpunkt $t_{\text{L}}$ gleich der Löschspannung $U_{\text{L}}$, womit folgt

$$t_{\text{Z}} = RC \ln \frac{U_0}{U_0 - U_{\text{Z}}}; \qquad t_{\text{L}} = RC \ln \frac{U_0}{U_0 - U_{\text{L}}}$$

und somit als Periodendauer der Kippschwingung $T = t_{\text{Z}} - t_{\text{L}} = RC \ln[(U_0 - U_{\text{L}})/(U_0 - U_{\text{Z}})] = 86{,}1$ ms.

**553** $l = \sqrt{mR/(\varrho_{\text{m}}\varrho)} = 480$ m; $\pi r^2 = \sqrt{m\varrho/(\varrho_{\text{m}} R)} = 0{,}791\ \text{mm}^2$, $d = 1$ mm.

**554** $R = \varrho_1 l_1/A_1 = \varrho_2 l_2/A_2$, $m = \varrho_{\text{m1}} l_1 A_1 = \varrho_{\text{m2}} l_2 A_2$;

$$\frac{l_1}{l_2} = \sqrt{\frac{\varrho_2}{\varrho_1}\frac{\varrho_{\text{m2}}}{\varrho_{\text{m1}}}} = 0{,}71, \qquad \frac{A_1}{A_2} = \sqrt{\frac{\varrho_1}{\varrho_2}\frac{\varrho_{\text{m2}}}{\varrho_{\text{m1}}}} = 0{,}43, \qquad \frac{r_1}{r_2} = \sqrt{\frac{A_1}{A_2}} = 0{,}65.$$

Die Kupferleitung ist kürzer und dünner.

**555** $R_{\text{i}} = d/(\varkappa A) = 80\ \text{m}\Omega$.

**556** Aus $C = \varepsilon_0 A/d$ und $R = d/(\varkappa A)$ folgt $RC = \varepsilon_0/\varkappa$ (gilt allgemein); somit ist $\varkappa = 0{,}05$ S/m.

**557** Es gilt

$$R_1 = R_0(1 + \alpha\vartheta_1 + \beta\vartheta_1^2), \qquad (R_1 - R_0)/R_0 = \alpha\vartheta_1 + \beta\vartheta_1^2 \equiv r_1 = 0{,}079\,33,$$

$$R_2 = R_0(1 + \alpha\vartheta_2 + \beta\vartheta_2^2), \qquad (R_2 - R_0)/R_0 = \alpha\vartheta_2 + \beta\vartheta_2^2 \equiv r_2 = 0{,}392,$$

$$\alpha = \frac{\begin{vmatrix} r_1 & \vartheta_1^2 \\ r_2 & \vartheta_2^2 \end{vmatrix}}{\begin{vmatrix} \vartheta_1 & \vartheta_1^2 \\ \vartheta_2 & \vartheta_2^2 \end{vmatrix}} = 3{,}978 \cdot 10^{-3}\ \text{K}^{-1}; \qquad \beta = \frac{\begin{vmatrix} \vartheta_1 & r_1 \\ \vartheta_2 & r_2 \end{vmatrix}}{\begin{vmatrix} \vartheta_1 & \vartheta_1^2 \\ \vartheta_2 & \vartheta_2^2 \end{vmatrix}} = -0{,}58 \cdot 10^{-6}\ \text{K}^{-2}.$$

Es handelt sich um Platindraht.

**558** Aus $R_{\text{I}} = R_1 R_2/(R_1 + R_2)$ und $R_{\text{II}} = R_1 + R_2$ folgt $R_{1,2} = R_{\text{II}}/2 \pm \sqrt{(R_{\text{II}}/2)^2 - R_{\text{I}} R_{\text{II}}} = 0{,}6\ \Omega$; $0{,}4\ \Omega$.

**559** $R_x = \dfrac{R R_{AB}}{R - R_{AB}} - 2R = 70\,\Omega.$

**560** a) Der Spannungsabfall an $R_3$ muss $U_1$ sein: $IR_3 = U_1$. Die zugehörige Stromstärke im rechten Kreis beträgt $I = U_2/(R_2 + R_3)$, womit folgt $U_2 = I(R_2 + R_3) = U_1(R_2 + R_3)/R_3 = 8{,}82\,\text{V}$. b) $U_2 = U_1 R_3/(R_1 + R_3) = 4{,}8\,\text{V}$.

**561** (Bild) Legt man die Richtung der Ströme durch $R_1$, $R_2$ und $R_A$ sowie den Umlaufsinn der Maschen im mathematisch positiven Sinn fest, so erhält man für die obere und untere Masche sowie für einen der beiden Knoten (z. B. den Abgriff auf $R_S$) das Gleichungssystem

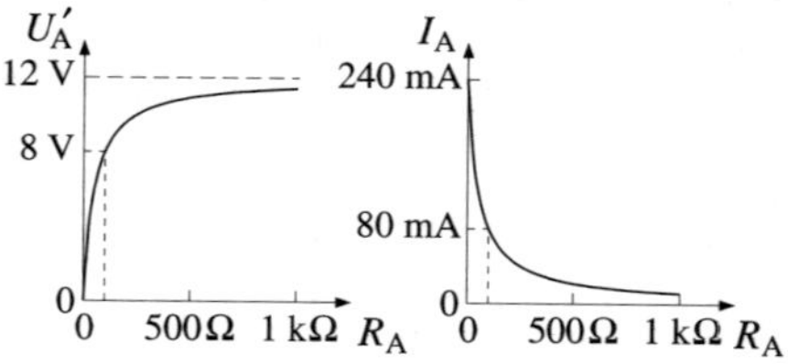


$$R_1 I_1 + R_2 I_2 = U;$$
$$R_A I_A - R_2 I_2 = 0;$$
$$I_1 - I_2 - I_A = 0.$$

Daraus folgt mit den Zahlenangaben in Aufgabe 546:

$$I_A = \frac{U}{R_A + \dfrac{R_1(R_2 + R_A)}{R_2}} = 80\,\text{mA}; \qquad U'_A = R_A I_A = \frac{U}{1 + \dfrac{R_1(R_2 + R_A)}{R_2 R_A}} = 8\,\text{V};$$

$$I_1 = \left(1 + \frac{R_A}{R_2}\right) I_A = 160\,\text{mA}; \qquad I_2 = I_1 - I_A = \frac{R_A I_A}{R_2} = 80\,\text{mA};$$

$$U_1 = R_1 I_1 = 16\,\text{V}; \qquad U_2 = R_2 I_2 = R_A I_A = U'_A = 8\,\text{V}.$$

**562** a) Ist der Brückenstrom $I = 0$, stellen $R_1$ und $R_2$ sowie $R_3$ und $R_4$ zwei unbelastete Spannungsteiler dar, welche die Spannung $U_B$ im Verhältnis $R_1/R_2$ bzw. $R_3/R_4$ teilen. Damit über $R_1$ und über $R_3$ die gleiche Spannung $U$ abfällt, muss $U = U_B R_1/(R_1 + R_2) = U_B R_3/(R_3 + R_4)$ oder $R_1/R_2 = R_3/R_4$ sein. b) Ja, auch dann gilt $R_1/R_2 = R_3/R_4$.

**563** a) $R_{AB}$ ergibt sich als Parallelschaltung von $R_1 + R_2$ und $R_3$ zu $R_{AB} = (R_1 + R_2)R_3/R$, wobei $R = R_1 + R_2 + R_3$. Durch zyklisches Vertauschen der Indizes folgt $R_{BC} = (R_2 + R_3)R_1/R$ und $R_{CA} = (R_3 + R_1)R_2/R$. b) Es ist

$$R_A + R_B = R_{AB}\ (1); \qquad R_B + R_C = R_{BC}\ (2); \qquad R_C + R_A = R_{CA}\ (3).$$

Aus (1) + (3) − (2) folgt $2R_A = R_{AB} + R_{CA} - R_{BC}$ und mit a): $R_A = R_2 R_3/R$ sowie zyklisch $R_B = R_3 R_1/R$; $R_C = R_1 R_2/R$.

**564** a) Die Energie ist $W = QU = 1{,}56\,\text{MJ} = 0{,}432\,\text{kWh}$. b) Aus $P = W/t$ folgt $t = 6\,\text{h}$. c) Der Ladestrom $I$ muss bei der Akkumulatorspannung $U$ gerade die Leistung $P$ erzeugen. Aus $P = UI$ folgt $I = P/U = 6\,\text{A}$.

**565** Aus $P = UI = U^2/R$ folgt der Lampenwiderstand $R = U^2/P = 484\,\Omega$. Der vorgeschaltete Leitungswiderstand beträgt mit $l = 800\,\text{m}$ (Hin- und Rückleitung) $R_V = \varrho l/A = 13{,}6\,\Omega$. Damit hat der Stromkreis einen Gesamtwiderstand von $R' = (R/2) + R_V = 255{,}6\,\Omega$, und eine Lampe wird vom Strom $I' = U/(2R') = 0{,}43\,\text{A}$ durchflossen. Die Leistung einer Lampe beträgt also nur $P' = RI'^2 = 89{,}6\,\text{W}$.

**566** Da sich die Heizleistungen wegen $P = UI = U^2/R$ wie die eingeschalteten Leitwerte verhalten, gilt

$$P_1 : P_2 : P_3 : P_4 = 1 : \nu : \nu^2 : \nu^3 = \frac{1}{R_1 + R_2} : \frac{1}{R_1} : \frac{1}{R_2} : \frac{R_1 + R_2}{R_1 R_2}.$$

Aus den Proportionen folgt

$$\nu = \frac{R_1}{R_2} = \frac{R_1 + R_2}{R_1}, \qquad \text{d. h.} \qquad \nu = 1 + \frac{1}{\nu} \qquad \text{oder} \qquad \nu^2 - \nu - 1 = 0.$$

Als Lösung dieser quadratischen Gleichung erhält man $\nu = (1 + \sqrt{5})/2 = 1{,}618$. Damit ergeben sich die

Leistungen zu $P_1 = P_4/\nu^3 = 519$ W, $P_2 = P_4/\nu^2 = 840$ W und $P_3 = P_4/\nu = 1{,}36$ kW sowie die für die beiden mittleren Heizleistungen $P_2$ und $P_3$ infrage kommenden Widerstände $R_1 = U^2/P_2 = 57{,}6\ \Omega$, $R_2 = U^2/P_3 = 35{,}6\ \Omega$.

**567** a) Bei Parallelschaltung von $R_1$ und $R_2$ wird die Klemmenspannung $U_K = U_0 - I R_i$ durch den Strom $I = U_K/R_1 + U_K/R_2$ bestimmt, welcher über die Widerstandskombination fließt. Daraus folgt für die Klemmenspannung

$$U_K = \frac{U_0}{R_i\left(\frac{1}{R_1} + \frac{1}{R_2}\right) + 1} = 7{,}44\ \text{V}$$

und für die Leistungen $P_1 = U_K^2/R_1 = 11{,}1$ W und $P_2 = U_K^2/R_2 = 4{,}3$ W. b) Bei Reihenschaltung von $R_1$ und $R_2$ fließt im Stromkreis der Strom $I = U_0/(R_i + R_1 + R_2) = 0{,}93$ A. Für die Leistungen folgt damit $P_1 = R_1 I^2 = 4{,}3$ W und $P_2 = R_2 I^2 = 11{,}1$ W. (Um den Effekt zu verdeutlichen, wurden $R_1$ und $R_2$ so dimensioniert, dass $P_1 + P_2$ in beiden Fällen gleich ist.) Es gilt also für das Verhältnis der Leistungen a) bei Parallelschaltung: $P_1/P_2 = R_2/R_1$ (Leistungsaufnahme bei gleicher Spannung $U$), b) bei Reihenschaltung: $P_1/P_2 = R_1/R_2$ (Leistungsaufnahme bei gleicher Stromstärke $I$). Es kommt also zum „Rollentausch" der Widerstände.

**568** a) Die elektrische Verlustleistung bestimmt die zeitliche Zunahme der Wärmeenergie des Drahtes: $RI^2 = cm\, \Delta T/\Delta t$. Dividiert man durch das Drahtvolumen $V = Al$, so erhält man mit dem Drahtwiderstand $R = \varrho l/A$, der Stromdichte $j = I/A$ und der Masse des Drahtes $m = \varrho_m V$:

$$\varrho j^2 = \varrho_m c \frac{\Delta T}{\Delta t}. \qquad (1)$$

Mit $j = 354$ A/mm² und $\Delta T = T_S - T_1 = 941$ K folgt daraus $\Delta t = \varrho_m c\, \Delta T/(\varrho j^2) \approx 0{,}4$ s. b) Für ein infinitesimales Zeit- und Temperaturintervall gilt nach Gleichung (1) $\varrho(T) j^2 = \varrho_m c(\mathrm{d}T/\mathrm{d}t)$, woraus folgt

$$\Delta t = \int_{(T_1)}^{(T_S)} \mathrm{d}t = \frac{\varrho_m c}{j^2} \int_{T_1}^{T_S} \frac{\mathrm{d}T}{\varrho(T)} = \frac{\varrho_m c}{\varrho_1 j^2} \int_{T_1}^{T_S} \frac{\mathrm{d}T}{1 + \alpha(T - T_1)}. \qquad (2)$$

Mit der Substitution $1 + \alpha(T - T_1) = z$, $\mathrm{d}z/\mathrm{d}T = \alpha$ bzw. $\mathrm{d}T = \mathrm{d}z/\alpha$, erhält man für das Integral

$$\frac{1}{\alpha} \int_{(T_1)}^{(T_S)} \frac{\mathrm{d}z}{z} = \frac{1}{\alpha} \left[\ln z\right]_{(T_1)}^{(T_S)} = \frac{1}{\alpha} \ln[1 + \alpha(T_S - T_1)]$$

und damit nach Gleichung (2)

$$\Delta t = \frac{\varrho_m c}{\alpha \varrho_1 j^2} \ln(1 + \alpha\, \Delta T) = 0{,}472\ \text{s}.$$

Das Ergebnis zeigt, dass der unter a) benutzte Mittelwert für den spezifischen Widerstand $\varrho$ einigermaßen zufriedenstellend gewählt war. Den korrekten Mittelwert im betrachteten Temperaturintervall erhält man durch Vergleich der Ergebnisse für $\Delta t$ nach a) und b) zu $\overline{\varrho} = \alpha \varrho_1\, \Delta T/\ln(1+\alpha\, \Delta T) = 3{,}93 \cdot 10^{-8}\ \Omega\,\text{m}$.

**569** Die Laststromstärke $I$ beträgt, da sich die Klemmenspannung durch sie auf $U_K = U_0 - I R_i$ verringert, $I = U_K/R_a = U_0/(R_i + R_a)$. Die entnommene elektrische Leistung wird somit

$$P = U_K I = R_a I^2 = \frac{R_a U_0^2}{(R_i + R_a)^2}.$$

Sie erreicht ihr Maximum für

$$\frac{\mathrm{d}P}{\mathrm{d}R_a} = \frac{R_i - R_a}{(R_i + R_a)^3} U_0^2 = 0,$$

d. h. immer dann, wenn $R_a = R_i$ ist *(Anpassung)*. Damit wird $P_{max} = U_0^2/(4R_i) = 1{,}6$ kW.

**570** $0{,}2\,\Omega$.

**571** a) 96 W; b) 18 W.

**572** a) Betriebsspannung einer Glühlampe: 18,3 V; 12 Glühlampen je Stromkreis; 5 Stromkreise. b) 660 W.

**573** $R = U^2 t/Q = 21{,}5\,\Omega$.

**574** Aus $0{,}88\,UIt = cm(\vartheta_2 - \vartheta_1)$ folgen die Temperaturen $\vartheta_2 = \vartheta_1 + 0{,}88\,UIt/(cm) = 48{,}3\,°\text{C}$; 81,5 °C; 100 °C (Siedepunkt). Nach $t = cm(\vartheta_2 - \vartheta_1)/(0{,}88\,UI) = 25{,}6$ min beginnt das Wasser zu sieden; nach weiteren $\Delta t = mr/(0{,}88\,UI) = 162$ min $= 2{,}7$ h ist es verdampft.

**575** $P' = (0{,}9\,U)^2/R = 0{,}81\,U^2/R = 0{,}81\,P$; $\Delta P/P = (P' - P)/P = -0{,}19$ $(-19\%)$.

**576** a) Mit der (Massen-)Dichte $\varrho_\text{m} = m/V$ erhält man für die Elektronendichte (Anzahl der Leitungselektronen je Volumeneinheit) $n = N/V = N\varrho_\text{m}/m$ und damit als Ladungsdichte $\varrho = ne = eN\varrho_\text{m}/m$ ($e$ Elementarladung). Bezogen auf $n = 1$ mol Silber, d. h. auf $N_\text{A} = 6{,}022 \cdot 10^{23}$ Atome (AVOGADRO-Konstante), von denen jedes $z$ Elektronen zum Leitungsprozess beisteuert, ist $N = zN_\text{A}$, womit wegen $m = nM$ folgt $z = \varrho M/(\varrho_\text{m} N_\text{A} e) = 1{,}4$. b) Zwischen Ladungsdichte $\varrho$ und Stromdichte $j$ besteht der Zusammenhang $j = \varrho v$, woraus für die Driftgeschwindigkeit der Elektronen $v = j/\varrho = 76\,\mu\text{m/s} = 27$ cm/h folgt. $v$ hat also nichts mit der Ausbreitungsgeschwindigkeit des elektrischen Feldes (Lichtgeschwindigkeit $c$) zu tun.

**577** Zwischen Stromdichte $j$ und Driftgeschwindigkeit $v$ besteht der Zusammenhang $j = nev$ (vgl. Aufgabe 576). Außerdem gilt das OHMsche Gesetz $j = \varkappa E$. Es ist also $nev = \varkappa E$ oder $v = \varkappa E/(ne) = \mu E$ mit der Elektronen-„Beweglichkeit" $\mu = \varkappa/(ne) = 4{,}3 \cdot 10^{-3}$ m²/(V s). Damit wird $v = 4{,}3$ mm/s.

**578** Aus den Ionenbeweglichkeiten $\mu_\text{K}$ und $\mu_\text{A}$, der Ladungsträgerkonzentration $n$ (Anzahl der Ionenpaare je Volumeneinheit) und der Ionenladung $q$ (bei Ionen gleicher Wertigkeit) erhält man die elektrische Leitfähigkeit zu $\varkappa = nq(\mu_\text{K} + \mu_\text{A})$. Bei einwertigen Ionen, wie in unserem Fall, ist $q = e = 1{,}602 \cdot 10^{-19}$ C. Mit $n = 10^7/\text{cm}^3 = 10^{13}/\text{m}^3$ und den Werten für $\mu_\text{K}$ und $\mu_\text{A}$ folgt $\varkappa \approx 5 \cdot 10^{-10}$ S/m. Daraus ergibt sich ein spezifischer elektrischer Widerstand von $\varrho = 1/\varkappa \approx 2 \cdot 10^9\,\Omega\,\text{m}$ und somit als Widerstand der Luftsäule $R = \varrho l/A \approx 2 \cdot 10^{13}\,\Omega$.

**579** Auch für die Ionenleitung in einem Gas gilt (bei nicht zu hohen Stromdichten) das OHMsche Gesetz $j = \varkappa E$ mit der Stromdichte $j = I/A$, der elektrischen Feldstärke $E = U/d$ und der elektrischen Leitfähigkeit $\varkappa$, welche durch $\varkappa = nq(\mu_\text{K} + \mu_\text{A})$ gegeben ist (vgl. Aufgabe 578). Mit $q = e$ (einwertige Ionen) folgt somit für die Ionenpaar-Konzentration

$$n = \frac{\varkappa}{e(\mu_\text{K} + \mu_\text{A})} = \frac{j}{Ee(\mu_\text{K} + \mu_\text{A})} = \frac{Id}{UAe(\mu_\text{K} + \mu_\text{A})} = \frac{\varepsilon_0 I}{CUe(\mu_\text{K} + \mu_\text{A})}$$

mit $C = \varepsilon_0 A/d$ (Kapazität der Kammer). Hiernach erhält man $n = 8{,}5 \cdot 10^{13}$ Ionenpaare/m³.

**580** a) Nach dem 1. FARADAYschen Gesetz ist die abgeschiedene Masse $m$ der transportierten Ladung $Q$ proportional: $m = KQ$. Um die Molmasse $M$ abzuscheiden, müssen $N_\text{A} = 6{,}022 \cdot 10^{23}\,\text{mol}^{-1}$ Ionen der Ladung $ze$ transportiert werden, insgesamt also die Ladung $Q_\text{m} = zN_\text{A}e = zF$ mit $F = N_\text{A}e = 96\,485{,}3$ C/mol (FARADAY-Konstante). Damit wird

$$K = \frac{m}{Q} = \frac{M}{Q_\text{m}} = \frac{M}{zF} = \frac{M_\text{r}\,(\text{bzw. } A_\text{r})}{zF} \cdot 10^{-3}\ \text{kg/mol}.$$

b) Mit $A_\text{r} = 196{,}967$ und $z = 3$ erhält man für Gold $K_\text{Au} = 6{,}8 \cdot 10^{-7}$ kg/C $= 0{,}68$ mg/C.

**581** Nach dem 2. FARADAYschen Gesetz verhalten sich die bei gleicher Stromstärke in der gleichen Zeit elektrolytisch abgeschiedenen Massen zweier Stoffe wie deren Äquivalentmassen (Molmasse $M$/Wertigkeit $z$): $m_1 : m_2 = (M_1/z_1) : (M_2/z_2)$. Daraus folgt mit $M_1 = 107{,}868$ g, $z_1 = 1$ für Ag und $M_2 = 63{,}546$ g, $z_2 = 2$ für Cu aus $m_1 = 108$ mg Ag: $m_2 = m_1(z_1 M_2)/(z_2 M_1) = 53$ mg Cu.

**582** Die zum elektrolytischen Abscheiden der Masse $m$ notwendige elektrische Arbeit ist wegen $m = KQ = KIt$ (1. FARADAYsches Gesetz, vgl. Aufgabe 580):

$$W = UIt = \frac{Um}{K} = \frac{zFUm}{M}.$$

Um 2 mol $H_2O$ zu zerlegen, d. h., um $m = 4$ g $H^+$ ($M = 1$ g/mol, $z = 1$) und 32 g $O^{--}$ ($M = 16$ g/mol, $z = 2$) abzuscheiden, ist die Arbeit $W = \Delta H = 5{,}75 \cdot 10^5$ J erforderlich. Damit folgt aus obiger Beziehung $U \approx 1{,}5$ V.

**583** An der Katode läuft neben Wasserstoffabscheidung die Reaktion $Na^+ + OH^- \rightarrow NaOH$ ab. Mit der Molmasse von NaOH $M_1 \approx (23 + 16 + 1) \cdot 10^{-3}$ kg/mol $= 40 \cdot 10^{-3}$ kg/mol und der Ionenwertigkeit $z_1 = 1$ für beide Ionenarten erhält man bei der effektiven Stromstärke $I = 80$ A: $m/t = M_1 I/(z_1 F) = 3{,}3 \cdot 10^{-5}$ kg/s $= 119$ g/h. An der Anode erfolgt die Reaktion $2\,Cl^- \rightarrow Cl_2 + 2\,e^-$. Mit $z_2 = 2$ und der Molmasse $M_2 = (2 \cdot 35{,}45) \cdot 10^{-3}$ kg/mol für $Cl_2$ wird $V/t = M_2 I/(\varrho z_2 F) = 9{,}15 \cdot 10^{-6}$ m³/s $= 32{,}9$ l/h.

**584** Für die Leitfähigkeit erhält man $\varkappa = 4l/(\pi d^2 R) = 3{,}64 \cdot 10^7\ \Omega^{-1}\mathrm{m}^{-1}$ (S/m). Damit folgt aus $\varkappa = ne\mu$: $n \approx 1{,}8 \cdot 10^{29}$ Elektronen/m³.

**585** a) Aus $Q = nN_A e = nF = 96\,485{,}3$ C (für $n = 1$ mol) $= It$ erhält man mit $t = 3600$ s: $I = 26{,}80$ A. b) Aus Tabellen entnimmt man die relativen Atommassen für Ag: 107,868; Cd: 112,40; Al: 26,9815. Allgemein ist $m = MIt/(zF) = KIt$, für $It = F$: $m = M/z$. Damit wird $m_{Ag} = 107{,}868$ g; $m_{Cd} = 56{,}2$ g; $m_{Al} = 8{,}99$ g.

**586** Gesucht ist hier jeweils das elektrochemische Äquivalent $K$. Man erhält für Na: 0,238 mg/C; Mg: 0,126 mg/C; Al: 0,0932 mg/C.

**587** $m_{Sn} = 1{,}10$ g; $m_{Zn} = 0{,}606$ g.

**588** Der Strommesser zeigt 0,1 A zu wenig an.

**589** a) Mit $I = 0{,}60 \cdot 15$ A $= 9$ A erhält man $m_{Ni} = 9{,}85$ g $= 2\varrho Ad$; $d = 350\ \mu$m. b) Die zur Abscheidung von $n = 1$ mol $H_2$ erforderliche Ladung ist $2nF = 2 \cdot 96\,485{,}3$ C, die tatsächlich transportierte Ladung beträgt $Q = It = 0{,}40 \cdot 15 \cdot 3600$ A s $= 21\,600$ C; es werden also $Q/(2F) = 0{,}112$ mol abgeschieden. Mit dem molaren Normvolumen $V_{m0} = 22{,}4$ l/mol sind das $0{,}112$ mol$\cdot 22{,}4$ l/mol $= 2{,}5$ l $H_2$.

**590** Es ist $j = \varkappa E$ mit $\varkappa = zne(\mu_K + \mu_A)$ und $j_+ = \varkappa_+ E$ mit $\varkappa_+ = zne\mu_K$; somit $j_+/j = \mu_K/(\mu_K + \mu_A) = 0{,}44$ (44%).

**591** a) Mit $\boldsymbol{i}$, $\boldsymbol{j}$, $\boldsymbol{k}$ als Einheitsvektoren in $x$-, $y$- und $z$-Richtung ist $\boldsymbol{m} = m\boldsymbol{i}$ der Vektor des magnetischen Dipolmoments vor der Auslenkung und $\boldsymbol{m} = m\boldsymbol{j}$ danach sowie $\boldsymbol{H} = H\boldsymbol{i}$ der Vektor der magnetischen Feldstärke. Das vom Magnetfeld auf die Magnetnadel ausgeübte Drehmoment wird damit

$$\boldsymbol{M} = \boldsymbol{m} \times \boldsymbol{H} = mH\boldsymbol{j} \times \boldsymbol{i} = -mH\boldsymbol{k}, \qquad \text{Betrag } |\boldsymbol{M}| = M = mH.$$

Damit erhält man für den Betrag der magnetischen Feldstärke $|\boldsymbol{H}| = H = M/m = 150$ A/m. b) Für einen beliebigen Auslenkwinkel $\varphi$ gilt $\boldsymbol{m} = m\cos\varphi\boldsymbol{i} + m\sin\varphi\boldsymbol{j}$ und folglich für das Drehmoment

$$\boldsymbol{M} = (m\cos\varphi\boldsymbol{i} + m\sin\varphi\boldsymbol{j}) \times H\boldsymbol{i} = -mH\sin\varphi\boldsymbol{k} = -M\boldsymbol{k}.$$

Die Arbeit bei der Drehbewegung ist

$$W = \int M\,\mathrm{d}\varphi = \int_0^{\pi/2} mH\sin\varphi\,\mathrm{d}\varphi = -mH\left[\cos\varphi\right]_0^{\pi/2} = mH = 3 \cdot 10^{-4}\ \mathrm{J}.$$

**592** (Bild) a) In Analogie zum COULOMBschen Gesetz der Elektrostatik (s. Aufgabe 471) ist die von einem gedachten magnetischen Einzelpol mit dem magnetischen Fluss $\Phi$ hervorgerufene Feldstärke in einem Raumpunkt, der vom Ort des Pols den Abstand $r$ hat, gegeben durch $H = \Phi/(4\pi\mu_0 r^2)$ mit der Induktionskonstanten $\mu_0 = 4\pi \cdot 10^{-7}$ V s/(A m). Die Pole $\Phi$ und $-\Phi$ des Stabmagneten erzeugen somit im Punkt $P_1$ auf der $z$-Achse die in $z$-Richtung wirkende resultierende Feldstärke

$$H_z = \frac{\Phi}{4\pi\mu_0 r_1^2} - \frac{\Phi}{4\pi\mu_0 r_2^2}$$

(beide Pole wirken auf einen bei $P_1$ angenommenen dritten Pol mit einer Kraft in Stabrichtung, jedoch entgegengesetzt). Mit $r_1 = z - l/2$ und $r_2 = z + l/2$ erhält man daraus den Ausdruck

$$H_z = \frac{\Phi}{4\pi\mu_0}\left[\left(z-\frac{l}{2}\right)^{-2} - \left(z+\frac{l}{2}\right)^{-2}\right] = \frac{\Phi}{4\pi\mu_0 z^2}\left[\left(1-\frac{l}{2z}\right)^{-2} - \left(1+\frac{l}{2z}\right)^{-2}\right],$$

der nach Reihenentwicklung für $z \gg l$ und mit dem Dipolmoment $m = \Phi l$ übergeht in

$$H_z = \frac{\Phi}{4\pi\mu_0 z^2}\left[\left(1+2\frac{l}{2z}+\ldots\right) - \left(1-2\frac{l}{2z}+\ldots\right)\right] = \frac{2\Phi l}{4\pi\mu_0 z^3} = \frac{m}{2\pi\mu_0 z^3},$$

oder vektoriell wegen $\boldsymbol{m} = m\boldsymbol{k}$ und $\boldsymbol{H} = H_z\boldsymbol{k}$ (mit $\boldsymbol{k}$ als Einheitsvektor in $z$-Richtung): $\boldsymbol{H} = \boldsymbol{m}/(2\pi\mu_0 z^3)$. b) Die Pole $\Phi$ und $-\Phi$ erzeugen in $P_2$ auf einen dort angenommenen Magnetpol gleich große Kräfte in Richtung der Verbindungsgeraden zwischen den Polen und $P_2$ (Bild), woraus sich eine resultierende Feldstärke $\boldsymbol{H}$ in $-z$-Richtung ergibt: $\boldsymbol{H} = -H_z\boldsymbol{k}$. Aus der Ähnlichkeit der gleichschenkligen Dreiecke folgt $H_z/H_3 = l/r_3$. Mit $H_3 = \Phi/(4\pi\mu_0 r_3^2)$ und $r_3 = \sqrt{r^2 + l^2/4}$ folgt daraus:

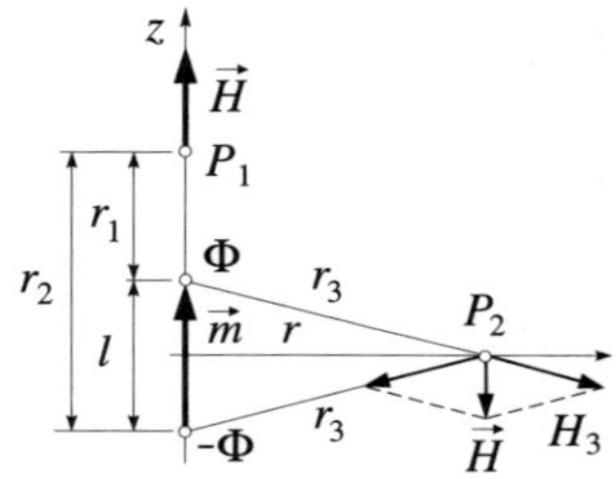


$$H_z = \frac{\Phi l}{4\pi\mu_0\sqrt{(r^2 + l^2/4)^3}}$$

und für $r \gg l$: $H_z = m/(4\pi\mu_0 r^3)$, $\boldsymbol{H} = -\boldsymbol{m}/(4\pi\mu_0 r^3)$.

**593** Es ist $H_S = m/(2\pi\mu_0 z^3)$ (vgl. Lösung zu Aufgabe 592). Weiterhin gilt $\tan\alpha = H_S/H_E$ (s. Bild), folglich ist $H_E = H_S/\tan\alpha = m/(2\pi\mu_0 z^3 \tan\alpha) = 14{,}8$ A/m.

**594** (Bild) Wir berechnen die Kraft $\boldsymbol{F}$ als Richtungsableitung der Wechselwirkungsenergie $E$ eines magnetischen Dipols mit dem Dipolmoment $\boldsymbol{m}_N$ im Magnetfeld $\boldsymbol{H}$, welche durch $E = -\boldsymbol{m}_N \cdot \boldsymbol{H}$ gegeben ist. Da hier $\boldsymbol{H}$ und damit $E$ nur vom Abstand $z$ in Richtung der Stabmagnetachse abhängt (s. Bild zu Aufgabe 593), hat die zugehörige Wechselwirkungskraft $\boldsymbol{F}$ lediglich eine $z$-Komponente: $F_z = -\mathrm{d}E/\mathrm{d}z$. Im Fall a) ist $\angle(\boldsymbol{m}_N, \boldsymbol{H}) = 0$, so dass $E = -\boldsymbol{m}_N \cdot \boldsymbol{H} = -m_N H \cos\angle(\boldsymbol{m}_N, \boldsymbol{H}) = -m_N H$. Mit $H = \sqrt{H_S^2 + H_E^2}$, $H_S = m/(2\pi\mu_0 z^3)$ und $H_S/H = \sin\alpha$ ergibt sich

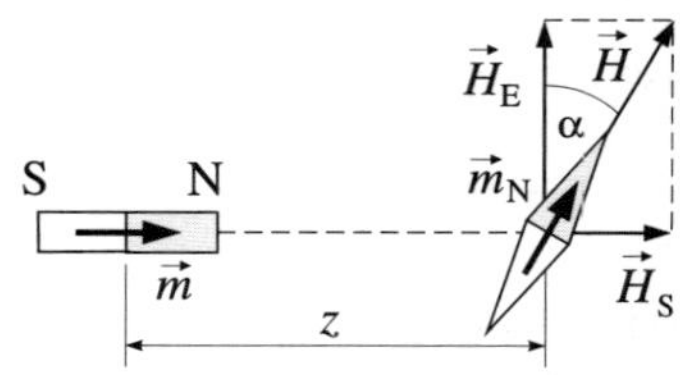


$$F_z = -\frac{\mathrm{d}E}{\mathrm{d}z} = m_N\frac{\mathrm{d}H}{\mathrm{d}z} = m_N\frac{\mathrm{d}H}{\mathrm{d}H_S}\frac{\mathrm{d}H_S}{\mathrm{d}z} = \frac{m_N H_S}{\sqrt{H_S^2 + H_E^2}}\frac{\mathrm{d}H_S}{\mathrm{d}z} = -\frac{3m_N m\sin\alpha}{2\pi\mu_0 z^4}.$$

Mit den Werten $m = 1{,}27 \cdot 10^{-5}$ V s m, $m_N = 10^{-6}$ V s m, $z = 0{,}5$ m und $\alpha = 41°$ erhält man $F_z = -5{,}1 \cdot 10^{-5}$ N. Das negative Vorzeichen besagt, dass die Nadel vom Stabmagneten angezogen wird. b) Entsprechend dem von $\boldsymbol{m}_N$ und $\boldsymbol{H}$ jeweils eingeschlossenen Winkel gilt 1) $E = -m_N H\cos(90° - \alpha) = -m_N H\sin\alpha = -m_N H_S$, also $F_z = m_N(\mathrm{d}H_S/\mathrm{d}z) = -3m_N m/(2\pi\mu_0 z^4) = -7{,}7 \cdot 10^{-5}$ N; 2) $E = -m_N H\cos\alpha = -m_N H_E$, also $F_z = m_N(\mathrm{d}H_E/\mathrm{d}z) = 0$; 3) $E = -m_N H \times \cos(90° + \alpha) = m_N H\sin\alpha = m_N H_S$, also $F_z = -m_N(\mathrm{d}H_S/\mathrm{d}z) = 3m_N m/(2\pi\mu_0 z^4) = 7{,}7 \cdot 10^{-5}$ N.

**595** Die Energiedichte im engen Luftspalt beträgt $w_m = (1/2)BH$ bzw. wegen $B = \mu_0 H$: $w_m = B^2/(2\mu_0)$. Die beim Vergrößern des Polabstandes um d$s$ zum Aufbau des Feldes im Volumen $\mathrm{d}V = A\,\mathrm{d}s$ benötigte magnetische Feldenergie $\mathrm{d}W_m = w_m\,\mathrm{d}V = [B^2/(2\mu_0)]A\,\mathrm{d}s$ ist gleich der aufgewandten Arbeit $F\,\mathrm{d}s$, woraus folgt $F = B^2A/(2\mu_0) = 89{,}5$ N.

**596** Wird eine Fläche $A$, deren Randlänge $l$ ist, von elektrischen Strömen $I_i$ der Stromdichte $\boldsymbol{j}$ „durchflutet", ist die magnetische Umlaufspannung $U_\mathrm{m}$ gleich der elektrischen Durchflutung der Fläche:

$$U_\mathrm{m} = \oint\limits_{(l)} \boldsymbol{H} \cdot \mathrm{d}\boldsymbol{r} = \int\limits_{(A)} \boldsymbol{j} \cdot \mathrm{d}\boldsymbol{A} = \sum_i I_i. \qquad (1)$$

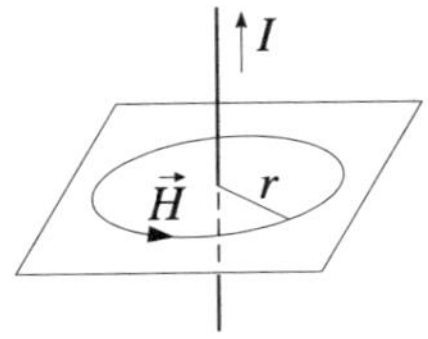


In unserem Beispiel (Bild) wählen wir als Randkurve die zur gesuchten Feldstärke $H$ gehörige Feldlinie (Kreis) mit $r$ als Radius. Die von ihr umschlossene Fläche wird hier nur von einem Strom $I$ durchflutet. Da überdies entlang der gesamten Randlänge $l = 2\pi r$ (Integrationsweg) die Feldstärke $H$ konstant und $\boldsymbol{H} \parallel \mathrm{d}\boldsymbol{r}$ ist, nimmt (1) hier die einfache Form $Hl = H \cdot 2\pi r = I$ an, woraus folgt $H = I/(2\pi r) = 55{,}7$ A/m.

**597** Die Stromdichte beträgt im Innenleiter $j_\mathrm{i} = I/(\pi R_1^2)$, im Außenleiter $j_\mathrm{a} = I/[\pi(R_3^2 - R_2^2)]$. Damit wird die Gesamtheit aller koaxialen Feldlinien vom Radius $r$ von folgenden Stromstärken $jA$ „durchflutet": $j_\mathrm{i}\pi r^2 = Ir^2/R_1^2$ im Innenleiter, $I$ im Zwischenraum, $I - j_\mathrm{a}\pi(r^2 - R_2^2) = I(R_3^2 - r^2)/(R_3^2 - R_2^2)$ im Außenleiter und $I - I = 0$ im Außenraum. Die jeweilige Durchflutungsstromstärke ist nach dem Durchflutungsgesetz gleich der zugehörigen magnetischen Spannung $2\pi r H$ (vgl. Aufgabe 596). Daraus folgen die magnetischen Feldstärken (vgl. Bild)

$$H = \begin{cases} \dfrac{I}{2\pi R_1^2} r & \text{für} \quad 0 \le r \le R_1, \\ \dfrac{I}{2\pi r} & \text{für} \quad R_1 \le r \le R_2, \\ \dfrac{I}{2\pi(R_3^2 - R_2^2)} \left( \dfrac{R_3^2}{r} - r \right) & \text{für} \quad R_2 \le r \le R_3, \\ 0 & \text{für} \quad R_3 \le r. \end{cases}$$

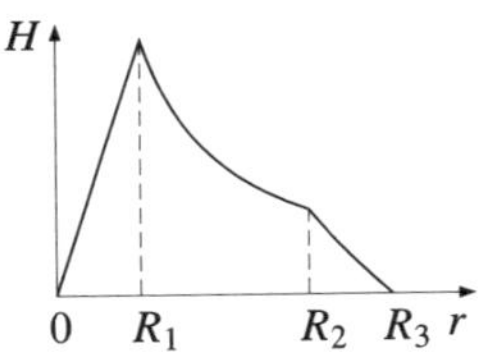


Da innerhalb einer Feldlinie vom Radius $r < R_3$ die Summe aus Hin- und Rückstrom (Durchflutung) stets in die Zeichenebene hinein gerichtet ist, verlaufen nach der Rechte-Hand-Regel alle Feldlinien im Uhrzeigersinn (Rechtsschraube).

**598** (Bild) Nach dem Gesetz von BIOT-SAVART erzeugt ein Stromelement $I\,\mathrm{d}\boldsymbol{l}$ in einem Punkt, der vom Stromelement um den Ortsvektor $\boldsymbol{r}$ entfernt liegt, senkrecht zu $\mathrm{d}\boldsymbol{l}$ und $\boldsymbol{r}$ den Beitrag

$$\mathrm{d}\boldsymbol{H} = \frac{I}{4\pi} \frac{\mathrm{d}\boldsymbol{l} \times \boldsymbol{r}}{r^3}$$

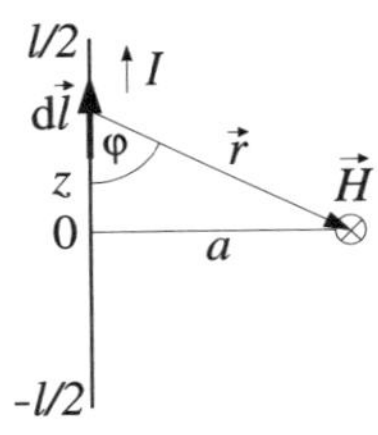


zum magnetischen Gesamtfeld $\boldsymbol{H}$ des Leiters in diesem Punkt. Mit $\mathrm{d}l = \mathrm{d}z$, $|\mathrm{d}\boldsymbol{l} \times \boldsymbol{r}| = \mathrm{d}z\, r \sin\varphi = \mathrm{d}z\, a$ und $r = \sqrt{z^2 + a^2}$ gilt für den Betrag

$$H = \frac{I}{4\pi} \int\limits_{-l/2}^{l/2} \frac{\mathrm{d}z \sin\varphi}{r^2} = \frac{Ia}{4\pi} \int\limits_{-l/2}^{l/2} \frac{\mathrm{d}z}{(z^2 + a^2)^{3/2}} = \frac{Il}{4\pi a\sqrt{(l^2/4) + a^2}}. \quad (1)$$

Das Magnetfeld ist rechts vom Leiter in die Zeichenebene hinein gerichtet (Rechte-Hand-Regel). Für $l \to \infty$ erhält man

$$H_\infty = \lim_{l \to \infty} \frac{I}{2\pi a\sqrt{1 + 4a^2/l^2}} = \frac{I}{2\pi a}.$$

**599** (Bild) a) Wir zerlegen den Draht in fünf Leiterstücke und berechnen die magnetische Feldstärke $\boldsymbol{H}$ im Punkt $P$ als Summe der Beiträge eines jeden Abschnitts (Superpositionsprinzip) nach dem Gesetz von BIOT-SAVART $\mathrm{d}\boldsymbol{H} = I\,\mathrm{d}\boldsymbol{l} \times \boldsymbol{r}/(4\pi r^3)$; vgl. Aufgabe 598 (Lösung). Die Abschnitte *1* und *5* liefern dabei keinen Beitrag zum Magnetfeld, da hier $\mathrm{d}\boldsymbol{l} \parallel \boldsymbol{r}$ und somit $\mathrm{d}\boldsymbol{l} \times \boldsymbol{r}$ null ist. Zur Berechnung der Beiträge $\boldsymbol{H}_2$, $\boldsymbol{H}_3$ und $\boldsymbol{H}_4$ verwenden wir ein kartesisches Koordinatensystem mit dem Ursprung im Punkt $P$. Für den Abschnitt 2 gilt dann $\mathrm{d}\boldsymbol{l} = \mathrm{d}y\,\boldsymbol{j}$, $\boldsymbol{r} = a\boldsymbol{i} - y\boldsymbol{j}$, $r = \sqrt{y^2 + a^2}$ mit $a = 1$ cm, womit folgt

$$\mathrm{d}\boldsymbol{H}_2 = \frac{I}{4\pi}\frac{\mathrm{d}\boldsymbol{l} \times \boldsymbol{r}}{r^3} = \frac{I}{4\pi(y^2+a^2)^{3/2}}\begin{vmatrix} \boldsymbol{i} & \boldsymbol{j} & \boldsymbol{k} \\ 0 & \mathrm{d}y & 0 \\ a & -y & 0 \end{vmatrix} = -\frac{I}{4\pi}\frac{a\,\mathrm{d}y}{(y^2+a^2)^{3/2}}\,\boldsymbol{k}.$$

Das gesuchte Magnetfeld hat demnach nur eine $z$-Komponente. Nach Integration in den Grenzen $0 \le y \le a$ und mit Hilfe der Substitution $t = y/\sqrt{y^2+a^2}$, $\mathrm{d}t/a^2 = \mathrm{d}y/[(y^2+a^2)^{3/2}]$ erhält man

$$H_{z2} = -\frac{Ia}{4\pi}\int_0^a \frac{\mathrm{d}y}{(y^2+a^2)^{3/2}} = -\frac{I}{4\sqrt{2}\pi a}.$$

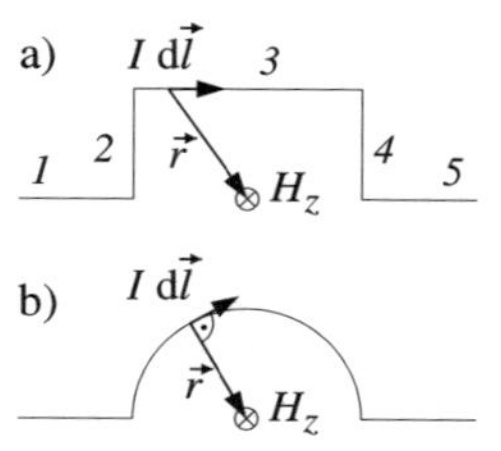


Aus Symmetriegründen folgt, dass $H_{z4} = H_{z2}$ und $H_{z3} = 2H_{z2}$, womit $H = H_z = 4H_{z2} = -I/(\sqrt{2}\pi a) = -225$ A/m folgt. Das Minuszeichen gibt an, dass das Magnetfeld in die Zeichenebene hinein gerichtet ist. b) Analog zu a) liefert allein der Stromfluss durch den halbkreisförmigen Bogen einen Beitrag, wobei hier $\mathrm{d}\boldsymbol{l}$ stets tangential zu $\boldsymbol{r}$ gerichtet ist und somit für den Betrag des Vektorprodukts $\mathrm{d}H_z = -I\,\mathrm{d}l/(4\pi R^2)$ folgt. Mit $\mathrm{d}l = R\,\mathrm{d}\varphi$ erhält man nach Integration in den Grenzen 0 und $\pi$: $H_z = -I/(4R)$. Gleichsetzen mit dem oben erhaltenen Ausdruck führt auf $R = \sqrt{2}\pi a/4 = 1{,}11$ cm.

**600** (Bild) a) Nach dem Gesetz von BIOT-SAVART $\mathrm{d}\boldsymbol{H} = I\,\mathrm{d}\boldsymbol{l} \times \boldsymbol{r}/(4\pi r^3)$, vgl. Aufgabe 598 (Lösung), erhält man das magnetische Feld in einem Aufpunkt $\boldsymbol{r}$ durch Summation über alle Stromelemente entlang des Kreises. Mit $\boldsymbol{R} = x\boldsymbol{i} + y\boldsymbol{j} = R(\cos\varphi\,\boldsymbol{i} + \sin\varphi\,\boldsymbol{j})$, $\mathrm{d}\boldsymbol{R} = R\,\mathrm{d}\varphi \times (-\sin\varphi\,\boldsymbol{i} + \cos\varphi\,\boldsymbol{j}) = \mathrm{d}\boldsymbol{l}$ und $\boldsymbol{r} = -\boldsymbol{R} + z\boldsymbol{k} = -R\cos\varphi\,\boldsymbol{i} - R\sin\varphi\,\boldsymbol{j} + z\boldsymbol{k}$ wird

$$\mathrm{d}\boldsymbol{l} \times \boldsymbol{r} = \begin{vmatrix} \boldsymbol{i} & \boldsymbol{j} & \boldsymbol{k} \\ -R\sin\varphi\,\mathrm{d}\varphi & R\cos\varphi\,\mathrm{d}\varphi & 0 \\ -R\cos\varphi & -R\sin\varphi & z \end{vmatrix} = R(z\cos\varphi\,\boldsymbol{i} + z\sin\varphi\,\boldsymbol{j} + R\boldsymbol{k})\,\mathrm{d}\varphi.$$

Damit folgt mit dem Abstand $r = \sqrt{R^2 + z^2}$ nach BIOT-SAVART (s. o.):

$$\mathrm{d}\boldsymbol{H} = \frac{IR}{4\pi(R^2+z^2)^{3/2}}(z\cos\varphi\,\boldsymbol{i} + z\sin\varphi\,\boldsymbol{j} + R\boldsymbol{k})\,\mathrm{d}\varphi.$$

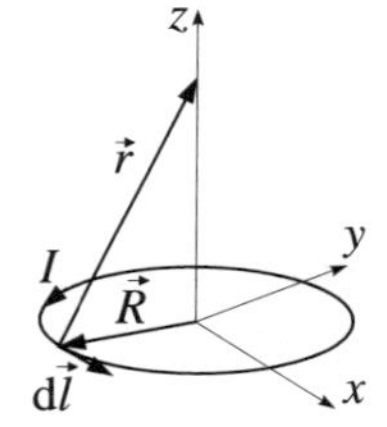


Bei der Integration über $\varphi$ in den Grenzen 0 und $2\pi$ erkennt man, dass die $x$- und $y$-Komponente von $\boldsymbol{H}$ wegen $\int_0^{2\pi}\cos\varphi\,\mathrm{d}\varphi = \int_0^{2\pi}\sin\varphi\,\mathrm{d}\varphi = 0$ verschwindet, womit für das resultierende Feld

$$\boldsymbol{H} = H_z\boldsymbol{k} \qquad \text{mit} \qquad H_z(z) = \frac{IR^2}{2(R^2+z^2)^{3/2}}$$

folgt. b) Für $z = 0$ wird $H_z = I/(2R)$ und somit $I = 2RH_\mathrm{E} = 2RB_\mathrm{E}/\mu_0 \approx 800\,\mathrm{mA}$. c) Da das Magnetfeld für große Entfernungen $z$ mit $1/z^3$ abfällt, ist bereits bei $z = R\sqrt{10^{2/3} - 1} = 1{,}9$ cm das Feld auf ein Zehntel seines Maximalwertes im Kreismittelpunkt abgefallen.

**601** a) Für die Feldstärke eines Stabmagneten in Dipolrichtung gilt für große Abstände ($z \gg l$) $H_z = m/(2\pi\mu_0 z^3)$ (s. Aufgabe 592, Lösung), für die Feldstärke eines Kreisstromes entlang der $z$-Achse $H_z = IR^2/[2(R^2+z^2)^{3/2}]$ bzw. für $z \gg R$: $H_z = IR^2/(2z^3)$ (s. Aufgabe 600, Lösung). Gleichsetzen der beiden Ausdrücke und Umstellen nach $m$ ergibt mit $A = \pi R^2$: $m = \mu_0 I\pi R^2 = \mu_0 IA$. b) Aus $\boldsymbol{M} = \boldsymbol{m} \times \boldsymbol{H}$ folgt als Betrag $M = mH\sin\varphi$ und somit der Maximalwert $M_\mathrm{m} = mH$ für $\varphi = \pi/2$, also mit a): $M_\mathrm{m} = \mu_0 IAH = \pi IR^2B = 1{,}4 \cdot 10^{-4}\,\mathrm{N\,m}$. c) Mit $M = mH\sin\varphi$ wird die Arbeit bei der Drehbewegung

$$W = \int M\,\mathrm{d}\varphi = \int_0^\pi mH\sin\varphi\,\mathrm{d}\varphi = \big[-mH\cos\varphi\big]_0^\pi = 2mH = 2IAB = 2{,}8 \cdot 10^{-4}\,\mathrm{J}.$$

**602** a) $m = \Phi l = 1{,}5 \cdot 10^{-5}\,\mathrm{V\,s\,m}$; b) $M = mH\sin\alpha = mB\sin\alpha/\mu_0 = 1{,}55\,\mathrm{N\,m}$; c) $M = Fl$, $F = 6{,}2\,\mathrm{N}$.

**603** Mit $\tan\alpha = H_S/H_E$ (vektorielle Addition von $H_S$ und $H_E$, vgl. Bild zu Aufgabe 594, Lösung) und $H_S = NI/(2R)$ folgt $H_E = NI/(2R\tan\alpha) = 16$ A/m.

**604** a) Aus $H = I/(2\pi r)$ folgt mit $r = d/2$: $H_1 + H_2 = (I_1 - I_2)/(\pi d) = -31{,}8$ A/m (bezüglich $I_2$ gemäß Rechte-Hand-Regel orientiert). b) Aus $H_1 + H_2 = I_1/(2\pi x) - I_2/[2\pi(d-x)] = 0$ folgt $x = I_1 d/(I_1 + I_2) = 4$ cm.

**605** a) Mit $\omega = 2\pi/T = v/a_H$ wird $I = e/T = ev/(2\pi a_H) \approx 1$ mA; b) $m = \mu_0 I \pi a_H^2 = \mu_0 e v a_H/2 = 1{,}17 \cdot 10^{-29}$ V s m (BOHRsches Magneton); c) $H = I/(2a_H) = ev/(4\pi a_H^2) \approx 10^7$ A/m bzw. $B = \mu_0 H = 12{,}5$ T(!).

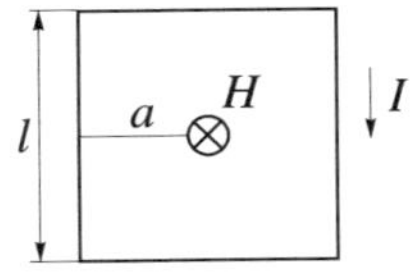


**606** (Bild) a) Mit $a = l/2$ folgt aus Gleichung (1) der Lösung von Aufgabe 598 durch Superposition der Felder aller vier Leiterabschnitte

$$H = 4\frac{Il}{4\pi(l/2)\sqrt{2(l/2)^2}} = \frac{4I}{\sqrt{2}\pi l} = 4{,}5 \text{ A/m}.$$

b) Ist $\boldsymbol{n}$ der Normalenvektor der von der Leiterschleife umschlossenen Fläche, dessen Richtungssinn mit der Stromrichtung über die Rechte-Hand-Regel verbunden ist, gilt $\boldsymbol{m} = m\boldsymbol{n}$ mit $m = \mu_0 I A = \mu_0 I l^2 = 4{,}0 \cdot 10^{-10}$ V s m. c) Mit $\boldsymbol{M} = \boldsymbol{m} \times \boldsymbol{B}/\mu_0$ folgt 1) $M = mB\sin 90°/\mu_0 = 8 \cdot 10^{-5}$ N m; 2) $M = 0$.

**607** a) Aus den magnetischen Feldenergien $W_{mI} = (\mu_0/2)(H_1 + H_2)^2\pi R^2 l$ vor und $W_{mII} = (\mu_0/2) \times H_1^2 \pi R^2 l + (\mu_0/2) H_2^2 \pi R^2 l$ nach dem Auseinanderziehen folgt für die aufzuwendende Arbeit

$$W = W_{mI} - W_{mII} = \mu_0 H_1 H_2 \pi R^2 l = \frac{\mu_0 N_1 N_2 I_1 I_2 \pi R^2}{l} \approx 6 \cdot 10^{-3} \text{ J}.$$

b) $W \approx -6 \cdot 10^{-3}$ J; diese Arbeit kann gewonnen werden.

**608** Die Kraft berechnet sich allgemein zu $\boldsymbol{F} = I\boldsymbol{l} \times \boldsymbol{B}$. Mit $\boldsymbol{B} = B\boldsymbol{i}$ als Flussdichtevektor und $\boldsymbol{l} = l(\cos\alpha\,\boldsymbol{i} + \sin\alpha\,\boldsymbol{j})$ als Leitungsvektor ($\boldsymbol{i}, \boldsymbol{j}, \boldsymbol{k}$ Einheitsvektoren in $x$-, $y$-, $z$-Richtung) folgt für die Kraft je Längeneinheit $\boldsymbol{F}/l = I(\cos\alpha\,\boldsymbol{i} + \sin\alpha\,\boldsymbol{j}) \times B\boldsymbol{i} = -IB\sin\alpha\,\boldsymbol{k}$, somit a) $\boldsymbol{F}/l = -(0{,}5 \text{ N/m})\boldsymbol{k}$; b) $-(0{,}354 \text{ N/m})\boldsymbol{k}$; c) 0.

**609** Mit $\boldsymbol{F}_i = I\boldsymbol{l}_i \times \boldsymbol{B}$, $\boldsymbol{B} = B\boldsymbol{i}$, $\boldsymbol{l}_1 = l_1\boldsymbol{i}$, $\boldsymbol{l}_2 = l_2[\cos(90° - \gamma)\boldsymbol{i} + \cos\gamma\,\boldsymbol{j}] = l_2(\sin\gamma\,\boldsymbol{i} + \cos\gamma\,\boldsymbol{j})$, $\boldsymbol{l}_3 = -l_3\boldsymbol{j}$, $\boldsymbol{l}_4 = l_4\boldsymbol{i}$ folgt $\boldsymbol{F}_1 = 0$, $\boldsymbol{F}_2 = -Il_2B\cos\gamma\,\boldsymbol{k} = -(0{,}318 \text{ N})\boldsymbol{k}$ (senkrecht in die Zeichenebene hinein gerichtet), $\boldsymbol{F}_3 = Il_3B\boldsymbol{k} = (0{,}675 \text{ N})\boldsymbol{k}$ (senkrecht aus der Zeichenebene heraus gerichtet), $\boldsymbol{F}_4 = 0$; $\boldsymbol{F} = \sum \boldsymbol{F}_i = IB(-l_2\cos\gamma + l_3)\boldsymbol{k} = (0{,}357 \text{ N})\boldsymbol{k}$.

**610** Mit der Kraft $\boldsymbol{F} = I\boldsymbol{l} \times \boldsymbol{B}$ berechnet sich die Verschiebungsarbeit zu

$$W = -\boldsymbol{F} \cdot \boldsymbol{s} = -I(\boldsymbol{l} \times \boldsymbol{B}) \cdot \boldsymbol{s}.$$

Sie wird also außer von der Stromstärke $I$ durch das Spatprodukt der Vektoren $\boldsymbol{l}$, $\boldsymbol{B}$ und $\boldsymbol{s}$ bestimmt, welches a) am größten ist, wenn alle drei Vektoren aufeinander senkrecht stehen, b) verschwindet, wenn die Vektoren in einer Ebene liegen. c) Der Verschiebungsvektor $\boldsymbol{s}$ hat gemäß Aufgabenstellung die entgegengesetzte Richtung der Kraft $\boldsymbol{F} = -IlB\sin\alpha\,\boldsymbol{k}$ (s. Lösung zur Aufgabe 608). Es ist also $\boldsymbol{s} = s\boldsymbol{k}$. Damit wird $W = -\boldsymbol{F} \cdot \boldsymbol{s} = IlBs\sin\alpha$ und mit $I = 5$ A, $l = 0{,}01$ m, $B = 0{,}1$ T und $s = 0{,}10$ m: $W = (0{,}5\sin\alpha) \cdot 10^{-3}$ J, also a) für $\alpha = 90°$: $W = 0{,}5$ mJ; b) $\alpha = 45°$: $W = 0{,}354$ mJ; c) $\alpha = 0°$: $W = 0$.

**611** Wir legen die Leiter in die $x, y$-Ebene mit dem Hinstrom bei $y = 0$ in die positive $x$-Richtung und dem Rückstrom bei $y = r$ in die negative $x$-Richtung. Dann erfährt der Rückstrom $I\boldsymbol{l} = -Il\boldsymbol{i}$ im Magnetfeld des Hinstroms $\boldsymbol{B} = \mu_0\boldsymbol{H} = [\mu_0 I/(2\pi r)]\boldsymbol{k}$ (vgl. Aufgabe 598) die Kraft

$$\boldsymbol{F} = I\boldsymbol{l} \times \boldsymbol{B} = \frac{\mu_0 I^2 l}{2\pi r}(-\boldsymbol{i} \times \boldsymbol{k}) = \frac{\mu_0 I^2 l}{2\pi r}\boldsymbol{j}$$

oder $\boldsymbol{F}/l = (4 \cdot 10^{-4} \text{ N/m})\boldsymbol{j}$. Nach dem 3. NEWTONschen Axiom erfährt dabei der Hinstrom je Längeneinheit die Kraft $\boldsymbol{F}/l = -(4 \cdot 10^{-4} \text{ N/m})\boldsymbol{j}$; beide Kräfte sind voneinander weggerichtet, die Leiter stoßen sich ab.

612 (Bild) Zum Drehmoment tragen nur die Kräfte auf die beiden zum geraden Leiter ($I_2$) parallelen Seiten $b$ bei. Für die Position $\alpha = 90°$ gilt $|\boldsymbol{F}_1| = |\boldsymbol{F}_2| \equiv F = \mu_0 I_1 I_2 b/(2\pi r)$ und somit für das Drehmoment in Bezug auf A: $M = 2(a/2)F \sin\beta$, oder mit $\sin\beta = c/r$ und $r^2 = (a/2)^2 + c^2$: $M = (2\mu_0/\pi)I_1 I_2 abc/(a^2 + 4c^2) = 7{,}68 \cdot 10^{-8}$ N m.

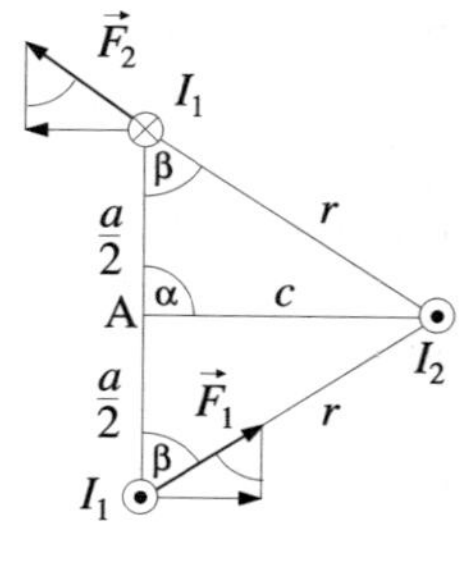

Aufgabe 612

613 Mit $x$ als Leiterabstand ist die auf die Leiterlänge $l$ entfallende Kraft $F = \mu_0 I^2 l/(2\pi x)$. Für die Arbeit folgt somit

$$W = \int_{x_1}^{x_2} F(x)\,\mathrm{d}x = \frac{\mu_0 I^2 l}{2\pi} \int_{x_1}^{x_2} \frac{\mathrm{d}x}{x} = \frac{\mu_0 I^2 l}{2\pi} \left[\ln x\right]_{x_1}^{x_2} = \frac{\mu_0 I^2 l}{2\pi} \ln \frac{x_2}{x_1},$$

mit den gegebenen Werten also $W = 4{,}5$ mJ.

614 (Bild) a) Die Energiezunahme der Elektronen beträgt nach Durchlaufen der Beschleunigungsspannung $E = eU = m_e v^2/2$; sie haben bei ihrem Eintritt in das senkrecht zur Zeichenebene ($z$-Richtung) verlaufende Magnetfeld bei $x = 0$ somit die Geschwindigkeit $v = \sqrt{2eU/m_e} = 9{,}378 \cdot 10^7$ m/s. Hier wirkt auf sie die LORENTZ-Kraft

$$\boldsymbol{F}_L = q(\boldsymbol{v} \times \boldsymbol{B}) = -e(\boldsymbol{v} \times \boldsymbol{B}),$$

die dem Betrage nach konstant und in jedem Punkt der Flugbahn der Elektronen senkrecht zu $\boldsymbol{v}$ und $\boldsymbol{B}$ gerichtet ist. Sie wirkt somit als Zentripetalkraft stets in radialer Richtung einer Kreisbahn, deren Radius sich gemäß $F_L = evB = m_e v^2/r$ zu $r = m_e v/(eB) = 0{,}0889$ m ergibt. Die Flugrichtung nach Verlassen des Magnetfeldes ist durch die Tangente an den Kreisbogen bei $x = l$ gegeben. Aus der Kreisgleichung $(y-r)^2 + x^2 = r^2$ oder $y = r - \sqrt{r^2 - x^2}$ (unterer Halbkreis) folgt $\tan\alpha = \mathrm{d}y/\mathrm{d}x = x/\sqrt{r^2 - x^2}$, also für $x = l$: $\tan\alpha = l/\sqrt{r^2 - l^2} = 0{,}6807$, somit $\alpha = 34{,}24°$. b) Da die LORENTZ-Kraft stets senkrecht zur momentanen Bewegungsrichtung wirkt, verrichtet sie keine Arbeit ($\boldsymbol{F} \perp \boldsymbol{v}$, d. h. $\boldsymbol{F} \cdot \mathrm{d}\boldsymbol{s} = 0$). Folglich erfahren die Elektronen im Magnetfeld keine Energiezunahme; sie treffen daher unter dem Winkel $\alpha = 34{,}24°$ mit der oben berechneten Geschwindigkeit auf dem Leuchtschirm auf.

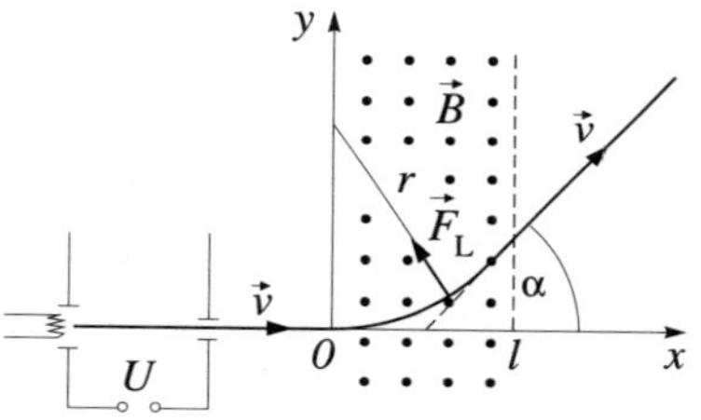


615 a) Den Geschwindigkeitsvektor $\boldsymbol{v}$ eines Elektrons zerlegen wir jeweils in die Komponente $v_\parallel = v\cos\alpha$ in Feldrichtung und $v_\perp = v\sin\alpha$ senkrecht zur Feldrichtung. Die Bewegung senkrecht zur Feldrichtung unterliegt der LORENTZ-Kraft $\boldsymbol{F}_L = -e(\boldsymbol{v} \times \boldsymbol{B})$ und ergibt gemäß dem Kräftegleichgewicht $ev_\perp B = m_e v_\perp^2/r$ (rechts steht die Zentrifugalkraft) eine Kreisbewegung vom Radius $r = m_e v_\perp/(eB)$ mit der Kreisfrequenz $\omega = v_\perp/r = eB/m_e$ (Zyklotronfrequenz). Die Bewegung in Feldrichtung erfolgt dagegen kräftefrei und somit geradlinig gleichförmig, d. h., es gilt für die in Feldrichtung zurückgelegte Entfernung $x = v_\parallel t = vt\cos\alpha$. Kreisbewegung und geradlinig gleichförmige Bewegung senkrecht dazu überlagern sich zu einer Schraubenlinie, deren Ganghöhe sich aus der Zeit $t = T = 2\pi/\omega$ für einen Umlauf in der Kreisbahn zu $x = s = vT\cos\alpha$ ergibt. b) Nach einem vollen Umlauf um die Schraubenachse treffen sich alle Elektronen des divergenten Bündels wieder in einem Punkt, also in der Entfernung der Ganghöhe aller Schraubenlinien $s = vT\cos\alpha = 2\pi m_e v\cos\alpha/(eB) = 10{,}55$ cm.

616 (Bild) a) Die Protonen beschreiben eine geradlinige Bahn, wenn sich elektrostatische Kraft $e\boldsymbol{E}$ und LORENTZ-Kraft $e\boldsymbol{v} \times \boldsymbol{B}$, welche beide senkrecht zur Flugrichtung wirken, gegenseitig aufheben:

$$\boldsymbol{F} = e\boldsymbol{E} + e\boldsymbol{v} \times \boldsymbol{B} = e(\boldsymbol{E} + \boldsymbol{v} \times \boldsymbol{B}) = 0.$$

Mit $\boldsymbol{v} = v_0\boldsymbol{k}$ folgt $E_0\boldsymbol{i} + (v_0\boldsymbol{k}) \times (B_0\boldsymbol{j}) = (E_0 - v_0 B_0)\boldsymbol{i} = 0$, also $v_0 = E_0/B_0 = 10^6$ m/s. b) Weicht die Protonengeschwindigkeit dagegen um einen kleinen Wert $\Delta v_0$ von der Sollgeschwindigkeit $v_0$ ab, ist

$\boldsymbol{F} = e[E_0 - (v_0 + \Delta v_0)B_0]\boldsymbol{i}$, mit obigem Ergebnis also $\boldsymbol{F} = -e\,\Delta v_0 B_0 \boldsymbol{i}$. Diese Kraft bewirkt eine Beschleunigung $a = F/m_\mathrm{p} = (e\,\Delta v_0 B_0)/m_\mathrm{p}$ nach unten – analog zum horizontalen Wurf – mit einer Parabel als Bahnkurve. Mit $l = (v_0 + \Delta v_0)t \approx v_0 t$ ergibt sich als Flugzeit $t \approx l/v_0$ und daraus die Abweichung

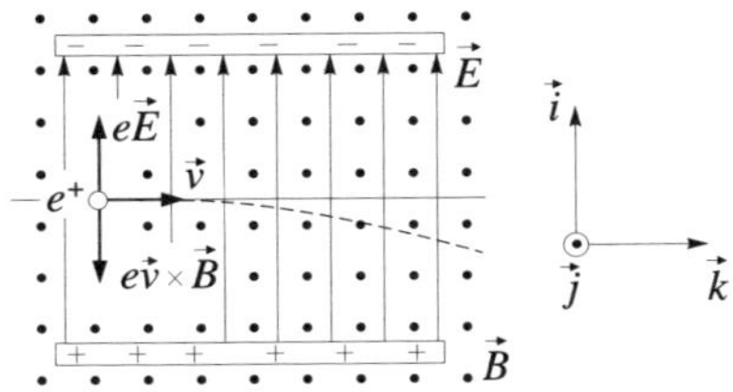


$$\Delta x \approx \frac{1}{2}at^2 = \frac{eB_0 l^2}{2m_\mathrm{p} v_0^2}\Delta v_0.$$

Um einen Spalt von $\Delta x = \pm 2{,}5$ mm ungehindert zu passieren, darf demnach die Protonengeschwindigkeit nur um $\Delta v_0 \approx (2m_\mathrm{p} v_0^2\,\Delta x)/(eB_0 l^2) = \pm 2{,}1 \cdot 10^4$ m/s (entsprechend 2,1%) von der Sollgeschwindigkeit $v_0$ abweichen.

617 Wählen wir als Richtung von $-\boldsymbol{E}$ die $x$-Achse und als Richtung von $\boldsymbol{B}$ die $z$-Achse, so können wir schreiben $\boldsymbol{E} = -E\boldsymbol{i}$, $\boldsymbol{B} = B\boldsymbol{k}$. Auf das Elektron wirkt dann in der $x, y$-Ebene die Kraft $\boldsymbol{F} = -e\boldsymbol{E} - e(\boldsymbol{v} \times \boldsymbol{B})$, so dass bei verschwindender Anfangsgeschwindigkeit in $z$-Richtung die Bewegung ausschließlich in der $x, y$-Ebene erfolgt. Mit $\boldsymbol{v} = v_x\boldsymbol{i} + v_y\boldsymbol{j}$ gilt somit

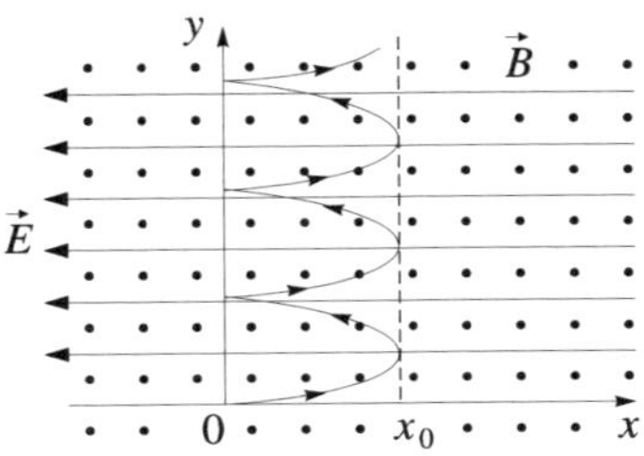


$$\boldsymbol{F} = eE\boldsymbol{i} - e[v_x B(\boldsymbol{i} \times \boldsymbol{k}) + v_y B(\boldsymbol{j} \times \boldsymbol{k})]$$
$$= e(E - v_y B)\boldsymbol{i} + e v_x B \boldsymbol{j}.$$

Aus dem dynamischen Grundgesetz $\boldsymbol{F} = m_\mathrm{e}\dot{\boldsymbol{v}} = m_\mathrm{e}(\dot{v}_x\boldsymbol{i} + \dot{v}_y\boldsymbol{j})$ erhalten wir für die beiden Komponenten der Bewegung:

$$m_\mathrm{e}\dot{v}_x = eE - ev_y B, \qquad (1)$$
$$m_\mathrm{e}\dot{v}_y = ev_x B. \qquad (2)$$

Gleichung (1) auf beiden Seiten nach der Zeit differenziert und für $\dot{v}_y$ Gleichung (2) eingesetzt, ergibt für $v_x$ die Differentialgleichung

$$m_\mathrm{e}\ddot{v}_x = -e\dot{v}_y B = -\frac{e^2B^2}{m_\mathrm{e}}v_x \qquad \text{oder} \qquad \ddot{v}_x + \omega^2 v_x = 0, \qquad (3)$$

wobei zur Abkürzung $eB/m_\mathrm{e} = \omega$ (Zyklotronfrequenz, vgl. Aufgabe 615) gesetzt wurde. Die Lösung von (3) (vgl. z. B. Aufgabe 685), die die Anfangsbedingung $v_x = 0$ für $t = 0$ erfüllt, ist

$$v_x = A\sin\omega t. \qquad (4)$$

Bildet man $\dot{v}_x = A\omega\cos\omega t$ und setzt dies in (1) ein, so folgt

$$v_y = \frac{E}{B} - \frac{m_\mathrm{e}}{eB}\dot{v}_x = \frac{E}{B} - A\cos\omega t \qquad (5)$$

und daraus wegen $v_y = 0$ für $t = 0$: $A = E/B$. (4) und (5) über die Zeit integriert, ergibt schließlich

$$x = \int_0^t v_x\,\mathrm{d}t = \frac{E}{\omega B}(1 - \cos\omega t), \qquad y = \int_0^t v_y\,\mathrm{d}t = \frac{E}{\omega B}(\omega t - \sin\omega t).$$

Dies ist die Parameterdarstellung einer gewöhnlichen Zykloide (Bild). Nach der Zeit $t = t_0 = \pi/\omega$ ist $v_x$ erstmalig wieder null, woraus für die maximale Verschiebung in $x$-Richtung $x = x_0 = [E/(\omega B)](1 - \cos\omega t_0) = 2E/(\omega B) = 2m_\mathrm{e}E/(eB^2) = 2{,}27$ cm folgt.

618 2,4 N.

619 1 A (Definition der SI-Einheit für die elektrische Stromstärke).

620 Aus $F_\mathrm{L} = IlB$ ($l$ Länge des Drahtes im Magnetfeld) und $G = mg = \varrho A l g$ folgt mit $j = I/A$: $\tan\varphi = F_\mathrm{L}/G = IB/(\varrho A g) = jB/(\varrho g) = 0{,}302$ und damit $\varphi = 16{,}8°$.

621 a) $M = 2IaB(a/2) = Ia^2B = 4 \cdot 10^{-5}$ N m. b) Aus $M = Ia^2B\cos\varphi = D\varphi$ folgt die transzendente Gleichung $\varphi = (Ia^2B/D)\cos\varphi = (0{,}5\text{ rad})\cos\varphi$, deren Lösung durch Iteration $\varphi = 0{,}450$ rad $= 25{,}8°$ ergibt.

**622** a) Für beliebiges $\alpha$ gilt (vgl. Bild zur Lösung der Aufgabe 612): $|\boldsymbol{F}_1| = \mu_0 I_1 I_2 b/(2\pi r_1)$, $|\boldsymbol{F}_2| = \mu_0 I_1 I_2 b/(2\pi r_2)$ mit $r_1^2 = a^2/4 + c^2 + ac\cos\alpha$; $r_2^2 = a^2/4 + c^2 - ac\cos\alpha$ (Kosinussatz für schiefwinkliges Dreieck). Das Drehmoment wird $M = (a/2)|\boldsymbol{F}_1|\sin\beta_1 + (a/2)|\boldsymbol{F}_2|\sin\beta_2$, und mit $\sin\beta_1 = (c/r_1)\sin\alpha$, $\sin\beta_2 = (c/r_2)\sin\alpha$ (Sinussatz) erhält man den Ausdruck

$$M = \frac{2\mu_0}{\pi}\,\frac{I_1 I_2 abc(a^2 + 4c^2)\sin\alpha}{(a^2 + 4c^2)^2 - (4ac)^2\cos^2\alpha}.$$

b) Die Extremalforderung $\mathrm{d}M/\mathrm{d}\alpha = 0$ führt auf die Bedingung $\cos\alpha[(a^2 - 4c^2)^2 - (4ac)^2\sin^2\alpha] = 0$, die durch Nullsetzen des zweiten Faktors $\sin\alpha = \pm(a^2 - 4c^2)/(4ac) = \pm 0{,}75$ und damit die Winkel $\alpha = 48{,}59°$; $131{,}41°$; $228{,}59°$; $311{,}41°$ ergibt, bei denen $M = 8{,}0 \cdot 10^{-8}$ N m betragsmäßig maximal wird. Für $\alpha = 90°$ bzw. $\alpha = 270°$ nimmt das Drehmoment ein relatives Minimum an.

**623** Aus $E = m_\alpha v^2/2$ mit der Endgeschwindigkeit $v = \omega R$ und der Zyklotronfrequenz $\omega = qB/m_\alpha$ folgt $B = \sqrt{2m_\alpha E}/(2eR) = 0{,}789$ T.

**624** a) Aus der Energiebilanz $eU = m_1 v^2/2$ folgt $v = \sqrt{2eU/m_1} = 8{,}755 \cdot 10^4$ m/s und somit aus dem Kräftegleichgewicht in der Kreisbahn $evB = m_1 v^2/r_1$ für den Bahnradius des $^{63}$Cu-Ions: $r_1 = \sqrt{2(m_1/e)U}/B = 317{,}3$ mm. b) Das etwas schwerere $^{65}$Cu-Ion beschreibt dagegen eine Kreisbahn mit dem Radius $r_2 = r_1\sqrt{m_2/m_1} = 322{,}2$ mm. Bei einem halbkreisförmigen Umlauf liegen also die Detektionspunkte der beiden Ionenarten um die Strecke $\Delta x = 2(r_2 - r_1) \approx 10$ mm voneinander entfernt.

**625** (Bild) Mit $\boldsymbol{v} = \Delta v_x \boldsymbol{i} + (v_0 + \Delta v_z)\boldsymbol{k}$, $\boldsymbol{E} = E_0\boldsymbol{i}$ und $\boldsymbol{B} = B_0\boldsymbol{j}$ wird $\boldsymbol{F} = -e\boldsymbol{E} - e\boldsymbol{v} \times \boldsymbol{B} = -e[E_0 - (v_0 + \Delta v_z)B_0]\boldsymbol{i} - e\,\Delta v_x B_0\boldsymbol{k}$, oder wegen $E_0 - v_0 B_0 = 0$, $\boldsymbol{F} = e\,\Delta v_z B_0\boldsymbol{i} - e\,\Delta v_x B_0\boldsymbol{k}$. Aus $\boldsymbol{F} = m_e\dot{\boldsymbol{v}}$ folgen die gekoppelten Gleichungen $m_e\,\Delta\dot{v}_x = eB_0\,\Delta v_z$, $m_e\,\Delta\dot{v}_z = -eB_0\,\Delta v_x$, deren Lösung analog zu Aufgabe 617 erfolgen kann. Man erhält

$$\Delta v_x = \Delta v_0 \sin\omega t, \qquad \Delta v_z = \Delta v_0\cos\omega t$$

und somit

$$x = \frac{\Delta v_0}{\omega}(1 - \cos\omega t), \qquad z = v_0 t + \frac{\Delta v_0}{\omega}\sin\omega t$$

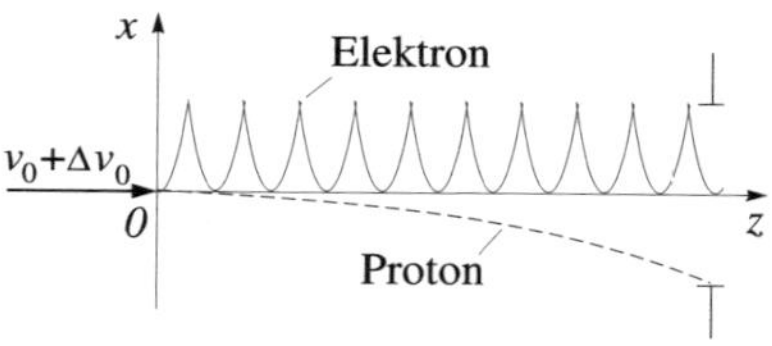


mit $\omega = (e/m_e)B_0 = (1{,}758\,82 \cdot 10^{11}$ C/kg$) \cdot 0{,}01$ T $= 1{,}758\,82 \cdot 10^9$ rad/s. Die Elektronen vollführen schnelle zyklische Bewegungen (Bild) der Periodendauer $T = 2\pi/\omega \approx 3{,}57 \cdot 10^{-9}$ s und der Amplitude $\Delta x = 2\,\Delta v_0/\omega$; dabei werden in der Flugzeit $t \approx l/v_0$ die Anzahl $t/T = l\omega/(2\pi v_0) = l\omega B_0/(2\pi E_0) \approx 140$ Zyklen durchlaufen. Mit $\Delta x = \pm 2{,}5 \cdot 10^{-3}$ m folgt $\Delta v_0 = \omega\,\Delta x/2 \approx \pm 2{,}2 \cdot 10^6$ m/s; es werden praktisch alle Elektronen mit $v_0 < 10^6$ m/s $+ 2{,}2 \cdot 10^6$ m/s $= 3{,}2 \cdot 10^6$ m/s durchgelassen. Ein Proton hingegen benötigt wegen $\omega = (e/m_p)B_0 = 9{,}5788 \cdot 10^5$ rad/s für die Strecke $l$ nur den Bruchteil $t/T = l\omega/(2\pi v_0) \approx 0{,}08$ einer Periode, so dass hier die Annäherung der Zykloide durch eine Parabel (wie in Lösung zu Aufgabe 616) gerechtfertigt ist.

**626** a) Die magnetische Feldstärke in der Spule ist $H = NI/l = 500$ A/m. Für die in Feldrichtung liegenden länglichen Feilspäne herrscht in deren Innern wegen der Stetigkeit der Tangentialkomponente von $H$ die gleiche Feldstärke wie außerhalb. Für die Magnetisierung $M$ bzw. magnetische Polarisation $J$ der Feilspäne erhält man mit der magnetischen Suszeptibilität $\chi_m = \mu_r - 1$:

$$M = \chi_m H = (\mu_r - 1)H \approx 2{,}5 \cdot 10^6 \text{ A/m} \qquad \text{bzw.} \qquad J = \mu_0 M = 3{,}141 \text{ T}.$$

Damit folgt als magnetische Flussdichte

$$B = \mu_r\mu_0 H = \mu_0 H + J = (0{,}0006 + 3{,}141)\text{ T} \approx 3{,}142\text{ T}.$$

b) Die magnetische Polarisation $J$ ist gleichbedeutend mit der magnetischen Dipoldichte, folglich ist das in einem Span von $V = 0{,}1$ mm$^3$ erzeugte magnetische Dipolmoment $m = JV = 3{,}141$ V s/m$^2$ $\cdot\, 0{,}1 \cdot 10^{-9}$ m$^3$ $= 3{,}141 \cdot 10^{-10}$ V s m.

627 (Bild) a) Aus der Magnetisierungskurve von Stahlguss entnimmt man für $H = 0{,}5$ kA/m die Flussdichte $B = 1{,}18$ T; damit ergibt sich als Permeabilitätszahl von Stahlguss $\mu_r = B/(\mu_0 H) \approx 1880$, als magnetische Polarisation $J = B - \mu_0 H \approx 1{,}18$ T und als Magnetisierung $M = J/\mu_0 = B/\mu_0 - H \approx 939$ kA/m. Analog erhält man für Gusseisen mit $B = 0{,}1$ T: $\mu_r \approx 159$; $J \approx 0{,}1$ T; $M \approx 79$ kA/m. b) Die Permeabilitätszahl von Stahlguss wird bei $H \approx 0{,}22$ kA/m am größten und beträgt dort $\mu_{r,\max} \approx 2860$.

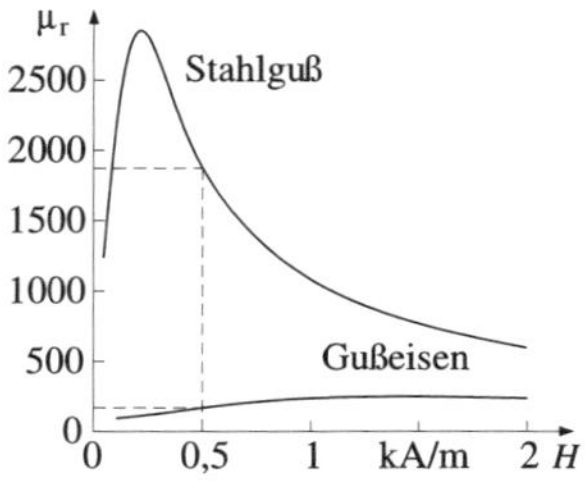


628 a) Die magnetische Polarisation $J_R$ ist gleichbedeutend mit der bei $H = 0$ vorhandenen magnetischen Dipoldichte; folglich ist das im Volumen $V = Al$ erzeugte Dipolmoment $m = J_R A l = 5 \cdot 10^{-6}$ V s m. b) Die während eines Ummagnetisierungszyklus aufzuwendende Arbeit je Volumeneinheit ist gleich der von der Hysteresisschleife eingeschlossenen Fläche, für das angenommene Parallelogramm also $w = 2H_K \cdot 2J_S = 4H_K J_S = 2880$ J/m³. In der Zeit $t$ werden $n = t/T = tf$ Ummagnetisierungszyklen durchlaufen; somit folgt für die Verlustleistung $P = nwV/t = fwV = 1{,}44$ W.

629 a) Es ist $H = NI/l = 1{,}2$ kA/m und $B_0 = \mu_0 H = 1{,}5 \cdot 10^{-3}$ T. b) Nach dem Durchflutungsgesetz gilt auch hier $H = NI/l = 1{,}2$ kA/m. Damit folgt aus der Magnetisierungskurve für Stahlguss (Bild in Aufgabe 627, vorn) $B = 1{,}4$ T. c) $I = Bl/(\mu_0 N) = 557$ A.

630 Nach dem Durchflutungsgesetz gilt für einen geschlossenen Weg $s$ im Zentrum des Eisenkerns

$$\oint H_S \, ds = H_E l_E + H_L d = NI \tag{1}$$

mit der mittleren Länge der Feldlinien $l_E = 2 \cdot 60$ mm $+ 100$ mm $+ (100 - 0{,}5)$ mm $= 319{,}5$ mm im Eisenkern (mittlerer Eisenweg) und $d = 0{,}5$ mm im Luftspalt. Da die Normalkomponente der magnetischen Flussdichte $B$ stetig durch die Grenzfläche zum Luftspalt tritt und bei kleiner Spaltbreite $d$ die Streuung des Magnetfeldes vernachlässigbar gering ist, gilt weiterhin

$$B = \mu_{rE}\mu_0 H_E = \mu_{rL}\mu_0 H_L \qquad \text{oder} \qquad H_E = \frac{B}{\mu_{rE}\mu_0}, \quad H_L = \frac{B}{\mu_{rL}\mu_0}. \tag{2}$$

Gleichungen (2) in (1) eingesetzt und nach $B$ umgestellt, ergibt

$$B = \frac{\mu_0 NI}{(l_E/\mu_{rE}) + (d/\mu_{rL})}, \quad H_E = \frac{NI}{l_E + (\mu_{rE}/\mu_{rL})d}, \quad H_L = \frac{NI}{d + (\mu_{rL}/\mu_{rE})l_E} = \frac{\mu_{rE}}{\mu_{rL}} H_E.$$

Mit den angegebenen Werten erhält man $B = 1{,}17$ T, $H_E = 0{,}5$ kA/m und $H_L = 930$ kA/m $= 1860\, H_E$(!). Im Luftspalt treten also enorm hohe Feldstärken auf, während die Flussdichte $B$ im gesamten Kreis gleich ist.

631 (Bild) Mit der magnetischen Feldstärke im Luftspalt $H_L = B/(\mu_{rL}\mu_0)$ folgt aus Gleichung (1) der Lösung von Aufgabe 630

$$H_E l_E + B \frac{d}{\mu_{rL}\mu_0} = NI. \tag{1}$$

Diese Beziehung muss gleichzeitig mit dem durch die Magnetisierungskurve $B = B(H_E)$ gegebenen Zusammenhang zwischen $B$ und $H_E$ erfüllt werden. Gleichung (1) ist im $B, H_E$-Diagramm die Gleichung der Geraden

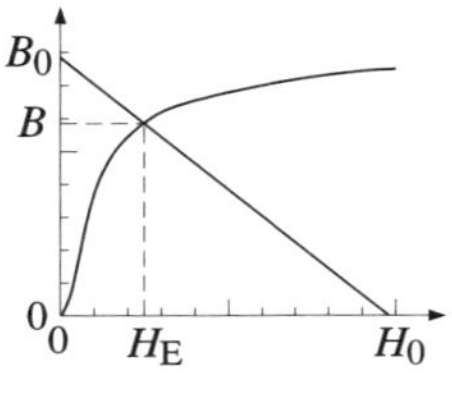


$$B = -\frac{\mu_{rL}\mu_0 l_E}{d} H_E + \frac{\mu_{rL}\mu_0 NI}{d}$$

(„Luftspaltgerade") mit dem Abszissenschnittpunkt $H_0 = NI/l_E = 1{,}956$ kA/m und dem Ordinatenschnittpunkt $B_0 = \mu_{rL}\mu_0 NI/d = 1{,}57$ T (Bild). Der Schnittpunkt dieser Geraden mit der Magnetisierungskurve für Stahlguss (Bild in Aufgabe 627) liefert $H_E = 0{,}5$ kA/m und $B = 1{,}17$ T. Daraus folgt $H_L = B/(\mu_{rL}\mu_0) \approx 930$ kA/m und wegen $B = \mu_{rE}\mu_0 H_E = \mu_{rL}\mu_0 H_L$ die bislang unbekannte Permeabilitätszahl des Spulenkerns $\mu_{rE} = \mu_{rL} H_L/H_E \approx 1860$.

**632** Nach dem Durchflutungsgesetz gilt $H_{E1}l_{E1} + H_{E2}l_{E2} = NI$ mit dem mittleren Eisenweg $l_{E1} = \pi R = 0{,}628$ m im Magnetjoch und $l_{E2} = 2R = 0{,}4$ m im Anker. Da der magnetische Fluss $\Phi$ – und bei unveränderlichem Querschnitt – auch die magnetische Flussdichte $B = \mu_{r1}\mu_0 H_{E1} = \mu_{r2}\mu_0 H_{E2}$ im gesamten Magnetkreis konstant ist, folgt $H_{E1} = B/(\mu_{r1}\mu_0)$, $H_{E2} = B/(\mu_{r2}\mu_0)$. Dies in obige Beziehung eingesetzt und nach $B$ umgestellt, ergibt

$$B = \frac{\mu_0 NI}{(l_{E1}/\mu_{r1}) + (l_{E2}/\mu_{r2})} = 1{,}496\ \mathrm{T}.$$

Mit dem Anpressdruck $p = B^2/(2\mu_0)$ folgt für die Tragkraft $F = p(2A) = B^2 A/\mu_0 = 1424$ N.

**633** Die magnetische Umlaufspannung (Amperewindungszahl) beträgt

$$U_m = NI = 1500\ \text{Amperewindungen}.$$

Der magnetische Kreis entspricht einer Reihenschaltung der magnetischen Widerstände

$$R_{m1} = \frac{l_1}{\mu_{r1}\mu_0 A_1} = 597\ \mathrm{kA/Wb}, \qquad R_{m2} = \frac{2l_2}{\mu_{r2}\mu_0 A_2} = 746\ \mathrm{kA/Wb},$$

$$R_{m3} = \frac{d}{\mu_0 A_2} = 1989\ \mathrm{kA/Wb},$$

so dass der magnetische Widerstand des Kreises $R_m = R_{m1} + R_{m2} + R_{m3} = 3332$ kA/Wb beträgt. Nach dem OHMschen Gesetz der Magnetostatik erhält man für den magnetischen Fluss $\Phi = U_m/R_m = 4{,}5 \cdot 10^{-4}$ Wb. Aus der Gleichheit des magnetischen Flusses im gesamten magnetischen Kreis, d. h.

$$\Phi = B_{E1}A_1 = B_{E2}A_2 = B_L A_2,$$

und den Beziehungen

$$B_{E1} = \mu_{r1}\mu_0 H_{E1}, \qquad B_{E2} = \mu_{r2}\mu_0 H_{E2}, \qquad B_L = \mu_0 H_L$$

folgt

$$B_{E1} = \frac{\Phi}{A_1} = 0{,}375\ \mathrm{T}; \qquad H_{E1} = \frac{B_{E1}}{\mu_{r1}\mu_0} = \frac{U_m}{l_1}\frac{R_{m1}}{R_m} = 0{,}746\ \mathrm{kA/m};$$

$$B_{E2} = \frac{\Phi}{A_2} = 0{,}563\ \mathrm{T}; \qquad H_{E2} = \frac{B_{E2}}{\mu_{r2}\mu_0} = \frac{U_m}{2l_2}\frac{R_{m2}}{R_m} = 0{,}560\ \mathrm{kA/m};$$

$$B_L = B_{E2} = 0{,}563\ \mathrm{T}; \qquad H_L = \frac{B_L}{\mu_0} = \frac{U_m}{d}\frac{R_{m3}}{R_m} \approx 448\ \mathrm{kA/m}\ (!).$$

**634** Die im Bild gestrichelt gezeichnete Symmetrieebene teilt den Magnetkreis in zwei gleiche Teilkreise mit den Volumina $V = 351\ \mathrm{cm^3}$ und den Querschnittsflächen $A = 11{,}7\ \mathrm{cm^2}$. Daraus ergibt sich eine mittlere Feldlinienlänge je Teilkreis von $l = V/A = 30$ cm. a) Der magnetische Widerstand eines jeden Teilkreises beträgt $R_{mA} = l/(\mu_r\mu_0 A) = 68$ kA/Wb und der des Gesamtkreises somit $R_m = R_{mA}/2 = 34$ kA/Wb. b) Befindet sich in einem Teilkreis ein Luftspalt, so sind die magnetischen Widerstände von Eisenkörper $(l - d)/(\mu_r\mu_0 A)$ und Luftspalt $d/(\mu_0 A)$ in Reihe zu schalten, womit sich als Widerstand des Teilkreises $R_{mB} = [(l - d)/\mu_r + d]/(\mu_0 A) = 408$ kA/Wb ergibt. Befindet sich der Luftspalt im Innenjoch, so haben beide Teilkreise einen Luftspalt, und es folgt somit für den Gesamtkreis (Parallelschaltung) $R_m = R_{mB}/2 = 204$ kA/Wb. Befindet sich der Luftspalt in einem der beiden Außenjochs, so hat nur ein Teilkreis einen Luftspalt, und es sind die magnetischen Widerstände $R_{mA}$ und $R_{mB}$ parallel zu schalten: $R_m = R_{mA}R_{mB}/(R_{mA} + R_{mB}) = 58{,}3$ kA/Wb. c) Mit $U_m = R_m\Phi$ und $\Phi = B \cdot 2A$ folgt $B = U_m/(2AR_m)$; also im Fall a) $B = 2{,}0$ T (kein Luftspalt); im Fall b) $B = 0{,}33$ T (Luftspalt im Innenjoch); $B = 1{,}17$ T (Luftspalt in einem Außenjoch).

**635** $m_0 = J_R V = J_R A l = \Phi l$; $m = m_0/2 = 1{,}35 \cdot 10^{-5}$ V s m in beiden Fällen. a) $\Phi = m/(l/2) = 1{,}08 \cdot 10^{-4}$ Wb, b) $\Phi = m/l = 0{,}54 \cdot 10^{-4}$ Wb.

**636** $B = \Phi/A = 0{,}9375$ T; $H = \Phi/(\mu_r\mu_0 A) = 250$ A/m.

**637** Es ist $B = \mu_0 H + J$ und $\Delta B = \mu_0 \, \Delta H + \Delta J$. Im Sättigungsbereich ist $J = J_S = \text{const}$ (Sättigungspolarisation), d. h. $\Delta J = 0$ und somit $\Delta B = B - B_S = \mu_0 \, \Delta H = \mu_0 (H - H_S) = 0{,}15\,\text{T}$; $B = B_S + \Delta B = 2{,}0\,\text{T}$.

**638** a) Mit $H = B/(\mu_r \mu_0) = \Phi/(\mu_r \mu_0 A) \approx 1250$ A/m folgt $Hl = NI \approx 250$ A. b) $I = Hl/N \approx 0{,}25$ A. c) $W = w_m V = (1/2) BHAl = (1/2)\Phi NI = 137{,}6$ mJ; $L = N\Phi/I \approx 4{,}4$ H (oder aus $W = (1/2)LI^2$ zu $L = 2W/I^2$).

**639** a) $B = \Phi/A = 3{,}93$ T bleibt gleich. Mit $H_E = B/(\mu_r \mu_0) = 1250$ A/m, $l_E = l - d = 0{,}199$ m und $H_L = B/\mu_0 = 3{,}126 \cdot 10^6$ A/m, $l_L = d = 0{,}001$ m wird die Durchflutung $\sum Hl = H_E l_E + H_L l_L = NI = 3375$ A. b) $I = 3{,}375$ A. c) $W = 1{,}856$ J; $L = 0{,}326$ H.

**640** Es gilt $H_{E1}(l_{E1} - d) + H_{E2} l_{E2} + H_L d = NI$, woraus mit $B = \mu_{r1} \mu_0 H_{E1} = \mu_{r2} \mu_0 H_{E2} = \mu_{rL} \mu_0 H_L$ und $\mu_{rL} = 1$ folgt $B = 0{,}501$ T und somit $F \approx 160$ N (etwa 1/9 der ursprünglichen Tragkraft).

**641** a) Aus $B = \mu_0 H_0 = \mu_r \mu_0 H$ folgt $H_0 = 5{,}57 \cdot 10^5$ A/m und $H = H_0/\mu_r = 301{,}1$ A/m. b) Aus $H/H_0 = 1/\mu_r$ für die Platte und $H/H_0 = 1/(1 + \beta \chi_m)$ allgemein folgt $\mu_r = 1 + \beta \chi_m = 1 + \beta(\mu_r - 1)$ oder $\mu_r - 1 = \beta(\mu_r - 1)$, d. h. $\beta = 1$. Für eine Kugel ist z. B. mit $\beta = 1/3$ die Entmagnetisierung wesentlich geringer, für einen in Feldrichtung liegenden, sehr langgestreckten Körper (wie in Aufgabe 626 vorausgesetzt) ist $\beta \approx 0$.

**642** Das Durchflutungsgesetz gilt in der angegebenen Form nur, wenn die $H$-Linien vollständig im Eisen verlaufen und geschlossen sind (also keine Quellen und Senken haben), wie das bei einer Ringspule (Toroid) mit einem ringförmigen geschlossenen Eisenkern (vgl. Aufgabe 638) der Fall ist. In unserem Fall verlaufen die magnetischen Feldlinien zum Teil im Eisen, zum Teil in Luft (außerhalb der Spule), und die magnetische Spannung $Hl$ außerhalb ist nicht gegenüber derjenigen $H_E l_E$ innerhalb der Spule zu vernachlässigen.

**643** (Bild) a) Der Vektor $\boldsymbol{l}$, der von einem Drahtende zum anderen zeigt, bewegt sich in der Zeit $\Delta t$ um die Strecke $\Delta \boldsymbol{s} = \boldsymbol{v}\,\Delta t$ und überstreicht dabei die Fläche $\Delta \boldsymbol{A} = \boldsymbol{l} \times \Delta \boldsymbol{s} = \boldsymbol{l} \times \boldsymbol{v}\,\Delta t$ ($\Delta \boldsymbol{A}$ ist der Flächenvektor mit der Richtung der Flächennormale und dem Betrag der Flächengröße). Der „geschnittene" magnetische Fluss berechnet sich zu $\Delta \Phi = B \Delta A \cos\alpha$, wobei $\Delta A \cos\alpha$ mit $\alpha$ als Winkel zwischen Flächennormale und Feldrichtung die von den Feldlinien *senkrecht* durchsetzte Fläche ist. $\Delta \Phi$ ist also das Skalarprodukt aus dem Vektor der magnetischen Flussdichte $\boldsymbol{B}$ und dem Flächenvektor $\Delta \boldsymbol{A}$:

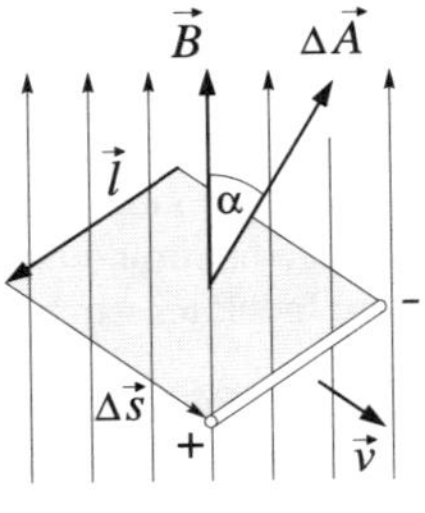


$$\Delta \Phi = \boldsymbol{B} \cdot \Delta \boldsymbol{A} = \boldsymbol{B} \cdot (\boldsymbol{l} \times \Delta \boldsymbol{s}) = \boldsymbol{B} \cdot (\boldsymbol{l} \times \boldsymbol{v})\,\Delta t.$$

Nach dem FARADAYschen Induktionsgesetz ist die induzierte Spannung gleich der zeitlichen Änderung des magnetischen Flusses:

$$u_{ind} = -\frac{\Delta \Phi}{\Delta t} = -\boldsymbol{B} \cdot (\boldsymbol{l} \times \boldsymbol{v}) = -(\boldsymbol{B} \times \boldsymbol{l}) \cdot \boldsymbol{v} = -(\boldsymbol{v} \times \boldsymbol{B}) \cdot \boldsymbol{l}. \quad (1)$$

Dabei ist $\boldsymbol{v} \times \boldsymbol{B} = \boldsymbol{E}$ die elektrische Feldstärke, die mit der Kraft $-e\boldsymbol{E} = -e(\boldsymbol{v} \times \boldsymbol{B})$ (LORENTZ-Kraft, vgl. Aufgabe 614) an den Elektronen im Draht angreift und eine Driftbewegung der Elektronen entgegen der Richtung von $\boldsymbol{E}$ verursacht.

b) Mathematisch gesehen ist der Ausdruck (1) das Spatprodukt der drei (zyklisch vertauschbaren) Vektoren $\boldsymbol{B}$, $\boldsymbol{l}$ und $\boldsymbol{v}$, welches anschaulich das „Volumen" des von den Vektoren aufgespannten Raumes darstellt. Daraus folgt, dass $u_{ind}$ maximal wird, wenn die Vektoren paarweise aufeinander senkrecht stehen. In diesem Fall gilt einfach $u_{ind} = -Blv$. Die induzierte Spannung verschwindet, sobald zwei der Vektoren die gleiche Richtung haben. Dies ist z. B. der Fall, wenn der Draht parallel zum Magnetfeld gerichtet ist ($\boldsymbol{l} \parallel \boldsymbol{B}$) oder in Richtung des Magnetfeldes bewegt wird ($\boldsymbol{v} \parallel \boldsymbol{B}$).

**644** a) Das Induktionsgesetz lautet hier wegen $B = \text{const}$:

$$u_{\text{ind}} = -\frac{\Delta\Phi}{\Delta t} = -\frac{\Delta(BA)}{\Delta t} = -B\frac{\Delta A}{\Delta t}.$$

Bei Drehung der Schleife um 90° um eine Achse senkrecht zum Feld ist die Flächenänderung $\Delta A$ im Feld gleich der Schleifenfläche selbst, also $\pi R^2$, womit folgt $|u_{\text{ind}}| = \pi R^2 B/\Delta t = 2{,}5\,\text{mV}$. b) Für das elektrische Feld $\boldsymbol{E}$ in der Schleife gilt wegen des LENZschen Gesetzes die *Linke*-Hand-Regel (Minuszeichen im Induktionsgesetz): Zeigt der Daumen der linken Hand in die Richtung der *Änderung* des $\boldsymbol{B}$-Feldes durch die Schleife (in unserem Fall also in $-\boldsymbol{B}$-Richtung, da der Fluss durch die Schleife bei der Drehung abnimmt), so geben die gekrümmten Finger die Richtung von $\boldsymbol{E}$ bzw. der Kraft $q\boldsymbol{E}$ auf Ladungen $q$ an. Da die Richtung des Stromes durch die Bewegungsrichtung positiver Ladungsträger definiert ist, ist die Richtung von $\boldsymbol{E}$ zugleich die Richtung des Induktionsstromes, in unserem Fall also entgegen dem Uhrzeigersinn. c) $u_{\text{ind}} = 0$, da sich dabei der magnetische Fluss durch die Schleife nicht ändert.

**645** (Bild) a) Der magnetische Fluss $\mathrm{d}\Phi$ durch einen infinitesimal schmalen Streifen $\mathrm{d}A = b\,\mathrm{d}r$ der Schleife ($r$ Abstand vom Draht) ist mit der magnetischen Feldstärke $H = I/(2\pi r)$ in der Umgebung des Drahtes:

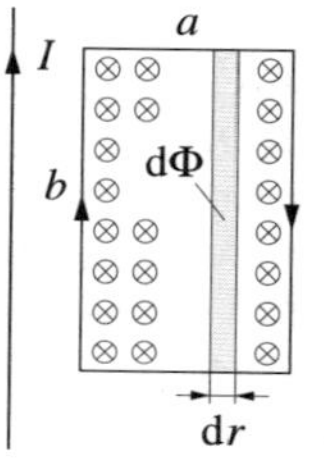


$$\mathrm{d}\Phi = B\,\mathrm{d}A = \mu_0 H\,\mathrm{d}A = \frac{\mu_0 I b}{2\pi}\frac{\mathrm{d}r}{r}.$$

Nach Integration über die Schleifenfläche erhält man den gesamten Fluss

$$\Phi = \frac{\mu_0 I b}{2\pi}\int_{r_1}^{r_2}\frac{\mathrm{d}r}{r} = \frac{\mu_0 I b}{2\pi}\ln\frac{r_2}{r_1}$$

mit $r_1 = r_0 + s$ und $r_2 = (r_0 + a) + s$, wobei $s = vt$ die zum Zeitpunkt $t$ zurückgelegte Entfernung der dem Draht näheren bzw. entfernteren Rechteckseite $b$ vom ursprünglichen Drahtabstand ist. Damit folgt als Induktionsspannung in der Schleife

$$u_{\text{ind}} = -\frac{\mathrm{d}\Phi}{\mathrm{d}t} = -\frac{\mu_0 I b}{2\pi}\frac{\mathrm{d}}{\mathrm{d}t}\left(\ln\frac{vt + r_0 + a}{vt + r_0}\right) = \frac{\mu_0 I a b v}{2\pi(vt + r_0)(vt + r_0 + a)}.$$

Für $t_1 = 0{,}01$ s erhält man $u_{\text{ind}} = 18{,}0\,\mu\text{V}$, und nach $t_2 = 0{,}1$ s ist $u_{\text{ind}} = 0{,}72\,\mu\text{V}$. b) Nach der Rechte-Hand-Regel ist das vom Strom $I$ erzeugte Magnetfeld rechts vom Draht in die Zeichenebene hinein gerichtet. Da mit zunehmender Entfernung der Schleife vom Draht das Magnetfeld abnimmt, wirkt der induzierte Stromfluss dieser Abnahme entgegen, d. h., er stärkt das Feld. Demzufolge wird die Schleife vom Induktionsstrom im Uhrzeigersinn durchflossen.

**646** a) Im Kupferstab wird die Spannung $|u_{\text{ind}}| = Blv$ induziert (vgl. Aufgabe 643), die in ihm einen Stromfluss $I = u_{\text{ind}}/R = Blv/R$ ($R$ Widerstand des Stabes) hervorruft. Die bewegten Ladungsträger im Stab erfahren dadurch eine Kraft $F_{\text{ind}} = IlB = B^2l^2v/R$, die nach der LENZschen Regel der Fallbewegung entgegen, also aufwärts, gerichtet ist. Diese Bremskraft muss dem Trägheitsgesetz zufolge betragsmäßig gleich der Gewichtskraft $G$ sein, wenn der Stab im Magnetfeld mit konstanter Geschwindigkeit sinken soll:

$$F_{\text{ind}} = G \qquad \text{oder} \qquad \frac{B^2l^2v}{R} = mg. \tag{1}$$

Wegen $m = \varrho_{\text{m}} A l$ und $R = \varrho l/A$ folgt aus (1) für die gesuchte Geschwindigkeit $v = \varrho_{\text{m}}\varrho g/B^2 = 1{,}28\,\text{m/s}$ und daraus mit $v^2 = 2gh$ die Fallhöhe $h = 83\,\text{mm}$. b) Mit $v = 1{,}28\,\text{m/s}$ wird $|u_{\text{ind}}| = Blv = 1{,}8\,\text{mV}$, und mit $R = 4\varrho l/(\pi d^2) = 2{,}27\cdot 10^{-4}\,\Omega$ folgt $I = 7{,}9\,\text{A}$, $F_{\text{ind}} = 0{,}011\,\text{N}$ und $P = I^2R = 14\,\text{mW}$. Die Strom fließt nach der Rechte-Hand-Regel (Kraft auf positive Ladungsträger) im Uhrzeigersinn.

**647** a) Die vom magnetischen Fluss $\Phi$ durchsetzte Windungsfläche $A$ ändert sich periodisch mit der Drehzahl $n = f = 50\,\text{s}^{-1}$ bzw. $\omega = 2\pi f$ gemäß $A(t) = ab\cos\omega t$. Der Fluss durch die Spule zum

Zeitpunkt $t$ ist also

$$\Phi(t) = BA(t) = Bab\cos\omega t = \Phi_0 \cos\omega t$$

mit dem Maximalwert $\Phi_0 = Bab$. Damit wird die Induktionsspannung

$$u_{\text{ind}}(t) = -N\frac{\mathrm{d}\Phi}{\mathrm{d}t} = \omega N\Phi_0 \sin\omega t = U_0 \sin\omega t$$

mit dem Scheitelwert $U_0 = \omega N\Phi_0 = 2\pi f NBab$. Für $U_0 = 311$ V folgt daraus die notwendige Flussdichte zu $B = 0{,}44$ T (V s/m²). b) Da die Ankerwicklung den ohmschen Widerstand $R$ hat, tritt bei der Stromentnahme $I$ ein Spannungsabfall $IR$ auf. Die Klemmenspannung ist daher um diesen Betrag kleiner als die Urspannung: $U_{0\text{K}} = U_0 - IR$. Mit der Drahtlänge der Wicklung $l = 2(a+b)N = 240$ m und dem Drahtquerschnitt $A_\text{D} = \pi \cdot 10^{-2}$ mm² wird $R = \varrho l/A_\text{D} \approx 136\ \Omega$. Für $I = 0{,}2$ A folgt somit $U_{0\text{K}} = 283{,}8$ V (Effektivwert $U_\text{K} = U_{0\text{K}}/\sqrt{2} \approx 200$ V).

**648** a) Der magnetische Fluss $N\Phi$ in der Spule ist $N\Phi = LI$. Mit $\Phi = BA = \mu_\text{r}\mu_0 HA$ und der Feldstärke $H = NI/l$ ($A$ Querschnittsfläche des Spulenkerns, $l$ mittlerer Spulenumfang) wird die Induktivität $L = \mu_\text{r}\mu_0 N^2 A/l$. Es ist $l = \pi d_\text{S} = 0{,}314$ m und $A = \pi d_\text{E}^2/4 = 7{,}85 \cdot 10^{-5}$ m². Aus der Drahtlänge $l_\text{D} = 10$ m und der mittleren Länge einer Windung $\pi(d_\text{E} + d_\text{D})$ folgt $N = l_\text{D}/[\pi(d_\text{E} + d_\text{D})] \approx 289$. Damit wird $L = 15{,}7$ mH. b) $W_\text{m} = LI^2/2 = 7{,}87$ mJ.

**649** Das Magnetfeld $H(r)$ ist auf den Innenbereich des Kabels $r \leq b$ beschränkt. Die Feldstärken im Innenleiter sowie zwischen Innen- und Außenleiter sind (vgl. Aufgabe 597):

$$H(r) = \begin{cases} \dfrac{I}{2\pi a}\dfrac{r}{a} & \text{für} \quad 0 \leq r \leq a, \\ \dfrac{I}{2\pi r} & \text{für} \quad a \leq r \leq b, \end{cases}$$

womit als magnetische Energiedichte für die beiden Raumbereiche folgt

$$w_{\text{m}1,2}(r) = \frac{1}{2}\mu_\text{r}\mu_0 H^2(r) \approx \frac{1}{2}\mu_0 H^2(r) = \begin{cases} \dfrac{\mu_0 I^2 r^2}{8\pi^2 a^4} & \text{für} \quad 0 \leq r \leq a, \\ \dfrac{\mu_0 I^2}{8\pi^2 r^2} & \text{für} \quad a \leq r \leq b. \end{cases}$$

Die Feldenergie in einem infinitesimal dünnen Schlauch der Länge $l$, der Oberfläche $2\pi rl$ und der Dicke $\mathrm{d}r$ beträgt $\mathrm{d}W_\text{m} = w_\text{m}(r) \cdot 2\pi rl\,\mathrm{d}r$, und aufsummiert von $r = 0$ bis $r = b$:

$$W_\text{m} = \int_0^a w_{\text{m}1}(r) \cdot 2\pi lr\,\mathrm{d}r + \int_a^b w_{\text{m}2}(r) \cdot 2\pi lr\,\mathrm{d}r = \frac{\mu_0 I^2 l}{4\pi}\left(\frac{1}{a^4}\int_0^a r^3\,\mathrm{d}r + \int_a^b \frac{\mathrm{d}r}{r}\right) =$$

$$= \frac{\mu_0 I^2 l}{4\pi}\left(\frac{1}{4} + \ln\frac{b}{a}\right) = \frac{1}{2}LI^2.$$

Mit dem Verhältnis $b/a = 6{,}667$ erhält man hieraus

$$L' = \frac{L}{l} = \frac{\mu_0}{2\pi}\left(\frac{1}{4} + \ln\frac{b}{a}\right) \approx 0{,}429\ \mu\text{H/m}.$$

**650** Infolge der zeitlichen Änderung des magnetischen Flusses $\Phi$ im Spuleninnern beim Abschalten der Spannung wird in der Spule selbst ein Kurzschlussstrom

$$i = \frac{u_\text{ind}}{R} = -\frac{N}{R}\frac{\mathrm{d}\Phi}{\mathrm{d}t} = -\frac{L}{R}\frac{\mathrm{d}i}{\mathrm{d}t} \tag{1}$$

induziert, wobei $R = U_0/I_0$ der ohmsche Widerstand der Wicklung und $L = \mu_\text{r}\mu_0 N^2 A/l$ die Induktivität der Spule mit der Querschnittsfläche $A = \pi d_\text{E}^2/4$ und der Länge $l = \pi d_\text{S}$ ist. Mit den Zahlenwerten wird $R = 38\ \Omega$ und $L = 67{,}9$ mH. Aus (1) erhält man $\mathrm{d}i/i = -(R/L)\,\mathrm{d}t$ und nach Integration mit der Anfangsbedingung $i = I_0$ für $t = 0$: $\ln i - \ln I_0 = \ln(i/I_0) = -(R/L)t$ bzw. $i = I_0\,\mathrm{e}^{-(R/L)t}$. Für $t = 10^{-3}$ s folgt daraus $i = 2{,}0$ A.

**651** Nach dem 2. KIRCHHOFFschen Gesetz ist die Summe der Spannungsabfälle an der Spule $-u_{\text{ind}} = L(\mathrm{d}i/\mathrm{d}t)$ und am Widerstand $Ri$ gleich der Betriebsspannung $U_0$:

$$L\frac{\mathrm{d}i}{\mathrm{d}t} + Ri = U_0 \qquad \text{(Differentialgleichung für die Stromstärke).}$$

Nach Trennung der Variablen $i$ und $t$ folgt daraus mit dem Maximalwert der Stromstärke $I_0 = U_0/R$:

$$-\frac{\mathrm{d}i}{I_0 - i} = \frac{\mathrm{d}(I_0 - i)}{I_0 - i} \text{ (wegen } I_0 = \text{const)} \ = -\frac{R}{L}\,\mathrm{d}t$$

und nach Integration auf beiden Seiten mit der Anfangsbedingung $i = 0$ für $t = 0$:

$$\left[\ln(I_0 - i)\right]_0^i = \ln\left(1 - \frac{i}{I_0}\right) = -\frac{R}{L}t = -\frac{t}{\tau}; \qquad i(t) = I_0\left(1 - \mathrm{e}^{-\frac{t}{\tau}}\right).$$

$\tau = L/R = 0{,}08$ s ist die Zeitkonstante des Kreises. Für $i/I_0 = 0{,}99$ erhält man $\ln 0{,}01 = -t/\tau$ oder $t = -\tau \ln 0{,}01 = \tau \ln 100 \approx 0{,}37$ s.

**652** a) Der mit der Frequenz $f$ bzw. $\omega = 2\pi f$ des Wechselstromes $i = I_0 \sin\omega t$ veränderliche magnetische Fluss innerhalb der Primärspule (Feldspule) berechnet sich aus der Flussdichte $B_1 = \mu_0 H_1$ sowie der Feldstärke $H_1 = N_1 i/l$ zu

$$\Phi_1(t) = B_1 A_1 = \mu_0 H_1 A_1 = \frac{\mu_0 N_1 A_1}{l} I_0 \sin\omega t.$$

Von diesem durchsetzt nur der Anteil $\Phi_2 = (A_2/A_1)\Phi_1$ mit den Querschnittsflächen $A_1 = \pi d_1^2/4$ und $A_2 = \pi d_2^2/4$ die Sekundärspule (Induktionsspule) und erzeugt in ihr die Spannung

$$u_{\text{ind}} = -N_2\frac{\mathrm{d}\Phi_2}{\mathrm{d}t} = -N_2\frac{A_2}{A_1}\frac{\mathrm{d}\Phi_1}{\mathrm{d}t} = -\frac{\mu_0 N_1 N_2 A_2}{l}\omega I_0 \cos\omega t = -\omega L_{12} I_0 \cos\omega t$$

mit dem Scheitelwert $U_0 = \omega L_{12} I_0 = 2\pi f L_{12} I_0$. Dabei ist $L_{12} = \mu_0 N_1 N_2 A_2/l$ die Gegeninduktivität der beiden Spulen. Mit den Zahlenwerten erhält man $L_{12} = 9{,}87$ mH und damit $U_0 = 3{,}1$ V. b) Die für die Induktion wirksame Fläche ist immer die kleinere, so dass $L_{21} = L_{12} = L$ gilt.

**653** Bei Vernachlässigung von Verlusten stehen die Spannungen $U_1$ und $U_2$ an Primär- und Sekundärwicklung im direkten und die Stromstärken $I_1$ und $I_2$ im indirekten Verhältnis zu den Windungszahlen der Wicklungen: $|U_1/U_2| = |I_2/I_1| = N_1/N_2$. Die Leistung ist im Primär- und Sekundärkreis gleich: $P = U_1 I_1 = U_2 I_2$. Mit $N_1/N_2 = 20$ folgt somit $|U_2| = |U_1|/20 = 125$ V, $|I_1| = |I_2|/20 = 4$ A und $P = U_1 I_1 = 10$ kW.

**654** a) Das den Draht umgebende magnetische Wechselfeld durchsetzt die beiden halbkreisförmigen Hälften der Schleifenfläche mit den zeitlich veränderlichen Flüssen $\Phi_1$ und $\Phi_2 = -\Phi_1$. Der Gesamtfluss durch die Schleife ist also zu jedem Zeitpunkt gleich null; es wird daher keine Spannung angezeigt. b) In diesem Fall ist der Gesamtfluss durch die Schleife ungleich null, und das Voltmeter zeigt eine Spannung an. c) Die magnetischen Feldlinien um den geraden Draht verlaufen jetzt in der gleichen Ebene wie die Drahtschleife (bzw. dazu parallelen Ebenen), durchsetzen diese also nicht, weshalb ebenfalls keine Induktionsspannung entsteht.

**655** Aus $|u_{\text{ind}}| = \Delta\Phi/\Delta t = A(\Delta B/\Delta t) = RI = R(\Delta Q/\Delta t)$ folgt $\Delta Q = A\,\Delta B/R \approx 0{,}01$ C.

**656** a) $|u_{\text{ind}}| = Blv = 2{,}15$ mV. b) Die westliche Schiene ist positiv.

**657** Wegen $\Phi = \boldsymbol{B}\cdot\boldsymbol{A} = 0$ (die Feldlinien verlaufen senkrecht zur Spulenachse) ist $u_{\text{ind}} = 0$.

**658** $L = N\Phi/I = 3{,}17$ H. **659** $\mathrm{d}U = B\omega r\,\mathrm{d}r$; $\Delta U = B\omega\int_0^R r\,\mathrm{d}r = B\omega R^2/2 = 3{,}6$ V.

**660** a) In dem Ausdruck $L = \mu_0 l/(8\pi) + [\mu_0 l/(2\pi)]\ln(b/a)$ (s. Aufgabe 649, Lösung) wird gemäß Voraussetzung der erste Summand, der vom Magnetfeld im Leiterinneren herrührt, vernachlässigt und der zweite Term verdoppelt, wobei $a = r = 1$ mm und $b = r + d = 4$ mm zu setzen ist. Damit wird $L \approx (\mu_0 l/\pi)\ln[(r+d)/r] = 0{,}11$ mH. b) $W_{\text{m}} = LI^2/2 = 2$ mJ.

**661** $i = I_0/2$: $e^{-t/\tau} = 1/2$, $\tau = t/(\ln 2)$; $t = 1$ s: $\tau = 1{,}443$ s.

**662** $i = (U_0/L)t = 12$ A. **663** $|u_{\text{ind}}| \geq 2LIf = 189$ V. **664** 2 A.

**665** Die Wirkleistung eines Wechselstromes berechnet sich analog derjenigen eines Gleichstromes zu $P = U^2/R$, wobei jetzt $U^2 = \overline{u^2(t)}$ der Mittelwert des Quadrates der harmonischen Wechselspannung $u(t) = U_0 \sin \omega t$ über $n$ Periodendauern $nT = 2\pi n/\omega$ ist:

$$P = \frac{U^2}{R} = \frac{U_0^2}{nRT} \int_0^{nT} \sin^2 \omega t \, dt = \frac{U_0^2}{nRT} \left[ \frac{t}{2} - \frac{\sin(2\omega t)}{4\omega} \right]_0^{nT} = \frac{U_0^2}{2R} - \frac{U_0^2}{2R} \frac{\sin(4\pi n)}{4\pi n}.$$

Für sehr lange Zeiten ($n \to \infty$) oder bei Erfüllung der Bedingung $4\pi n = k\pi$, $k = 1, 2, \ldots$ (welches einer Integrationsdauer von einem ganzzahligen Vielfachen einer Viertelperiode entspricht) verschwindet der zweite Summand, und man erhält somit $U^2 = U_0^2/2$ bzw. $U = U_0/\sqrt{2} \approx 0{,}707 U_0$ (Effektivwert der Spannung). Analog erhält man als Effektivwert der Stromstärke $I = I_0/\sqrt{2}$. Damit und wegen $U_0 = I_0 R$ wird $P = U_0 I_0/2 = UI$. Mit den gegebenen Werten für $U_0$ und $R$ folgt $U = (150\text{ V})/\sqrt{2} = 106$ V, $P = 112$ W und $I = P/U = 1{,}06$ A.

**666** Zur Berechnung der Leistung wird die Momentanleistung $u(t) \cdot i(t) = u^2(t)/R$ über eine Periodendauer $T$ integriert (s. vorherige Aufgabe 665), woraus man nach Division durch $T$ die durchschnittliche Leistung

$$P = UI = \frac{1}{RT} \int_0^T u^2(t) \, dt$$

mit $U$ und $I$ als Effektivwerte von Spannung und Stromstärke erhält. a) Im Fall der Dreieckspannung ist anschaulich klar, dass die Integration über die erste, zweite, dritte und vierte Viertelperiode jeweils den gleichen Wert $P_{1/4}$ ergibt, so dass sich mit $u(t) = (4U_0/T)t$ in der ersten Viertelperiode die Leistung zu

$$P = 4P_{1/4} = \frac{4}{RT} \int_0^{T/4} u^2(t) \, dt = \frac{64 U_0^2}{RT^3} \int_0^{T/4} t^2 \, dt = \frac{64 U_0^2}{RT^3} \frac{1}{3} \left( \frac{T}{4} \right)^3 = \frac{U_0^2}{3R}$$

errechnet. Einsetzen der Werte liefert $P = 75$ W. Es ist also $P = U_0^2/(3R) = UI = U^2/R$, woraus folgt $U = U_0/\sqrt{3} \approx 0{,}577 U_0 = 86{,}6$ V und $I = P/U = I_0/\sqrt{3} = 0{,}866$ A. b) Für die Rechteckspannung erhält man die Leistung $P = [1/(RT)] U_0^2 T = U_0^2/R = 225$ W. Die Effektivwerte sind hier identisch mit den Momentanwerten, also $U = |u(t)| = U_0$, $I = |i(t)| = I_0$ und somit $P = UI = U_0 I_0$.

**667** (Bild) a) Bei der Reihenschaltung addieren sich reeller ohmscher Widerstand $R$ (Wirkwiderstand, Resistanz), imaginärer induktiver und kapazitiver Blindwiderstand $j\omega L$ und $1/(j\omega C) = -j/(\omega C)$ (Reaktanzen $X_L$ und $X_C$) zum komplexen Scheinwiderstand (Impedanz)

$$Z = R + j\left(\omega L - \frac{1}{\omega C}\right) = R + j(X_L - X_C), \qquad \text{Betrag } |Z| = \sqrt{R^2 + (X_L - X_C)^2}$$

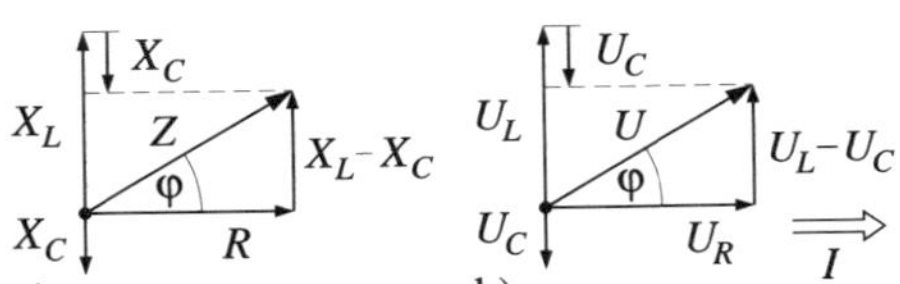

a) b)

(Bild a: Zeigerdiagramm). Mit $\omega = 2\pi f = 100\pi$ s$^{-1}$ wird $X_L = \omega L = 785{,}4\ \Omega$, $X_C = 1/(\omega C) = 2122{,}1\ \Omega$ und damit $|Z| = 1427\ \Omega$. b) Mit dem Effektivwert der Spannung $U = 220$ V folgt als Effektivstromstärke $I = U/|Z| = 154{,}2$ mA. c) Gemäß Zeigerdiagramm (Bild a) ist $\tan\varphi = (X_L - X_C)/R = -2{,}673$; $\varphi = -69{,}5° = \varphi_u - \varphi_i$ oder $\varphi_i = \varphi_u + 69{,}5°$, d. h., die Stromstärke $I$ eilt der Spannung $U$ voraus. d) Es ist $U_R = IR = 77{,}1$ V, $U_L = IX_L = 121{,}1$ V und $U_C = IX_C = 327{,}2$ V. Bei der Reihenschaltung werden die Teilspannungen wie die Widerstände geometrisch addiert (Bild b): $U = \sqrt{U_R^2 + (U_L - U_C)^2} = 220$ V.

**668** (Bild) a) Bei einer Parallelschaltung addieren sich alle reellen und imaginären Leitwerte, hier also $1/R$ (Wirkleitwert $G$), $1/(\mathrm{j}\,\omega L) = -\mathrm{j}/(\omega L)$ und $\mathrm{j}\,\omega C$ (induktiver und kapazitiver Blindleitwert $B_L$ und $B_C$) zum komplexen Scheinleitwert (Admittanz)

$$Y = \frac{1}{R} + \mathrm{j}\left(\omega C - \frac{1}{\omega L}\right) = G + \mathrm{j}\,(B_C - B_L), \qquad \text{Betrag } |Y| = \sqrt{G^2 + (B_C - B_L)^2}$$

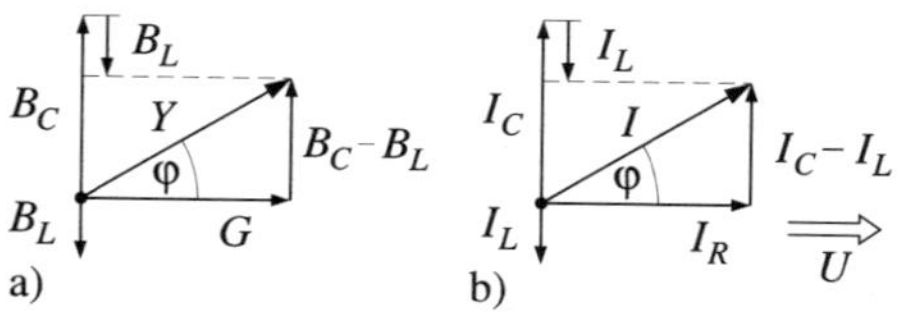


(Bild a). Man erhält $G = 1/R = 2{,}0$ mS und mit $\omega = 2\pi f = 100\pi\ \mathrm{s}^{-1}$: $B_C = \omega C = 0{,}471$ mS, $B_L = 1/(\omega L) = 1{,}273$ mS. Damit wird $|Y| = 2{,}155$ mS und $|Z| = 464{,}1\ \Omega$. b) $I = U|Y| = U/|Z| = 474$ mA. c) Aus Bild a) folgt $\tan\varphi = (B_C - B_L)/G = -0{,}401$; $\varphi = -21{,}8°$, d. h., die Stromstärke $I$ eilt der Spannung $U$ voraus. d) Im einzelnen ist $I_R = UG = 440{,}0$ mA, $I_L = UB_L = 280{,}1$ mA und $I_C = UB_C = 103{,}6$ mA. Bei der Parallelschaltung werden die Teilströme wie die Leitwerte geometrisch addiert (Bild b): $I = \sqrt{I_R^2 + (I_C - I_L)^2} = 474$ mA.

**669** Die beiden $RC$-Kombinationen verhalten sich genau dann identisch, wenn ihre komplexen Wechselstromwiderstände $Z_\mathrm{a} = R_\mathrm{a} + \mathrm{j}\,X_\mathrm{a}$ und $Z_\mathrm{b} = R_\mathrm{b} + \mathrm{j}\,X_\mathrm{b}$ in Real- und Imaginärteil übereinstimmen, also $R_\mathrm{a} = R_\mathrm{b}$ und $X_\mathrm{a} = X_\mathrm{b}$ gilt. Kombination a) ist eine Parallelschaltung von $R_1 + 1/(\mathrm{j}\,\omega C_1) = R_1 - \mathrm{j}/(\omega C_1)$ und $R_2$, deren Scheinleitwerte sich daher zum Gesamtscheinleitwert

$$\frac{1}{Z_\mathrm{a}} = \frac{1}{R_1 - (\mathrm{j}/\omega C_1)} + \frac{1}{R_2}$$

addieren, woraus nach einfachen Umformungen und Kehrwertbildung folgt:

$$Z_\mathrm{a} = \frac{R_2\left[R_1 - (\mathrm{j}/\omega C_1)\right]}{R_2 + R_1 - (\mathrm{j}/\omega C_1)} = \frac{R_2 + \omega^2 R_1 R_2 (R_1 + R_2) C_1^2}{1 + \omega^2 (R_1 + R_2)^2 C_1^2} - \mathrm{j}\,\frac{\omega R_2^2 C_1}{1 + \omega^2 (R_1 + R_2)^2 C_1^2}. \tag{1}$$

Dabei wurde der komplexe Widerstand im Nenner von (1) durch Multiplikation mit seinem konjugiert komplexen Wert reell gemacht. Analog erhält man für die Gesamtimpedanz $Z_\mathrm{b}$ nach Trennung in Real- und Imaginärteil:

$$Z_\mathrm{b} = R_3 + \frac{R_4}{1 + \mathrm{j}\,\omega R_4 C_2} = \frac{(R_3 + R_4) + \omega^2 R_3 R_4^2 C_2^2}{1 + \omega^2 R_4^2 C_2^2} - \mathrm{j}\,\frac{\omega R_4^2 C_2}{1 + \omega^2 R_4^2 C_2^2}. \tag{2}$$

Aus (1) und (2) lassen sich wegen $R_\mathrm{a} = R_\mathrm{b}$ und $X_\mathrm{a} = X_\mathrm{b}$ folgende vier Bedingungen ablesen:

$$R_2 = R_3 + R_4, \quad R_1 R_2 (R_1 + R_2) C_1^2 = R_3 R_4^2 C_2^2, \quad R_2^2 C_1 = R_4^2 C_2, \quad (R_1 + R_2) C_1 = R_4 C_2.$$

Nur drei davon sind voneinander unabhängig:

$$R_3 = \frac{R_1 R_2}{R_1 + R_2}, \qquad R_4 = \frac{R_2^2}{R_1 + R_2}, \qquad C_2 = \frac{(R_1 + R_2) C_1}{R_4} = \left(\frac{R_1 + R_2}{R_2}\right)^2 C_1.$$

Mit den gegebenen Werten für $R_1$, $R_2$ und $C_1$ folgt daraus $R_3 = 900\ \Omega$, $R_4 = 100\ \Omega$, $C_2 = 100\ \mu$F.

**670** (Bild) a) Für die Parallelschaltung aus $R_2$ und $C$ addieren sich deren Scheinleitwerte $1/R_2$ und $\mathrm{j}\,\omega C$ zum Gesamtscheinleitwert, d. h. es ist $1/Z_\mathrm{P} = (1/R_2) + \mathrm{j}\,\omega C$, woraus man durch Bildung des Kehrwertes und Erweitern mit der konjugiert komplexen Größe des Nenners

$$Z_\mathrm{P} = \frac{1}{(1/R_2) + \mathrm{j}\,\omega C} = \frac{(1/R_2) - \mathrm{j}\,\omega C}{(1/R_2^2) + \omega^2 C^2} = R_2 \frac{1 - \mathrm{j}\,\omega R_2 C}{1 + \omega^2 R_2^2 C^2}$$

erhält. Die Gesamtimpedanz $Z$ des Zweipols ist gleich der Summe der Einzelimpedanzen der Reihenschaltung

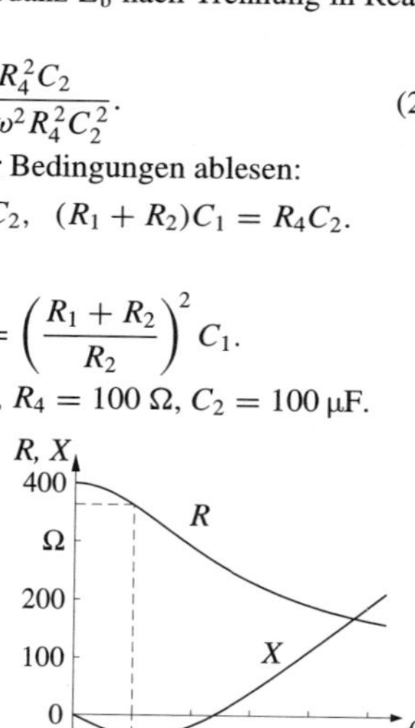


$$Z = R_1 + \mathrm{j}\,\omega L + Z_\mathrm{P} = R_1 + \frac{R_2}{1 + \omega^2 R_2^2 C^2} + \mathrm{j}\left(\omega L - \frac{\omega R_2^2 C}{1 + \omega^2 R_2^2 C^2}\right) = R + \mathrm{j}\,X. \tag{1}$$

Einsetzen der gegebenen Werte liefert $R = 362{,}7\ \Omega$, $X = -36{,}2\ \Omega$. b) Für $\omega = 2\pi f = 0$ erhält man aus (1) den Gleichstromwiderstand des Zweipols $Z_0 = R_1 + R_2$, während für hohe Frequenzen $\omega \to \infty$ der Anteil $Z_P$ gegen null geht und damit $Z_\infty = R_1 + \mathrm{j}\,\omega L$ wird. c) Die Phasenverschiebung zwischen Spannung und Strom verschwindet, wenn in (1) der Blindwiderstand $X$ null wird. Dies führt auf die Frequenz

$$\omega = \sqrt{\frac{1}{LC} - \frac{1}{R_2^2 C^2}} = 1491\ \text{Hz}, \qquad \text{bzw.} \qquad f = \frac{\omega}{2\pi} \approx 237\ \text{Hz}.$$

**671** Die Abgleichbedingung lautet hier, analog zur WHEATSTONE-Brücke im Gleichstromkreis (vgl. Aufgabe 545), $Z_1/Z_2 = Z_3/Z_4$, wobei für die Impedanzen $Z_3 = R_3 + \mathrm{j}\,\omega L_3$, $Z_1 = R_1$, $Z_4 = R_4$ und $1/Z_2 = 1/R_2 + \mathrm{j}\,\omega C_2$ zu setzen ist. Dies führt auf

$$Z_3 = \frac{Z_1 Z_4}{Z_2} = R_1 R_4 \left(\frac{1}{R_2} + \mathrm{j}\,\omega C_2\right) = R_3 + \mathrm{j}\,\omega L_3,$$

woraus wegen Übereinstimmung in Real- und Imaginärteil die gesuchten Größen $R_3 = R_1 R_4/R_2$ und $L_3 = R_1 R_4 C_2$ folgen. Mit den gemessenen Werten für $R_2$ und $C_2$ sowie den geeichten Widerständen $R_1$ und $R_4$ erhält man $L_3 = 0{,}405$ H und $R_3 = 1{,}76\ \Omega$.

**672** (Bild) Die Schaltung stellt in beiden Fällen einen Spannungsteiler dar, d. h., die über der Glühlampe abfallende Spannung $U_1$ verhält sich zur Gesamtspannung $U_2$ wie der Widerstand $R$ der Glühlampe zum Gesamtwiderstand $|Z|$: $U_1/U_2 = R/|Z| = 1/2$. Die Wirkleistung berechnet sich allgemein zu $P = UI\cos\varphi = U_1^2/R$, woraus folgt $R = U_1^2/P = 161{,}3\ \Omega$. Damit und wegen $|Z| = 2R$ erhält man a) aus $|Z| = \sqrt{R^2 + 1/(\omega C)^2}$: $C = 1/(\sqrt{3}\omega R) = 11{,}4\ \mu\text{F}$; b) aus $|Z| = \sqrt{R^2 + (\omega L)^2}$: $L = \sqrt{3}R/\omega = 0{,}89$ H. c) Aus $\tan\varphi = (X_L - X_C)/R$ (vgl. Aufgabe 667) folgt im Fall a) $\tan\varphi_C = -1/(\omega RC) = -\sqrt{3}$, d. h. $\varphi_C = -60°$, im Fall b) $\tan\varphi_L = \omega L/R = \sqrt{3}$, $\varphi_L = 60°$, also in beiden Schaltungen für den Leistungsfaktor $\cos\varphi = 0{,}5$. d) Wegen $\cos\varphi = P/S$ (s. Bild) wird die Scheinleistung $S = P/\cos\varphi = 150$ VA und die Blindleistung $Q = S\sin\varphi \approx 130$ VA. e) Es gilt $S = U_2 I$ bzw. $P = U_1 I$, woraus hier für beide Betriebsspannungen $I = 0{,}68$ A folgt.

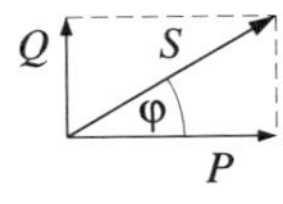


**673** a) Aus der Wirkleistung $P = S\cos\varphi = UI\cos\varphi$ (vgl. Aufgabe 672) folgt $\cos\varphi = P/(UI) = 0{,}70$ und somit $\varphi = 45{,}6°$. b) Die Blindleistung ist $Q = S\sin\varphi$; sie wird null für $\varphi = 0$ (Leistungsfaktor $\cos\varphi = 1$), d. h., wenn keine Phasenverschiebung zwischen $U$ und $I$ auftritt. Um das zu erreichen, muss die (induktive) Blindleistung des Motors $Q_L = UI\sin\varphi$ durch die kapazitive Blindleistung des sog. Phasenschieberkondensators $Q_C = UI_C = U^2/X_C$ mit $X_C = 1/(\omega C)$ als dessen kapazitivem Widerstand kompensiert werden, d. h., es muss gelten

$$UI\sin\varphi = \frac{U^2}{X_C} = \omega C U^2 = 2\pi f C U^2; \qquad C = \frac{I\sin\varphi}{2\pi f U} = 12\ \mu\text{F}.$$

**674** Vielfachmesser zeigen schon bei niedrigen Frequenzen nicht Scheitelwerte, sondern Effektivwerte an, hier also $311\ \text{V}/\sqrt{2} = 220$ V.

**675** $P = UI = I^2 R$: $I = 6$ A, $U = 60$ V; $I_0 = \sqrt{2}\,I \approx 8{,}5$ A, $U_0 = \sqrt{2}\,U \approx 85$ V.

**676** a) $R = U_-/I_- = 1{,}64\ \Omega$; b) $|Z| = U_\sim/I_\sim = 5{,}03\ \Omega$; c) $L = X_L/\omega = \sqrt{|Z|^2 - R^2}/\omega = 15{,}1$ mH.

**677** a) Mit $\omega = 2\pi f = 314{,}16\ \text{s}^{-1}$ folgt $X_C = U/I_1 = 139{,}5\ \Omega$ und daraus $C = 1/(\omega X_C) = 22{,}8\ \mu\text{F}$. b) Aus $U = I_2\sqrt{R^2 + X_L^2}$ und $U = I_3\sqrt{R^2 + (X_L - X_C)^2}$ erhält man durch Elimination von $R$:

$$X_L = \omega L = \frac{X_C}{2} + \frac{1}{2X_C}\left[\left(\frac{U}{I_2}\right)^2 - \left(\frac{U}{I_3}\right)^2\right] = 456{,}2\ \Omega$$

und damit $L = X_L/\omega = 1{,}45$ H sowie $R = \sqrt{(U/I_2)^2 - X_L^2} = 70{,}2\ \Omega$.

678 Der resultierende (komplexe) Scheinwiderstand der zwei in Reihe geschalteten $LC$-Glieder ist gleich null zu setzen:

$$\mathrm{j}\,(X_L - X_C) + \frac{1}{\mathrm{j}\,(B_C - B_L)} = 0 \qquad \text{oder} \qquad X_L - X_C - \frac{1}{B_C - B_L} = 0.$$

Mit $X_L = 1/B_L = \omega L$ und $X_C = 1/B_C = 1/(\omega C)$ folgt daraus $L^2C^2\omega^4 - 3LC\omega^2 + 1 = 0$, woraus man durch Lösen der quadratischen Gleichung für $\omega^2$ erhält

$$\frac{\omega_{1,2}}{\omega_0} = \sqrt{\frac{3 \pm \sqrt{5}}{2}}; \qquad \omega_1 \approx 1{,}618\,\omega_0, \qquad \omega_2 \approx 0{,}618\,\omega_0.$$

679 Aus $1/Z = 1/(R_1 + \mathrm{j}\,\omega L) + 1/[R_2 - (\mathrm{j}\,/(\omega C)]$ folgt

$$Z = \frac{(R_1 + \mathrm{j}\,\omega L)\left(R_2 - \dfrac{\mathrm{j}}{\omega C}\right)}{R_1 + R_2 + \mathrm{j}\left(\omega L - \dfrac{1}{\omega C}\right)} = \frac{\omega(R_1R_2C + L) + \mathrm{j}\,(\omega^2R_2LC - R_1)}{\omega(R_1 + R_2)C + \mathrm{j}\,(\omega^2LC - 1)} = R + \mathrm{j}\,X$$

mit $X = \omega[\omega^2LC(R_2^2C - L) - (R_1^2C - L)]/[\omega^2(R_1 + R_2)^2C^2 + (\omega^2LC - 1)^2]$. Die Schaltung verhält sich für $X = 0$ wie ein reiner Wirkwiderstand, woraus man $\omega^2 = (R_1^2C - L)/[LC(R_2^2C - L)]$ erhält. Es wird $f = \omega/(2\pi) = 2{,}116$ kHz und damit $Z = R \approx 690\ \Omega$.

680 Die periodische Bewegung des Kolbens im Zylinder ist keine Schwingung. Ein schwingungsfähiges System muss eine stabile Gleichgewichtslage besitzen, derart, dass bei Störung des Gleichgewichts Kräfte auftreten, die in die Gleichgewichtslage zurückwirken. Ist die rücktreibende Kraft der Störung direkt (oder zumindest für kleine Auslenkungen annähernd) proportional (lineares Kraftgesetz), so treten harmonische Schwingungen auf.

681 Die Auslenkung $x$ zum Zeitpunkt $t$ ist $x = x_\mathrm{m} \sin \omega t$ ($x_\mathrm{m}$ Amplitude, $\omega = 2\pi/T$ Kreisfrequenz). Für die Geschwindigkeit folgt daraus $v = \dot{x} = \omega x_\mathrm{m} \cos \omega t$; sie wird für $|\cos \omega t| = 1$ mit $v_\mathrm{m} = \omega x_\mathrm{m}$ am größten. Dies ist für $\omega t = n\pi$ ($n$ ganze Zahl), also zu den Zeitpunkten $t = n(\pi/\omega) = n(T/2)$ der Fall. Wegen $\sin n\pi = 0$ ist dies die Gleichgewichtslage $x = 0$ des Oszillators. Die Beschleunigung $a = \ddot{x} = -\omega^2 x_\mathrm{m} \sin \omega t$ ist dagegen für $|\sin \omega t| = 1$ mit $a_\mathrm{m} = \omega^2 x_\mathrm{m}$ am größten. Diese Bedingung ist für $\omega t = (2n + 1)\pi/2$, oder zu den Zeiten $t = (2n + 1)\pi/(2\omega) = (2n + 1)(T/4)$ erfüllt, wenn sich der Oszillator an den Umkehrpunkten der Schwingung $x = \pm x_\mathrm{m}$ befindet.

682 Weg-Zeit- und Geschwindigkeit-Zeit-Gesetz lauten für den harmonischen Oszillator

$$x(t) = x_\mathrm{m} \sin(\omega t + \varphi_0); \qquad v(t) = \dot{x}(t) = \omega x_\mathrm{m} \cos(\omega t + \varphi_0).$$

Aus den Anfangsbedingungen

$$x(0) \equiv x_0 = x_\mathrm{m} \sin \varphi_0 = 0{,}05\ \mathrm{m}; \qquad v(0) \equiv v_0 = \omega x_\mathrm{m} \cos \varphi_0 = 13{,}6\ \mathrm{m/s}$$

erhält man

$$\frac{x_0}{v_0} = \frac{\tan \varphi_0}{\omega} \qquad \text{bzw.} \qquad \tan \varphi_0 = \frac{\omega x_0}{v_0} = \frac{2\pi f x_0}{v_0} = 0{,}5775.$$

Daraus ergeben sich für $\varphi_0$ zwei Werte, 30° und 210°. Da aber die Anfangsbedingungen $\sin \varphi_0 > 0$ und $\cos \varphi_0 > 0$ fordern (wegen $x_0 > 0$ und $v_0 > 0$), ist $\varphi_0 = 30°$ der gültige Winkel. (Im Falle von 210° wäre $\sin \varphi_0 < 0$ und $\cos \varphi_0 < 0$.) Damit wird $x_\mathrm{m} = x_0/\sin \varphi_0 = 10$ cm.

683 a) Mit der Schwingungsdauer des mathematischen Pendels $T = 2\pi\sqrt{l/g}$ erhält man in diesem Fall $T = \pi(\sqrt{l_1/g} + \sqrt{l_2/g})$. Daraus folgt $\sqrt{l_2/g} = T/\pi - \sqrt{l_1/g} = 0{,}158$ s und $l_2 = 24{,}5$ cm. Der gesuchte Abstand ist also $\overline{AS} = l_1 - l_2 = 75{,}5$ cm. b) Beim Auslenken um $\varphi_1$ nach links wird die Pendelmasse um $h = l_1(1 - \cos \varphi_1) = 1{,}37$ mm angehoben. Wegen der Energieerhaltung schwingt das ungedämpfte Pendel auch bis zur gleichen Höhe $h$ nach rechts aus. c) Der maximale Auslenkungswinkel nach rechts ergibt sich aus $h = l_2(1 - \cos \varphi_2)$ zu $\varphi_2 = 6{,}06°$.

**684** a) Mit dem Massenträgheitsmoment für die Kreisscheibe $J_S$ und dem Satz von STEINER $J_A = J_S + ms^2 = m(R^2/2 + s^2)$ ergibt sich die Schwingungsdauer zu

$$T = 2\pi\sqrt{\frac{J_A}{mgs}} = 2\pi\sqrt{\frac{R^2}{2gs} + \frac{s}{g}}.$$

b) Mit $s = R$ folgt daraus $T = 2\pi\sqrt{(3/2)R/g}$. Der Vergleich mit der Schwingungsdauer des mathematischen Pendels $T = 2\pi\sqrt{l/g}$ ergibt als reduzierte Pendellänge $l = (3/2)R = 25{,}5$ cm, womit man $T \approx 1$ s erhält. c) Für $R \ll s$ ist der erste Term unter der Wurzel bei a) vernachlässigbar, und man erhält den Ausdruck für die Schwingungsdauer des mathematischen Pendels mit der Pendellänge $l = s$.

**685** Die zusätzliche Gewichtskraft $G = m_1 g$ ruft eine entgegengesetzt gerichtete, gleich große Federkraft $F_1 = -kx_1 = -G$ hervor, woraus die Federkonstante (Richtgröße) der Federung $k = m_1 g/x_1 = 81{,}75$ kN/m folgt. Nach dem NEWTONschen Grundgesetz gilt mit $m = m_0 + m_1 = 1050$ kg als schwingende Masse: $F = ma = m\ddot{x} = -kx$ bzw. die Bewegungsgleichung

$$m\ddot{x} + kx = 0 \qquad \text{oder} \qquad \ddot{x} + \frac{k}{m}x = 0. \tag{1}$$

Sie wird gelöst durch den Ansatz $x = x_m e^{\lambda t}$. Damit wird in (1) $\ddot{x} = \lambda^2 x_m e^{\lambda t} = \lambda^2 x$, also $\lambda^2 + (k/m) = 0$, $\lambda = \pm\sqrt{-1}\sqrt{k/m} = \pm\mathrm{j}\sqrt{k/m} = \pm\mathrm{j}\,\omega$. Man erhält somit die komplexe Lösung

$$x = x_m e^{\mathrm{j}\omega t} = x_m(\cos\omega t + \mathrm{j}\,\sin\omega t)$$

(mit der komplexen Amplitude $x_m$), wobei sowohl Real- als auch Imaginärteil sowie alle Linearkombinationen $A\sin\omega t + B\cos\omega t$ ($A$, $B$ reelle Konstanten) Lösungen von (1) sind. Wird z. B. als Anfangsbedingung $x = 0$ für $t = 0$ gefordert, so ist $x = A\sin\omega t$. Die Eigenkreisfrequenz ist $\omega = \sqrt{k/m} = 8{,}824$ rad/s; daraus folgt $f = \omega/(2\pi) = 1{,}40$ Hz und $T = 1/f = 0{,}712$ s. Für die leere Karosserie erhält man (mit $m = m_0 = 800$ kg) $f_0 = 1{,}61$ Hz, $T_0 = 0{,}621$ s.

**686** Mit der rücktreibenden Federkraft $F = ma = m\ddot{x} = -m\beta x$ lautet die Bewegungsgleichung $\ddot{x} + \beta x = 0$. Ihre allgemeine Lösung ist (vgl. Aufgabe 685, oben)

$$x = A\sin\omega t + B\cos\omega t, \qquad v = \dot{x} = \omega A\cos\omega t - \omega B\sin\omega t$$

mit $\omega = \sqrt{\beta}$. Aus der ersten Anfangsbedingung $x = 0$ für $t = 0$ folgt $B = 0$ und somit $A = x_1$, aus der zweiten $v = v_1$ für $t = 0$: $v_1 = \omega A = \omega x_1$. Man erhält (wie in der Lösung zu Aufgabe 8) $x_1 = v_1/\omega = v_1/\sqrt{\beta} = 0{,}1$ m. Die Dauer des Stoßvorgangs bis zur maximalen Stauchung der Federn entspricht der Zeit $\Delta t = T/4$. Mit $\sqrt{\beta} = \omega = 2\pi/T$ folgt daraus $\Delta t = \pi/(2\sqrt{\beta}) = 0{,}035$ s.

**687** (Bild) In $x$-Richtung wirken auf den Schwerpunkt des Körpers bei Auslenkung aus der Ruhelage um $x_S$ die Federkraft $F_F = -kx_S$ und die Haftreibungskraft $F_H$. Somit erhält man für die Translationsbewegung des Schwerpunktes die Bewegungsgleichung $-kx_S - F_H = m\ddot{x}_S$. Die Haftreibungskraft ergibt in Bezug auf den Schwerpunkt das Drehmoment $M = rF_H$, so dass für die Rotationsbewegung um die Schwerpunktachse $M = rF_H = J_S\ddot{\varphi}$ gilt. Hieraus folgt unter Beachtung der geometrischen Zwangsbedingung $x_S = r\varphi$ bzw. $\ddot{x}_S = r\ddot{\varphi}$ (Rollen ohne Schlupf) $F_H = J_S\ddot{\varphi}/r = J_S\ddot{x}_S/r^2$ und somit für die Bewegungsgleichung des Schwerpunktes

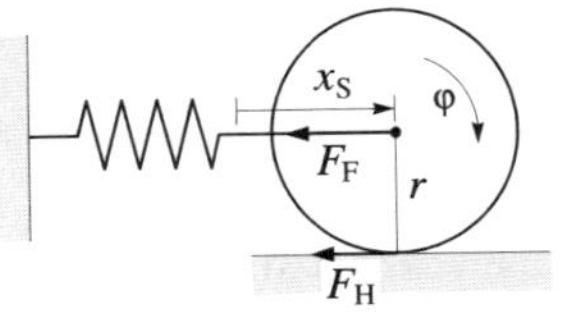


$$-kx_S - \frac{J_S}{r^2}\ddot{x}_S = m\ddot{x}_S \qquad \text{oder} \qquad \ddot{x}_S + \omega^2 x_S = 0$$

mit

$$\omega = \sqrt{\frac{kr^2}{mr^2 + J_S}} = \frac{1}{\sqrt{1 + J_S/(mr^2)}}\sqrt{\frac{k}{m}}.$$

Die Eigenfrequenz $\omega$ ist also um den Faktor $1/\sqrt{1 + J_S/(mr^2)} = \sqrt{2/3} \approx 0{,}816$ im Falle a) des rollenden Vollzylinders und $\sqrt{5/7} \approx 0{,}845$ im Falle b) der Kugel kleiner als die Eigenkreisfrequenz $\omega_0 = \sqrt{k/m}$ des Federschwingers mit reibungsfrei gleitender Masse.

**688** (Bild) Sind $x_1$ und $x_2$ die Verschiebungen der Massen $m_1$ und $m_2$ aus ihren Gleichgewichtslagen, so ist $x_2 - x_1$ die Streckung bzw. Stauchung der Feder und somit die rücktreibende Federkraft $F = -k(x_2 - x_1)$. Da die Lage des Massenmittelpunkts, der die Strecke zwischen $m_1$ und $m_2$ im umgekehrten Verhältnis der Massen teilt, erhalten bleiben muss, gilt
$x_1 = -(m_2/m_1)x_2$. Damit wird die resultierende Kraft auf $m_2$:

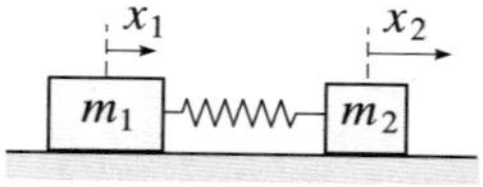


$$m_2\ddot{x}_2 = F = -k\left(x_2 + \frac{m_2}{m_1}x_2\right) = -k\frac{m_1+m_2}{m_1}x_2,$$

woraus mit der sog. reduzierten Masse $\mu = m_1m_2/(m_1+m_2)$ als Bewegungsgleichung für $m_2$ folgt:

$$\ddot{x}_2 = -\frac{k}{\mu}x_2 \qquad \text{oder} \qquad \ddot{x}_2 + \omega_0^2 x_2 = 0$$

mit $\omega_0 = \sqrt{k/\mu}$ als Kreisfrequenz. Für die Masse $m_1$ erhält man eine analoge Bewegungsgleichung mit demselben Wert für $\omega_0$. Mit $\mu = 0{,}24$ kg folgt somit

$$f_0 = \frac{\omega_0}{2\pi} = \frac{1}{2\pi}\sqrt{\frac{k}{\mu}} = 6\ \text{Hz}; \qquad T_0 = \frac{1}{f_0} = 2\pi\sqrt{\frac{\mu}{k}} = 0{,}167\ \text{s}.$$

**689** Sind $x_1$ und $x_2$ die Verschiebungen der H-Atome aus ihren Gleichgewichtslagen, so wirkt auf das linke Atom die Kraft $F_1 = -kx_1 + k_{12}(x_2 - x_1)$ und auf das rechte die Kraft $F_2 = -kx_2 - k_{12}(x_2 - x_1)$. Wegen $F_1 = m\ddot{x}_1$ und $F_2 = m\ddot{x}_2$ erhält man daraus

$$\begin{aligned} &m\ddot{x}_1 + (k+k_{12})x_1 - k_{12}x_2 = 0,\\ &m\ddot{x}_2 + (k+k_{12})x_2 - k_{12}x_1 = 0. \end{aligned} \tag{1}$$

Mit den Ansätzen $x_1 = x_{m1}\sin\omega t$ und $x_2 = x_{m2}\sin\omega t$ geht (1) über in das homogene lineare Gleichungssystem

$$\begin{aligned} (-m\omega^2 + k + k_{12})x_{m1} \quad & \quad -k_{12}x_{m2} = 0,\\ -k_{12}x_{m1} \quad + \quad & (-m\omega^2 + k + k_{12})x_{m2} = 0. \end{aligned} \tag{2}$$

Für $x_{m1}$ und $x_{m2}$ existieren nur dann nichttriviale Lösungen, wenn die Koeffizientendeterminante von (2) verschwindet (charakteristische Gleichung):

$$\begin{vmatrix} -m\omega^2 + k + k_{12} & -k_{12} \\ -k_{12} & -m\omega^2 + k + k_{12} \end{vmatrix} = 0,$$

oder aufgelöst $(-m\omega^2 + k + k_{12})^2 - k_{12}^2 = 0$. Die Lösung der quadratischen Gleichung führt auf $m\omega_{1,2}^2 = k + k_{12} \mp k_{12}$ und somit auf die Eigenfrequenzen der beiden Fundamentalschwingungen

$$\omega_1 = \sqrt{\frac{k}{m}} = 4{,}51\cdot 10^{12}\ \text{s}^{-1} \quad \text{und} \quad \omega_2 = \sqrt{\frac{k+2k_{12}}{m}} = 7{,}33\cdot 10^{12}\ \text{s}^{-1} \quad \text{(im Infrarot).}$$

$\omega_1$ in (2) eingesetzt, ergibt $x_{m1} = x_{m2}$; beide Atome schwingen im konstanten Abstand, also gleichphasig. Setzt man $\omega_2$ in (2) ein, so folgt $x_{m1} = -x_{m2}$; die Oszillatoren schwingen mit gleicher Amplitude gegenphasig. Die allgemeine Lösung erhält man durch Superposition der beiden Fundamentalschwingungen: $x_1 = A_1\sin(\omega_1 t + \varphi_1) + A_2\sin(\omega_2 t + \varphi_2)$, $x_2 = A_1\sin(\omega_1 t + \varphi_1) - A_2\sin(\omega_2 t + \varphi_2)$, wobei sich die vier Konstanten $A_1, \varphi_1, A_2, \varphi_2$ durch Vorgabe der Auslenkungen und Geschwindigkeiten beider Massen, z. B. zum Zeitpunkt $t = 0$ (Anfangsbedingungen), ergeben.

**690** Bei einer Auslenkung aus der Ruhelage um $x$ addieren sich die beiden rücktreibenden Federkräfte an den Stabenden zu $F = -2kx$. Damit lautet die Bewegungsgleichung für die Vertikalschwingung $F = -2kx = m\ddot{x}$, woraus für deren Kreisfrequenz $\omega_V = \sqrt{2k/m}$ folgt (vgl. Aufgabe 685). Für die Drehschwingung gilt analog $M = -D\varphi = J\ddot{\varphi}$ mit der Kreisfrequenz der Drehschwingung $\omega_D = \sqrt{D/J}$, wobei $M$ das rücktreibende Drehmoment, $D$ die Winkelrichtgröße und $J = ml^2/12$ das Massenträgheitsmoment des Stabes bezüglich seiner Schwerpunktachse ist. Das Drehmoment ist $M = F(l/2) = -2kx(l/2)$ bzw. mit der Auslenkung $x \approx (l/2)\varphi$ für kleine Drehwinkel $\varphi$: $M = -2k(l/2)^2\varphi$, woraus $D = -M/\varphi = kl^2/2$ folgt. Damit wird $\omega_D = \sqrt{6k/m}$. Die Frequenz der Drehschwingungen des Stabes ist also (unabhängig von den speziellen Eigenschaften des schwingenden Systems) um den Faktor $\sqrt{3}$ größer als die Frequenz der Vertikalschwingung.

**691** Die Schwingungsdauer von Drehschwingungen ist $T = 2\pi\sqrt{J/D}$ ($J$ Massenträgheitsmoment, $D$ Winkelrichtgröße). Wenn die zweite Scheibe frei drehbar ist, kann sie wie eine Punktmasse behandelt werden. Das Trägheitsmoment beider Scheiben bezüglich $S$ ist dann $J_1 = J_S + ms^2$. Ist die zweite Scheibe arretiert, so führt sie in einem raumfesten Koordinatensystem zusätzlich eine Drehbewegung um ihre Schwerpunktachse $A$ mit dem Trägheitsmoment $mr^2/2$ aus, so dass das gesamte Trägheitsmoment bezüglich $S$ in diesem Fall $J_2 = J_1 + mr^2/2 = J_S + ms^2 + mr^2/2$ ist. Das gesuchte Verhältnis der Schwingungsdauern ergibt sich damit zu

$$\frac{T_2}{T_1} = \sqrt{\frac{J_2}{J_1}} = \sqrt{1 + \frac{mr^2/2}{J_S + ms^2}} = 1{,}3.$$

**692** (Bild) Für kleine Auslenkungen $x$ wirkt das rücktreibende Drehmoment der Feder $-Fa = -kxa$. Diesem ist das von der Gewichtskraft $mg$ verursachte Drehmoment $mgl\sin\varphi$ entgegengerichtet; also ist insgesamt $M = -kxa + mgl\sin\varphi$. Mit $x = a\sin\varphi$ und $\sin\varphi \approx \varphi$ für kleine Auslenkungen sowie $M = J\ddot{\varphi}$ mit $J = ml^2$ folgt

$$(-ka^2 + mgl)\varphi = ml^2\ddot{\varphi} \qquad \text{oder} \qquad \ddot{\varphi} + \frac{ka^2 - mgl}{ml^2}\varphi = 0.$$

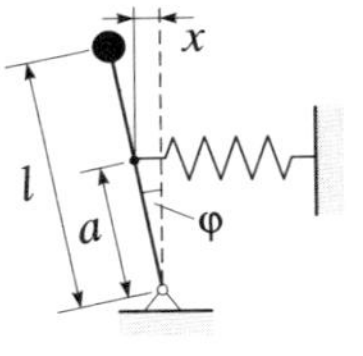


Aus dem Vergleich mit der Normalform der Bewegungsgleichung für Drehschwingungen $\ddot{\varphi} + \omega_0^2\varphi = 0$ folgt für die Eigenkreisfrequenz

$$\omega_0 = \sqrt{\frac{k}{m}\left(\frac{a}{l}\right)^2 - \frac{g}{l}}.$$

Aus der Forderung $\omega_0^2 > 0$ folgt $a > \sqrt{mgl/k} = 5{,}6$ cm.

**693** (Bild) Bezüglich des momentanen Drehpunkts O betragen das durch die Schwerkraftkomponente $mg\sin\varphi$ im Zylinderschwerpunkt S angreifende Drehmoment $M = mgr\sin\varphi$ und das Trägheitsmoment $J = J_S + mr^2$, so dass mit $\psi$ als Rollwinkel um O aus $M = J\ddot{\psi}$ folgende Bewegungsgleichung resultiert:

$$mgr\sin\varphi = (J_S + mr^2)\ddot{\psi}.$$

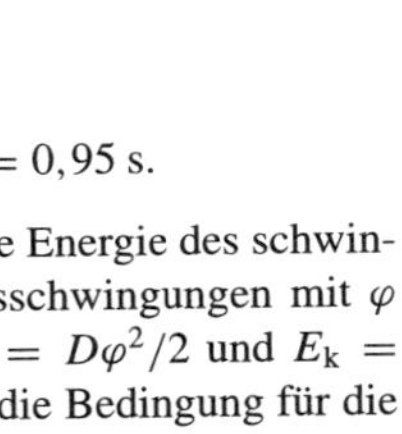


Mit $ds = r\,d\psi = -(R - r)\,d\varphi$ oder $r\ddot{\psi} = -(R - r)\ddot{\varphi}$ (Rollbedingung) und $\sin\varphi \approx \varphi$ für kleine Auslenkungen folgt daraus die Gleichung der harmonischen Schwingung

$$mgr\varphi = -(J_S + mr^2)\frac{R - r}{r}\ddot{\varphi} \qquad \text{oder} \qquad \ddot{\varphi} + \omega_0^2\varphi = 0$$

mit der Eigenkreisfrequenz

$$\omega_0 = \sqrt{\frac{g}{[1 + J_S/(mr^2)](R - r)}}.$$

Für $J_S = mr^2/2$ ergibt sich $\omega_0 = \sqrt{2g/[3(R - r)]} = 6{,}60\ \text{s}^{-1}$ oder $T_0 = 2\pi/\omega_0 = 0{,}95$ s.

**694** Die potentielle Energie der gespannten Feder ist $E_p = kx^2/2$, die kinetische Energie des schwingenden Körpers $E_k = mv^2/2 = m\dot{x}^2/2$. (Analog gilt für Dreh- bzw. Torsionsschwingungen mit $\varphi$ als Drehwinkel, $J$ als Massenträgheitsmoment und $D$ als Winkelrichtgröße: $E_p = D\varphi^2/2$ und $E_k = J\omega^2/2 = J\dot{\varphi}^2/2$.) Mit $x = x_m \sin\omega t$, $v = \dot{x} = \omega x_m \cos\omega t$ und $\omega^2 = k/m$ lautet die Bedingung für die Gleichheit von $E_p$ und $E_k$:

$$\frac{k}{2}x_m^2\sin^2\omega t = \frac{m}{2}\omega^2 x_m^2\cos^2\omega t = \frac{k}{2}x_m^2\cos^2\omega t = \frac{k}{2}x_m^2(1 - \sin^2\omega t),$$

d. h. $x^2 = x_m^2 - x^2$ oder $x = \pm x_m/\sqrt{2} \approx \pm 0{,}707 x_m$.

**695** Für die Federschwingung $x = x_m \sin \omega t$ mit $\omega^2 = k/m$ ist (vgl. Aufgabe 694):

$$E_p(t) = \frac{k}{2}x^2 = \frac{k}{2}x_m^2 \sin^2 \omega t; \qquad E_k(t) = \frac{m}{2}\dot{x}^2 = \frac{m}{2}\omega^2 x_m^2 \cos^2 \omega t = \frac{k}{2}x_m^2 \cos^2 \omega t.$$

Die zeitlichen Mittelwerte ergeben sich durch Integration über $n$ Periodendauern zu

$$\overline{E}_p = \frac{1}{nT}\int_0^{nT} E_p\,dt = \frac{kx_m^2}{2nT}\int_0^{nT} \sin^2 \omega t\,dt = \frac{kx_m^2}{2nT}\left[\frac{t}{2} - \frac{\sin(2\omega t)}{4\omega}\right]_0^{nT} = \frac{kx_m^2}{4} - \frac{kx_m^2}{4}\frac{\sin(4\pi n)}{4\pi n},$$

$$\overline{E}_k = \frac{1}{nT}\int_0^{nT} E_k\,dt = \frac{kx_m^2}{2nT}\int_0^{nT} \cos^2 \omega t\,dt = \frac{kx_m^2}{2nT}\left[\frac{t}{2} + \frac{\sin(2\omega t)}{4\omega}\right]_0^{nT} = \frac{kx_m^2}{4} + \frac{kx_m^2}{4}\frac{\sin(4\pi n)}{4\pi n}.$$

Man erkennt, dass jeweils der erste Summand unabhängig von $n$ ist. Der zweite Summand wird dagegen null, wenn $n$ entweder ganzzahlig ist (Mittelwertbildung über $n = 1, 2, \ldots$ ganze Periodendauern), oder (falls $n$ nicht ganzzahlig ist) für $n \to \infty$ (Mittelwertbildung über sehr lange Zeiten). In diesen Fällen ist also $\overline{E}_p = \overline{E}_k = kx_m^2/4$. Stets ist $\overline{E}_p + \overline{E}_k = kx_m^2/2 = \text{const.}$

**696** Setzt man die Funktion $x = x_m e^{-\delta t} \sin \omega t$ sowie deren Ableitungen

$$\dot{x} = x_m e^{-\delta t}[-\delta \sin \omega t + \omega \cos \omega t],$$

$$\ddot{x} = x_m e^{-\delta t}[(\delta^2 - \omega^2)\sin \omega t - 2\delta\omega \cos \omega t]$$

in die auf Normalform umgestellte Schwingungsgleichung $\ddot{x} + (\beta/m)\dot{x} + (k/m)x = 0$ ein, so erhält man nach Division durch den gemeinsamen Faktor $x_m e^{-\delta t}$ die Gleichung

$$(\delta^2 - \omega^2)\sin \omega t - 2\delta\omega \cos \omega t - \frac{\beta}{m}\delta \sin \omega t + \frac{\beta}{m}\omega \cos \omega t + \frac{k}{m}\sin \omega t = 0.$$

Vergleich der Koeffizienten von Kosinus- und Sinusfunktion ergibt die beiden Gleichungen

$$-2\delta\omega + \frac{\beta}{m}\omega = 0, \qquad (\delta^2 - \omega^2) - \frac{\beta}{m}\delta + \frac{k}{m} = 0$$

zur Bestimmung von $\delta$ und $\omega$. Daraus ergibt sich

$$\delta = \frac{\beta}{2m} = 10\,\text{s}^{-1}, \qquad \omega = \sqrt{\frac{k}{m} - \delta^2} = \sqrt{\omega_0^2 - \delta^2} = 28{,}3\,\text{s}^{-1}$$

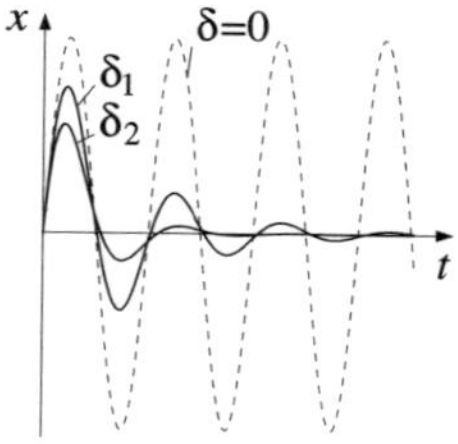


mit der Eigenfrequenz $\omega_0 = \sqrt{k/m} = 30\,\text{s}^{-1}$. Die Dämpfung führt also neben dem exponentiellen Abklingen der Amplitude auch zu einer Verringerung der Frequenz (s. Bild, wobei $\delta_2 > \delta_1$).

**697** (Bild) a) Das logarithmische Dekrement $\Lambda$ ist der natürliche Logarithmus des Quotienten aus zwei aufeinander folgenden phasengleichen Schwingungszuständen oder Amplituden:

$$\Lambda = \ln\frac{x(t)}{x(t+T)} = \ln\frac{e^{-\delta t}}{e^{-\delta(t+T)}} = \delta T.$$

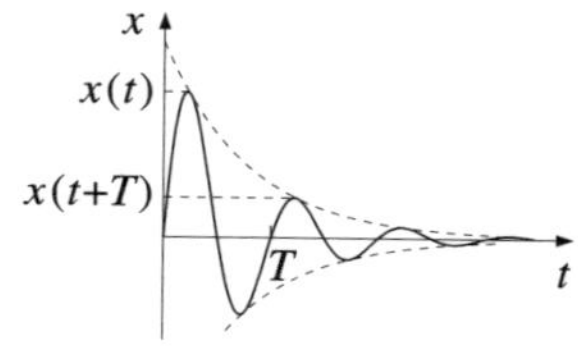


Die Abklingkonstante $\delta$ ergibt sich aus der Kreisfrequenz der gedämpften Schwingung $\omega = \sqrt{\omega_0^2 - \delta^2}$ zu

$$\delta = \sqrt{\omega_0^2 - \omega^2} = 2\pi\sqrt{\frac{1}{T_0^2} - \frac{1}{T^2}}.$$

Für $T = 2T_0$ wird $\delta = 2\pi\sqrt{3}/T$ und $\Lambda = 2\pi\sqrt{3} = 10{,}883$. b) Es ist $\Lambda = \ln(x_{m1}/x_{m2})$. Daraus erhält man $x_{m1}/x_{m2} = e^{\Lambda}$ bzw. $x_{m2} = x_{m1}/e^{\Lambda} = 10\,\text{cm}/(5{,}3 \cdot 10^4) \approx 1{,}9 \cdot 10^{-3}$ mm. Die Schwingung klingt also bereits nach einer Periode praktisch auf null ab; es handelt sich hier somit um starke Dämpfung, entsprechend einem großen Wert des logarithmischen Dekrements $\Lambda$. c) Es ist $\delta = \Lambda/T = 12{,}09\,\text{s}^{-1}$; $\omega = 2\pi/T = 6{,}98\,\text{s}^{-1}$ und $\omega_0 = 2\omega = 13{,}96\,\text{s}^{-1}$ (entsprechend $T = 2T_0$). Wegen $\omega = \sqrt{\omega_0^2 - \delta^2}$ und $\omega_0 > \delta$ liegt hier (gerade noch) der Fall einer periodischen Bewegung vor (Schwingfall, vgl. Aufgabe 699).

**698** a) Für das logarithmische Dekrement gilt

$$\Lambda = \ln\frac{x_{m0}}{x_{m1}} = \ln\frac{x_{m1}}{x_{m2}} = \ldots = \ln\frac{x_{m4}}{x_{m5}}; \qquad \ln\frac{x_{m0}}{x_{m1}} + \ln\frac{x_{m1}}{x_{m2}} + \ldots + \ln\frac{x_{m4}}{x_{m5}} = \ln\frac{x_{m0}}{x_{m5}} = 5\Lambda.$$

Mit $x_{m0}/x_{m5} = 10$ folgt $\Lambda = (\ln 10)/5 = 0{,}4605$. Wegen $\Lambda = \delta T$ wird $\delta = \Lambda/T = 0{,}921\ \mathrm{s^{-1}}$. b) Aus $x = x_m e^{-\delta t}\sin\omega t$ erhält man als Anfangsamplitude ($\sin\omega t = 1$) $x_{m0} = x_m e^{-\delta t}$ und für die Amplitude nach 10 Perioden: $x_{m10} = x_m e^{-\delta(t+10T)} = x_m e^{-\delta t} e^{-10\delta T} = x_{m0}/e^{10\Lambda} = x_{m0}/100$.

**699** Die Masse der schwingenden Flüssigkeit ist $m = \varrho V = \varrho A l$, die Gewichtskraft der überstehenden Flüssigkeitssäule $F_G = \varrho g A(2x)$. Zusammen mit der Reibungskraft $F_R = 8\pi\eta l\dot{x}$ ergibt sich die Bewegungsgleichung $\varrho A l\ddot{x} + 8\pi\eta l\dot{x} + 2\varrho g A x = 0$, bzw. in der Normalform

$$\ddot{x} + \frac{8\pi\eta}{\varrho A}\dot{x} + \frac{2g}{l}x = 0.$$

Daraus lassen sich durch Vergleich mit der Schwingungsdifferentialgleichung ablesen: $\omega_0 = \sqrt{2g/l}$ und $\delta = 4\pi\eta/(\varrho A)$. Die Eigenfrequenz $\omega_0$ der ungedämpften Schwingung ist unabhängig von den Eigenschaften der Flüssigkeit und genau so groß wie die eines mathematischen Pendels mit einer Pendellänge von der Größe der halben Flüssigkeitssäule. Mit den gegebenen Werten erhält man $\omega_0 = 9{,}905\ \mathrm{s^{-1}}$.
a) Für Wasser ist $\delta = 0{,}126\ \mathrm{s^{-1}} \ll \omega_0$. Die Kreisfrequenz ist daher mit $\omega = 9{,}904\ \mathrm{s^{-1}}$ nur geringfügig kleiner als $\omega_0$ bei ungedämpfter Schwingung. Es liegt also hier der Schwingfall vor. b) Für Glycerin ist $\delta = 160\ \mathrm{s^{-1}} \gg \omega_0$; $\omega$ würde imaginär, die Bewegung ist daher unperiodisch. Es ergibt sich der Kriechfall, bei dem die Flüssigkeit nach erfolgter Auslenkung exponentiell in die Gleichgewichtslage „zurückkriecht“, ohne über diese hinauszuschwingen. c) Für Speiseöl ist $\delta = 9{,}9\ \mathrm{s^{-1}} = \omega_0$, d. h. $\omega = 0$. Es liegt der sog. aperiodische Grenzfall vor: Die Flüssigkeit kehrt nach erfolgter Auslenkung *in kürzester Zeit* wieder in die Gleichgewichtslage zurück, ohne auch hier ein weiteres Mal über diese hinauszuschwingen.

**700** (Bild) Es gelten folgende Abhängigkeiten:

$$u_m(\omega) = \frac{\omega_0^2 x_m}{\sqrt{(\omega_0^2 - \omega^2)^2 + (2\delta\omega)^2}};$$

$$\tan\varphi = \frac{2\delta\omega}{\omega_0^2 - \omega^2}.$$

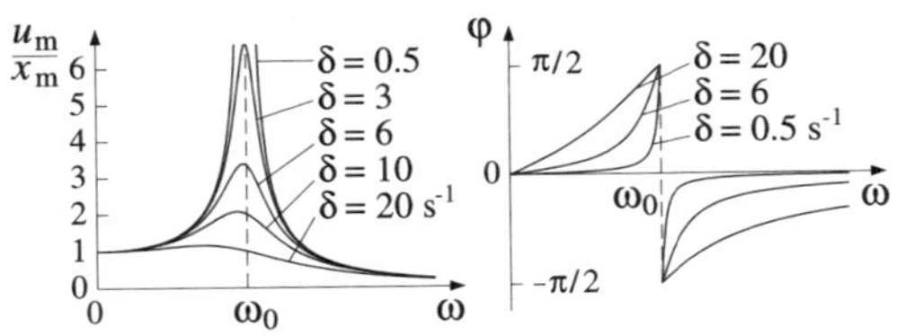


a) Im Resonanzfall ist die Resonatoramplitude $u_m(\omega)$ maximal. Dazu muss der Nenner $N(\omega) = \sqrt{(\omega_0^2 - \omega^2)^2 + (2\delta\omega)^2}$ in der Beziehung für $u_m(\omega)$ ein Minimum annehmen. Aus der Extremwertbedingung $dN/d\omega = [-2(\omega_0^2 - \omega^2)\omega + 4\delta^2\omega]/N(\omega) = 0$ folgt für die Resonanzkreisfrequenz $\omega_R = \sqrt{\omega_0^2 - 2\delta^2} = 24{,}6\ \mathrm{s^{-1}}$ bzw. $f_R = 3{,}9\ \mathrm{Hz}$. Durch die Dämpfung wird also die Resonanzfrequenz $f_R$ gegenüber der Eigenfrequenz $f_0$ ein wenig zu niedrigeren Werten verschoben. b) Mit dem erhaltenen Ausdruck für $\omega_R$ ergibt sich die Resonanzüberhöhung zu

$$\frac{u_m(\omega_R)}{x_m} = \frac{\omega_0}{2\delta\sqrt{1 - (\delta/\omega_0)^2}} = 3{,}63.$$

Die Resonatoramplitude ist also hier ca. 3,6-mal so groß wie die Erregeramplitude und würde mit abnehmender Dämpfung weiter anwachsen. c) Es ist $\tan\varphi = 7{,}04$; die Phase der erzwungenen Schwingung bleibt also um $\varphi = 81{,}9°$ $(0{,}455\pi)$ bzw. $\Delta t = \varphi/\omega_R = 18{,}5\ \mathrm{ms}$ hinter der Erregerschwingung zurück.

**701** Es ist $x_1 = x_0 \sin\omega t$ und $x_2 = x_0 \sin(\omega t + \varphi)$. Als resultierende Schwingung erhält man

$$x = x_1 + x_2 = x_0[\sin\omega t + \sin(\omega t + \varphi)] = 2x_0\cos\frac{\varphi}{2}\sin\left(\omega t + \frac{\varphi}{2}\right) = x_m\sin(\omega t + \varphi_0),$$

also wieder eine harmonische Schwingung unveränderter Frequenz mit der Amplitude $x_m = 2x_0\cos(\varphi/2) = 17{,}32\ \mathrm{cm}$ und der Anfangsphase $\varphi_0 = \varphi/2 = 30°$.

**702** Die Schwingung der Stimmgabel sei durch $x_1 = x_m \sin \omega_1 t$, die der um $\Delta l$ verlängerten Saite durch $x_2 = x_m \sin \omega_2 t$ beschrieben. Da sich hier $\omega_1$ und $\omega_2$ nur wenig voneinander unterscheiden, kann $\omega_1 = \omega$ und $\omega_2 = \omega - \Delta\omega$ mit $\Delta\omega \ll \omega$ angenommen werden. Mit dem Additionstheorem $\sin\alpha + \sin\beta = 2\cos[(\alpha-\beta)/2]\sin[(\alpha+\beta)/2]$ erhält man als Überlagerungsschwingung

$$x_1 + x_2 = 2x_m \cos\left(\frac{\Delta\omega}{2}t\right)\sin\left[\left(\omega - \frac{\Delta\omega}{2}\right)t\right] \approx 2x_m \cos\left(\frac{\Delta\omega}{2}t\right)\sin\omega t,$$

also eine Schwingung mit der Kreisfrequenz $\omega \approx \omega_1 \approx \omega_2$ und der Amplitude $2x_m\cos[(\Delta\omega/2)t]$, die sich periodisch mit der Frequenz $\Delta\omega/2 = |\omega_2 - \omega_1|/2$ zweimal während einer Kosinusperiode von 0 über $2x_m$ bis 0 ändert (Schwebung). Die doppelte Frequenz ist daher die Schwebungsfrequenz $\omega_S = |\omega_2 - \omega_1|$ bzw. $f_S = |f_2 - f_1|$. Die Frequenz der Grundschwingung einer Saite ist $f = \sqrt{\sigma/\varrho}/(2l)$, wobei $\sigma$ die Saitenspannung, $\varrho$ die Dichte und $l$ die Länge der Saite ist (vgl. Aufgabe 777); $f$ ist also zu $l$ umgekehrt proportional, d. h., mit $l_1 = 87{,}4$ cm, $l_2 = l_1 + \Delta l$ und $\Delta l = 0{,}6$ cm gilt $f_1/f_2 = l_2/l_1$. Damit folgt aus obiger Beziehung für $f_S$ durch Elimination von $l_2$ für die Schwingungsfrequenz der Stimmgabel $f_1 = f_S(1 + l_1/\Delta l) = 440$ Hz.

**703** (Bild) Durch Überlagerung der zueinander senkrechten Schwingungen $x = x_m \sin\omega t$ und $y = y_m \sin(\omega t + \Delta\varphi)$ erhält man nach Elimination der Zeit $t$ eine elliptische Schwingung mit folgender Gleichung für die Bahnkurve:

$$\left(\frac{x}{x_m}\right)^2 - \frac{2xy}{x_m y_m}\cos\Delta\varphi + \left(\frac{y}{y_m}\right)^2 = \sin^2\Delta\varphi. \qquad (1)$$

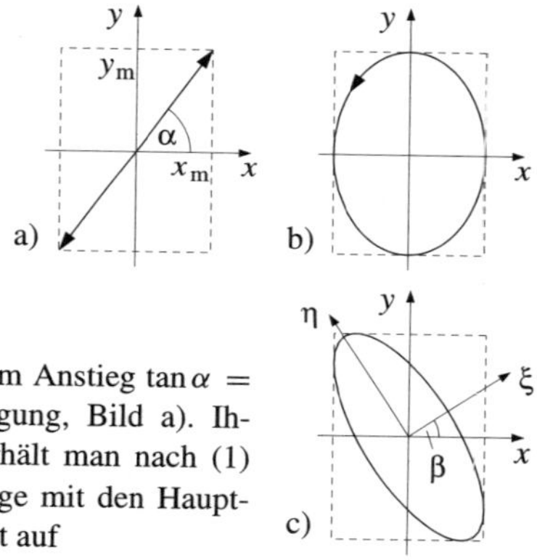


a) Für $\Delta\varphi = 0$ folgt daraus

$$\left(\frac{x}{x_m}\right)^2 - \frac{2xy}{x_m y_m} + \left(\frac{y}{y_m}\right)^2 = \left(\frac{x}{x_m} - \frac{y}{y_m}\right)^2 = 0$$

oder $y = (y_m/x_m)x$, also die Gleichung einer Geraden mit dem Anstieg $\tan\alpha = y_m/x_m = 4/3$, entsprechend $\alpha = 53{,}1°$ (lineare Schwingung, Bild a). Ihre Amplitude ist $\sqrt{x_m^2 + y_m^2} = 5$ cm. b) Für $\Delta\varphi = \pi/2$ erhält man nach (1) $(x/x_m)^2 + (y/y_m)^2 = 1$, d. h. eine Ellipse in Hauptachsenlage mit den Hauptachsen $x_m = 3$ cm und $y_m = 4$ cm (Bild b). c) $\Delta\varphi = 3\pi/4$ führt auf

$$2\left(\frac{x}{x_m}\right)^2 + \frac{2\sqrt{2}xy}{x_m y_m} + 2\left(\frac{y}{y_m}\right)^2 = 1 \quad \text{der Form} \quad Ax^2 + Bxy + Cy^2 = 1 \qquad (2)$$

mit den Konstanten $A = 2/x_m^2 = (2/9)\,\text{cm}^{-2}$, $B = 2\sqrt{2}/(x_m y_m) = (\sqrt{2}/6)\,\text{cm}^{-2}$, $C = 2/y_m^2 = (1/8)\,\text{cm}^{-2}$. Auch (2) beschreibt eine Ellipse in Mittelpunktslage, die sich beim Übergang von $\Delta\varphi = \pi/2$ zu $3\pi/4$ gegenüber Bild b) um einen bestimmten Winkel $\beta$ entgegen dem Uhrzeigersinn gedreht hat (Bild c). Mit der Koordinatentransformation

$$x = \xi\cos\beta - \eta\sin\beta, \qquad y = \xi\sin\beta + \eta\cos\beta \qquad (3)$$

auf ein entsprechend gedrehtes neues $\xi, \eta$-System wird die Ellipse in ihre Hauptachsenlage gebracht. Durch Einsetzen von (3) in (2) erhält man

$$[A\cos^2\beta + (B/2)\sin 2\beta + C\sin^2\beta]\,\xi^2 + [(C-A)\sin 2\beta + B\cos 2\beta]\,\xi\eta +$$
$$[A\sin^2\beta - (B/2)\sin 2\beta + C\cos^2\beta]\,\eta^2 = 1. \qquad (4)$$

Der Faktor vor dem gemischten Term $\xi\eta$ (welcher auf die Drehung hinweist) muss verschwinden, woraus folgt $\tan 2\beta = B/(A-C)$. Mit den o. a. Zahlenwerten für $A$, $B$ und $C$ wird $\tan 2\beta = 2{,}424$; $\beta = 33{,}8°$. Damit folgt aus (4) für die Bahnellipse $0{,}301\,\xi^2 + 0{,}046\,\eta^2 = 1$, entsprechend $\xi^2/a^2 + \eta^2/b^2 = 1$ mit $a = 1{,}82$ cm und $b = 4{,}66$ cm als Hauptachsen.

**704** (Bild) Die Zeiger (komplexe Zahlen) rotieren in der GAUSSschen Zahlenebene mit der Winkelgeschwindigkeit $\omega$, wobei ihre gegenseitige Lage erhalten bleibt. Ihre Projektionen auf die reelle bzw. imaginäre Achse ändern sich dabei zeitlich periodisch gemäß einer cos- bzw. sin-Funktion wie harmonische Schwingungen. Sind $x_1 = x_{m1}\,e^{j(\omega t+\varphi_1)}$ und $x_2 = x_{m2}\,e^{j(\omega t+\varphi_2)}$ mit $\Delta\varphi = \varphi_2 - \varphi_1 = 60°$ die Teilschwingungen und $x = x_m\,e^{j(\omega t+\varphi_1+\psi)}$ die Überlagerungsschwingung, so gilt

$$x = x_1 + x_2 = (x_{m1} + x_{m2}\,e^{j\Delta\varphi})\,e^{j(\omega t+\varphi_1)} = x_m\,e^{j\psi}\,e^{j(\omega t+\varphi_1)}.$$

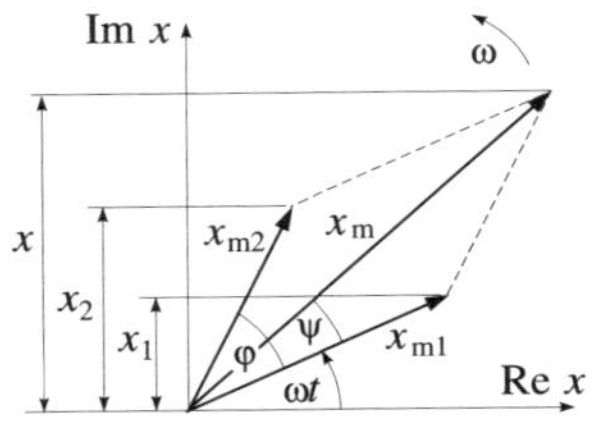


Nach Division durch den Faktor $e^{j(\omega t+\varphi_1)}$ folgt aus der Gleichheit der Real- und Imaginärteile auf beiden Seiten:

$$x_{m1} + x_{m2}\cos\Delta\varphi = x_m\cos\psi; \qquad x_{m2}\sin\Delta\varphi = x_m\sin\psi.$$

Es gilt also für den Phasenwinkel $\psi$ zwischen $x_1$ und $x$:

$$\tan\psi = \frac{\sin\psi}{\cos\psi} = \frac{x_{m2}\sin\Delta\varphi}{x_{m1} + x_{m2}\cos\Delta\varphi} = 0{,}5166; \qquad \psi = 27{,}3°.$$

Weiterhin folgt wegen $\sin^2\psi + \cos^2\psi = 1$ für die Amplitude von $x$:

$$x_m = \sqrt{x_{m1}^2 + x_{m2}^2 + 2x_{m1}x_{m2}\cos\Delta\varphi} = 16{,}0\,\text{cm}.$$

**705** $t = 0{,}01$ s; 0,05 s; 0,07 s; 0,11 s.

**706** $x_{1\,s} = 13$ cm, $x_{2\,s} = x_{5\,s} = -13$ cm, $x_{5\,\min} = 0$.

**707** $x_m = |a_m|T^2/(4\pi^2) = 13$ cm; $\sin\varphi_0 = x_0/x_m$, $\varphi_0 \approx 45°\ (\pi/4)$.

**708** $f_P/f_R = 2$.

**709** Mit $E = (k/2)x_m^2$ und $F = kx_m$ folgt $x_m = 2E/F = 4$ cm.

**710** Mit $\mu = m/2$ (vgl. Aufgabe 688) wird $\omega_0 = \sqrt{A/\mu} = 5{,}79 \cdot 10^{12}\,\text{s}^{-1}$; $f_0 = 9{,}21 \cdot 10^{11}\,\text{s}^{-1}$.

**711** $J = M/(4\pi^2 f_0^2\varphi)$. Mit $M = 35$ N m, $f_0 = 1{,}5$ Hz und $\varphi = \pi/12$ folgt $J = 1{,}5\,\text{kg m}^2$.

**712** a) $J = J_1 T_0^2/(T_1^2 - T_0^2) = 1{,}3 \cdot 10^{-3}\,\text{kg m}^2$; b) $D = 4\pi^2 J_1/(T_1^2 - T_0^2) = 7{,}28 \cdot 10^{-4}$ N m/rad.

**713** $R = \sqrt{2D/k} = 4{,}0$ cm.

**714** Für die hier vorliegende reibungsfreie Drehschwingung gilt die Schwingungsdifferentialgleichung $J\ddot{\varphi} + D\varphi = 0$. Mit $J = ml^2/3$ und dem rücktreibenden Drehmoment $M = -Fl = -D\varphi = -kxl \approx -kl^2\varphi$ folgt daraus $(ml^2/3)\ddot{\varphi} + kl^2\varphi = 0$ bzw. $\ddot{\varphi} + (3k/m)\varphi = \ddot{\varphi} + \omega_0^2\varphi = 0$, d. h. $\omega_0 = \sqrt{3k/m} = 20\,\text{s}^{-1}$, $f_0 = 3{,}2$ Hz.

**715** Das rücktreibende Drehmoment ist bei kleinen Auslenkungen $M = -mgl\sin\varphi - kxa$ (vgl. Aufgabe 692). Mit $x = a\sin\varphi$ und $\sin\varphi \approx \varphi$ folgt $M = -(mgl + ka^2)\varphi$. Aus $M = J\ddot{\varphi}$ und $J = ml^2$ erhält man $\ddot{\varphi} + \omega_0^2\varphi = 0$ mit der Eigenkreisfrequenz $\omega_0 = 2\pi f_0 = \sqrt{g/l + ka^2/(ml^2)}$.

**716** $\ln(x_0/x_m) = n\delta T = \ln 2$; $n = \ln 2/(\delta T) = (f/\delta)\ln 2 = 10$.

**717** Aus $e^{-\delta t} = 0{,}5$ folgt $\delta = (\ln 2)/t = 0{,}0116\,\text{s}^{-1}$. Mit $T = 2{,}006$ s wird $\Lambda = \delta T = 0{,}023$.

**718** a) $\delta = (\ln 100)/(10\,\text{s}) = 0{,}46\,\text{s}^{-1}$. b) Aus $k/m = g/\Delta l = 100\,\text{s}^{-2}$ folgt $\omega_0 = \sqrt{k/m} = 10\,\text{s}^{-1}$ und damit für den aperiodischen Grenzfall $\delta = \omega_0 = 10\,\text{s}^{-1}$. c) Es ist $\delta^2 = \omega_0^2 - \omega^2 = \omega_0^2 - (4\pi^2/T^2)$ und $T^2 = \Lambda^2/\delta^2$, woraus folgt $\delta = \omega_0\Lambda/\sqrt{4\pi^2 + \Lambda^2} = 6{,}9\,\text{s}^{-1}$.

**719** Mit $\omega_R = \sqrt{\omega_0^2 - 2\delta^2}$ als Resonanzkreisfrequenz einer gedämpften Schwingung ist

$$\tan\varphi_R = \frac{2\delta\omega_R}{\omega_0^2 - \omega_R^2} = \frac{\omega_R}{\delta} = \frac{\sqrt{\omega_0^2 - 2\delta^2}}{\delta}.$$

Für $\delta \to 0$ wird somit $\tan\varphi_R \to \infty$ oder $\varphi_R \to \pi/2$, d. h., die Phase der erzwungenen Schwingung bleibt um 90° hinter der Erregung zurück. Die schwingende Masse geht also gerade durch die Gleichgewichtslage, wenn die erregende Kraft maximal ist. Desweiteren folgt für die Resonanzüberhöhung $(u_m/x_m)_R \to \infty$, d. h., im Resonanzfall würde bei fehlender Dämpfung die Resonatoramplitude unendlich groß („Resonanzkatastrophe").

**720** a) Es ist $\omega_R = \sqrt{\omega_0^2 - 2\delta^2} = \sqrt{(k/m) - 2\delta^2} = 11{,}23\,\text{s}^{-1}$ (vgl. Aufgabe 700), womit sich $v = l/T_R = lf_R = l\omega_R/(2\pi) = 21{,}4$ m/s $= 77{,}2$ km/h ergibt. b) Mit $x_m = h/2$ wird $u_m(\omega_R) = \omega_0 x_m/\left[2\delta\sqrt{1 - (\delta/\omega_0)^2}\right] = 10{,}3$ cm.

**721** Es ist $T_2 > T_1$ (wegen $m_2 > m_1$). Aus $1/T_S = 1/T_1 - 1/T_2$ folgt mit $T_S = 50T_1$ die relative Änderung $(T_2 - T_1)/T_1 = 1/49$ ($\approx 2\%$). b) $f_2 = 431{,}2$ Hz.

**722** Aus Gleichung (1) der Lösung von Aufgabe 703 folgt für $y = 0$: $|\sin \Delta\varphi| = x_0/x_m = 0{,}3425$. Wegen des mathematisch negativen Umlaufsinns ist $\Delta\varphi = -20°$, d. h., die $y$-Schwingung eilt der $x$-Schwingung um $20°$ $(0{,}11\pi)$ voraus.

**723** Die LISSAJOUS-Figur wird von der $x$-Achse in 6 Punkten, von der $y$-Achse in 10 Punkten geschnitten, also $\omega_x/\omega_y = (1/6)/(1/10) = 5/3$.

**724** $\varphi = 120°$; $\psi = 60°$ (vgl. Aufgabe 704).

**725** a) Mit der Stromstärke $i = \dot{q}$ ergibt das Induktionsgesetz die Spannung an der Spule $u_L = L(\mathrm{d}i/\mathrm{d}t) = L\ddot{q}$. Die Spannung am Kondensator folgt aus der Definition der Kapazität $C = q/u_C$ zu $u_C = (1/C)q$. Damit ist nach dem Maschensatz

$$L\ddot{q} + \frac{1}{C}q = 0 \qquad \text{bzw.} \qquad \ddot{q} + \frac{1}{LC}q = \ddot{q} + \omega_0^2 q = 0$$

mit der Eigenkreisfrequenz $\omega_0 = 1/\sqrt{LC} = 10^3\ \mathrm{s}^{-1}$ bzw. der Eigenfrequenz $f_0 = \omega_0/(2\pi) = 159$ Hz.
b) Der ohmsche Widerstand dämpft die Schwingungen. Nach dem OHMschen Gesetz ist im Maschensatz zusätzlich der Spannungsabfall $u_R = Ri = R\dot{q}$ zu berücksichtigen, so dass die Schwingungsdifferentialgleichung die Form $\ddot{q} + (R/L)\dot{q} + [1/(LC)]q = 0$ annimmt.

**726** Mit dem angegebenen Lösungsansatz sowie dessen Ableitungen $\dot{q} = (\mathrm{j}\,\omega - \delta)q$ und $\ddot{q} = (\mathrm{j}\,\omega - \delta)^2 q$ folgt aus der Schwingungsdifferentialgleichung eine algebraische Gleichung der Form

$$(\mathrm{j}\,\omega - \delta)^2 + (\mathrm{j}\,\omega - \delta)\frac{R}{L} + \frac{1}{LC} = 0.$$

Realteil und Imaginärteil müssen für sich verschwinden. Aus dem Imaginärteil $-2\delta\omega + \omega(R/L) = 0$ folgt als Abklingkonstante $\delta = R/(2L)$, aus dem Realteil $-\omega^2 + \delta^2 - \delta(R/L) + 1/(LC) = 0$ die Kreisfrequenz

$$\omega = \sqrt{\frac{1}{LC} - \left(\frac{R}{2L}\right)^2} = \sqrt{\omega_0^2 - \delta^2}$$

mit der Eigenkreisfrequenz der ungedämpften Schwingung $\omega_0 = 1/\sqrt{LC}$. Mit den gegebenen Werten wird $\omega_0 = 1000\ \mathrm{s}^{-1}$, $\delta = 500\ \mathrm{s}^{-1}$ und $\omega = 866\ \mathrm{s}^{-1}$.

**727** Die elektrische Energie im Schwingkreis ist $E = (1/2)qu = q^2/(2C)$, wobei sich die Kondensatorladung gemäß $q = q_\mathrm{m}\mathrm{e}^{-\delta t}\mathrm{e}^{\mathrm{j}\,\omega t}$ zeitlich periodisch ändert (vgl. Aufgabe 726). Betrachtet man zwei aufeinander folgende Zeitpunkte, zu denen der Kondensator maximal aufgeladen ist, $t_n = nT$ und $t_{n+1} = (n+1)T$, so sind wegen

$$\mathrm{e}^{\mathrm{j}\,\omega t_n} = \mathrm{e}^{\mathrm{j}\,n\omega T} = \mathrm{e}^{\mathrm{j}\,2\pi n} = \cos(2\pi n) + \mathrm{j}\,\sin(2\pi n) = 1$$

(und ebenso $\mathrm{e}^{\mathrm{j}\,\omega t_{n+1}} = 1$) die zugehörigen Ladungen $q_n = q_\mathrm{m}\mathrm{e}^{-n\delta T}$, $q_{n+1} = q_\mathrm{m}\mathrm{e}^{-(n+1)\delta T}$ und somit die Energien

$$E_n = \frac{q_\mathrm{m}^2}{2C}\left(\mathrm{e}^{-n\delta T}\right)^2, \qquad E_{n+1} = \frac{q_\mathrm{m}^2}{2C}\left[\mathrm{e}^{-(n+1)\delta T}\right]^2 = \frac{q_\mathrm{m}^2}{2C}\left(\mathrm{e}^{-n\delta T}\right)^2\cdot \mathrm{e}^{-2\delta T} = E_n\mathrm{e}^{-2\delta T}.$$

Der an $R$ in Wärme umgesetzte Energieanteil beträgt dann mit $T = 5\cdot 10^{-4}$ s und $\delta = 80\ \mathrm{s}^{-1}$ je Periodendauer $(E_n - E_{n+1})/E_n = 1 - \mathrm{e}^{-2\delta T} = 0{,}077$, entsprechend $7{,}7\%$.

**728** a) Einmalige Differentiation der Schwingungsdifferentialgleichung nach der Zeit ergibt

$$L\frac{\mathrm{d}^2 i}{\mathrm{d}t^2} + R\frac{\mathrm{d}i}{\mathrm{d}t} + \frac{1}{C}i = \frac{\mathrm{d}u}{\mathrm{d}t}.$$

Mit $i = I_0\mathrm{e}^{\mathrm{j}\,(\omega t - \varphi)}$, $\mathrm{d}i/\mathrm{d}t = \mathrm{j}\,\omega I_0\mathrm{e}^{\mathrm{j}\,(\omega t-\varphi)} = \mathrm{j}\,\omega i$, $\mathrm{d}^2 i/\mathrm{d}t^2 = -\omega^2 i$, $u = U_0\mathrm{e}^{\mathrm{j}\,\omega t}$, $\mathrm{d}u/\mathrm{d}t = \mathrm{j}\,\omega u$ und $\mathrm{e}^{\mathrm{j}\,\varphi} = \cos\varphi + \mathrm{j}\,\sin\varphi$ folgt nach Division durch den (zeitabhängigen) Faktor $\mathrm{e}^{\mathrm{j}\,\omega t}$

$$\left(-\omega^2 L + \mathrm{j}\,\omega R + \frac{1}{C}\right) I_0 = \mathrm{j}\,\omega U_0(\cos\varphi + \mathrm{j}\,\sin\varphi).$$

Trennung von Real- und Imaginärteil ergibt die beiden Gleichungen

$$\cos\varphi = R\frac{I_0}{U_0} \qquad \text{und} \qquad \sin\varphi = \left(\omega L - \frac{1}{\omega C}\right)\frac{I_0}{U_0},$$

woraus man mit $\omega_0^2 = 1/(LC)$ und $\delta = R/(2L)$ (vgl. Aufgabe 726) für die Phasenverschiebung

$$\tan\varphi = \frac{\sin\varphi}{\cos\varphi} = \frac{\omega L - 1/(\omega C)}{R} = \frac{\omega^2 - \omega_0^2}{2\delta\omega}, \qquad \varphi = \arctan\left(\frac{\omega^2 - \omega_0^2}{2\delta\omega}\right)$$

erhält. Das Amplitudenverhältnis ist wegen $\sin^2\varphi + \cos^2\varphi = 1$:

$$\frac{U_0}{I_0} = \sqrt{\left(\omega L - \frac{1}{\omega C}\right)^2 + R^2}, \qquad I_0(\omega) = \frac{U_0}{R}\frac{2\delta\omega}{\sqrt{(\omega^2 - \omega_0^2)^2 + (2\delta\omega)^2}}.$$

Der erste Ausdruck ist aus der Wechselstromlehre als Scheinwiderstand $Z$ des Reihenschwingkreises bekannt. b) Im Resonanzfall wird die Stromstärke $I_0(\omega)$ maximal bzw. das Amplitudenverhältnis $U_0/I_0$ minimal. Dies ist für $\omega_R L = 1/(\omega_R C)$ oder $\omega_R = \omega_0 = 1/\sqrt{LC}$ der Fall. Im Gegensatz zum Resonanzverhalten mechanischer Schwingungen hängt $\omega_R$ hier nicht von der Dämpfung ab (vgl. Aufgabe 700). Aus obigen Gleichungen folgt bei Resonanz $\varphi = 0$ und $I_0(\omega_0) = U_0/R$. c) Mit der Eigenkreisfrequenz des ungedämpften Schwingkreises $\omega_0 = 1/\sqrt{LC} = 10^3\,\text{s}^{-1}$ folgt $\varphi_1 = -24{,}2°$, d. h., $i$ eilt $u$ voraus (sog. kapazitives Verhalten); $\varphi_2 = 0°$ (Resonanz); $\varphi_3 = +20{,}1°$, d. h., $u$ eilt $i$ voraus (sog. induktives Verhalten). Man vergleiche hierzu Aufgabe 667!

**729** Die Teilstromstärke durch die Reihenschaltung von $L$ und $R$ ergibt sich aus $L(\mathrm{d}i/\mathrm{d}t) + Ri = u$ zu $I_{01} = U_0 e^{j\varphi}/(R + j\omega L)$, die Teilstromstärke durch den Kondensator aus $(1/C)\int i\,\mathrm{d}t = u$ zu $I_{02} = j\omega C U_0 e^{j\varphi}$. Die Gesamtstromstärke $I_0 = I_{01} + I_{02}$ ergibt sich daraus (nach Erweitern mit dem konjugiert komplexen Ausdruck $R - j\omega L$) zu

$$I_0 = \frac{U_0}{R^2 + \omega^2 L^2} e^{j\varphi}\left[R + j\omega(R^2 C + \omega^2 L^2 C - L)\right].$$

Da $\varphi = 0$ und die Amplitude $I_0$ stets reell ist, muss der Imaginärteil auf der rechten Seite verschwinden. Daraus errechnet sich die gesuchte Kapazität zu $C = L/(R^2 + \omega^2 L^2) = 33{,}4\,\mu\text{F}$. Es ist dann $I_0 = U_0 R/|Z|^2 = I_0 R^2/|Z|^2$, d. h. $|Z| = R$. Vgl. auch Aufgabe 673.

**730** Aus der Bedingung

$$I_0(\omega) = \frac{U_0}{|Z|} = \frac{I_0(\omega_0)}{\sqrt{2}} = \frac{U_0}{\sqrt{2}R} \qquad \text{mit} \qquad |Z| = \sqrt{R^2 + \left(\omega L - \frac{1}{\omega C}\right)^2}$$

folgt durch Quadrieren $R^2 + [\omega L - 1/(\omega C)]^2 = 2R^2$ und $|\omega L - 1/(\omega C)| = R$. Nach Division durch $L$ und Einsetzen der Resonanzfrequenz erhält man $|\omega - \omega_0^2/\omega| = R/L$ bzw. $|\omega^2 - \omega_0^2| = \omega R/L$. Dies ergibt zwei Gleichungen für $\omega_+$ und $\omega_-$: $\omega_+^2 - \omega_0^2 = \omega_+ R/L$ und $\omega_0^2 - \omega_-^2 = \omega_- R/L$. Addiert man beide Gleichungen, so erhält man

$$\omega_+^2 - \omega_-^2 = (\omega_+ + \omega_-)(\omega_+ - \omega_-) = (\omega_+ + \omega_-)\frac{R}{L} \qquad \text{oder} \qquad \Delta\omega = \omega_+ - \omega_- = \frac{R}{L}.$$

Die Resonanzbreite des Reihenschwingkreises ist somit gleich der doppelten Abklingkonstante $\delta$: $\Delta\omega = 2\delta$, so dass die Resonanzkurve mit wachsender Dämpfung immer breiter wird. Mit den gegebenen Werten ist $\omega_0 = 1000\,\text{s}^{-1}$ und $\Delta\omega = 100\,\text{s}^{-1}$. Bei Anregung eines schwingungsfähigen Systems durch ein Frequenzgemisch tragen im Wesentlichen nur die innerhalb der Resonanzbreite liegenden Frequenzen zur Resonanzüberhöhung bei.

**731** a) Mit $\Delta\omega = R/L$ (s. Aufgabe 730 oben) und $\omega_0 = 1/\sqrt{LC}$ wird $Q_R = \omega_0/\Delta\omega = \sqrt{L/C}/R = 10$. b) $\Delta\omega$ berechnen wir analog zur Aufgabe 730 mit

$$|Y| = \sqrt{\frac{1}{R^2} + \left(\omega C - \frac{1}{\omega L}\right)^2} \qquad \text{(Scheinleitwert der Parallelschaltung).}$$

Für $\omega = \omega_R = \omega_0 = 1/\sqrt{LC}$ nimmt $|Y|$ den Minimalwert $|Y_R| = 1/R$ an. Aus der Bedingung für die Stromstärke $I_0(\omega) = U_0|Y| = I_0(\omega_0)/\sqrt{2} = U_0/(\sqrt{2}R)$ erhält man hier $|\omega^2 - \omega_0^2| = \omega/(RC)$ und daraus $\Delta\omega = 1/(RC)$. Somit wird $Q_\mathrm{P} = \omega_0/\Delta\omega = R\sqrt{C/L} = 14{,}8$.

**732** Die gegebene Funktion ist wegen $u(-t) = -u(t)$ eine ungerade Funktion, so dass von den FOURIER-Koeffizienten $a_n$ und $b_n$ nur die Koeffizienten $b_n$ der Sinusfunktionen

$$b_n = \frac{2}{\tau}\int_0^\tau u(t)\sin(n\omega t)\,\mathrm{d}t \quad (n = 1, 2, 3, \ldots), \qquad \omega = \frac{\pi}{\tau}$$

zu bestimmen sind. Man erhält mit $\int x\sin(ax)\,\mathrm{d}x = (1/a^2)\sin(ax) - (1/a)x\cos(ax)$:

$$b_n = \frac{2}{\tau}\int_0^\tau \frac{U_0}{\tau}t\sin\left(\frac{n\pi}{\tau}t\right)\mathrm{d}t = \frac{2U_0}{(n\pi)^2}\left[\sin\left(\frac{n\pi}{\tau}t\right) - \left(\frac{n\pi}{\tau}t\right)\cos\left(\frac{n\pi}{\tau}t\right)\right]_0^\tau = -\frac{2U_0}{n\pi}\cos(n\pi).$$

Die Sinusfunktion im ersten Term der eckigen Klammer verschwindet dabei in den angegebenen Grenzen. Wegen $\cos(n\pi) = (-1)^n$ folgt $b_n = (2U_0/\pi)(-1)^{n+1}/n$. Damit ergibt sich die Darstellung der Funktion $u(t)$ als FOURIER-Reihe zu

$$u(t) = \sum_{n=1}^{\infty} b_n\sin(n\omega t) = \frac{2U_0}{\pi}\left[\sin(\omega t) - \frac{1}{2}\sin(2\omega t) + \frac{1}{3}\sin(3\omega t) - \frac{1}{4}\sin(4\omega t) + \ldots\right].$$

**733** Wegen $f_0 = 1/(2\pi\sqrt{LC})$ und $C = \varepsilon_0 A/d$ für den leeren bzw. $C' = \varepsilon_\mathrm{r}\varepsilon_0 A/d$ für den gefüllten Plattenkondensator ist $C'/C = (f_0/f_0')^2 = \varepsilon_\mathrm{r} = 2{,}1$.

**734** a) Es ist $q_\mathrm{m} = CU_0 = 10^{-5}$ A s (Amplitude) und $\omega_0 = 1/\sqrt{LC} = 10^4\ \mathrm{s}^{-1}$ bzw. $f_0 = 1592$ Hz. b) Die Frequenz der Schwingung verringert sich auf Grund der Dämpfung durch den Widerstand auf $f = \sqrt{1/(LC) - [R/(2L)]^2}/(2\pi) = 1574$ Hz. c) $R < 2\sqrt{L/C} = 200\ \Omega$.

**735** a) $\Delta i/i = (1 - \mathrm{e}^{-\Lambda})100\% = 63{,}2\%$; b) $\Delta E/E = (1 - \mathrm{e}^{-2\Lambda})100\% = 86{,}5\%$.

**736** Mit $L = N^2\mu_\mathrm{r}\mu_0 A/l$ folgt $f = f_0/\sqrt{\mu_\mathrm{r}} = 3$ kHz.

**737** a) Bei der Resonanzfrequenz $f_\mathrm{R} = f_0 = 1/(2\pi\sqrt{LC}) = 1592$ Hz; b) $I_0(f_0) = U_0/R = 600$ mA; c) $\Delta\omega = R/L = 2\delta = 2000\ \mathrm{s}^{-1}$; d) $\omega_0/\Delta\omega = (1/R)\sqrt{L/C} = 5$.

**738** Die gesuchte Funktion hat einen dreieckförmigen Verlauf, wobei die Zeiten zwischen den Maximal- und Minimalwerten (Anstiegs- und Abfallszeit) gleich sind.

**739** $f = 1/T = 1{,}0$ kHz; $c = \lambda f = 340$ m/s; $\omega = 2\pi f = 6{,}28\cdot 10^3\ \mathrm{s}^{-1}$; $k = 2\pi/\lambda = 18{,}5\ \mathrm{m}^{-1}$.

**740** Mit Hilfe der Zusammenhänge $\omega = 2\pi f = 2\pi/T$, $k = 2\pi/\lambda$ und $c = \lambda f = \omega/k$ ergeben sich die gleichwertigen Darstellungen

$$\text{a) } u = u_\mathrm{m}\sin\left[2\pi\left(\frac{t}{T} - \frac{x}{\lambda}\right)\right]; \quad \text{b) } u = u_\mathrm{m}\sin\left[2\pi f\left(t - \frac{x}{c}\right)\right] = u_\mathrm{m}\sin\left[\omega\left(t - \frac{x}{c}\right)\right];$$

c) $u = u_\mathrm{m}\sin(\omega t - kx)$. d) In komplexer Schreibweise ist $u = u_\mathrm{m}\mathrm{e}^{\mathrm{j}(\omega t - kx)} = u_\mathrm{m}[\cos(\omega t - kx) + \mathrm{j}\sin(\omega t - kx)]$, wobei Real- und Imaginärteil um $\pi/2$ phasenverschobene Wellen beschreiben.

**741** (Bild) Die Wellenfunktion lautet allgemein

$$u(t, x) = u_\mathrm{m}\sin(\omega t - kx + \varphi_0) \qquad (1)$$

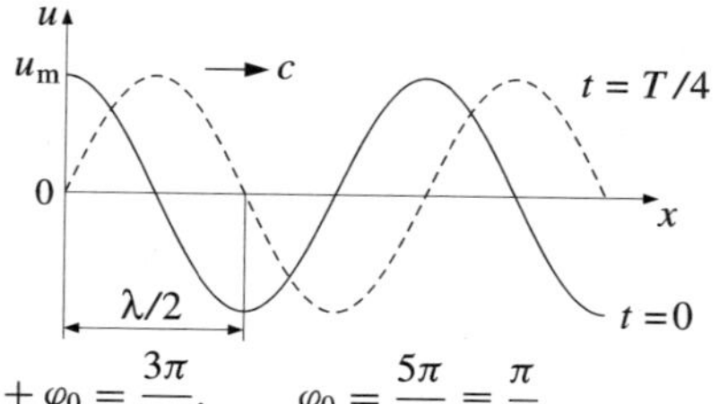


mit der Kreisfrequenz $\omega = 2\pi f$, der Wellenzahl $k = 2\pi/\lambda$ und der Anfangsphase $\varphi_0$ (Phasenwinkel für den Ort der Erregung $x = 0$ zum Zeitpunkt $t = 0$). a) Im vorliegenden Fall ist $u(0, \lambda/2) = -u_\mathrm{m}$ (Wellental), d. h. nach (1)

$$\sin\left(0 - \frac{k\lambda}{2} + \varphi_0\right) = \sin(-\pi + \varphi_0) = -1; \qquad -\pi + \varphi_0 = \frac{3\pi}{2}, \qquad \varphi_0 = \frac{5\pi}{2} \equiv \frac{\pi}{2}.$$

Damit erhält man nach (1) als Wellenfunktion

$$u(t, x) = u_\mathrm{m}\sin(\omega t - kx + \pi/2) = u_\mathrm{m}\cos(\omega t - kx). \qquad (2)$$

b) Aus (2) folgt für $x = 0$ (Quelle der Erregung) die Schwingung $u(t, 0) = u_m \cos \omega t$ mit der Geschwindigkeit $v(t, 0) = \dot{u}(t, 0) = -\omega u_m \sin \omega t$ und der Beschleunigung $a(t, 0) = \dot{v}(t, 0) = -\omega^2 u_m \cos \omega t$. Mit $\omega = 25{,}1\ \mathrm{s}^{-1}$ erhält man daraus für $t = 0$: $u(0, 0) = u_m = 5{,}0\ \mathrm{cm}$, $v(0, 0) = 0$, $a(0, 0) = -\omega^2 u_m = -31{,}6\ \mathrm{m/s^2}$ und für $t = T/4$, d. h. $\omega t = \pi/2$: $u(T/4, 0) = 0$, $v(T/4, 0) = -\omega u_m = -1{,}26\ \mathrm{m/s}$, $a(T/4, 0) = 0$.

**742** Die Phase ist gleich dem Argument $\varphi = \omega t - kx$ der Sinusfunktion. Betrachtet man eine bestimmte, konstante Phase $\varphi = \mathrm{const}$ (z. B. einen Wellenberg mit $\varphi = \pi/2$, entsprechend $u = u_m \sin \varphi = u_m$), so verschiebt sich die zugehörige Elongation $u = u_m \sin \varphi$ mit ständig wachsender Zeit $t$ wegen $x = (\omega t - \varphi)/k$ stetig zu größeren $x$-Werten. a) Mit den Zahlenwerten ist $\varphi = \omega t - kx = \omega t_1 - kx_1 = 1{,}05 \approx \pi/3$ (60°), womit man $x = (\omega/k)t - \pi/(3k) = (8{,}2\ \mathrm{m/s})t - 0{,}42\ \mathrm{m}$ erhält. b) Die Phasengeschwindigkeit folgt daraus zu

$$c = \frac{\mathrm{d}x}{\mathrm{d}t} = \frac{\omega}{k} = \frac{2\pi/T}{2\pi/\lambda} = \frac{\lambda}{T} = \lambda f = 8{,}2\ \mathrm{m/s}.$$

c) Das nächstgelegene Teilchen der Welle mit gleicher Elongation befindet sich im gleichen Schwingungszustand $u(t, x) = u_m \sin \varphi$. Wegen der Periodizität $2\pi$ der Sinusfunktion muss also $\varphi \pm 2\pi = \omega t_1 - k(x_1 \pm \Delta x)$ sein, woraus folgt $k\,\Delta x = 2\pi$ oder $\Delta x = 2\pi/k = \lambda = 2{,}51\ \mathrm{m}$ (Wellenlänge).

**743** Aus $u_1(t, x) = u_m \sin(\omega t - kx + \varphi_1)$ folgt mit der Randbedingung $u_1(0, 0) = u_m$ (Wellenberg): $\sin \varphi_1 = 1$; $\varphi_1 = \pi/2$. Damit wird

$$u_1(t, x) = u_m \sin(\omega t - kx + \pi/2) = u_m \cos(\omega t - kx). \tag{1}$$

An der Reflexionsstelle befindet sich ein Schwingungsknoten (Reflexion am dichteren Medium), einfallende und reflektierte Welle löschen sich dort also gegenseitig aus, d. h., es gilt zu allen Zeiten $u_1(t, l) + u_2(t, l) = 0$ bzw. $u_1(t, l) = -u_2(t, l)$. Mit dem Ansatz

$$u_2(t, x) = u_m \sin(\omega t + kx + \varphi_2) \tag{2}$$

für die (in $-x$-Richtung laufende) reflektierte Welle und (1) für die einfallende Welle folgt daraus

$$u_m \cos(\omega t - kl) = -u_m \sin(\omega t + kl + \varphi_2) = u_m \cos(\omega t + kl + \varphi_2 + \pi/2).$$

Somit ist $\varphi_2 = -2kl - \pi/2$ und die Wellenfunktion der reflektierten Welle nach (2)

$$u_2(t, x) = u_m \sin(\omega t + kx - 2kl - \pi/2) = u_m \cos(\omega t + kx - 2kl + \pi). \tag{3}$$

Für $x = l$ wird, wie gefordert, $u_2 = -u_1$, entsprechend einem Phasensprung der Welle an der Reflexionsstelle von $\Delta\varphi = (\omega t + kl - 2kl + \pi) - (\omega t - kl) = \pi$. Ein ankommender Wellenberg läuft nach der Reflexion demnach als Wellental zurück (und umgekehrt).

**744** a) Für die reflektierte Welle haben wir anzusetzen $u_2(t, x) = u_m \sin(\omega t + kx + \varphi_2)$. An der Reflexionsstelle entsteht ein Schwingungsbauch, d. h., einfallende und reflektierte Welle verstärken sich bei $x = l$ zu bestimmten Zeiten $t_n$ zur maximalen Auslenkung

$$u_m \sin(\omega t_n - kl) + u_m \sin(\omega t_n + kl + \varphi_2) = \pm 2u_m.$$

Dies ist der Fall für $\omega t_n - kl = (2n + 1)(\pi/2)$ und $\omega t_n + kl + \varphi_2 = (2n + 1)(\pi/2)$ mit $n = 0, 1, 2, \ldots$, woraus $\varphi_2 = -2kl$ und $t_n = (2n + 1)\pi/(2\omega) + kl/\omega = (2n + 1)(T/4) + l/c$ ($l/c$ Laufzeit von $x = 0$ bis $x = l$) folgt. Es wird somit $u_2(t, x) = u_m \sin(\omega t + kx - 2kl)$. b) Für $x = l$ ist stets $u_1 = u_2$, d. h., die Welle erleidet an der Reflexionsstelle keinen Phasensprung; ein Wellenberg/Wellental läuft nach der Reflexion wieder als Wellenberg/Wellental zurück.

**745** Zwischen Phasendifferenz $\Delta\varphi$ und Gangunterschied $\Delta L$ besteht der Zusammenhang $\Delta\varphi = k\,\Delta L = (2\pi/\lambda)\Delta L$. Mit der Überlagerung $u = u_1 + u_2 = u_m(1 + \mathrm{e}^{\mathrm{j}\,\Delta\varphi})\mathrm{e}^{\mathrm{j}\,(\omega t - kx)}$ unter Beachtung von $\mathrm{e}^{\mathrm{j}\,\Delta\varphi} = \cos \Delta\varphi + \mathrm{j}\,\sin \Delta\varphi$ ist der Realteil der resultierenden Amplitude ($|\mathrm{e}^{\mathrm{j}\,(\omega t - kx)}| = 1$)

$$u_m(1 + \cos \Delta\varphi) = \begin{cases} 2u_m & \text{für } \cos \Delta\varphi = 1 \quad \text{bei } \Delta\varphi = 2n\pi, \quad \Delta L = n\lambda \\ 0 & \text{für } \cos \Delta\varphi = -1 \quad \text{bei } \Delta\varphi = (2n + 1)\pi, \quad \Delta L = n\lambda + (\lambda/2) \end{cases}$$

mit $n = 0, 1, 2, \ldots$ als Ordnung der Interferenz.

**746** (Bild) Für die Interferenzmaxima muss der Gangunterschied $\Delta L$ als Differenz der Abstände $r_1 = \overline{Q_1 P}$ und $r_2 = \overline{Q_2 P}$ für alle Punkte $P$ maximaler Verstärkung gleich $|r_1 - r_2| = n\lambda$ sein. Diese Bedingung wird durch die Hyperbel als geometrischer Ort aller Punkte, für die die Differenz der Abstände von zwei festen Punkten konstant ist, erfüllt. Die Interferenzmaxima einer bestimmten Ordnung $n$ liegen also auf den zwei Ästen einer Hyperbel mit den Quellpunkten $Q_1$ und $Q_2$ als Brennpunkte. Der Abstand der Scheitelpunkte beider Hyperbeläste muss gleich $n\lambda < d$ sein. Die höchste Ordnung der Interferenz ist also der größte ganzzahlige Wert $n$, der die Bedingung $n < d/\lambda$ erfüllt; er hängt damit vom Verhältnis des Quellpunktabstandes zur Wellenlänge ab.

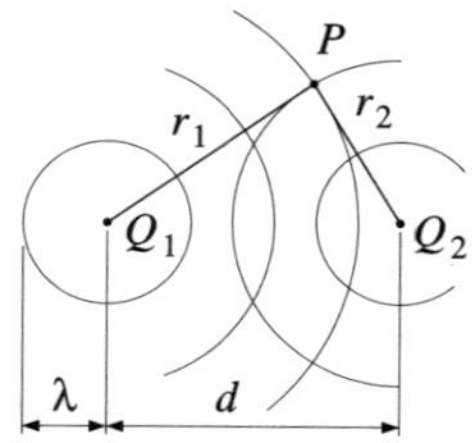


**747** a) Die Überlagerung der Wellenzüge entgegengesetzter Ausbreitungsrichtung und Phase

$$u_1 = u_m \cos(\omega t - kx) \quad \text{und}$$
$$u_2 = -u_m \cos(\omega t + kx - 2kl)$$

(s. Aufgabe 743, Lösung) ergibt die stehende Welle

$$u = u_1 + u_2$$
$$= 2u_m \sin(\omega t - kl) \sin(kx - kl).$$

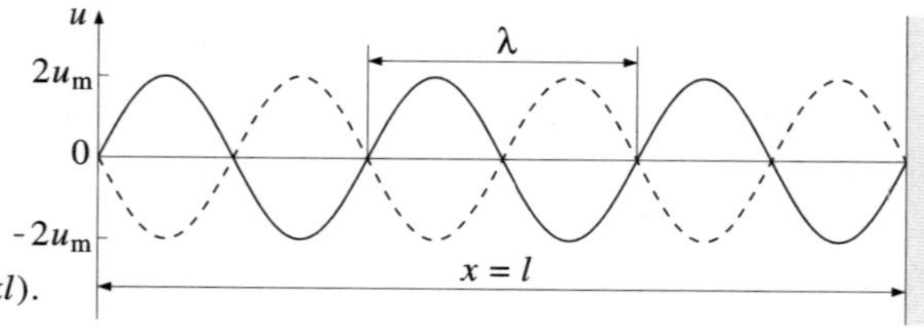


Die für laufende Wellen typische Verknüpfung von Zeit $t$ und Ortskoordinate $x$ im Argument der sin- bzw. cos-Funktion, die das Fortschreiten der Phase anzeigt, tritt in der Wellenfunktion der stehenden Welle nicht mehr auf; in ihr sind $t$ und $x$ entkoppelt. Der stehenden Welle entspricht demnach eine Schwingung (Eigenschwingung) $\sin(\omega t - kl)$ der Frequenz $\omega$ mit der ortsabhängigen Amplitude $2u_m \sin(kx - kl)$. b) Für $k(x_K - l) = -n\pi$ $(n = 0, 1, 2, \ldots)$, d. h. bei $x_K = l - n\pi/k = l - n(\lambda/2) = 3$ m; 2,5 m; …; 0,5 m; 0 ist die Amplitude null. Hier liegen die Schwingungsknoten. Schwingungsbäuche mit maximaler Amplitude $2u_m$ bilden sich für $k(x_B - l) = -n\pi - \pi/2$, d. h. bei $x_B = l - n\pi/k - \pi/(2k) = l - (2n+1)(\lambda/4) = 2{,}75$ m; 2,25 m; …; 0,25 m. Der Abstand zwischen zwei benachbarten Knoten oder Bäuchen beträgt also jeweils $\lambda/2$ (Bild).

**748** (Bild) a) Die Resultierende aus den Teilwellen

$$u_1 = u_m \sin(\omega_1 t - k_1 x) \quad \text{und} \quad u_2 = u_m \sin(\omega_2 t - k_2 x)$$

ist mit $\omega_1 - \omega_2 = \Delta\omega$, $k_1 - k_2 = \Delta k$ und $(\omega_1 + \omega_2)/2 = \omega$, $(k_1 + k_2)/2 = k$:

$$u = u_1 + u_2 = 2u_m \cos\left(\frac{\Delta\omega}{2}t - \frac{\Delta k}{2}x\right) \sin(\omega t - kx)$$
$$= A(t, x) \sin(\omega t - kx), \qquad (1)$$

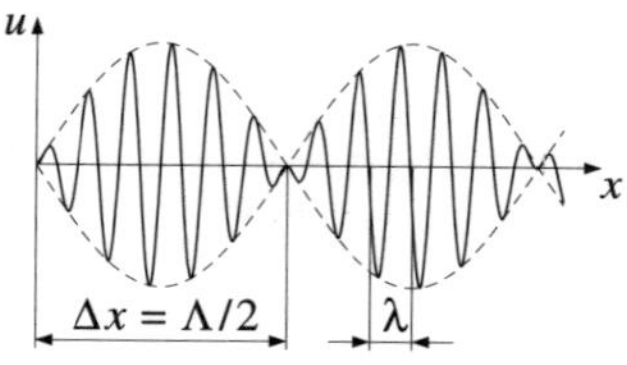


entsprechend einer harmonischen Welle mit der orts- und zeitabhängigen Amplitude $A(t, x)$. b) Die Tonfrequenz der Welle (1) ist $f = \omega/(2\pi) = (f_1 + f_2)/2 = 439$ Hz, entsprechend $\lambda = c/f = 0{,}774$ m. c) Nach (1) ist die Amplitude der Schwebung

$$A(t, x) = 2u_m \cos\left(\frac{\Delta\omega}{2}t - \frac{\Delta k}{2}x\right) = 2u_m \cos\left[2\pi\left(\frac{t}{T} - \frac{x}{\Lambda}\right)\right]$$

mit der Schwebungsdauer $T_S = T/2 = 2\pi/\Delta\omega$ bzw. der Schwebungsfrequenz $f_S = 1/T_S = f_1 - f_2 = 2$ Hz. Die Breite einer Wellengruppe ist

$$\Delta x = \frac{\Lambda}{2} = \frac{2\pi}{\Delta k} = \frac{1}{(1/\lambda_1) - (1/\lambda_2)} = \frac{c}{f_1 - f_2} = \frac{c}{f_S} = 170 \text{ m}.$$

**749** Wenn wie hier die Phasengeschwindigkeit $c$ eine Funktion der Wellenlänge $\lambda$ ist, liegt Dispersion vor, und es muss zwischen Phasen- und Gruppengeschwindigkeit $c_g$ unterschieden werden. a) Für $\lambda = 10$ m ist $c = \sqrt{g\lambda/(2\pi)} = 3{,}95$ m/s. $c_g$ ist die Geschwindigkeit, mit der sich z. B. die Maxima einer Schwebung fortpflanzen (vgl. Aufgabe 748, Lösung). Diese folgen nach der dortigen Gleichung (1) dem

Weg-Zeit-Gesetz $(\Delta\omega/2)t - (\Delta k/2)x = 0$, ihre Geschwindigkeit ist also $c_g = x/t = \Delta\omega/\Delta k$ bzw. $= \mathrm{d}\omega/\mathrm{d}k$ oder wegen $\lambda = 2\pi/k$, $\mathrm{d}\lambda/\mathrm{d}k = -2\pi/k^2 = -\lambda/k$ und $\omega = kc$:

$$c_g = \frac{\mathrm{d}\omega}{\mathrm{d}k} = \frac{\mathrm{d}(kc)}{\mathrm{d}k} = c + k\frac{\mathrm{d}c}{\mathrm{d}k} = c + k\frac{\mathrm{d}c}{\mathrm{d}\lambda}\frac{\mathrm{d}\lambda}{\mathrm{d}k} = c - \lambda\frac{\mathrm{d}c}{\mathrm{d}\lambda}. \qquad (1)$$

Aus der obigen Dispersionsrelation $c(\lambda)$ folgt $\mathrm{d}c/\mathrm{d}\lambda = \sqrt{g/(8\pi\lambda)} = c/(2\lambda)$ und somit $c_g = c/2 \approx 2$ m/s. Es ist also $\mathrm{d}c/\mathrm{d}\lambda > 0$ (mit wachsender Wellenlänge $\lambda$ nimmt $c$ zu) und nach (1) $c_g < c$, d. h., es liegt normale Dispersion vor. b) Für $\lambda = 5 \cdot 10^{-3}$ m ist $c = \sqrt{2\pi\sigma/(\varrho\lambda)} = 0{,}30$ m/s. Man erhält $\mathrm{d}c/\mathrm{d}\lambda = -\sqrt{\pi\sigma/(2\varrho\lambda^3)} = -c/(2\lambda) < 0$ (mit wachsendem $\lambda$ nimmt $c$ ab) und somit $c_g = c + (c/2) = 1{,}5c = 0{,}453$ m/s $> c$, d. h. anomale Dispersion.

**750** (Bild) Das mit Überschallgeschwindigkeit $v > c$ fliegende Geschoss erzeugt nacheinander bei $Q$ und $Q'$ die kugelförmigen Elementarwellen, die sich in den Zeiten $\Delta t$ bzw. $\Delta t'$, in denen es die Strecken $\overline{QQ''} = v\,\Delta t$ bzw. $\overline{Q'Q''} = v\,\Delta t'$ zurücklegt, nach dem HUYGENSschen Prinzip in alle Richtungen um die Radien $\overline{QP} = c\,\Delta t$ bzw. $\overline{Q'P'} = c\,\Delta t'$ ausbreiten. Die entstehende kegelförmige Kopfwelle $PP'Q''$ als Einhüllende aller Elementarwellen bildet mit der Flugrichtung den MACHschen Winkel $\alpha$, der sich aus $\sin\alpha = \overline{QP}/\overline{QQ''} = \overline{Q'P'}/\overline{Q'Q''} = c/v = 1/Ma$ ($Ma$ = MACH-Zahl) ergibt. Für $\alpha = 35°$ wird $v = 593$ m/s $= 2134$ km/h $\approx 1{,}74\,Ma$.

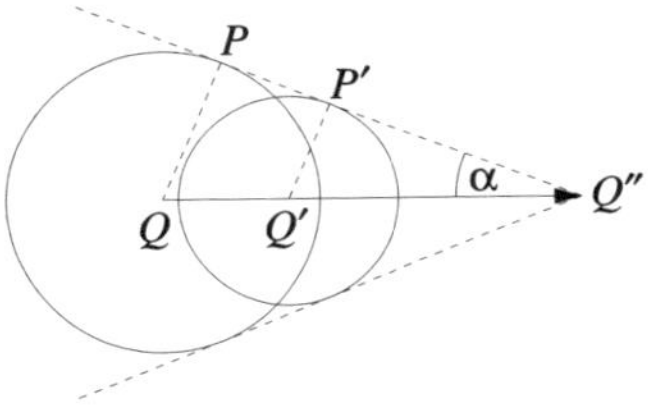


**751** (Bild) a) Bei bewegter Schallquelle und ruhendem Beobachter gilt $f = f_0/(1 \mp v/c)$ mit (−) bei Annäherung und (+) bei Entfernung. Maßgebend für die Frequenzänderung ist die Geschwindigkeitskomponente $v = v_0 \sin\varphi$ in Richtung der Verbindungsgeraden von Rennwagen (R) und Beobachter (B). Mit $\varphi < 0$ bei Annäherung von links und $\varphi > 0$ nach dem Vorbeifahren wird somit $f = f_0/[1 + (v_0/c)\sin\varphi]$. Die Frequenz ändert sich also nicht sprunghaft, sondern nimmt kontinuierlich von $f_0/(1 - v_0/c)$ auf $f_0/(1 + v_0/c)$ ab und ist im Moment des Vorbeifahrens $f = f_0$. b) Mit $\cos\varphi = l/e$, $\sin\varphi = \sqrt{1 - (l/e)^2}$ wird $f/f_0 = 1/[1 \mp (v_0/c)\sqrt{1 - (l/e)^2}]$. Für $v_0/c = 0{,}22$ erhält man bei Annäherung auf $e/l = 10$; 2; 1: $f/f_0 = 1{,}28$; 1,24; 1 und bei Entfernung auf $e/l = 2$; 10: $f/f_0 = 0{,}84$; 0,82, insgesamt also eine Frequenzverringerung auf 64%.

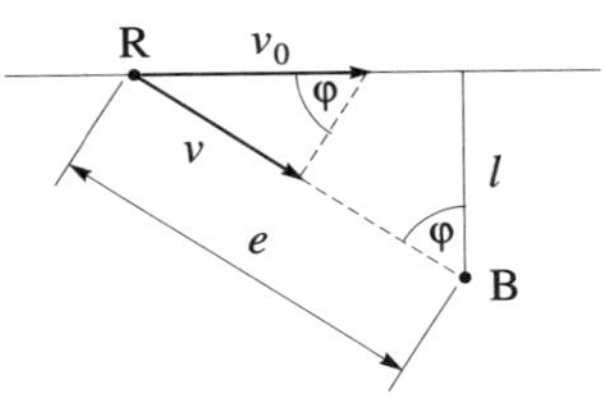


**752** Für eine davoneilende Lichtquelle gilt $f = f_0/(1 + v/c)$ bzw. wegen $f = c/\lambda$: $\lambda = \lambda_0(1 + v/c)$ oder $\lambda - \lambda_0 = \Delta\lambda = (v/c)\lambda_0$, woraus folgt $v = c(\Delta\lambda/\lambda_0) = 15\,890$ km/s. – *Anmerkung:* Diese Beziehung gilt nur für $z = \Delta\lambda/\lambda_0 \lessapprox 0{,}2$; sie folgt für $v \lessapprox 0{,}2c = 60\,000$ km/s aus der relativistischen Formel $v = c[(1+z)^2 - 1]/[(1+z)^2 + 1]$.

**753** $f = 2{,}5$ Hz; $T = 0{,}4$ s.

**754** $u = u_m \sin[2\pi f\left(t - \frac{x}{c}\right)] = 0{,}5u_m$ für $t = 0$; $-2\pi f x_1/c = \pi/6$ (30°), $x_1 = -10$ cm.

**755** a) $u(t,x) = u_m \sin(\omega t + kx + \varphi_0)$ mit $\omega = 2\pi f$ und $k = 2\pi/\lambda$. Mit der vorgegebenen Randbedingung wird $u(t,x_1) = u_m \sin(\omega t + \pi + \varphi_0) = u_m \sin\omega t$, d. h. $\varphi_0 = -\pi$ und damit

$$u(t,x) = u_m \sin(\omega t + kx - \pi) = -u_m \sin(\omega t + kx) = -u_m \sin\left[2\pi\left(ft + \frac{x}{\lambda}\right)\right].$$

b) $u = -u_m \sin(2\pi) = 0$.

**756** Die gesuchte Wellenlänge ergibt sich aus der Bedingung $\mathrm{d}c/\mathrm{d}k = 0$ zu $\lambda_{min} = 2\pi\sqrt{\sigma/(\varrho g)} = 1{,}7$ cm, womit folgt $c_{min} = \sqrt[4]{4\sigma g/\varrho} = 0{,}231$ m/s.

**757** a) $\Delta x = n_1\lambda_1 = n_2\lambda_2 = n_1 c/f_1 = n_2 c/f_2$; $n_1/n_2 = f_1/f_2 = 7/6$, also $n_1 = 7$, $n_2 = 6$ und damit $\Delta x = 7c/f_1 = 6c/f_2 = 5{,}6$ m; b) $\Delta t = \Delta x/c = 0{,}017$ s.

**758** $u_1 = u_m \sin\omega_1(t - x/c_1)$ und $u_2 = u_m \sin\omega_2(t - x/c_2)$. Schwebungswelle:

$$u_1 + u_2 = 2u_m \sin\left[\frac{\omega_1+\omega_2}{2}t - \frac{x}{2}\left(\frac{\omega_1}{c_1} + \frac{\omega_2}{c_2}\right)\right] \cos\left[\frac{\omega_1-\omega_2}{2}t - \frac{x}{2}\left(\frac{\omega_1}{c_1} - \frac{\omega_2}{c_2}\right)\right].$$

$c_g$ ist diejenige Geschwindigkeit, mit der sich die Amplitude der Schwebung (cos-Funktion = 1) fortpflanzt (vgl. Aufgabe 748), d. h.

$$\frac{\omega_1-\omega_2}{2}t - \frac{x}{2}\left(\frac{\omega_1}{c_1} - \frac{\omega_2}{c_2}\right) = 0, \qquad \frac{x}{t} = c_g = \frac{\omega_1-\omega_2}{(\omega_1/c_1)-(\omega_2/c_2)} = \frac{\Delta\omega}{\Delta k} = 0{,}225 \text{ m/s}.$$

**759** $\Delta L = [2(n+z)+1]\lambda/2 - (2n+1)\lambda/2 = z\lambda$; $\Delta\varphi = k\,\Delta L = (2\pi/\lambda)\,\Delta L = 2\pi z$.

**760** Für das erste Interferenzminimum gilt $\Delta L = L_1 - L_2 = \lambda/2$; $\lambda = 1{,}22$ m; $f = 279$ Hz.

**761** a) und b): $f_n = c/\lambda_n = nc/(2l)$ mit $n = 1, 2, 3, \ldots$. Mit $f_1 = 100$ Hz (Grundschwingung) wird $f_n = nf_1 = 200$ Hz, 300 Hz, ... (2., 3., ... Oberschwingung). c) $f_1 = c/(4l) = 50$ Hz; $f_n = (2n-1)f_1 = 150$ Hz, 250 Hz, ....

**762** (Bild) An den Stabenden befinden sich Schwingungsbäuche. Es ist $u(t,x) = 2u_m \sin\omega t \cos kx$ mit $k = n\pi/l$ bzw. $l = n(\lambda/2)$, $n = 1, 2, 3, \ldots$. Hier ist $n = 2$.

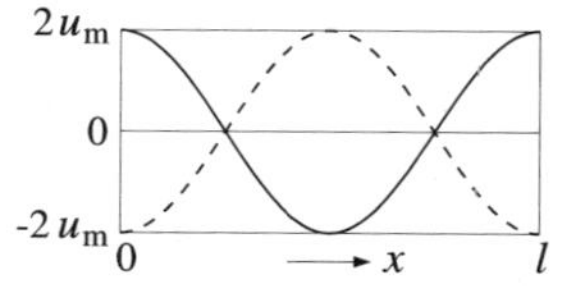

Aufgabe 762

**763** Mit $c = 340$ m/s wird $\lambda = c/f = 77{,}3$ cm; $l = \lambda/4 \approx 20$ cm.

**764** $\lambda/4 = 20$ cm; $\lambda = 80$ cm; $f = c/\lambda = 425$ Hz.

**765** Frequenz der emittierten Wellen $f_e = 9{,}4 \cdot 10^9$ Hz, Frequenz der reflektierten Wellen $f_r = f_e/[1-(v/c)]$, Schwebungsfrequenz $f_S = f_r - f_e$; $v = c/[(f_e/f_S)+1] \approx 120$ km/h.

**766** Da Quelle und Empfänger beide die Geschwindigkeit $v$ haben, folgt für die Empfangsfrequenz bei gegenseitiger Annäherung $f = f_0(c+v)/(c-v)$. Mit $\gamma = f/f_0 = 9/8$ erhält man $v = c(\gamma-1)/(\gamma+1) = c/17 = 20$ m/s $= 72$ km/h.

**767** Der Stern nähert sich uns (Violettverschiebung) mit der Geschwindigkeit $v = c\,\Delta\lambda/\lambda_0 = 103$ km/s (vgl. Aufgabe 752).

**768** $c_g = \dfrac{h}{2\pi m}k$.

**769** a) $c_g = \mathrm{d}\omega/\mathrm{d}k = (\omega_m a/2)\cos(ka/2)$. b) Für $\lambda \gg a$ oder $ka \ll 2\pi$ gilt die Näherung $\sin(ka/2) \approx ka/2$ und somit $\omega(k) = \omega_m \sin(ka/2) \approx \omega_m ka/2$, $c_g = \mathrm{d}\omega/\mathrm{d}k = \omega/k = \omega_m a/2 = c$, d. h. $\omega$ hängt linear von $k$ ab; die Gruppengeschwindigkeit ist konstant und gleich der Phasengeschwindigkeit. c) $c_g = 0$. Dies folgt für $ka/2 = \pi/2$, d. h. $k = \pi/a$ oder $\lambda = 2a$.

**770** $\lambda = c/f \approx 17$ mm ... 21 m.

**771** Bei einer Umdrehung je Sekunde ist die Frequenz $f = z$ Hz, bei $n = 20$ Umdrehungen/s ist $f = nz = 300$ Hz.

**772** Sind Gasdruck $p$ und Gasdichte $\varrho$ gegeben, so berechnet sich die Schallgeschwindigkeit eines Gases nach $c = \sqrt{\varkappa p/\varrho}$ mit $\varkappa = C_{mp}/C_{mV}$ als Adiabatenexponent ($C_{mp}$, $C_{mV}$ Molwärmen, vgl. Aufgabe 433). Für ein zweiatomiges Gas ($O_2$, $N_2$ mit jeweils 5 Molekül-Freiheitsgraden) ist mit $R_m$ als molarer Gaskonstante $C_{mV} = (5/2)R_m$ und $C_{mp} = C_{mV} + R_m = (7/2)R_m$, d. h. $\varkappa = 1{,}4$. Damit wird $c_0 = 331{,}6$ m/s (Normwert).

**773** Es ist $c = \sqrt{\varkappa R_m T/M}$ (diese Beziehung ist identisch mit der in Aufgabe 772, wenn dort für die Dichte $\varrho = M/V_m$ und gemäß der Zustandsgleichung $p = R_m T/V_m$ gesetzt wird). Mit $R_m = 8{,}3145$ J/(mol K) erhält man für $T_1 = (273{,}15+30)$ K $= 303{,}15$ K: $c_1 = 349{,}4$ m/s und damit wegen $c_1/c_2 = \sqrt{T_1/T_2}$ für $T_2 = (273{,}15-20)$ K $= 253{,}15$ K: $c_2 = 319{,}3$ m/s. Einem Grad Temperaturerhöhung entspricht also eine Vergrößerung von $c$ um $0{,}6$ m/s.

**774** Für die Schallgeschwindigkeit in Flüssigkeiten gilt $c = \sqrt{K/\varrho}$. Dabei ist $\varrho$ die Dichte und $K$ der Kompressionsmodul der Flüssigkeit (reziproker Wert der Kompressibilität, vgl. Aufgabe 246). Dieser gibt die Druckzunahme $\Delta p$ (auf 10 m Wassertiefe beträgt sie 1 bar $= 10^5$ Pa) bezogen auf die damit verbundene relative Volumenabnahme $-\Delta V/V$ bzw. Dichtezunahme $\Delta\varrho/\varrho$ an, also $K = -\Delta p/(\Delta V/V) = \Delta p/(\Delta\varrho/\varrho)$ (wegen $\varrho = m/V$ bzw. nach Differentiation mit $m = $ const: $\Delta\varrho/\Delta V =$

$-m/V^2 = -\varrho/V$). Hier ist $\Delta p = 10^7$ Pa und $\Delta\varrho/\varrho = 0{,}0046$, womit $K = 2{,}17 \cdot 10^9$ Pa und $c = 1450$ m/s folgt.

**775** Die Wellenlänge der Grundschwingung des in der Mitte eingespannten Messingstabes ist $\lambda_M = 2l$ (an jedem Stabende ein Wellenbauch), womit sich als Schwingungsfrequenz des Stabes $f = c_M/\lambda_M = c_M/(2l)$ ergibt. Diese ist gleich der Frequenz der vom Stab abgestrahlten Schallwellen in Luft $c_L/\lambda_L$; es gilt also $c_M/\lambda_M = c_L/\lambda_L$, woraus folgt $c_M = c_L(\lambda_M/\lambda_L) = c_L(2l/\lambda_L) = 3460$ m/s. Die Schallgeschwindigkeit in einem dünnen Stab ist $c = \sqrt{E/\varrho}$, woraus mit den Werten für Messing folgt $E = \varrho c_M^2 = 1{,}03 \cdot 10^{11}$ Pa $= 103$ GPa.

**776** Nach dem HOOKEschen Gesetz $\sigma = E\varepsilon$ erhält man mit der Dehnung $\varepsilon = \Delta l/l$, der Zugspannung $\sigma = F/A = mg/A$ und dem Elastizitätsmodul $E$ als Längenänderung $\Delta l = l\varepsilon = l\sigma/E = lmg/(EA)$. Die Geschwindigkeit der longitudinalen Schallwellen in einem dünnen Stab ist $c = \sqrt{E/\varrho} = l/t$, woraus man $E = \varrho l^2/t^2$ erhält. Dies oben eingesetzt, ergibt $\Delta l = mgt^2/(\varrho l A) = 0{,}45$ mm.

**777** Die Phasengeschwindigkeit von Seilwellen (Transversalwellen) berechnet sich aus $c = \sqrt{\sigma/\varrho}$. Da für die zwischen den beiden festen Enden der Saite sich ausbildenden stehenden Wellen der Wellenlänge $\lambda$ (Eigenschwingungen) stets $l = n(\lambda/2)$ mit $n = 1, 2, 3, \ldots$ gilt, folgt für die Frequenz der $n$-ten harmonischen Oberschwingung

$$f_n = \frac{c}{\lambda_n} = \frac{n}{2l}c = \frac{n}{2l}\sqrt{\frac{\sigma}{\varrho}} \quad \text{mit der Frequenz der Grundschwingung} \quad f_1 = \frac{1}{2l}\sqrt{\frac{\sigma}{\varrho}}. \tag{1}$$

a) Für $f_1 = 200$ Hz (Grundschwingung) ergibt sich daraus eine Saitenspannung von $\sigma = 4\varrho l^2 f_1^2 = 2 \cdot 10^8$ Pa $= 0{,}2$ GPa. Mit $A = \pi d^2/4 = 1{,}96 \cdot 10^{-7}$ m$^2$ wird die Zugkraft $F = \sigma A = 39{,}2$ N. b) Es ist jetzt mit $l' = l/2$, $d' = 2d$ bzw. $A' = 4A$ sowie $F' = F/4$ nach (1):

$$f_1' = \frac{1}{2l'}\sqrt{\frac{F'}{\varrho A'}} = \frac{1}{4l}\sqrt{\frac{F}{\varrho A}} = \frac{f_1}{2} = 100\,\text{Hz}.$$

**778** Der Schallpegel $L$ (gemeinsame Bezeichnung für Schallintensitäts- und Schalldruckpegel) ist definiert durch

$$L/\text{dB} = 10\lg\frac{J}{J_0} = 20\lg\frac{p}{p_0}, \tag{1}$$

wobei $J$ die Schallintensität oder Schallstärke (in W/m$^2$) und $p = p_m/\sqrt{2}$ der Effektivwert des Schallwechseldruckes oder Schalldruckes mit $p_m$ als Schallwechseldruckamplitude (in Pa $\equiv$ N/m$^2$) ist. Bezugsgrößen dabei sind $J_0 = 10^{-12}$ W/m$^2$ (Hörschwelle beim 1000-Hz-Ton) und $p_0 = 2 \cdot 10^{-5}$ Pa (zu $J_0$ gehöriger effektiver Schalldruck). Für $J = J_0$ bzw. $p = p_0$ ist also $L = 0$. Es gilt $J \sim p^2$, daher in (1) bei lg $p$ der Faktor 20 statt 10 bei lg $J$. a) Es ist nach (1)

$$\Delta L = L_2 - L_1 = 10\lg\frac{J_2}{J_0} - 10\lg\frac{J_1}{J_0} = 10\lg\frac{J_2}{J_1},$$

d. h. $J_2/J_1 = 10^{\Delta L/10}$, mit $\Delta L = 1$ dB also $J_2/J_1 = 1{,}26$. b) Entsprechend folgt aus (1) mit $\Delta L = 1$ dB für das Verhältnis der Schalldrücke $p_2/p_1 = 10^{\Delta L/20} = 1{,}12$.

**779** Der Lautstärkepegel $\Lambda$, gemessen in phon, stimmt bei der Frequenz 1000 Hz mit dem Schallpegel $L$, gemessen in Dezibel (vgl. Aufgabe 778), überein: $\Lambda = 10\lg(J/J_0)$. Demnach ist a) $\Lambda_1 = 10$ phon; b) $\Lambda_2 = 20$ phon; c) $\Lambda_3 = 50$ phon; d) $\Lambda_4 = 120$ phon. Die Schmerzgrenze des menschlichen Ohres liegt bei 130 phon.

**780** Das Schalldämmaß, gemessen in dB, ist definiert durch $R = L_1 - L_2 = 10\lg(J_1/J_2)$, wobei $J_1$ und $L_1$ Schallintensität und Schallpegel außen und $J_2$ und $L_2$ die entsprechenden Größen innen sind. a) Aus $L_2 = 40$ dB und $R = 50$ dB folgt $L_1 = L_2 + R = 90$ dB (Hupe, Druckluftbohrer). b) Es ist $\lg(J_1/J_2) = R/10 = 5$, somit $J_1/J_2 = 10^5$.

**781** Für den Schallpegel mehrerer Schallquellen gilt $L_{ges} = 10\lg[(J_1 + J_2 + \ldots)/J_0]$, bei $n$ Quellen gleicher Schallstärke $J$ bzw. gleichem Schallpegel $L = 10\lg(J/J_0)$ also

$$L_{ges} = 10\lg\frac{nJ}{J_0} = 10\lg\frac{J}{J_0} + 10\lg n = L + 10\lg n.$$

Für $n = 8$ folgt somit eine Zunahme des Außenpegels um $\Delta L = L_{ges} - L = 10\lg n = 9$ dB von 70 dB auf 79 dB; der in Aufgabe 780 berechnete zulässige Außenpegel von 90 dB wird also nicht überschritten.

**782** a) Aus der Schallleistung $P$ erhält man $J = P/A$, wobei für $A$ hier die um die Schallquelle herum gedachte Kugelfläche $4\pi r^2 = 5027\ \text{m}^2$ zu setzen ist. Damit wird $J = 19{,}9\ \text{mW/m}^2$. Die Schalldruckamplitude berechnet sich daraus zu $p_m = \sqrt{2J\varrho c} = 4{,}0$ Pa und ihr Effektivwert zu $p = p_m/\sqrt{2} = \sqrt{J\varrho c} = 2{,}83$ Pa. b) Der Schalldruckpegel ist $L = 20\lg(p/p_0) = 103$ dB (mit $p_0 = 2\cdot 10^{-5}$ Pa, s. Aufgabe 778); er ist – wie man leicht nachrechnet – gleich dem Schallintensitätspegel $L = 10\lg(J/J_0)$ mit $J_0 = 10^{-12}\ \text{W/m}^2$ (Hörschwelle). c) Aus $J$ erhält man die Schallenergiedichte $w = E/V = J/c$; für das Luftvolumen $V = 10^{-3}\ \text{m}^3$ folgt daraus eine Schallenergie von $E = wV = JV/c = 5{,}85\cdot 10^{-8}$ W s $= 58{,}5$ nJ.

**783** Schallgeschwindigkeit: $c = c_0 + \Delta c = (331{,}6 + 25\cdot 0{,}6)$ m/s $= 346{,}6$ m/s; $\lambda = c/f = 99$ cm.

**784** a) He als Edelgas ist einatomig, daher ist $\varkappa = 5/3 = 1{,}67$ sowie $M = 4\cdot 10^{-3}$ kg. Für $T \approx 1073$ K wird damit $c = \sqrt{\varkappa R_m T/M} = 1930$ m/s. b) $c = \sqrt{\varkappa R_m T/M} = 268$ m/s.

**785** $c = \sqrt{K/\varrho} = 1453$ m/s, $h = c(\Delta t/2) = 2100$ m.

**786** $c = \sqrt{E/\varrho} = 5120$ m/s, $x = 3{,}2$ m.

**787** $\lambda/2 \geq 4\cdot 10^{-3}$ m; $f = c/\lambda \leq 42{,}5$ kHz (Ultraschallbereich).

**788** $f = \sqrt{E/\varrho}/(2l) = 2{,}7$ MHz; $\lambda = c/f = 0{,}126$ mm.

**789** $F = 4mlf_1^2 = 96$ N.

**790** a) $(1 + 10\lg 2)$ dB $= 4$ dB; b) $(100 + 10\lg 2)$ dB $= 103$ dB. Schwache Geräusche werden also sehr gut unterschieden, während bei starkem Lärm kaum Unterschiede empfunden werden.

**791** a) Mit $J_2 = 10^3 J_1$ wird $\Delta L = 10\lg(J_2/J_1) = 30$ dB. b) Aus $\Delta L = 20\lg(p_2/p_1) = 30$ dB folgt $p_2/p_1 = 10^{1{,}5} = 31{,}6$.

**792** $\Delta L = 10\lg(J_2/J_1) = 3$ dB; $J_2/J_1 = 10^{0{,}3}$; $J_2 = 2J_1 = 20\ \mu\text{W/cm}^2$.

**793** a) Wegen $P_2/P_1 = J_2/J_1 = 2$ ist $\Delta L = L_2 - L_1 = 10\lg 2 = +3$ dB. b) Mit $J = P/A$ und $A = 4\pi r^2$ ist $J \sim 1/r^2$, also $J_2/J_1 = (r_2/r_1)^{-2} = 1/4$; $\Delta L = -10\lg 4 = -6$ dB.

**794** a) $p_m = \sqrt{2}\,p = 1{,}0$ Pa; b) aus $p = \varrho c v$ folgt $v_m = p_m/(\varrho c) = 2{,}4$ mm/s; c) $w = mv_m^2/(2V) = \varrho v_m^2/2 = 3{,}5\ \mu\text{J/m}^3$; d) $J = wc = 1{,}2\ \text{mW/m}^2$; e) $L = 10\lg(J/J_0) \approx 91$ dB.

**795** Aus $p = \sqrt{J\varrho c} = 2{,}9$ Pa folgt die Schallintensität $J = p^2/(\varrho c) = 20\ \text{mW/m}^2$ und aus $J = P/A$ mit $A = 2\pi r^2$ (Halbraum) die Schallleistung $P = 2\pi r^2 J \approx 50$ W.

**796** Wir bilden die zweiten partiellen Ableitungen von (1a) nach $x$ und $t$:

$$\frac{\partial E_y}{\partial x} = -\frac{\omega}{c}E_0\cos\left[\omega\left(t - \frac{x}{c}\right)\right], \qquad \frac{\partial^2 E_y}{\partial x^2} = -\frac{\omega^2}{c^2}E_0\sin\left[\omega\left(t - \frac{x}{c}\right)\right],$$

$$\frac{\partial E_y}{\partial t} = \omega E_0\cos\left[\omega\left(t - \frac{x}{c}\right)\right], \qquad \frac{\partial^2 E_y}{\partial t^2} = -\omega^2 E_0\sin\left[\omega\left(t - \frac{x}{c}\right)\right].$$

Durch Vergleich mit (2a) folgt $c = 1/\sqrt{\varepsilon\mu} = 1/\sqrt{\varepsilon_0\varepsilon_r\mu_0\mu_r}$. Einsetzen von (1b) in (2b) führt zum gleichen Ergebnis. Für das Vakuum mit $\varepsilon_r = 1$ und $\mu_r = 1$ erhält man somit $c_0 = 1/\sqrt{\varepsilon_0\mu_0} = 299\,792\,458$ m/s (Vakuum-Lichtgeschwindigkeit). Für alle Nichtleiter ist $\varepsilon_r > 1$ und $\mu_r \approx 1$, weshalb also (für hinreichend große Wellenlängen) gilt: $c = c_0/\sqrt{\varepsilon_r} < c_0$.

**797** Der Abstand benachbarter Schwingungsbäuche ist gleich der halben Wellenlänge $\lambda/2 = (c/f)/2$. Die Phasengeschwindigkeit $c_L$ in Luft ist nahezu gleich $c_0 = 1/\sqrt{\varepsilon_0\mu_0}$. In der Flüssigkeit ist $c = 1/\sqrt{\varepsilon_0\varepsilon_r\mu_0\mu_r}$ mit $\mu_r \approx 1$. Damit wird $\varepsilon_r = (c_0/c)^2 = (\lambda_0/\lambda)^2 = (\Delta l_0/\Delta l)^2 = 4{,}74$.

**798** Für Kupfer ist $\mu_r \approx 1$; damit wird a) mit $\omega = 2\pi f = 6{,}28 \cdot 10^8\ \text{s}^{-1}$: $\delta = 3{,}3\ \mu\text{m}$; b) mit $f = c_0/\lambda = 5{,}0 \cdot 10^{14}$ Hz dagegen nur $\delta \approx 1{,}5$ nm.

**799** Bei einer im freien Raum sich ausbreitenden ebenen elektromagnetischen Welle besteht zwischen elektrischer und magnetischer Feldstärke Proportionalität und Phasengleichheit; es gilt $E = ZH$ mit dem Wellenwiderstand

$$Z = \frac{E}{H} = \sqrt{\frac{\mu}{\varepsilon}} = \sqrt{\frac{\mu_0\mu_r}{\varepsilon_0\varepsilon_r}}.$$

a) Für Nichtleiter ist $\mu_r \approx 1$; für Wasser wird somit $Z = 41{,}9\ \Omega$, b) für das Vakuum ($\varepsilon_r = 1$, $\mu_r = 1$) $Z_0 = \sqrt{\mu_0/\varepsilon_0} = 376{,}73\ \Omega \approx (120\pi)\ \Omega$.

**800** Der Wellenwiderstand elektrischer Leitungen ist $Z = u_0/i_0 = \sqrt{L'/C'}$ mit dem Kapazitätsbelag $C'$ und dem Induktivitätsbelag $L'$ (Kapazität bzw. Induktivität je Längeneinheit). Für das Koaxialkabel gilt mit $\varrho = b/a$ (vgl. Aufgabe 512, Lösung): $C' = 2\pi\varepsilon_0\varepsilon_r/\ln\varrho$. Im Ausdruck für $L'$ (vgl. Aufgabe 649, Lösung) kann der Summand 1/4, der den Anteil des Innenleiters am gesamten Magnetfeld angibt, gegenüber $\ln\varrho$ (Außenleiter) bei hohen Frequenzen auf Grund des Skineffektes vernachlässigt werden, so dass $L' = \mu_0 \ln\varrho/(2\pi)$ wird. Daraus folgt

$$Z = \sqrt{\frac{L'}{C'}} = \frac{1}{2\pi\sqrt{\varepsilon_r}}\sqrt{\frac{\mu_0}{\varepsilon_0}}\ln\varrho = \frac{Z_0}{2\pi\sqrt{\varepsilon_r}}\ln\varrho \approx \frac{60\ \Omega}{\sqrt{\varepsilon_r}}\ln\frac{b}{a}.$$

$Z$ hängt im Gegensatz zum ohmschen Widerstand $R$ nicht von der Länge des Kabels ab. Mit den Zahlenwerten wird $Z = 75{,}0\ \Omega$ (im Unterschied zum Vakuum mit $Z_0 \approx 377\ \Omega$; s. Aufgabe 799).

**801** Es ist $c = 1/\sqrt{L'C'}$ mit dem Kapazitätsbelag $C' = 2\pi\varepsilon_0\varepsilon_r/\ln\varrho$ und dem Induktivitätsbelag $L' = \mu_0\ln\varrho/(2\pi)$ (s. Lösung zu voriger Aufgabe). Damit wird

$$c = \frac{1}{\sqrt{L'C'}} = \frac{1}{\sqrt{\varepsilon_0\varepsilon_r\mu_0}} = \frac{c_0}{\sqrt{\varepsilon_r}} = 0{,}66\,c_0 = 1{,}98 \cdot 10^8\ \text{m/s}.$$

**802** Der POYNTING-Vektor ist $\boldsymbol{S} = \boldsymbol{E} \times \boldsymbol{H} = E_0H_0\sin^2(\omega t - kx)\boldsymbol{i}$. Er gibt nach Größe und Richtung den Energiefluss je Flächen- und Zeiteinheit für die mit der Welle transportierte elektromagnetische Energie an. Hier strömt die Energie in $x$-Richtung (Ausbreitungsrichtung der Welle). Der zeitliche Mittelwert des Betrages von $\boldsymbol{S}$ bei $x = 0$, den man z. B. durch Integration über eine Periodendauer $T$ erhält, ist

$$S = E_0H_0\,\frac{1}{T}\int_0^T \sin^2\omega t\,\mathrm{d}t = \frac{E_0H_0}{2\pi}\left[\frac{\omega t}{2} - \frac{1}{4}\sin(2\omega t)\right]_0^T = \frac{1}{2}E_0H_0 = E_{\text{eff}}H_{\text{eff}}$$

mit den effektiven Feldstärken $E_{\text{eff}} = E_0/\sqrt{2}$, $H_{\text{eff}} = H_0/\sqrt{2}$. Somit ist $S = 1{,}8 \cdot 10^{-10}\ \text{W/m}^2$.

**803** Die Strahlungsintensität der (isotrop) abgestrahlten elektromagnetischen Wellen nimmt quadratisch mit dem Abstand $r$ ab: $S = P/(4\pi r^2) = E_{\text{eff}}H_{\text{eff}} = (1/Z_0)E_{\text{eff}}^2 = \sqrt{\varepsilon_0/\mu_0}E_{\text{eff}}^2 = E_{\text{eff}}^2/(\mu_0c_0)$, d. h., für die effektive elektrische Feldstärke gilt folgende Abhängigkeit von der Entfernung $r$ vom Sender:

$$E_{\text{eff}}(r) = \frac{\alpha}{r} \qquad \text{mit} \qquad \alpha = \sqrt{\frac{\mu_0c_0P}{4\pi}} = 1{,}224\ \text{kV}.$$

Damit wird die Spannung zwischen zwei Punkten mit den Entfernungen $r_1$ und $r_2 > r_1$:

$$U = \int_{r_1}^{r_2} E_{\text{eff}}(r)\,\mathrm{d}r = \alpha\int_{r_1}^{r_2}\frac{\mathrm{d}r}{r} = \alpha\ln\frac{r_2}{r_1}, \qquad \frac{r_2}{r_1} = \mathrm{e}^{U/\alpha},$$

woraus man erhält $r_2/r_1 = 1{,}009\,85$ und mit $s = r_2 - r_1 = 10$ m: $r_1 \approx 1$ km.

**804** a) Die Intensität $S$ einer Strahlungsquelle ist die mittlere abgestrahlte Energie je Flächen- und Zeiteinheit: $S = \Delta W/(A\,\Delta t) = P/A$. Mit der Kugeloberfläche $A = 4\pi r^2$ und den gegebenen Werten erhält man $S = 0{,}3\,P/(4\pi r^2) = 1{,}19\ \text{W/m}^2$. b) Dividiert man die Intensität $S$ durch die Lichtgeschwindigkeit $c_0 = 1/\sqrt{\varepsilon_0\mu_0}$, so erhält man eine Größe mit der Einheit N/m$^2$, den Strahlungsdruck

$$p_S = \frac{S}{c_0} = \frac{E_{\text{eff}}H_{\text{eff}}}{c_0} = \frac{E_0 H_0}{2c_0} = \frac{E_0^2}{2\mu_0 c_0^2} = \frac{\mu_0 H_0^2}{2} \qquad (1)$$

(wegen $H_0 = E_0/Z_0 = E_0/(\mu_0 c_0)$ mit dem Wellenwiderstand des Vakuums $Z_0 = \sqrt{\mu_0/\varepsilon_0}$). Im vorliegenden Fall folgt $p_S \approx 4 \cdot 10^{-9}$ Pa. c) Aus (1) berechnen sich die Amplituden des elektrischen und magnetischen Feldes zu $E_0 = \sqrt{2\mu_0 c_0 S} \approx 30$ V/m und $H_0 = \sqrt{2S/(\mu_0 c_0)} \approx 0{,}08$ A/m.

**805** a) $\lambda_1 = 3$ m, $\lambda_2 = 500$ m; b) 9,4 GHz.

**806** Aus $E = E_0 \sin\omega[t - (x/c)]$ folgt $\partial E/\partial t \equiv \dot{E} = \omega E$ und damit $\dot{D} = \varepsilon_0\varepsilon_r\dot{E} = \omega\varepsilon_0\varepsilon_r E$. Nach dem OHMschen Gesetz ist $j = \varkappa E$. Gleichheit beider Stromdichten $\dot{D} = j$ gilt demnach für $\omega = 2\pi f = \varkappa/(\varepsilon_0\varepsilon_r)$, woraus folgt a) $f \approx 9 \cdot 10^{17}$ Hz, b) $f \approx 7 \cdot 10^{-4}$ Hz.

**807** a) $H_{\text{eff}} = E_{\text{eff}}/Z_0 = 1{,}33$ µA/m; b) $S = E_{\text{eff}}H_{\text{eff}} = 6{,}6 \cdot 10^{-10}$ W/m$^2$; c) $w$ ist die Summe aus den (effektiven) Energiedichten $w_e = \varepsilon_0 E_{\text{eff}}^2/2$ und $w_m = \mu_0 H_{\text{eff}}^2/2$, wobei im Mittel $w_e = w_m$ und somit wegen $E_{\text{eff}} = Z_0 H_{\text{eff}}$ mit $Z_0 = \sqrt{\mu_0/\varepsilon_0}$ und $1/c_0 = \sqrt{\varepsilon_0\mu_0}$ gilt: $w = w_e + w_m = \varepsilon_0 E_{\text{eff}}^2 = \varepsilon_0 Z_0 E_{\text{eff}} H_{\text{eff}} = \varepsilon_0\sqrt{\mu_0/\varepsilon_0}E_{\text{eff}}H_{\text{eff}} = \sqrt{\varepsilon_0\mu_0}E_{\text{eff}}H_{\text{eff}} = S/c_0 = 2{,}2 \cdot 10^{-18}$ J/m$^3$.

**808** Strahlungsdruck $p_S = S/c = F/A$; mit $S = E_{eS}$ wird $F = E_{eS}A/c = 4{,}65 \cdot 10^{-4}$ N.

**809** a) Mit dem Strahlungsdruck $p_S = S/c = F/A$ sowie $S = P/A$ folgt $P = Fc = mac = 270$ MW (!). b) $t = \sqrt{2s/a} \approx 45$ s und damit $W = Pt \approx 12$ GJ.

**810** (Bild) Der Weg $s = s_1 + s_2 = \sqrt{x^2 + y_1^2} + \sqrt{(x_2 - x)^2 + y_2^2}$ (und bei $v = \text{const}$ auch die Zeit) wird ein Minimum, wenn

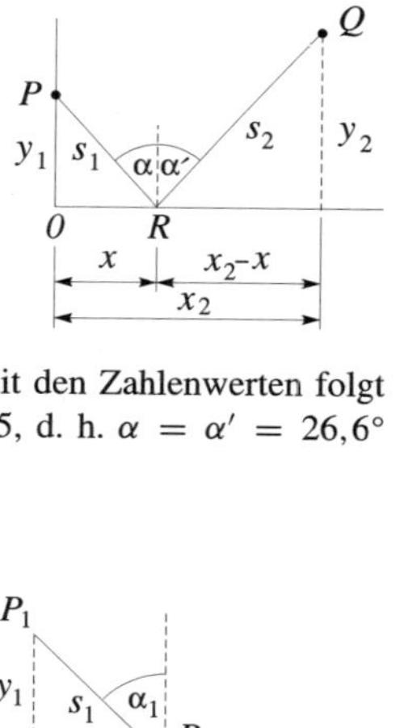


$$\frac{\mathrm{d}s}{\mathrm{d}x} = \frac{x}{\sqrt{x^2 + y_1^2}} - \frac{x_2 - x}{\sqrt{(x_2 - x)^2 + y_2^2}} = 0,$$

woraus man für die gesuchte Lage von $R$ erhält

$$x = -\frac{x_2 y_1^2}{y_2^2 - y_1^2} + \sqrt{\left(\frac{x_2 y_1^2}{y_2^2 - y_1^2}\right)^2 + \frac{x_2^2 y_1^2}{y_2^2 - y_1^2}}$$

(die zweite Lösung mit dem Minuszeichen vor der Wurzel scheidet aus). Mit den Zahlenwerten folgt $x = 1$. Damit wird $\tan\alpha = x/y_1 = 0{,}5$ und $\tan\alpha' = (x_2 - x)/y_2 = 0{,}5$, d. h. $\alpha = \alpha' = 26{,}6°$ (Reflexionsgesetz).

**811** (Bild) Die Gesamtzeit für die Überbrückung der Strecke $s_1 + s_2$ ist

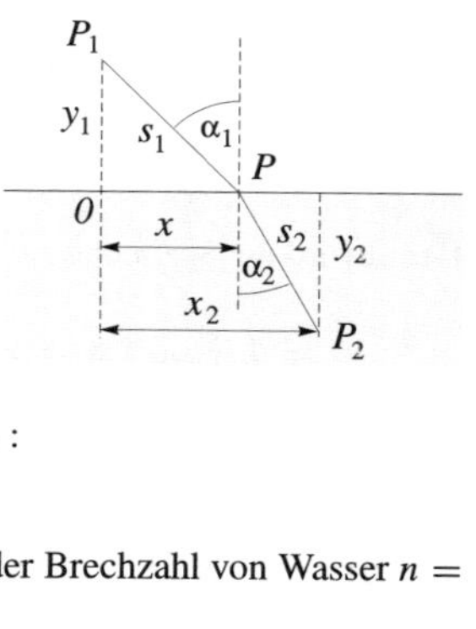


$$t = \frac{s_1}{c_1} + \frac{s_2}{c_2} = \frac{1}{c_1}\sqrt{x^2 + y_1^2} + \frac{1}{c_2}\sqrt{(x_2 - x)^2 + y_2^2};$$

sie soll ein Minimum werden. Bedingung dafür ist

$$\frac{\mathrm{d}t}{\mathrm{d}x} = \frac{x}{c_1\sqrt{x^2 + y_1^2}} - \frac{x_2 - x}{c_2\sqrt{(x_2 - x)^2 + y_2^2}} = 0.$$

Daraus folgt wegen

$$\sin\alpha_1 = \frac{x}{s_1} = \frac{x}{\sqrt{x^2 + y_1^2}}, \qquad \sin\alpha_2 = \frac{x_2 - x}{s_2} = \frac{x_2 - x}{\sqrt{(x_2 - x)^2 + y_2^2}}:$$

$\sin\alpha_1/\sin\alpha_2 = c_1/c_2$. Dies ist das SNELLIUSsche Brechungsgesetz mit der Brechzahl von Wasser $n = c_1/c_2 = 4/3 = 1{,}33$.

**812** (Bild) $AB$ stelle die Person dar, deren Augen sich bei $E$ befinden. $A'B'$ ist das scheinbare (virtuelle) Bild von $AB$ im Spiegel $CD$, welches die rückwärtigen Verlängerungen der von $A$ und $B$ ausgehenden und am oberen und unteren Spiegelrand gemäß Reflexionsgesetz $\alpha = \alpha'$ reflektierten und ins Auge einfallenden Strahlen $CE$ und $DE$ erzeugen. Da das Spiegelbild hinter dem Spiegel in der gleichen Entfernung wie zur Person vor dem Spiegel entsteht, folgt nach dem Strahlensatz $\overline{CE''} = (1/2)\overline{A'E'} = (G-a)/2$, $\overline{DE''} = (1/2)\overline{B'E'} = a/2$, also $S = \overline{CD} = \overline{CE''} + \overline{DE''} = G/2$ und $h = \overline{BE} - \overline{DE''} = a/2$.

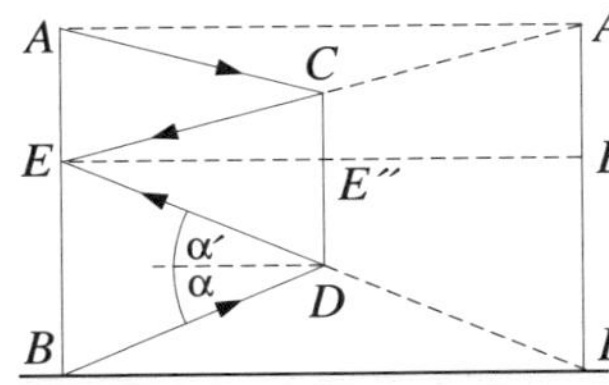


**813** Da nach dem Reflexionsgesetz der Einfallswinkel gleich dem Reflexionswinkel ist, folgt aus der Winkelsumme im Dreieck $\triangle ABC$ $(90° - \alpha) + \varepsilon + (90° - \beta) = 180°$ die Beziehung $\varepsilon = \alpha + \beta$. Setzt man diese in die Winkelsumme des Dreiecks $\triangle ABD$ $2\alpha + 2\beta + \delta = 180°$ ein, so erhält man aus $2\varepsilon + \delta = 180°$ den gesuchten Winkel zu $\delta = 180° - 2\varepsilon = 40°$, also nur abhängig von $\varepsilon$. Für $\varepsilon < 90°$ ist der Schnittpunkt beider Strahlen reell, für $\varepsilon > 90°$ dagegen virtuell. Im Sonderfall $\varepsilon = 90°$ verlaufen einfallender und reflektierter Strahl parallel.

**814** a) Die Brechzahl eines Stoffes ist definiert durch $n = c_0/c > 1$ mit $c_0 \approx 3 \cdot 10^8$ m/s als Vakuum-Lichtgeschwindigkeit und $c$ als Lichtgeschwindigkeit im Stoff. Es ist also für Wasser $n_W = c_0/c_W = (c_0/c_L)(c_L/c_W) = 1{,}333 n_L$ bzw. mit der Brechzahl von Luft $n_L = c_0/c_L \approx 1$ : $n_W = 1{,}333$ und entsprechend für Diamant $n_D = 2{,}417$. Das Brechungsgesetz für den Übergang Wasser/Diamant lautet somit

$$\frac{\sin\alpha_W}{\sin\alpha_D} = \frac{c_W}{c_D} = \frac{c_0/n_W}{c_0/n_D} = \frac{n_D}{n_W} = \frac{2{,}417}{1{,}333} = 1{,}813.$$

Mit $\alpha_W = 50°$ folgt daraus als Brechungswinkel $\alpha_D \approx 25°$. Die Richtungsänderung beträgt also $\alpha_W - \alpha_D \approx 25°$. b) Es ist $c_W = c_0/n_W = c_0/1{,}333 = 2{,}25 \cdot 10^8$ m/s und $c_D = c_0/n_D = c_0/2{,}417 = 1{,}24 \cdot 10^8$ m/s.

**815** (Bild) Der Punkt $P$ scheint durch die Glasplatte nach $P'$ angehoben zu sein. Aus den im Bild erkennbaren rechtwinkligen Dreiecken findet man $\tan\alpha_1 = s/d'$ und $\tan\alpha_2 = s/d$. Daraus folgt für das Verhältnis von wahrer zu scheinbarer Dicke der Glasplatte $d/d' = \tan\alpha_1/\tan\alpha_2$ bzw. wegen $\tan\alpha \approx \sin\alpha$ für kleine Winkel $\alpha$: $d/d' = \sin\alpha_1/\sin\alpha_2 = n$ (Brechungsgesetz). Im vorliegenden Fall erhält man also mit $d = 4{,}5$ mm und $d' = 4{,}5$ mm $- 1{,}5$ mm $= 3{,}0$ mm die Brechzahl $n = 1{,}5$.

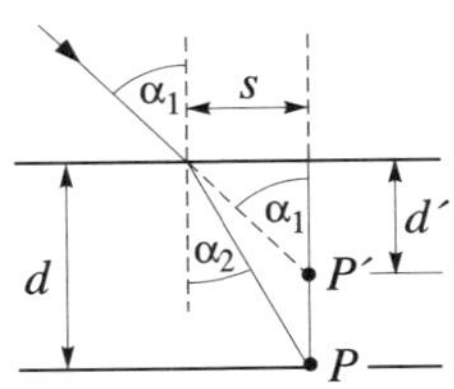


**816** a) Der Unterschied in den Ablenkungen der F- und C-Linie infolge Dispersion (Wellenlängenabhängigkeit der Brechzahl $n$) muss in den entgegengesetzt ablenkenden Prismen gleich sein: $(\varepsilon_F - \varepsilon_C)_{Kr} = (\varepsilon_F - \varepsilon_C)_{Fl}$. Mit $\varepsilon = (n-1)\omega$ folgt $(n_F - n_C)_{Kr}\omega_{Kr} = (n_F - n_C)_{Fl}\omega_{Fl}$ und damit für die brechenden Winkel $\omega_{Kr}/\omega_{Fl} = (n_F - n_C)_{Fl}/(n_F - n_C)_{Kr} = 2{,}061$. b) Die Gesamtablenkung durch die beiden entgegengesetzt ablenkenden Prismen aus Kron- und Flintglas soll für die D-Linie verschwinden: $\varepsilon_D = (n_D - 1)_{Fl}\omega_{Fl} - (n_D - 1)_{Kr}\omega_{Kr} = 0$, woraus folgt $\omega_{Kr}/\omega_{Fl} = (n_D - 1)_{Fl}/(n_D - 1)_{Kr} = 1{,}202$.

**817** Nur diejenigen Lichtstrahlen dringen nach außen, deren Brechungswinkel $\alpha_2$ in Luft unter 90° bleibt. Ab $\alpha_2 = 90°$, wo die gebrochenen Strahlen streifend zur Grenzfläche Wasser/Luft verlaufen, wird das Licht vollständig nach innen reflektiert. Für den dazugehörigen Einfallswinkel $\alpha_1 = \alpha_T$ folgt aus dem Brechungsgesetz $\sin\alpha_1/\sin\alpha_2 = n_2/n_1$ $(n_2 < n_1)$ mit $n_1 = n = 4/3$ für Wasser und $n_2 \approx 1$ für Luft: $\sin\alpha_T/\sin 90° = \sin\alpha_T = 1/n = 3/4$. Aus der Geometrie der Anordnung ergibt sich $\tan\alpha_T = R/h$. Somit wird

$$R = h\tan\alpha_T = \frac{h\sin\alpha_T}{\sqrt{1-\sin^2\alpha_T}} = \frac{h/n}{\sqrt{1-(1/n)^2}} = \frac{h}{\sqrt{n^2-1}} = \frac{1\text{ m}}{\sqrt{7/9}} = 1{,}13\text{ m}.$$

**818** Für die Brechung an der Stirnfläche mit dem Einfallswinkel $\alpha_1$ lautet das Brechungsgesetz $\sin\alpha_1 = n_K \sin\alpha_2$. Das Licht trifft so unter dem Winkel $90° - \alpha_2$ von innen auf den optisch dünneren Mantel, wobei dieser Winkel nicht kleiner als der Grenzwinkel $\alpha_T$ der Totalreflexion mit $\sin\alpha_T = n_M/n_K$ sein darf, damit das Licht in der Faser weitergeleitet werden kann; es muss also $90° - \alpha_2 \geq \alpha_T$ bzw. $\alpha_2 \leq 90° - \alpha_T$ sein. Damit ergibt sich für den größten Einfallswinkel

$$\sin\alpha_1 = n_K \sin(90° - \alpha_T) = n_K \cos\alpha_T = n_K\sqrt{1 - \sin^2\alpha_T} = \sqrt{n_K^2 - n_M^2} = 0{,}996\,64,$$

d. h. $\alpha_1 = 85{,}3°$. Es wird also fast das gesamte auf die Stirnfläche auftreffende Licht weitergeleitet.

**819** a) Die Brennweite des Spiegels ist (für achsennahe Strahlen) $f = r/2 = 30$ cm. Mit der Gegenstandsweite $g = 20$ cm erhält man aus

$$\frac{1}{f} = \frac{1}{g} + \frac{1}{b} \qquad \text{(allgemeine Abbildungsgleichung)}$$

als Bildweite $b = gf/(g - f) = -60$ cm. Das negative Vorzeichen gibt an, dass das Bild hinter dem Spiegel liegt, also virtuell ist, und wegen $g < f$ aufrecht. Das Verhältnis $B/G$ von Bild- zu Gegenstandsgröße definiert den Abbildungsmaßstab $\beta$; es gilt $\beta = B/G = -b/g$. Man erhält $\beta = 3$, also ein dreifach vergrößertes Bild des Gegenstandes. b) In der obigen Abbildungsgleichung ist die Brennweite jetzt negativ anzusetzen, da der Brennpunkt $F$ hinter dem Spiegel liegt (virtueller Brennpunkt), also $f = -30$ cm. Damit wird $b = -12$ cm und $\beta = 0{,}6$. Das Bild liegt 12 cm hinter dem Spiegel, ist also (wie alle Wölbspiegelbilder) ebenfalls virtuell, um den Faktor 0,6 verkleinert und aufrecht. Bezüglich der Bildkonstruktion vgl. die nachfolgende Aufgabe!

**820** (Bild) *Konstruktion* (hier nicht maßgetreu): Der von $G$ ausgehende Parallelstrahl *1* wird nach Reflexion am Hohlspiegel zum Brennpunktstrahl *1'* durch $F_1$, der Brennpunktstrahl *2* zum Parallelstrahl *2'*. Der Schnittpunkt ergibt Lage und Größe des Bildes $B_1$ von $G$, welches als Gegenstand $G_2$ für die nachfolgende Abbildung durch den Wölbspiegel fungiert. Wegen $b_1 > e$ (s. u.) ist die Gegenstandsweite $g_2 = e - b_1 = -30$ cm für den Wölbspiegel die eines virtuellen Gegenstandes, der also hinter dem Spiegel liegt. Da Gegenstand und Bild vertauschbar sind, kann nach demselben Verfahren (von $G_2$ ausgehender Brennpunktstrahl durch $F_2$ wird zum Parallelstrahl usw.) das Bild $B_2$ ermittelt werden. Anstelle des durch die Spitze von $G_2$ gehenden Parallelstrahls, der zum Brennpunktstrahl durch $F_2$ wird, wurde hier der durch den Krümmungsmittelpunkt $M_2$ gehende Mittelpunktstrahl gezeichnet, der seine Richtung beibehält.

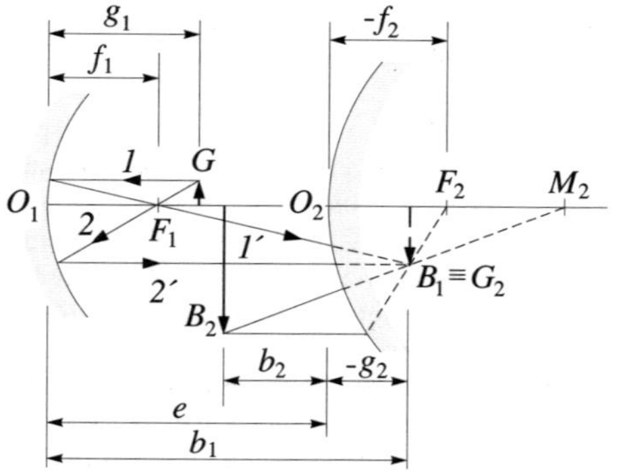


*Rechnerisch:* Aus der allgemeinen Abbildungsgleichung $(1/g) + (1/b) = 1/f$ erhält man zunächst für den Hohlspiegel mit $g = g_1 = 40$ cm und $f = f_1 = 30$ cm die Bildweite von $B_1$ zu $b_1 = 120$ cm. Damit folgt als Gegenstandsweite von $G_2$: $g_2 = -30$ cm (s. o.) und aus $(1/g_2) + (1/b_2) = 1/f_2$ mit $f_2 = -60$ cm die Bildweite $b_2 = 60$ cm (Abstand von $O_2$). Für den Betrag des Abbildungsmaßstabes folgt dann wegen $G_2 = B_1$: $|\beta| = |B_2/G| = |(B_2/G_2)(B_1/G)| = |(b_2/g_2)(b_1/g_1)| = 3 \cdot 2 = 6$.

**821** Mit der Brennweite $1/f_M = [(n_G/n_M) - 1][(1/r_1) + (1/r_2)]$, wobei sich der Index M auf das umgebende Medium bezieht, ergibt sich bei unveränderten Krümmungsradien $r_1$, $r_2$ der Linse

a) in Wasser $f_W = \dfrac{(n_G/n_L) - 1}{(n_G/n_W) - 1} f_L = 113\,\text{cm}$,

b) in Schwefelkohlenstoff $f_S = \dfrac{(n_G/n_L) - 1}{(n_G/n_S) - 1} f_L = -208\,\text{cm}$.

Während also die Linse in Luft und Wasser als Sammellinse wirkt ($f > 0$), wird sie in Schwefelkohlenstoff wegen $n_S > n_G$ zur Zerstreuungslinse ($f < 0$).

**822** Mit $d = g + b$ (Gegenstandsweite plus Bildweite) ergibt die Abbildungsgleichung $1/f = (1/g) + (1/b) = (1/g) + 1/(d - g)$ eine quadratische Gleichung für $g$: $g^2 - dg + df = 0$. Als Lösungen $g_{1,2} = d/2 \pm \sqrt{(d/2)^2 - df}$ erhält man mit den gegebenen Werten $g_1 \approx 50\,\text{cm}$, entsprechend der Bildweite $b_1 = 33{,}3\,\text{cm}$, und $g_2 = 33{,}3\,\text{cm}$, entsprechend $b_2 \approx 50\,\text{cm}$. Es gibt also wegen der Symmetrie der Abbildungsgleichung in $g$ und $b$ zwei Lösungen, für die Bild- und Gegenstandsweite jeweils vertauscht sind.

**823** (Bild) *Konstruktion* (nicht maßgetreu): Der vom Gegenstand $G$ ausgehende objektseitige Parallelstrahl *1* wird zum bildseitigen Brennpunktstrahl *1′* durch $F_1'$, der objektseitige Brennpunktstrahl *2* durch $F_1$ zum bildseitigen Parallelstrahl *2′*. Der Schnittpunkt der gebrochenen Strahlen ergibt Lage und Größe des Bildes $B_1$. Es liegt hinter der Zerstreuungslinse und dient nun als (virtuelles) Objekt $G_2$. Bei der nachfolgenden Abbildung durch die Zerstreuungslinse ist darauf zu achten, dass der achsenparallele Strahl *2′* so abgelenkt wird, als ob er vom Brennpunkt $F_2$ her käme. Der Schnittpunkt seiner Verlängerung *3* mit dem Hauptstrahl *4* durch den Linsenmittelpunkt ergibt das Endbild $B_2$.

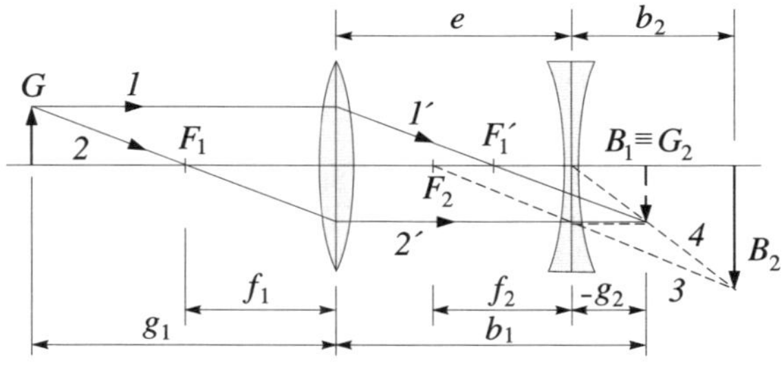


*Rechnerisch:* Es gilt die Abbildungsgleichung $(1/g) + (1/b) = 1/f$. Mit $f = f_1 = 3\,\text{cm}$ und der Gegenstandsweite $g = g_1 = 6\,\text{cm}$ erhält man zunächst für das Bild $B_1$ der Sammellinse als Bildweite $b_1 = g_1 f_1/(g_1 - f_1) = 6\,\text{cm}$. Damit wird die Gegenstandsweite von $G_2$: $|g_2| = b_1 - e = 2\,\text{cm}$. Es ist aber $g_2 = -2\,\text{cm}$ anzusetzen, da $G_2$ hier virtuell ist (s. o.). Aus $(1/g_2) + (1/b_2) = 1/f_2$ mit $f_2 = -2{,}5\,\text{cm}$ folgt $b_2 = 10\,\text{cm}$. Für den Abbildungsmaßstab erhält man wegen $B_1 = G_2$: $|\beta| = |B_2/G| = |(B_2/G_2)(B_1/G)| = |(b_2/g_2)(b_1/g_1)| = 5$. Im Unterschied zu einer Abbildung durch eine Zerstreuungslinse allein, bei der stets ein virtuelles, verkleinertes Bild des Objekts entsteht, erhalten wir hier – da das Objekt ($G_2$) virtuell ist – ein reelles, vergrößertes Bild. Es sind also hier Objekt und Bild vertauscht.

**824** Für die Brennweite des Linsensystems gilt $f = f_1 f_2/(f_1 + f_2 - e)$, woraus für den gegenseitigen Abstand der Linsen folgt $e = f_1 + f_2 - (f_1 f_2/f)$. Für $8\,\text{cm} \le f \le 9\,\text{cm}$ wird $3\,\text{cm} \le e \le 6\,\text{cm}$.

**825** Wegen der Symmetrie der beiden Linsenstellungen sind Gegenstands- und Bildweite für beide Abbildungen vertauscht: $g_1 = b_2$ und $b_1 = g_2$. Weiterhin gilt $g_1 + b_1 = g_2 + b_2 = e$ und $g_1 - g_2 = b_2 - b_1 = d$. Addiert bzw. subtrahiert man diese beiden Gleichungen unter Beachtung der Symmetrie, so erhält man für die Gegenstandsweite $g = (1/2)(e + d)$ und für die Bildweite $b = (1/2)(e - d)$ bzw. umgekehrt. Aus der Abbildungsgleichung $1/f = (1/g) + (1/b) = 2/(e + d) + 2/(e - d)$ ergibt sich damit die Brennweite zu $f = (e^2 - d^2)/(4e) = 21\,\text{cm}$.

826 Für das Auge muss also ein in der Entfernung $g = s = 25$ cm befindlicher Gegenstand, damit er deutlich gesehen werden kann, in einer Entfernung von (mindestens) 70 cm erscheinen, d. h., die Brillenlinsen müssen das Bild des Gegenstandes in diese Entfernung verlegen. Da das Bild auf der gleichen Seite der Linse liegt wie der Gegenstand, ist es virtuell, die Bildweite also negativ: $b = -70$ cm. Damit wird $1/f = (1/g) + (1/b) = (1/25 - 1/70)\ \mathrm{cm}^{-1} = 0{,}0257\ \mathrm{cm}^{-1}$. Als Brillengläser kommen also nur Sammellinsen infrage (wegen $f > 0$), und zwar mit der Brennweite $f = 38{,}9$ cm, entsprechend einem Brechwert $D = 1/f = 2{,}57\ \mathrm{m}^{-1} \equiv 2{,}57$ dpt (Dioptrien).

827 a) Aus $\beta = B/G = -b/g$ für den Abbildungsmaßstab folgt mit $B = -20G$ (umgekehrtes Bild) $b/g = 20$ und mit $b = 4$ m die Gegenstandsweite (Abstand Diapositiv-Linse) $g = 20$ cm. Aus der Abbildungsgleichung $1/f = (1/g) + (1/b)$ folgt damit $f = bg/(b + g) = 19{,}05$ cm. b) Aus $g = bf/(b - f)$ erhält man für $b = 200$ cm: $g_{\max} = 21{,}05$ cm und für $b = 600$ cm: $g_{\min} = 19{,}67$ cm, also $\Delta g = 1{,}38$ cm.

828 In der ersten Stufe wird durch das Objektiv mit der (sehr kleinen Brennweite) $f_{\mathrm{Ob}}$ vom Gegenstand der Größe $G$, der sich nur wenig außerhalb der einfachen Brennweite befindet ($g \approx f_{\mathrm{Ob}}$), ein reelles, vergrößertes Zwischenbild (Größe $B'$) entworfen, welches in der zweiten Stufe mit dem Okular als Lupe betrachtet und nachvergrößert wird. Die Gesamtvergrößerung $V$ des Mikroskops setzt sich demzufolge multiplikativ aus dem Abbildungsmaßstab des Objektivs $\beta_{\mathrm{Ob}} = |B'/G| = b'/g \approx t/f_{\mathrm{Ob}}$ und der Vergrößerung des Okulars $\Gamma_{\mathrm{Ok}} = 10$ zusammen. (Diese ist gleich der Normalvergrößerung der Lupe $\Gamma_{\mathrm{n}} = s/f$ mit $s = 25$ cm als deutlicher Sehweite.) Es ist also $V = \beta_{\mathrm{Ob}}\Gamma_{\mathrm{Ok}} = t\Gamma_{\mathrm{Ok}}/f_{\mathrm{Ob}}$, woraus folgt $f_{\mathrm{Ob}} = t\Gamma_{\mathrm{Ok}}/V = 4$ mm.

829 Der Hohlspiegel wirkt wie eine Sammellinse der Brennweite $f_1 = r/2 = 2300$ cm und ersetzt die Objektivlinse in einem KEPLERschen (astronomischen) Fernrohr. Er erzeugt (wegen $g \to \infty$ und somit $b = f_1$) in seiner Brennebene ein vergrößertes, umgekehrtes Bild, welches mit dem Okular der Brennweite $f_2 = 1{,}3$ cm als Lupe nachvergrößert wird. Mit $\Gamma = f_1/f_2$ als Vergrößerung des Fernrohres erhält man für das Teleskop $\Gamma \approx 1770$.

830 a) Mit dem Einfallswinkel $\alpha \approx (b/2)/d$ an den Spiegelrändern ist nach dem Reflexionsgesetz $b/d = B/D$, woraus sich $B = 6$ m ergibt. b) Durch die Wölbung des Spiegels mit einem Krümmungsradius vom Betrag $r = 2f$ vergrößert sich infolge der Krümmung der Einfallswinkel an jedem Spiegelrand um $\Delta\alpha \approx b/r = b/(2f)$. Damit ergibt sich nach dem Reflexionsgesetz aus $(b/d) + 2(b/r) = (b/d) + (b/f) = B/D$ die größere überschaubare Breite von $B = 14$ m.

831 Aus $(1/g)+(1/b) = 1/f$ folgt mit $g = b+d$ und $f = r/2$: $b = (\sqrt{r^2 + d^2}+r-d)/2 = 90$ mm; $g = 180$ mm. Die Abstände von Flamme und Versuchskörper zum Spiegel sind vertauschbar.

832 Wegen $\sin\alpha_{\mathrm{T}} = 1/1{,}7 \ldots 1/1{,}5$ beträgt der Grenzwinkel der Totalreflexion bei Glas $\alpha_{\mathrm{T}} \approx 36° \ldots 42°$, er ist also kleiner als der Einfallswinkel 45° beim Umlenkprisma, womit die Bedingung für Totalreflexion erfüllt ist.

833 Aus $\sin\alpha_{\mathrm{T}} = c_{5°}/c_{15°} = 334{,}6/340{,}6 = 0{,}9824$ folgt $\alpha_{\mathrm{T}} = 79{,}2°$.

834 Abbildungsgleichung $1/f = (1/g) + (1/b)$ und Abbildungsmaßstab $\beta = B/G = -b/g$ ergeben a) mit $f = 30$ cm und $g = 40$ cm: $b = 120$ cm, $\beta = -3$; das Bild ist reell ($b > 0$, d. h., es entsteht vor dem Spiegel), vergrößert ($|\beta| > 1$) und umgekehrt ($\beta < 0$); b) mit $f = -60$ cm und $g = 30$ cm: $b = -20$ cm, $\beta = 0{,}67$; das Bild ist virtuell ($b < 0$, es entsteht hinter dem Spiegel), verkleinert ($\beta < 1$) und aufrecht ($\beta > 0$).

835 a) $b = xf/(x - 1)$, $\beta = 1/(1 - x)$; b) $b = xf/(x + 1)$, $\beta = 1/(1 + x)$.

836 Mit der deutlichen Sehweite $s = 25$ cm errechnet sich mit $1/f = (n - 1)(2/r)$ aus $V = s/f = 2s(n - 1)/r$ der Krümmungsradius zu $r = 25$ mm.

837 $\Gamma = s/f$. a) $\Gamma = 12{,}5$; b) $\Gamma' = 7{,}5$.

**838** Mit $g = 25$ cm, $b = -10$ cm (virtuelles Bild) folgt als Brennweite $f = bg/(b+g) = -16{,}7$ cm, d. h. Zerstreuungslinse mit dem Brechwert $1/f = -6$ dpt (Lesebrille).

**839** $f = 12$ cm; $1/f_Z = (1/f) - (1/f_S)$, $f_Z = -24$ cm.

**840** $f_2 = -3$ cm.

**841** Mit $g_1 = 30$ cm und $b_1 = 60$ cm erhält man als Brennweite $f = 20$ cm. Mit der Verschiebung der Linse wird die neue Gegenstandsweite gleich der doppelten Brennweite, so dass $g_2 = b_2 = 40$ cm ist. Die Linse muss um $(g_1 + b_1) - (g_2 + b_2) = 10$ cm in Richtung des Gegenstandes verschoben werden.

**842** a) Bei entspanntem Auge ist dieses auf „unendlich" eingestellt, d. h. auf ein (hier virtuelles, aufrechtes und vergrößertes) Bild im Unendlichen ($b \to \infty$). Aus der Abbildungsgleichung folgt damit für die Gesamtbrennweite $f = g = 2000$ cm. Aus $f = f_1 f_2/(f_1 + f_2 - e)$ erhält man $e \approx 6$ cm. b) $\Gamma = f_1/|f_2| = 3$.

**843** $f_{Ok} = f_{Ob}/V = 20$ mm; $L = f_{Ob} + f_{Ok} = 920$ mm.

**844** Vergrößerung $\Gamma = \tan\sigma/\tan\sigma_0 = f_{Ob}/f_{Ok} = 15$; $\sigma = 7°\,42'$.

**845** Vgl. dazu Aufgabe 823 (Lösung)! a) Mit $g = g_1 \to \infty$ wird die Bildweite des Zwischenbildes $B_1$: $b_1 = f_1 = 6$ cm hinter der Sammellinse bzw. $b_1 - e = 2$ cm hinter der Zerstreuungslinse. $B_1$ dient als (virtuelles) Objekt $G_2$ für die Zerstreuungslinse, also $g_2 = -2$ cm, womit als Bildweite des Endbildes $B_2$ hinter der Zerstreuungslinse $b_2 = 10$ cm folgt. b) $\Gamma_2 = B_2/B_1 = B_2/G_2 = b_2/|g_2| = 5$. Das Bild, das durch die Linsenkombination erzeugt wird, ist also fünfmal so groß wie das Bild, das durch die Sammellinse allein entsteht.

**846** a) Es ist $n = c_0/c_G$ mit $c_0 \approx 3 \cdot 10^8$ m/s (Vakuum-Lichtgeschwindigkeit) und somit $c_G = c_0/n = 2 \cdot 10^8$ m/s. b) Die Frequenz $f$ der Welle bleibt ungeändert. Es gilt also für Luft $\lambda_L f = c_L \approx c_0$ und Glas $\lambda_G f = c_G = c_0/n$, woraus folgt $\lambda_G = \lambda_L/n = 500$ nm. c) Die Welle wird beim Eintritt in die Scheibe zum Lot hin gebrochen (der Brechungswinkel folgt aus dem Brechungsgesetz $\sin\alpha_L/\sin\alpha_G = n$ zu $\alpha_G \approx 28°$) und beim Verlassen der Scheibe um den gleichen Winkel wieder vom Lot weg gebrochen, so dass insgesamt nur eine Parallelverschiebung stattfindet.

**847** (Bild) Es ist $\alpha_P + \alpha_2 = 90°$ und daher $\sin\alpha_2 = \cos\alpha_P$, womit aus dem Brechungsgesetz $\sin\alpha_P/\sin\alpha_2 = n$ das BREWSTERsche Gesetz $\tan\alpha_P = n$ folgt. Für $n = 1{,}54$ wird $\alpha_P = 57°$.

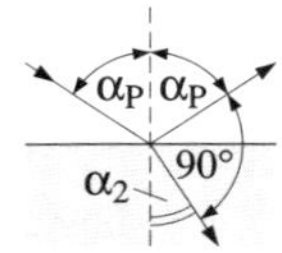


**848** Das im natürlichen Licht zu je 50% enthaltene senkrecht ($\perp$) und parallel ($\parallel$) zur Einfallsebene polarisierte Licht wird an der Grenzfläche – abhängig vom Einfallswinkel $\alpha_1$ und mittelbar wegen $\sin\alpha_1/\sin\alpha_2 = n$ auch vom Brechungswinkel $\alpha_2$ – unterschiedlich stark reflektiert und gebrochen. Für den Reflexionsgrad $R$ (reflektierte/einfallende Lichtintensität) gilt

$$R_\perp = \frac{\sin^2(\alpha_1 - \alpha_2)}{\sin^2(\alpha_1 + \alpha_2)}, \quad R_\parallel = \frac{\tan^2(\alpha_1 - \alpha_2)}{\tan^2(\alpha_1 + \alpha_2)} \quad \text{(FRESNELsche Formeln).} \tag{1}$$

Für $\alpha_1 = \alpha_P = 57°$ (folgt aus $\tan\alpha_P = n$; vgl. die Aufgabe zuvor) ist $\alpha_2 = 33°$. Damit wird nach (1) $R_\perp = 0{,}1654$ und (wegen $\tan 90° \to \infty$) $R_\parallel = 0$, d. h., es wird beim Einfallswinkel $\alpha_1 = \alpha_P$ vom Glas nur senkrecht zur Einfallsebene polarisiertes Licht reflektiert, und zwar $16{,}54\%$ der Intensität desselben im natürlichen Licht, das sind also nur $0{,}5 \cdot 16{,}54\% \approx 8{,}3\%$ der Intensität des natürlichen Lichts. Der Rest, nämlich $91{,}7\%$, wird an der Grenzfläche gebrochen und geht durch das Glas hindurch. Dieses enthält demnach noch $(50 - 8{,}3)\% = 41{,}7\%$ senkrecht polarisiertes sowie das gesamte parallel polarisierte Licht (= 50% des einfallenden Lichts). b) Mit dem Durchlassgrad $D = 1 - R$ für das gebrochene Licht (wegen des Energieerhaltungssatzes $R + D = 1$, entsprechend 100%) folgt als Polarisierungsgrad des reflektierten Lichts $P_r$ und des gebrochenen (durchgehenden) Lichts $P_d$:

$$P_r = \frac{R_\perp - R_\parallel}{R_\perp + R_\parallel} = 1 \ (100\%); \qquad P_d = \frac{D_\parallel - D_\perp}{D_\parallel + D_\perp} = \frac{R_\perp - R_\parallel}{2 - (R_\perp + R_\parallel)} = 0{,}09 \ (9\%).$$

**849** Eine Verschiebung des Spiegels um $s = \lambda/2$ entspricht einer Änderung des Gangunterschiedes des Lichts, das durch diesen Spiegel reflektiert und mit dem am zweiten Spiegel reflektierten Teilbündel zur Interferenz gebracht wird, um $2(\lambda/2) = \lambda$ (Hin- und Rückweg), entsprechend einer Veränderung des Interferenzbildes von ursprünglicher Auslöschung zu erneuter Auslöschung, also einem dunklen Streifen. Für $z$ hindurchwandernde dunkle Streifen gilt demnach $s = z\lambda/2$, woraus folgt $\lambda = 2s/z = 5{,}6 \cdot 10^{-7}$ m $= 560$ nm.

**850** Die geometrische Weglänge $l = 100$ mm vergrößert sich im Chlor auf die optische Weglänge $nl$. Dadurch entsteht ein zusätzlicher Gangunterschied von $nl - l = (n-1)l = z\lambda$, wodurch die Verschiebung um $z = 131$ Streifen entsteht. Man erhält also $n - 1 = z\lambda/l = 0{,}772 \cdot 10^{-3}$ und damit $n = 1{,}000\,772$.

**851** (Bild) a) Die Bedingung für die Interferenzminima (Auslöschung) ergibt sich aus dem Gangunterschied der optischen Weglänge zwischen dem an der Öloberfläche (Ö) und dem an der Wasseroberfläche (W) reflektierten Licht $\Delta L = n \cdot 2d$, wobei allerdings noch zu berücksichtigen ist, dass am Öl ein Phasensprung von $\pi$ auftritt (Reflexion am optisch dichteren Medium). Die Phase des am Öl reflektierten Lichts ändert sich also so, als ob es zusätzlich die optische Weglänge $\lambda/2$ durchlaufen hätte. Der gesamte Gangunterschied ist also $\Delta L = 2nd + \lambda/2$. Auslöschung tritt auf, wenn $\Delta L = (2z+1)\lambda/2$ mit $z = 0, 1, 2, \ldots$, also $2nd + \lambda/2 = (2z+1)\lambda/2$. Daraus folgt für die durch Interferenz ausgelöschten Wellenlängen $\lambda = 2nd/z$. Im sichtbaren Bereich sind das hier die Wellenlängen 600 nm (gelborange) für $z = 3$ und 450 nm (blau) für $z = 4$. b) In obiger Interferenzbedingung ist jetzt anstelle von $n$ überall $\sqrt{n^2 - \sin^2\alpha}$ mit $\alpha$ als Einfallswinkel zu setzen. Demnach fehlen die Wellenlängen 529,15 nm (grün) für $z = 3$ und 396,86 nm (violett) für $z = 4$.

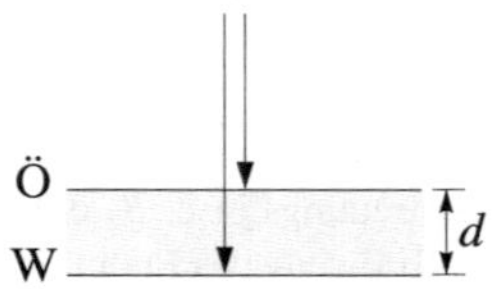


**852** (Bild) Es gilt $a^2 = R^2 - (R-d)^2 = (2R-d)d \approx 2Rd$ für $2R \gg d$. Mit der Auslöschungsbedingung $d = z\lambda/2$ für die Luftschicht der Brechzahl 1 (vgl. Aufgabe 850) folgt $a_z = \sqrt{z\lambda R}$ oder $zR = a_z^2/\lambda$. Damit wird $(7-2)R = (a_7^2 - a_2^2)/\lambda$; $R = 386$ mm. Aus $1/f = (n-1)(1/r_1 - 1/r_2)$ erhält man mit $r_1 = R$ und $r_2 \to \infty$ als Brennweite $f = R/(n-1) = 63$ cm.

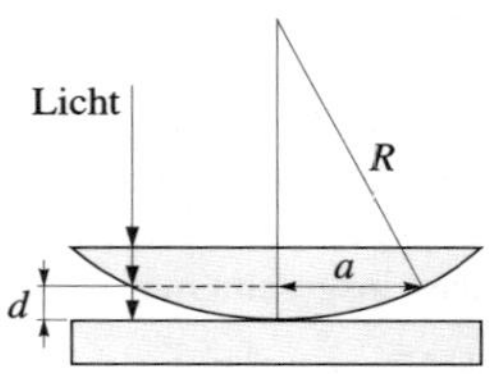


**853** (Bild) a) Bei der hier vorliegenden FRAUNHOFERschen Beugung am Spalt erhält man

Minima (Dunkelheit) für $b\sin\alpha = z\lambda$, Nebenmaxima für $b\sin\alpha = [z + (1/2)]\lambda$

mit $z = \pm1, \pm2, \pm3 \ldots$ als Beugungsordnung. Das Hauptmaximum liegt bei $\alpha = 0$. Da der Beugungswinkel $\alpha$ wegen $\lambda \ll b$ sehr klein ist, kann $\sin\alpha \approx \tan\alpha = s/e$ gesetzt werden, womit für die Beugungsminima folgt $bs/e = z\lambda$ bzw. für deren Lage auf dem Schirm $s = ze\lambda/b \approx \pm(8; 16; 24; \ldots)$ mm, und für die Nebenmaxima $s = [z + (1/2)]e\lambda/b \approx \pm(12; 20; 28; \ldots)$ mm. b) Die normierte Intensitätsverteilung in Abhängigkeit vom Beugungswinkel $\alpha$ berechnet sich nach

$$\frac{S}{S_0} = \frac{\sin^2[(\pi b/\lambda)\sin\alpha]}{[(\pi b/\lambda)\sin\alpha]^2}.$$

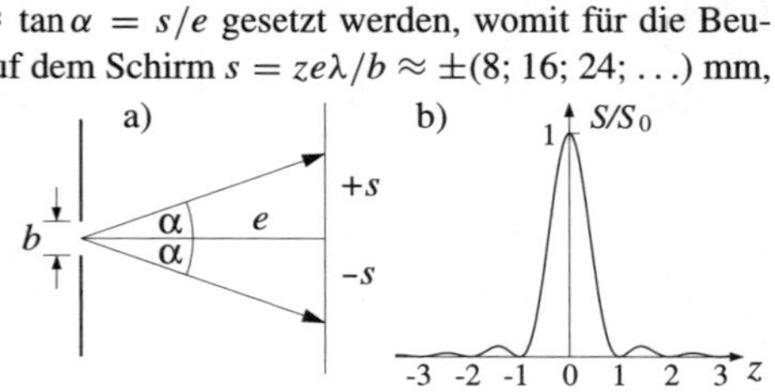


Für die Minima mit $\sin\alpha = z\lambda/b$ folgt daraus $S/S_0 = \sin^2(z\pi)/(z\pi)^2 = 0$ (Dunkelheit), für das Hauptmaximum ($\alpha = 0$) $S/S_0 = 1$ und für die Nebenmaxima wegen $b\sin\alpha = [z + (1/2)]\lambda$:

$$\frac{S}{S_0} = \frac{\sin^2[(2z+1)\pi/2]}{[(2z+1)\pi/2]^2} = \frac{1}{[(2z+1)\pi/2]^2} = 0{,}045; 0{,}016; 0{,}008; \ldots \quad \text{(Bild b).}$$

**854** Bei der FRAUNHOFERschen Beugung am Strichgitter treten die Hauptmaxima für $a\sin\alpha = z\lambda$ ($z = 0, \pm1, \pm2, \ldots$) auf. Den Beugungswinkel $\alpha_1$ für $|z| = 1$ erhält man aus $\tan\alpha_1 = s_1/e$ (vgl. das

Bild zur Lösung der Aufgabe davor) zu $\alpha_1 = 12{,}735°$, womit als Gitterkonstante folgt $a = \lambda_1/\sin\alpha_1 = 2{,}477\ \mu m$. Weiter ist $\tan\alpha_2 = s_2/e$, $\alpha_2 = 17{,}014°$ und somit $\lambda_2 = a\sin\alpha_2 = 724{,}8$ nm.

**855** Soll das Beugungsspektrum von $\lambda_V$ bis $\lambda_R$ überlappungsfrei sein, so muss für die zugehörigen Beugungswinkel $\alpha$ gelten $\alpha_{R(z)} < \alpha_{V(z+1)}$ bzw. wegen $\sin\alpha_{R(z)} = z\lambda_R/a$ und $\sin\alpha_{V(z+1)} = (z+1)\lambda_V/a$ (Bedingung für die Hauptmaxima, vgl. die Aufgabe davor): $z\lambda_R < (z+1)\lambda_V$ oder $(z+1)/z > \lambda_R/\lambda_V = 1{,}95$. Für $z = 1$ ist diese Bedingung erfüllt, für $z = 2$ schon nicht mehr (Überlappung).

**856** (Bild) Die Ränder der Linse wirken wie eine Lochblende von gleichem Durchmesser $d$ als beugende Öffnung. Ein Punkt eines Gegenstandes wird daher nicht als Bildpunkt, sondern als eine aus hellen und dunklen konzentrischen Ringen bestehende Beugungsfigur abgebildet, wobei der Radius des sog. zentralen Beugungsscheibchens (Hauptmaximum der Helligkeit für $\alpha = 0$), welches vom ersten Beugungsminimum beim Beugungswinkel $\alpha_1 = 1{,}22\lambda/d$ begrenzt wird, den gerade noch unterscheidbaren Bildpunktabstand $s$ und damit die Grenze des Auflösungsvermögens darstellt. Es ist $s \approx 2\alpha_1 h = 2{,}44\lambda h/d$, woraus als Objektivdurchmesser $d = 2{,}44\lambda h/s \approx 20$ cm folgt.

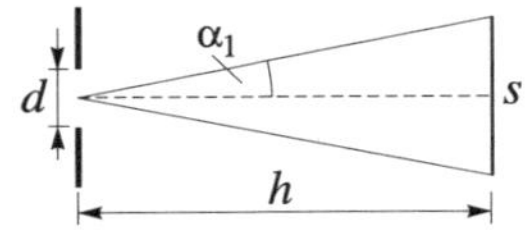


**857** Die Wellenlängendifferenz $\lambda_2 - \lambda_1 = \Delta\lambda$ muss mindestens so groß sein, dass das Beugungsmaximum der Wellenlänge $\lambda_2$ in das nächstgelegene Beugungsminimum der Wellenlänge $\lambda_1$ fällt; das Maximum von $\lambda_2 = \lambda_1 + \Delta\lambda$ und das Minimum von $\lambda_1$ müssen also in der gleichen durch

$$a\sin\alpha = z(\lambda_1 + \Delta\lambda)\ \text{(Maxima)} \qquad \text{und} \qquad a\sin\alpha = \left(z + \frac{1}{N}\right)\lambda_1\ \text{(Minima)}$$

festgelegten Richtung $\alpha$ liegen. Gleichsetzen ergibt für das Auflösungsvermögen $\lambda_1/\Delta\lambda = zN \approx 10^3$. Es wird also ein Gitter mit mindestens 1000 Spalten ($z = 1$) benötigt.

**858** Der Auflösungswinkel des Fernrohrs ist $\sigma_F = 1{,}22\lambda/d = 1{,}34 \cdot 10^{-5}$ rad. Unter diesem Winkel erscheinen die Latten des Zaunes aus einer Entfernung $e = a/\sigma_F \approx 7{,}5$ km. Die Vergrößerung ist so zu wählen, dass der Auflösungswinkel des Fernrohres $\sigma_F$ auf den Auflösungswinkel des Auges $\sigma_A = 6 \cdot 10^{-4}$ rad vergrößert wird: $V = \sigma_A/\sigma_F = 45$.

**859** Das Auflösungsvermögen des Objektivs ist $s_{Ob} = 0{,}61\lambda/A = 0{,}25\ \mu m$ (hier bezogen auf den *halben* Öffnungswinkel $\alpha$ des Objektivs zum Objektpunkt (Aperturwinkel) und mit $A = n\sin\alpha$, wobei $n$ die Brechzahl der Immersionsflüssigkeit zwischen Objekt und Objektiv bzw. $n \approx 1$ für die Luft dazwischen ist). Damit erscheinen bei 100-facher Vergrößerung die untersuchten Strukturen im Zwischenbild mit Abmessungen von $s_{ZB} = \beta_{Ob}s_{Ob} = 25\ \mu m$. Das Auge löst jedoch in deutlicher Sehweite $s = 25$ cm (nur) Strukturen von $s_A = \sigma_A s = 150\ \mu m$ auf. Damit die im Zwischenbild aufgelösten Strukturen auch im Auge aufgelöst werden, muss also die Okularvergrößerung $V_{Ok} = s_A/s_{ZB} = 6$ betragen. Die förderliche Vergrößerung des Mikroskops beträgt somit $V = \beta_{Ob}V_{Ok} = 600$. Höhere Vergrößerungen lassen keine feineren Einzelheiten mehr erkennen, engen lediglich das Gesichtsfeld ein.

**860** $90° - \alpha_P \approx 37°$.

**861** Vgl. die Lösung zur Aufgabe 848! a) Aus den FRESNELschen Formeln folgt mit $\alpha_1 = 45°$ und (gemäß Brechungsgesetz) $\alpha_2 \approx 28°$: $R_\perp = 0{,}0935$ und $R_\parallel = 0{,}0087$; Reflexionsgrad des natürlichen Lichts: $R = (R_\perp + R_\parallel)/2 = 0{,}051$, entsprechend (nur) 5,1%. Davon sind $R_\perp \cdot 50\% = 4{,}67\%$ senkrecht und $R_\parallel \cdot 50\% = 0{,}43\%$ parallel zur Einfallsebene polarisiert. b) 45,33% senkrecht und 49,57% parallel polarisiert. c) $P_r = 83\%$, $P_d = 4{,}5\%$.

**862** $d = 11(\lambda/2) = 3{,}24\ \mu m$.

**863** $d = (2z-1)\lambda/(4\sqrt{n^2 - \sin^2\alpha}) = (2z-1)\cdot 0{,}133\ \mu m$ mit $z = 1, 2, 3, \ldots$. Mindestdicke ($z = 1$): $0{,}133\ \mu m$.

**864** Im durchgehenden Licht ist die Anordnung der hellen Ringe wie die der dunklen Ringe im reflektierten Licht. Aus $a^2 = 2rd$ folgt mit $d = z\lambda/(2n)$, s. Aufgabe 851: $n = z\lambda r/a_z^2$, für $z = 3$ also $n = 1{,}326$.

**865** Im durchgehenden Licht werden diejenigen Wellenlängen ausgelöscht, die im reflektierten Licht verstärkt werden, für die also a) bei senkrechtem Einfall gilt (vgl. Aufgabe 851) $\Delta L = 2nd + \lambda/2 = z\lambda$, d. h. $\lambda = 4nd/(2z-1)$, b) bei schrägem Lichteinfall $\lambda = 4d\sqrt{n^2 - \sin^2\alpha}/(2z-1)$, das sind a) die Wellenlängen 720 nm (rot) für $z = 3$, 514,29 nm (grün) für $z = 4$ und 400 nm (violett) für $z = 5$; b) 593,72 nm (gelb) für $z = 3$ und 424,09 nm (indigo) für $z = 4$.

**866** Der zur gesuchten Wellenlänge $\lambda$ gehörige Beugungswinkel ist $\alpha_{(z=2)} = \alpha_{V(z=3)}$, somit $\sin\alpha = 2\lambda/a = \sin\alpha_V = 3\lambda_V/a$, woraus mit $\lambda_V = 400$ nm folgt: $\lambda = 3\lambda_V/2 = 600$ nm. Im Gelb der 2. Ordnung beginnt also bereits das Violett der 3. Ordnung. Überlappungsfreier Bereich: $\Delta\lambda = \lambda - \lambda_V = 200$ nm. b) In Verallgemeinerung folgt aus a) mit $\lambda_1 = \lambda_V$: $\lambda = (z+1)\lambda_1/z$ und durch Umstellung $z(\lambda - \lambda_1) = z\,\Delta\lambda = \lambda_1$ oder $\lambda_1/\Delta\lambda = z$.

**867** $\sin\alpha_z = z\lambda/a$. Bedingung: $\alpha_z \leq 90°$; d. h. $z\lambda/a \leq 1$, $z \leq a/\lambda = 5{,}18$. Höchste erreichbare Ordnung: $z = 5$.

**868** Auflösungsvermögen $\lambda_1/(\lambda_2 - \lambda_1) = zN$; $z = 1$: Spaltanzahl $N \approx 10^3$. $\sin\alpha \leq \lambda_1/a$, $a \leq \lambda_1/\sin\alpha \approx 4$ µm; $B = Na = 4$ mm.

**869** $D \approx 2\alpha_1 e$ (s. Lösung zu Aufgabe 856) und mit $\alpha_1 = 1{,}22\lambda/d$: $D = 13$ km.

**870** $0{,}61\lambda_{\text{blau}}/A < s < 0{,}61\lambda_{\text{rot}}/A$ ergibt 250 nm $< s <$ 450 nm.

**871** a) Die Strahlungsflussdichte (oder spezifische Ausstrahlung) $M_e$ eines „schwarzen Körpers" der absoluten Temperatur $T$ über alle in der Strahlung vorkommenden Wellenlängen $\lambda$ ist $M_e = \sigma T^4$ mit $\sigma = 5{,}67 \cdot 10^{-8}$ W/(m$^2$K$^4$). Danach erhält man mit $T = T_S = 5800$ K für den insgesamt von der Sonnenoberfläche $A_S = 4\pi R_S^2 = 6{,}1 \cdot 10^{18}$ m$^2$ ausgehenden Strahlungsfluss (Strahlungsleistung) $\Phi_{eS} = M_{eS}A_S = \sigma A_S T_S^4 = 3{,}92 \cdot 10^{26}$ W. b) Die Oberfläche einer (gedachten) Kugel um die Sonne mit dem Abstand Sonne-Erde $r_E$ als Radius hat die Größe $A = 4\pi r_E^2 = 2{,}83 \cdot 10^{23}$ m$^2$. Demnach ist die von der Sonne je m$^2$ Erdoberfläche empfangene Energie, die sog. Bestrahlungsstärke, $E_{eS} = \Phi_{eS}/A \approx 1385$ J/(m$^2$s).

**872** a) Ein „nichtschwarzer" Körper mit dem (integralen, d. h. alle Wellenlängen umfassenden) Emissionsgrad $\varepsilon < 1$ und der Oberfläche $A$ strahlt bei der absoluten Temperatur $T_1$ mit der Leistung (Strahlungsfluss) $\Phi_e = \varepsilon\sigma A T_1^4$ ($\sigma = 5{,}67 \cdot 10^{-8}$ W/(m$^2$K$^4$) STEFAN-BOLTZMANN-Konstante). Bei der Temperatur $T_2$ der Umgebung nimmt der Körper gleichzeitig die Leistung $\alpha\sigma A T_2^4$ ($\alpha$ Absorptionsgrad) auf. Wegen $\alpha = \varepsilon$ (KIRCHHOFFsches Strahlungsgesetz) beträgt daher seine Strahlungsleistung $\Phi_e = \varepsilon\sigma A(T_1^4 - T_2^4)$. Mit $\Phi_e = 100$ W und der Mantelfläche des Glühfadens $A = \pi dl = 1{,}257 \cdot 10^{-4}$ m$^2$ erhält man daraus als Glühfadentemperatur $T_1 = \sqrt[4]{\Phi_e/(\varepsilon\sigma A) + T_2^4} \approx 2615$ K oder 2342 °C. b) $T_{1(s)} \approx 1936$ K (1663 °C). Der schwarze Körper strahlt also stärker; er gibt bei niedrigeren Temperaturen die gleiche Leistung ab wie der nichtschwarze Körper.

**873** Gesucht ist die spezifische Ausstrahlung oder Strahlungsflussdichte $M_e$ für den angegebenen Wellenlängenbereich. Nach $M_e = \pi L_e$ erhält man diese aus der Strahldichte $L_e$, welche sich nach PLANCK für ein Wellenlängenintervall zwischen $\lambda$ und $\lambda + \mathrm{d}\lambda$, bezogen auf einen durchstrahlten Raumwinkel von $\Omega_0 = 1$ sr, zu

$$\mathrm{d}L_e = \frac{2hc^2}{\lambda^5}\frac{1}{e^{hc/(\lambda kT)} - 1}\,\mathrm{d}\lambda; \qquad \text{Einheit: } \frac{W}{\mathrm{m^2\,sr}},$$

berechnet. Dabei ist $c$ die Vakuum-Lichtgeschwindigkeit, $h = 6{,}62608 \cdot 10^{-34}$ J s das PLANCKsche Wirkungsquantum (PLANCK-Konstante) und $k = 1{,}381 \cdot 10^{-23}$ J/K die BOLTZMANN-Konstante. Daraus erhält man mit $\lambda = 10^{-6}$ m und $\mathrm{d}\lambda \approx \Delta\lambda = 10^{-8}$ m: $\mathrm{d}L_e \approx \Delta L_e = 81{,}1$ W/(m$^2$ sr) und $\Delta M_e = \pi\,\Delta L_e = 254{,}8$ W/m$^2$ $\approx 25{,}5$ mW/cm$^2$.

**874** a) Es ist $L_{e\lambda} = (2hc^2/\lambda^5)/[e^{hc/(\lambda kT)} - 1]$. Für $T = 5800$ K erhält man mit $d\lambda = 5 \cdot 10^{-8}$ m:

| | | | | | | | | | |
|---|---|---|---|---|---|---|---|---|---|
| $\lambda =$ | 400 | 450 | 500 | 550 | 600 | 650 | 700 | 750 | $\cdot 10^{-9}$ m |
| $L_{e\lambda} =$ | 2,36 | 2,61 | 2,69 | 2,63 | 2,49 | 2,31 | 2,11 | 1,91 | $\cdot 10^{13}$ W/(m³ sr) |
| $L_{e\lambda}\, d\lambda =$ | 5,90* | 13,05 | 13,45 | 13,15 | 12,45 | 11,55 | 10,55 | 4,78* | $\cdot 10^{5}$ W/(m² sr) |

(* halbe Intervallbreite).

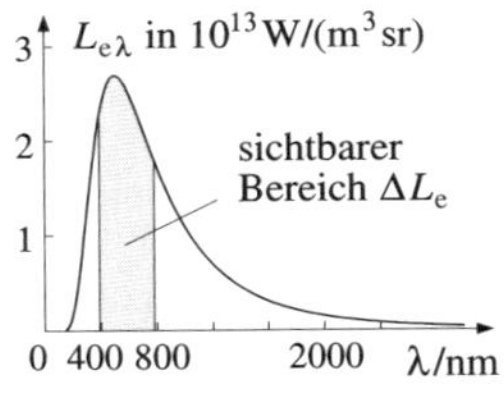


Es ist also $\Delta L_e = \sum L_{e\lambda}\, d\lambda = 8{,}5 \cdot 10^6$ W/(m² sr) bzw. $\Delta M_e = \pi\, \Delta L_e = 2{,}67 \cdot 10^7$ W/m². Die Strahlungsflussdichte über alle Wellenlängen (von null bis unendlich) ist $M_e = \sigma T^4 = 6{,}42 \cdot 10^7$ W/m² (vgl. Aufgabe 871); davon beträgt der Anteil des sichtbaren Lichts $\Delta M_e / M_e = 0{,}42$, also 42%. b) Siehe Bild!

**875** Es gilt $\lambda_{max} T = 2{,}898 \cdot 10^{-3}$ m K (WIEN-Konstante). Danach verschiebt sich die Lage des Maximums der spektralen Strahldichte $L_{e\lambda}$ mit steigender Temperatur immer mehr nach dem kurzwelligen Teil des Spektrums. Man erhält für $\lambda_{max}$ a) 966 nm ≈ 1 µm, infraroter Bereich; b) 500 nm, Bereich des sichtbaren Lichts (grün), vgl. Aufgabe 874; c) $2{,}9 \cdot 10^{-10}$ m ≈ 0,3 nm, Bereich der Röntgenstrahlen.

**876** $A = \Phi_e / [\varepsilon\sigma(T_1^4 - T_2^4)] \approx 124$ mm².

**877** Aus $\Phi_e \sim T^4$ folgt mit $T_2 = T_1/2$ als relative Abnahme des Strahlungsflusses $\Delta\Phi_e/\Phi_e = 1 - (1/2)^4 = 15/16 = 93{,}75\%$. Wegen $\lambda_{max} T = \text{const}$ ergibt sich bei halber absoluter Temperatur die doppelte Wellenlänge für das Maximum der spektralen Strahldichte.

**878** a) Strahlungsleistung der nichtschwarzen Oberfläche: $\Phi_e = \varepsilon\sigma A T^4$; mit $\Phi_e = 666{,}7$ W folgt $\varepsilon = 0{,}3$. b) Strahlungsleistung der schwarzen Oberfläche: $\Phi_{e(s)} = \sigma A T_s^4$; für $\Phi_e = \Phi_{e(s)}$ wird $T_s = T\sqrt[4]{\varepsilon} = 1850$ K.

**879** a) Strahlungsleistung der Sonne: $\Phi_{eS} = \Delta E/\Delta t = 3{,}92 \cdot 10^{26}$ W (s. Aufgabe 871); mit $\Delta t = 1\ \text{a} = 3{,}1536 \cdot 10^7$ s folgt $\Delta E = 1{,}2362 \cdot 10^{34}$ J und wegen $E = mc^2$: $\Delta m = \Delta E/c^2 = 1{,}38 \cdot 10^{17}$ kg(!). b) $7{,}16 \cdot 10^{12}$ a.

**880** Mit $\lambda = c/f$ und $|d\lambda| = (c/f^2)\, df$ erhält man $L_{ef} = (2hf^3/c^2)/[e^{hf/(kT)} - 1]$. a) Aus der Reihenentwicklung der Exponentialfunktion bis zum linearen Glied $e^x \approx 1 + x$ für $x \ll 1$ folgt mit $x = hf/(kT)$ die Gleichung von RAYLEIGH und JEANS $L_{ef} \approx (2f^2/c^2)kT$ für den langwelligen Teil des Spektrums. b) Mit der Vernachlässigung von 1 gegenüber $e^x$ für $x \gg 1$ ergibt sich die Gleichung von WIEN $L_{ef} \approx (2hf^3/c^2)e^{-hf/(kT)}$ für den kurzwelligen Bereich des Spektrums.

**881** (Bild) Die Lichtstärke einer (punktförmigen) Lichtquelle (L) ist $I_v = \Phi_v/\Omega$ [Einheit: Candela (cd)]. Sie sendet in den Raumwinkel $\Omega$ [Einheit: Steradiant (sr)] den Lichtstrom $\Phi_v = I_v\Omega$ [Einheit: cd · sr = lm (Lumen)] aus. Der Raumwinkel ist $\Omega = A/r^2$ mit $A$ als durchstrahltes Flächenelement einer (gedachten) konzentrischen Kugel vom Radius $r$ um den Strahler. Hier ist $r = d/2$ und $A \approx A_2$, $\Omega \approx A_2/r^2$ und somit $\Phi_{v(1)} = I_v A_2/r^2$. Hinzu kommt der im Spiegel (S) reflektierte Anteil $\Phi_{v(2)} = I_v A_2/(3r)^2$ (mit $3r$ als Entfernung Lampe–Spiegel–rechte Wand), womit sich als Gesamtlichtstrom $\Phi_v = \Phi_{v(1)} + \Phi_{v(2)} = (10/9) I_v A_2/r^2 = 20$ lm ergibt.

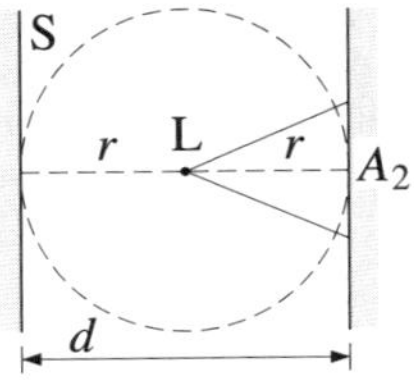


**882** Die Beleuchtungsstärke $E_v$ [Einheit: Lux (lx) = lm/m²] berechnet sich aus der Lichtstärke $I_v$ nach $E_v = (I_v/r^2)\cos\alpha_2$, wobei $r$ die Entfernung Lichtquelle–Beleuchtungsort und $\alpha_2$ der Winkel zwischen der Richtung des einfallenden Lichts und der Normalen der beleuchteten Fläche ist. a) Für den

Abstand $r$ von der Tischkante ergibt sich $r^2 = h^2 + R^2$, und es ist $\cos\alpha_2 = h/r$. Damit wird $E_v = I_v h/r^3$. Die Höhe $h$ für maximale Beleuchtung folgt aus $dE_v/dh = 0$. Bei Anwendung der Quotienten- und Kettenregel ist $dE_v/dh = I_v(r^3 - 3h^2r)/r^6$. Die Ableitung verschwindet für $r^3 - 3h^2r = 0$ oder $r^2 - 3h^2 = (h^2 + R^2) - 3h^2 = 0$ mit $h = R/\sqrt{2} \approx 39$ cm. b) Damit wird $r^2 = h^2 + R^2 = (3/2)R^2$ und $E_v = I_v h/r^3 = 2I_v/(3\sqrt{3}R^2)$, woraus für $E_v = 80$ lx folgt $I_v = (3/2)\sqrt{3}R^2 E_v = 62{,}87$ cd. c) Der in alle Raumrichtungen abgestrahlte Lichtstrom ist $\Phi_v = I_v\Omega = 4\pi I_v = 790$ lm, d. h., bei 13 lm/W reicht eine 60-W-Glühlampe gerade noch aus.

**883** a) Aus der Beleuchtungsstärke $E_v = (I_v/r^2)\cos\alpha_2$ (vgl. die Aufgabe davor) folgt mit $E_{vS} = 10^5$ lx, $r = r_E = 1{,}5 \cdot 10^{11}$ m und $\alpha_2 = 0°$ (senkrechter Lichteinfall): $I_{vS} = 2{,}25 \cdot 10^{27}$ cd. b) Die Leuchtdichte $L_v$ (Analogon zur Strahldichte $L_e$, vgl. Aufgabe 873) einer leuchtenden Fläche $A_1$, deren Normale mit der Blickrichtung des Beobachters den Winkel $\alpha_1$ einschließt, berechnet sich nach $L_v = I_v/(A_1\cos\alpha_1)$. $A_1\cos\alpha_1$ ist die scheinbare, dem Beobachter zugewandte leuchtende Fläche, hier also $\pi R^2 = 1{,}526 \cdot 10^{18}$ m², womit als Leuchtdichte der Sonne $L_{vS} = I_{vS}/(\pi R^2) = 1{,}474 \cdot 10^9$ cd/m² folgt. c) Die spezifische Lichtausstrahlung der Sonne $M_{vS}$ (als Analogon zu $M_e$, vgl. Aufgabe 873) ist $M_{vS} = \pi L_{vS} = 4{,}63 \cdot 10^9$ cd·sr/m² (= lm/m²). Sie ergibt sich aber auch aus dem von der Sonnenoberfläche $A_S = 4\pi R^2 = 6{,}1 \cdot 10^{18}$ m² in alle Raumrichtungen ($\Omega = 4\pi$ sr) ausgehenden Lichtstrom $\Phi_{vS} = I_{vS}\Omega = 4\pi I_{vS} = 2{,}827 \cdot 10^{28}$ lm zu $M_{vS} = \Phi_{vS}/A_S = 4{,}63 \cdot 10^9$ lm/m².

**884** Der Fettfleck verschwindet bei gleicher Beleuchtungsstärke auf beiden Seiten: $E_v = I_{v1}/r_1^2 = I_{v2}/r_2^2$ (photometrisches Grundgesetz). Nach Erhöhung der Stromstärke ist $xI_{v1}/r_1^2 = I_{v2}/(r_2 - \Delta r)^2$. Aus den beiden Gleichungen folgt $x = (20/18)^2 = 1{,}23$. Die Lichtstärke wurde also um 23% vergrößert.

**885** Mit dem Einfallswinkel $\alpha_2$ ist $E_v = E_{v0}\cos\alpha_2$ (vgl. Aufgabe 883). a) $\alpha_2 = 60°$: $E_v = 5 \cdot 10^4$ lx $= 0{,}5E_{v0}$; b) $\alpha_2 = 30°$: $E_v = 8{,}66 \cdot 10^4$ lx $\approx 0{,}87E_{v0}$; auf der senkrechten Wand in nördlichen Breiten $> 45°$ also größere Beleuchtungsstärken als am Erdboden.

**886** Der Winkel $\alpha_1$, unter dem die Lampe auf die angegebene Stelle strahlt, ist dort gleich dem Einfallswinkel $\alpha_2$. Mit $r = \sqrt{h^2 + a^2} = 5$ m und $\cos\alpha_2 = h/r$ ist $E_v = (I_v/r^2)\cos\alpha_2 = (I_{v0}/r^2)\cos^2\alpha_2 = I_{v0}h^2/r^4 = 12{,}8$ lx.

**887** $M_v = \Phi_v/(4\pi r^2) = 4\pi I_v/(4\pi r^2) = I_v/r^2 = 4{,}0$ lm/cm²; $L_v = M_v/\pi = 1{,}27$ cd/cm².

**888** Aus $r_1^2/r_2^2 = I_{v1}/I_{v2} = 1/4$ folgt mit $r_1 + r_2 = d = 150$ cm: $r_1 = 50$ cm von der 5-cd-Lampe entfernt.

**889** a) Mit $f = c/\lambda$ gilt $E_{Ph} = hf = hc/\lambda = 2{,}88 \cdot 10^{-19}$ J ($\approx 1{,}8$ eV), $m_{Ph} = E_{Ph}/c^2 = hf/c^2 = h/(c\lambda) = 3{,}20 \cdot 10^{-36}$ kg ($\approx 3{,}5 \cdot 10^{-6}$ Elektronenmassen), $p_{Ph} = m_{Ph}c = h/\lambda = 9{,}60 \cdot 10^{-28}$ kg m/s. Die Anzahl der je Zeiteinheit emittierten Photonen beträgt $\dot{N}_{Ph} = P/E_{Ph} = P/(hf) = P\lambda/(hc) = 1{,}74 \cdot 10^{19}$ s⁻¹. b) $P = \dot{N}_{Ph,A}E_{Ph} = 1{,}44 \cdot 10^{-18}$ W.

**890** a) Nach dem Impulssatz ist der bei Reflexion eines Photons am Spiegel auf diesen übertragene Impuls gleich der Impulsänderung des Photons $\Delta p_{Ph} = m_{Ph}c - (-m_{Ph}c) = 2m_{Ph}c$ oder mit $m_{Ph} = hf/c^2$, $\Delta p_{Ph} = 2hf/c$. Bei $\dot{N}_{Ph} = P/(hf)$ je Zeiteinheit auftreffenden Photonen (vgl. die Aufgabe davor) beträgt die zeitliche Impulsänderung des Spiegels $\dot{p}_S = \dot{N}_{Ph}\,\Delta p_{Ph}$ und somit nach dem 2. NEWTONschen Axiom die auf den Spiegel ausgeübte Kraft

$$F = \dot{p}_S = \frac{P}{hf}\frac{2hf}{c} = \frac{2P}{c}.$$

Mit $F = m_S g$ folgt für die erforderliche Laserleistung $P = m_S gc/2 = 147$ W. b) Mit $A = m_S/(\varrho d)$ folgt $p = F/A = 2P/(cA) = \varrho g d \approx 2{,}5$ Pa. Das Ergebnis für die Kraft $F$ ist unabhängig vom PLANCKschen Wirkungsquantum $h$, was ein Hinweis darauf ist, dass der Lichtdruck bereits mit der klassischen elektromagnetischen Wellentheorie des Lichts erklärt werden kann. Das Verständnis des Strahlungsdrucks wird aber über den Photonenimpuls sehr einfach, wie die Rechnung zeigt.

**891** a) Je Zeiteinheit werden $N_e/t = \eta N_{Ph}/t$ Photoelektronen ausgelöst, so dass mit $N_{Ph}/t = P/(hf) = P\lambda/(hc)$ und $I = Q/t = eN_e/t$ ein maximaler Photoelektronenstrom (im Sättigungsbereich der Strom-Spannungs-Charakteristik der Photozelle) von $I = e\eta P\lambda/(hc)$ auftritt. Damit beträgt die Strahlungsleistung $P = hcI/(e\eta\lambda) = 10{,}3$ mW. b) Nach der EINSTEINschen Gleichung $hf - W_a = eU$ erhält man als Austrittsarbeit $W_a = hf - eU = hc/\lambda - eU = 3{,}11 \cdot 10^{-19}$ J $= 1{,}94$ eV und aus $eU = m_e v^2/2$ die Elektronengeschwindigkeit $v = \sqrt{2eU/m_e} = 575$ km/s. c) Aus $hf - W_a \geq 0$ und $f = c/\lambda$ folgt, dass für $\lambda \geq \lambda_G = hc/W_a = 638$ nm (Grenzwellenlänge) keine Photoelektronen ausgelöst werden.

**892** Bei vollständiger Absorption des Photons durch das Elektron lauten Energie- und Impulssatz

$$hf = mc^2, \qquad \frac{hf}{c} = mv$$

mit $m = m_e/\sqrt{1 - (v^2/c^2)}$. Dividiert man die erste Gleichung für den Energiesatz durch $c$, dann folgt $hf/c = mc$, was der zweiten Gleichung, dem Impulssatz, widerspricht; ein freies Elektron kann kein Lichtquant absorbieren. Der Photoeffekt erfordert die Bindung des Elektrons an ein Atom oder Molekül, damit der Rückstoßimpuls $p_A = hf/c - mv$ von diesem aufgenommen werden kann. Die dabei übertragene Energie $E_A = p_A^2/(2m_A)$ kann wegen der sehr großen Masse $m_A$ des Atoms oder Moleküls vernachlässigt werden.

**893** Da die Energie des Gammaquants $E_\gamma = 0{,}1$ MeV im Vergleich zur Ruhenergie des Elektrons $m_e c^2 = 8{,}187 \cdot 10^{-14}$ J $= 0{,}511$ MeV nicht klein ist, muss die Rechnung relativistisch erfolgen. Sind $f$ und $f'$ die Frequenzen des Gammaquants vor bzw. nach dem Stoß, so lauten Energie- und Impulssatz

$$hf + m_e c^2 = hf' + \frac{m_e c^2}{\sqrt{1 - (v^2/c^2)}}; \qquad \frac{hf}{c} = -\frac{hf'}{c} + \frac{m_e v}{\sqrt{1 - (v^2/c^2)}}.$$

Multipliziert man die rechte Gleichung mit $c$, addiert jeweils die linken und rechten Seiten beider Gleichungen und dividiert durch $m_e c^2$, so erhält man

$$\alpha \equiv \frac{2hf}{m_e c^2} + 1 = \frac{1 + (v/c)}{\sqrt{1 - (v^2/c^2)}} = \sqrt{\frac{1 + (v/c)}{1 - (v/c)}}$$

und daraus, indem man beide Seiten quadriert und nach $v$ umstellt,

$$v = c\frac{\alpha^2 - 1}{\alpha^2 + 1}.$$

Mit $E_\gamma = hf = 0{,}1$ MeV und dem oben angegebenen Wert für $m_e c^2$ folgt $\alpha = 1{,}391$, $v = 0{,}319c \approx 9{,}6 \cdot 10^7$ m/s und somit eine kinetische Energie des Elektrons von

$$E_k = \frac{m_e c^2}{\sqrt{1 - (v^2/c^2)}} - m_e c^2 = 0{,}055 m_e c^2 = 0{,}028 \text{ MeV}.$$

Die Frequenzänderung des gestreuten Gammaquants ergibt sich aus dem Energiesatz zu $\Delta f = f' - f = -E_k/h = -6{,}8 \cdot 10^{18}$ Hz; das ist eine relative Änderung von $|\Delta f/f| = E_k/E_\gamma = 0{,}28$, entsprechend 28%.

**894** a) Die COMPTON-Verschiebung $\Delta\lambda = \lambda' - \lambda$ folgt aus $\Delta\lambda = 2\lambda_C \sin^2(\vartheta/2)$ mit der COMPTON-Wellenlänge des Elektrons $\lambda_C = h/(m_e c) = 2{,}426\,31 \cdot 10^{-12}$ m für die Streuwinkel $\vartheta = 90°$; $180°$ zu $\Delta\lambda = \lambda_C$; $2\lambda_C$. Die entsprechenden Frequenzänderungen betragen mit

$$\Delta f = f' - f = \frac{c}{\lambda'} - \frac{c}{\lambda} = -\frac{c\,\Delta\lambda}{\lambda(\lambda + \Delta\lambda)} \approx -\frac{c\,\Delta\lambda}{\lambda^2}:$$

$\Delta f = -0{,}808 \cdot 10^{16}$ Hz; $-1{,}62 \cdot 10^{16}$ Hz; das sind $\Delta\lambda/\lambda = -\Delta f/f = 0{,}81\%$; $1{,}62\%$ der eingestrahlten Frequenz bzw. Wellenlänge. b) Die kinetische Energie des Rückstoßelektrons beträgt $E_k = hf - hf' = -h\,\Delta f = 5{,}36 \cdot 10^{-18}$ J (33,4 eV); $1{,}07 \cdot 10^{-17}$ J (66,9 eV). Die Geschwindigkeit folgt aus $E_k = m_e c^2/\sqrt{1 - (v^2/c^2)} - m_e c^2 \approx m_e v^2/2$ zu $v \approx \sqrt{2E_k/m_e} = 3{,}43 \cdot 10^6$ m/s; $4{,}85 \cdot 10^6$ m/s. c) Aus der Impulsbilanz z. B. senkrecht zur Einstrahlrichtung (Bild) folgt

$$0 = \frac{hf'}{c}\sin\vartheta - mv\sin\varphi \qquad \text{oder} \qquad \varphi = \arcsin\left(\frac{hf'}{mvc}\sin\vartheta\right),$$

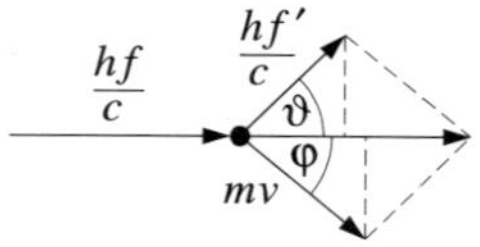


woraus man mit $m = m_e/\sqrt{1-(v^2/c^2)} \approx m_e$ für den Streuwinkel des Elektrons $\varphi = 44{,}5°$; $0°$ erhält.

**895** a) Mit $E = mc^2$, $p = mv$ und $m = m_e/\sqrt{1-(v^2/c^2)}$ folgt für die Frequenz bzw. Wellenlänge der DE-BROGLIE-Welle eines Elektrons

$$f = \frac{E}{h} = \frac{mc^2}{h} = \frac{m_e c^2}{h\sqrt{1-(v^2/c^2)}}, \quad \lambda = \frac{h}{p} = \frac{h}{mv} = \frac{h\sqrt{1-(v^2/c^2)}}{m_e v} \quad \text{(DE-BROGLIE-Beziehung)}$$

und für die Phasengeschwindigkeit $u = \lambda f = c^2/v$. b) $v_1 = 10^6$ m/s (nichtrelativistisches Elektron): $f = mc^2/h \approx m_e c^2/h = 1{,}24\cdot 10^{20}$ Hz; $\lambda = h/(mv) \approx h/(m_e v) = 7{,}27\cdot 10^{-10}$ m; $u \approx 9\cdot 10^{10}$ m/s; $v_2 = 2\cdot 10^8$ m/s (relativistisches Elektron): $f = m_e c^2/[h\sqrt{1-(v^2/c^2)}] = 1{,}66\cdot 10^{20}$ Hz; $\lambda = h\sqrt{1-(v^2/c^2)}/(m_e v) = 2{,}71\cdot 10^{-12}$ m; $u \approx 4{,}5\cdot 10^8$ m/s. Man bemerke, dass wegen $v < c$ die Phasengeschwindigkeit $u$ stets größer als die Lichtgeschwindigkeit $c$ ist. $u$ ist jedoch keine beobachtbare Größe und hat nur eine mittelbare physikalische Bedeutung (s. auch die Aufgaben 897 und 907). Für Mikroobjekte (wie z. B. Elektronen, Atome, Elementarteilchen) ist typisch, dass deren DE-BROGLIE-Wellenlängen je nach Energie und Impuls den realen Teilchenabmessungen nahe kommen bzw. mit ihnen übereinstimmen können (im Falle der Elektronen dem „klassischen Elektronenradius“ $r_e = 2{,}8179\cdot 10^{-15}$ m bzw. dem Atomradius (BOHRscher Radius) $a_H = 0{,}529\cdot 10^{-10}$ m), während bei Makroobjekten, wie im Fall der Erde, beide weit auseinander liegen. c) $\lambda_E = h/(M_E v_E) \approx 3{,}7\cdot 10^{-63}$ m(!).

**896** a) Nach Durchlaufen der Beschleunigungsspannung $U$ beträgt die Energie der Elektronen $E = m_e c^2 + eU$. Aus $E = m_e c^2/\sqrt{1-(v^2/c^2)}$ und $p = m_e v/\sqrt{1-(v^2/c^2)}$ folgt für den Impuls $p = \sqrt{(E^2/c^2) - m_e^2 c^2}$ und somit für die DE-BROGLIE-Wellenlänge der Elektronen

$$\lambda = \frac{h}{p} = \frac{h}{\sqrt{2m_e eU + (e^2U^2/c^2)}} = 3{,}70\cdot 10^{-12}\ \text{m} = 0{,}0037\ \text{nm}.$$

b) Das Auflösungsvermögen des Elektronenmikroskops beträgt $s_E = \lambda/(n\sin\alpha) = 0{,}624$ nm, das des Lichtmikroskops $s_L = \lambda/A = 704{,}6$ nm. Trotz der sehr kleinen numerischen Apertur $n\sin\alpha \approx 0{,}0059$ der Elektronenlinse erreicht das Elektronenmikroskop wegen der viel kleineren Wellenlänge der Elektronen eine um $s_L/s_E \approx 1130$-fach höhere Auflösung als das Lichtmikroskop.

**897** a) Die Wellenlänge der einfallenden Elektronen ergibt sich mit $m_e v_1^2/2 = eU$ zu $\lambda_1 = h/(m_e v_1) = h/\sqrt{2m_e eU} = 3{,}878\cdot 10^{-10}$ m. Beim Eintritt in den Kristall erhöht sich ihre kinetische Energie infolge der inneren Potentialdifferenz $U_i$ auf $m_e v_2^2/2 = e(U+U_i)$, so dass sich die Wellenlänge auf $\lambda_2 = h/(m_e v_2) = h/\sqrt{2m_e e(U+U_i)} = 3{,}648\cdot 10^{-10}$ m verringert. Die Wellenlängenänderung beträgt also $\Delta\lambda = \lambda_1 - \lambda_2 = 0{,}230\cdot 10^{-10}$ m; das ist eine relative Änderung von $\Delta\lambda/\lambda_1 \approx 0{,}06$ (6%). b) Nach dem SNELLIUSschen Brechungsgesetz gilt mit den Phasengeschwindigkeiten der DE-BROGLIE-Wellen $u_1 = \lambda_1 f_1 = c^2/v_1$ und $u_2 = \lambda_2 f_2 = c^2/v_2$:

$$\frac{\sin\alpha_1}{\sin\alpha_2} = \frac{u_1}{u_2} = \frac{\lambda_1 f_1}{\lambda_2 f_2} = \frac{v_2}{v_1} \tag{1}$$

oder wegen $f_1 = m_e c^2/[h\sqrt{1-(v_1^2/c^2)}] \approx f_2 = m_e c^2/[h\sqrt{1-(v_2^2/c^2)}] \approx m_e c^2/h$ für $v_1, v_2 \ll c$:

$$\frac{\sin\alpha_1}{\sin\alpha_2} \approx \frac{\lambda_1}{\lambda_2} = \sqrt{1+\frac{U_i}{U}}.$$

Für den Brechungswinkel folgt daraus $\alpha_2 = \arcsin[(\lambda_2/\lambda_1)\sin\alpha_1] = \arcsin[\sin\alpha_1/\sqrt{1+(U_i/U)}] = 41{,}7°$, für die elektronenoptische Brechzahl $n = u_1/u_2 \approx \lambda_1/\lambda_2 = \sqrt{1+(U_i/U)} = 1{,}063$. Man bemerke, dass in das Brechungsgesetz (1) die Teilchengeschwindigkeiten $v$ im umgekehrten Verhältnis der Phasengeschwindigkeiten $u$ eingehen, was auch vom klassischen Teilchenmodell der Brechung her bekannt ist. Der innere Potentialunterschied $U_i$ ist bei der Beugung von niederenergetischen Elektronen an Kristallen, wie z. B. beim LEED-Verfahren (low energy electron diffraction), von Bedeutung. Bei der Beugung von Elektronen höherer Energie ($10^3$ eV ... $10^6$ eV) spielt $U_i$ und damit die Brechzahl des beugenden Kristalls keine Rolle mehr.

898 Wir gehen von der Interferenzbedingung $2d \sin\vartheta = z\lambda$ (BRAGGsche Gleichung) aus, wobei $\vartheta$ der Winkel zwischen dem einfallenden Strahl und der „reflektierenden" Netzebenenschar bzw. $2\vartheta$ der Winkel zwischen Einfallsrichtung und gebeugtem Strahl ist. Nach dem Sinussatz gilt $2r/\sin(4\vartheta) = 2R$ (s. Bild), so dass $\vartheta = (1/4)\arcsin(r/R) = 0{,}05\,\text{rad} = 2{,}86°$. Die DE-BROGLIE-Wellenlänge der Elektronen $\lambda = h/(m_e v)$ beträgt mit $m_e v^2/2 = eU$ oder $v = \sqrt{2eU/m_e}$: $\lambda = h/\sqrt{2m_e eU} = 1{,}226 \cdot 10^{-11}$ m. Damit folgt aus der BRAGGschen Gleichung der Netzebenenabstand $d = \lambda/(2\sin\vartheta) = 1{,}23 \cdot 10^{-10}$ m. b) Der maximale Streuwinkel beträgt $2\vartheta = 180°$ oder $\vartheta = 90°$; somit gilt nach der BRAGGschen Gleichung $z = 2d/\lambda = 20{,}03$. Da $z$ eine ganze Zahl sein muss, beträgt die höchste Beugungsordnung $z = 20$.

899 a) Da der Ort des Elektrons bis auf $x = \overline{x} \pm \Delta x$ mit $\overline{x} = (x_{\min} + x_{\max})/2$ und der Ortsunbestimmtheit $\Delta x = L/2$ festgelegt ist, folgt aus der HEISENBERGschen Unbestimmtheitsrelation $\Delta x\, \Delta p_x \geq \hbar/2 = h/(4\pi)$ für die kleinstmögliche Impulsunbestimmtheit $\Delta p_x = h/(4\pi\, \Delta x) = h/(2\pi L)$. Die minimale kinetische Energie des Elektrons ergibt sich mit $p_x = \overline{p}_x \pm \Delta p_x$ für den mittleren Impuls $\overline{p}_x = 0$ zu $E_k = m_e v_x^2/2 = p_x^2/(2m_e) = \Delta p_x^2/(2m_e) = h^2/(8\pi^2 m_e L^2) = 6{,}1 \cdot 10^{-19}\,\text{J} = 3{,}8$ eV. b) Mit $a = \sqrt{A}$ betragen die Ortsunbestimmtheiten in der $x$, $y$-Ebene $\Delta x = \Delta y = a/2$, während in der $z$-Richtung $\Delta z \to \infty$ gilt. Aus $\Delta x\, \Delta p_x \geq \hbar/2$, $\Delta y\, \Delta p_y \geq \hbar/2$ und $\Delta z\, \Delta p_z \geq \hbar/2$ folgt für die minimalen Impulsunbestimmtheiten $\Delta p_x = \Delta p_y = \hbar/a = \hbar/\sqrt{A}$, $\Delta p_z = 0$ und somit für die Mindestenergie des Elektrons $E_k = (\Delta p_x^2 + \Delta p_y^2 + \Delta p_z^2)/(2m_e) = (2\hbar^2/A)/(2m_e) = \hbar^2/(m_e A) = h^2/(4\pi^2 m_e A) = 1{,}22 \cdot 10^{-20}\,\text{J} \approx 0{,}08$ eV.

900 a) Nach der Unbestimmtheitsrelation zwischen Energie und Zeit $\Delta E\, \Delta t \geq \hbar/2$ mit $\Delta E = h\, \Delta f$ gilt $\tau = \Delta t \approx \hbar/(2\,\Delta E) = 1/(4\pi\, \Delta f) = 2{,}7 \cdot 10^{-9}\,\text{s} = 2{,}7$ ns. b) Nach dem Impulssatz ist der auf das Wasserstoffatom übertragene Impuls betragsmäßig gleich dem Impuls des emittierten Photons $p = hf/c$. Folglich erhält man für die Rückstoßenergie des Atoms

$$E_A = c\sqrt{m_A^2 c^2 + p^2} - m_A c^2 = m_A c^2 \sqrt{1 + \frac{p^2}{m_A^2 c^2}} - m_A c^2 \approx m_A c^2 \left(1 + \frac{p^2}{2m_A^2 c^2}\right) - m_A c^2$$
$$= \frac{p^2}{2m_A} = \frac{h^2 f^2}{2m_A c^2} = 3{,}05 \cdot 10^{-28}\,\text{J}$$

und somit eine Rückstoßverschiebung der $H_\alpha$-Linie von $\delta f = E_A/h = hf^2/(2m_A c^2) \approx 4{,}6 \cdot 10^5$ Hz. Diese ist klein gegenüber der natürlichen Linienbreite $\Delta f$ und hat somit keine Auswirkung auf die Linienlage, so dass eine Reabsorption des Photons durch andere Wasserstoffatome möglich ist (s. auch Aufgabe 909).

901 Nach der HEISENBERGschen Unbestimmtheitsrelation für die drei Orts- und Impulskomponenten

$$\Delta x\, \Delta p_x \geq \frac{\hbar}{2}, \qquad \Delta y\, \Delta p_y \geq \frac{\hbar}{2}, \qquad \Delta z\, \Delta p_z \geq \frac{\hbar}{2} \tag{1}$$

mit $\hbar = h/(2\pi)$ kann die Amplitude der Schwingung nicht null sein, da dies einer scharfen Ortskoordinate ($\Delta x = \Delta y = \Delta z = 0$) entsprechen würde und nach (1) unendlich große Impulskomponenten $\Delta p_x$, $\Delta p_y$, $\Delta p_z$ zur Folge hätte. Bei einer von null verschiedenen Ortsunbestimmtheit hat der Oszillator mit $\omega = 2\pi f = \sqrt{c/m}$ ($c$ „Federkonstante") eine potentielle Energie $E_p = (c/2)(\Delta x^2 + \Delta y^2 + \Delta z^2) = (m\omega^2/2)(\Delta x^2 + \Delta y^2 + \Delta z^2)$ und folglich auch eine kinetische Energie $E_k = (\Delta p_x^2 + \Delta p_y^2 + \Delta p_z^2)/(2m)$, so dass sich nach (1) (für den Grenzfall des Gleichheitszeichens) seine Gesamtenergie, ausgedrückt durch die Ortsunbestimmtheiten, ergibt zu

$$E = E_k + E_p = \frac{\hbar^2}{8m}\left(\frac{1}{\Delta x^2} + \frac{1}{\Delta y^2} + \frac{1}{\Delta z^2}\right) + \frac{m\omega^2}{2}(\Delta x^2 + \Delta y^2 + \Delta z^2). \tag{2}$$

a) Die Mindestschwingungsenergie erhält man aus den Extremalforderungen

$$\frac{dE}{d\Delta x}=0;\quad \frac{dE}{d\Delta y}=0;\quad \frac{dE}{d\Delta z}=0 \qquad \text{oder} \qquad -\frac{\hbar^2}{4m\,\Delta x^3}+m\omega^2\,\Delta x=0$$

(sowie analog für $\Delta y$, $\Delta z$) mit den Lösungen

$$\Delta x=\Delta y=\Delta z=\sqrt{\frac{\hbar}{2m\omega}}. \tag{3}$$

Diese in (2) eingesetzt, ergibt die Nullpunktsenergie $E = E_0 = 3\hbar\omega/2 = 3hf/2 = 2{,}59\cdot 10^{-20}\,\mathrm{J} = 0{,}16\,\mathrm{eV}$. Dies entspricht einer Nullpunktsenergie $hf/2$ je Schwingungsfreiheitsgrad. Die Amplitude der Nullpunktsschwingungen folgt aus (3) zu

$$\Delta u=\sqrt{\Delta x^2+\Delta y^2+\Delta z^2}=\sqrt{\frac{3\hbar}{2m\omega}}=\sqrt{\frac{3h}{8\pi^2 mf}}=6{,}96\cdot 10^{-12}\,\mathrm{m},$$

das sind $\Delta u/a_0 = 0{,}0195 \approx 2\%$ der Gitterkonstante $a_0 = 3{,}567\cdot 10^{-10}$ m des Diamantkristalls. b) Nach dem Gleichverteilungssatz der BOLTZMANN-Statistik gilt für die mittlere Energie des dreidimensionalen klassischen Oszillators bei der Temperatur $T$: $E = \overline{E}_k + \overline{E}_p = 2\overline{E}_k = 2\cdot 3kT/2 = 3kT$ (DULONG-PETITsche Regel). Aus $E_0 = 3hf/2 = 3kT$ folgt, dass dieser bei der Temperatur $T = hf/(2k) = 625{,}6$ K ($\approx 352\,°$C) dieselbe Energie hätte wie die schwingenden Kohlenstoffatome im Diamantgitter am absoluten Nullpunkt.

**902** Von $N$ auftreffenden Photonen werden wegen $A + D + R = 1$ ($R$ Reflexionsgrad) $NR = N(1-A-D)$ reflektiert, $NA$ absorbiert und $ND$ durchgelassen. Dabei erfährt ein Photon jeweils die Impulsänderung $\Delta p_R = 2m_{Ph}c$, $\Delta p_A = m_{Ph}c$ bzw. $\Delta p_D = 0$, so dass mit $m_{Ph} = hf/c^2$ und $N/t = P/(hf)$ die Kraft $F = \Delta p_P NR/t + \Delta p_A NA/t = (2R + A)P/c = (2 - A - 2D)P/c = 4{,}0\cdot 10^{-11}$ N resultiert.

**903** (Bild) Bei der Reflexion von $N$ Photonen der Energie $hf$ ergibt sich für den vom Spiegel aufgenommenen Impuls $p_S = N\,\Delta p_{Ph} = N\,2m_{Ph}c = 2Nhf/c = 2E/c$ mit $E = Nhf$ als Energie des Lichtpulses, und somit für die kinetische Energie des Spiegels $E_{k,S} = p_S^2/(2m_S) = 2E^2/(m_S c^2)$. Die potentielle Energie des Spiegels bei der Auslenkung um einen kleinen Winkel $\alpha$ beträgt $E_{p,S} = m_S g\,\Delta h = m_S g(l - \sqrt{l^2 - \Delta s^2}) \approx m_S g\,\Delta s^2/(2l)$. Aus dem Energiesatz $E_{k,S} = E_{p,S}$ folgt $E = m_S c\sqrt{g/l}\,\Delta s/2 = 8{,}9$ J.

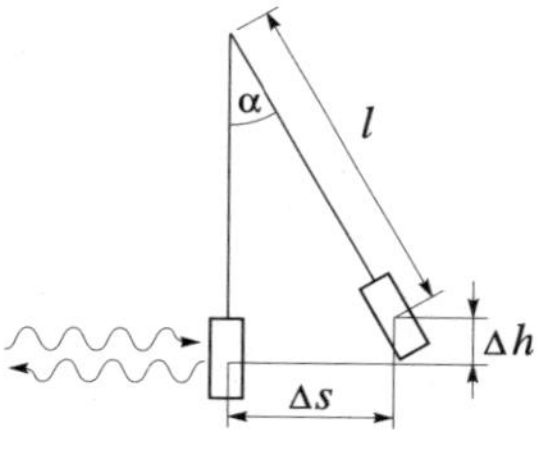


**904** Impulsbilanz bezüglich der Einstrahlrichtung und der dazu senkrechten Richtung (Bild zur Lösung von Aufgabe 894):

$$\frac{hf}{c}=\frac{hf'}{c}\cos\vartheta+mv\cos\varphi;\qquad 0=\frac{hf'}{c}\sin\vartheta-mv\sin\varphi.$$

Aus beiden Gleichungen folgt nach Umformung $\cot\varphi = (f/f')/\sin\vartheta - \cot\vartheta$, oder mit $f/f' = \lambda'/\lambda = (\lambda+\Delta\lambda)/\lambda = 1 + (2\lambda_C/\lambda)\sin^2(\vartheta/2)$ sowie $\sin\vartheta = 2\sin(\vartheta/2)\cos(\vartheta/2)$ und $1-\cos\vartheta = 2\sin^2(\vartheta/2)$: $\cot\varphi = (1+\lambda_C/\lambda)\tan(\vartheta/2)$. Für $0 \le \vartheta \le 180°$ folgt $90° \ge \varphi \ge 0$; der Impuls des Rückstoßelektrons bildet mit der Stoßrichtung stets einen spitzen Winkel. Der maximale Streuwinkel des Elektrons ist $\varphi = 90°$, welcher für $\vartheta = 0$ auftritt. In diesem Fall folgt aus der Impulsbilanz $v = 0$.

**905** (Bild) Für den Netzebenenabstand $d$ und den BRAGG-Winkel $\vartheta$ der sich in Reflexionsstellung befindlichen Netzebenenschar gelten die geometrischen Beziehungen $d = a\sin(\Theta/2)$; $\sin\vartheta = \cos(\Theta/2)$, so dass die BRAGGsche Reflexionsbedingung $2d\sin\vartheta = z\lambda$ die Form $2a\sin(\Theta/2)\cos(\Theta/2) = a\sin\Theta = z\lambda$ erhält. Für $z = 1$ (1. Reflexionsordnung) folgt somit für die Wellenlänge der Elektronen $\lambda = a\sin\Theta = 1{,}65\cdot 10^{-10}$ m.

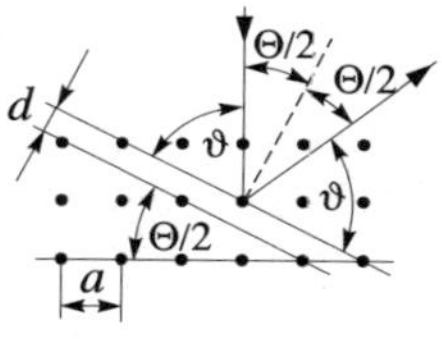

**906** Mit $\lambda = h/p = h\sqrt{1-(v^2/c^2)}/(m_e v)$ und $\lambda_C = h/(m_e c)$ folgt aus $\lambda = \lambda_C$: $v = c/\sqrt{2} = 0{,}707\,c = 2{,}12 \cdot 10^8$ m/s.

**907** Aus $\lambda = h/p = h/(mv) = h\sqrt{1-(v^2/c^2)}/(m_0 v)$ folgt $v = c/\sqrt{1+(m_0^2c^2\lambda^2/h^2)}$, somit

$$u = u(\lambda) = \lambda f = \frac{c^2}{v} = c\sqrt{1+\frac{m_0^2c^2\lambda^2}{h^2}}.$$

D. h., die Ausbreitung der einem Teilchen der Geschwindigkeit $v$ zugeordneten DE-BROGLIE-Welle weist (im Unterschied zu elektromagnetischen Wellen) bereits im Vakuum Dispersion auf; daher zerfließen anfangs räumlich lokalisierte Wellenpakete allmählich. Für die Gruppengeschwindigkeit ergibt sich mit $u_g = u - \lambda\, du/d\lambda$ (vgl. Aufgabe 749): $u_g = c/\sqrt{1+(m_0^2c^2\lambda^2/h^2)} = v$, also die Teilchengeschwindigkeit; diese ist gleich der Ausbreitungsgeschwindigkeit von Energie und Impuls und somit gleich der Signalgeschwindigkeit der DE-BROGLIE-Wellen.

**908** Mit $\Delta x = \Delta y = \Delta z = a/2$ folgt $\Delta p_x = \Delta p_y = \Delta p_z = \hbar/a$, somit $E_k = (\Delta p_x^2 + \Delta p_y^2 + \Delta p_z^2)/(2m_e) = 3\hbar^2/(2m_e a^2) = 4{,}58 \cdot 10^{-21}\,\text{J} = 0{,}029$ eV.

**909** a) Mit $p = hf/c = E_\gamma/c$ folgt als Rückstoßenergie des Atoms $E_A = p^2/(2m_A) = E_\gamma^2/(2m_A c^2)$ und daraus für die Rückstoßverschiebung des $\gamma$-Quants $\delta f = E_A/h = E_\gamma^2/(2m_A c^2 h) = 4{,}7 \cdot 10^{11}$ Hz. b) $\delta f$ übersteigt um mehrere Größenordnungen die natürliche Linienbreite $\Delta f = 1/(4\pi\tau) = 1{,}05$ MHz und hat somit Einfluss auf die Linienlage, d. h., keine Reabsorption durch andere gleichartige Kerne möglich.

**910** a) Aus dem Gleichgewicht zwischen Fliehkraft $m_e v^2/r$ und elektrostatischer Anziehungskraft $Ze^2/(4\pi\varepsilon_0 r^2)$ folgt zusammen mit der BOHRschen Quantenbedingung für den Bahndrehimpuls $m_e v r = nh/(2\pi)$, indem einmal $v$, das andere Mal $r$ eliminiert wird,

$$r_n = \frac{\varepsilon_0 h^2}{\pi Z e^2 m_e} n^2, \qquad v_n = \frac{Ze^2}{2\varepsilon_0 h}\frac{1}{n} \quad (n = 1, 2, 3, \ldots).$$

b) Die kinetische Energie auf der $n$-ten Bahn ist

$$E_{k(n)} = \frac{m_e v_n^2}{2} = \frac{Ze^2}{8\pi\varepsilon_0 r_n} = \frac{Z^2 e^4 m_e}{8\varepsilon_0^2 h^2 n^2},$$

die potentielle Energie auf der $n$-ten Bahn

$$E_{p(n)} = \int_\infty^{r_n} F\,dr = \int_\infty^{r_n} \frac{Ze^2}{4\pi\varepsilon_0 r^2}dr = -\frac{Ze^2}{4\pi\varepsilon_0 r_n} = -2E_{k(n)}.$$

Als Gesamtenergie folgt damit

$$E_n = E_{k(n)} + E_{p(n)} = -E_{k(n)} = -\frac{Z^2 e^4 m_e}{8\varepsilon_0^2 h^2 n^2}.$$

Für das H-Atom ($Z = 1$) im Grundzustand ($n = 1$) erhält man $E_{k(1)} = 2{,}18 \cdot 10^{-18}\,\text{J} = 13{,}6$ eV, $E_{p(1)} = -27{,}2$ eV und somit $E_1 = -13{,}6$ eV. Für ein $He^+$-Ion ($Z = 2$) sind die entsprechenden Werte viermal so groß.

**911** Die Anregungsenergie für einen Übergang zwischen zwei Energiezuständen mit den Hauptquantenzahlen $n$ und $m > n$ ist gleich der Differenz der Gesamtenergie der beiden Zustände (vgl. Aufgabe 910)

$$\Delta E = E_m - E_n = \frac{Z^2 e^4 m_e}{8\varepsilon_0^2 h^2}\left(\frac{1}{n^2} - \frac{1}{m^2}\right) = (2{,}18 \cdot 10^{-18}\,\text{J})Z^2\left(\frac{1}{n^2} - \frac{1}{m^2}\right).$$

a) Li hat die Ordnungszahl $Z = 3$. Für $n = 1$ (Grundzustand) und $m = 2$ (erster Anregungszustand) folgt $\Delta E = 1{,}47 \cdot 10^{-17}$ J (= 91,8 eV); $\lambda = hc/\Delta E = 13{,}5$ nm. b) Für $n = 1$ und $m \to \infty$ folgt als Ionisierungsenergie $\Delta E = E_i = 1{,}96 \cdot 10^{-17}$ J (= 122,5 eV); $\lambda_i = 10{,}1$ nm. Die Wellenlängen liegen also im kurzwelligen UV.

**912** Aus der Energiedifferenz $\Delta E$ der Zustände mit den Hauptquantenzahlen $n$ und $m > n$ (vgl. Aufgabe 911) folgt für die Frequenzen der emittierten Spektrallinien die allgemeine Serienformel

$$f = \frac{\Delta E}{h} = Z^2 R_{\mathrm{H}} \left( \frac{1}{n^2} - \frac{1}{m^2} \right)$$

mit der RYDBERG-Frequenz $R_{\mathrm{H}} = 3{,}2898 \cdot 10^{15}$ Hz und $Z = 1$ für das H-Atom. Im Sichtbaren liegen nur einige Linien der BALMER-Serie mit $n = 2$, und zwar für $m = 3$ als größte Wellenlänge $\lambda_1 = c/f_1 = 656{,}1$ nm (rot) und für $m = 8$ als kleinste Wellenlänge $\lambda_2 = 388{,}8$ nm (violett). Dazwischen liegen vier Linien ($m = 4, 5, 6, 7$) mit Häufung zum Kurzwelligen hin.

**913** a) Die $\mathrm{K}_\alpha$-Strahlung entsteht beim Elektronenübergang von der L-Schale ($n = 2$) zur K-Schale ($n = 1$). Ihre Frequenz berechnet sich nach dem MOSELEYschen Gesetz zu

$$f = (Z-1)^2 R_{\mathrm{H}} \left( \frac{1}{1^2} - \frac{1}{2^2} \right) = \frac{3}{4}(Z-1)^2 R_{\mathrm{H}}. \qquad (1)$$

Im Unterschied zur Serienformel in Aufgabe 912 steht hier wegen der Abschirmung der Kernladung durch das zweite Elektron in der K-Schale $(Z-1)^2$ anstelle von $Z^2$ (Abschirmkonstante $b = 1$ für die K-Serie). Mit $f = c/\lambda = 1{,}67 \cdot 10^{18}\,\mathrm{s}^{-1}$ erhält man aus (1) $Z = 1 + \sqrt{4f/(3R_{\mathrm{H}})} = 27$. Die Anode besteht also aus Cobalt (Co). b) Als Anregungsenergie der Co-$\mathrm{K}_\alpha$-Strahlung folgt damit $E = hf = 1{,}1 \cdot 10^{-15}\,\mathrm{J} = 6{,}89\,\mathrm{keV} = eU$ und daraus als Röhrenspannung $U \approx 6{,}9$ kV. c) Dies ist der Fall für $n = 1$ und $m \gg 1$, d. h. nach (1) $E = (Z-1)^2 R_{\mathrm{H}} h = 9{,}2$ keV bzw. $U \geq 9{,}2$ kV.

**914** Röntgenstrahlung der Höchstfrequenz (Grenzfrequenz) $f_{\mathrm{G}}$ bzw. der Grenzwellenlänge $\lambda_{\mathrm{G}}$ entsteht, wenn das Elektron seine gesamte kinetische Energie $m_{\mathrm{e}}v^2/2 = eU$ in einem einzigen, kurzzeitigen Bremsprozess im Anodenmaterial einbüßt. Es gilt dann $hf_{\mathrm{G}} = hc/\lambda_{\mathrm{G}} = eU$. Daraus folgt $h = eU\lambda_{\mathrm{G}}/c = 6{,}626 \cdot 10^{-34}$ J s.

**915** (Bild vorn) Aus der BOHRschen Quantenbedingung für den Gesamtbahndrehimpuls $L = 2m_{\mathrm{e}}vr = nh/(2\pi)$ und der für Elektron als auch Positron geltenden Gleichheit von Zentrifugalkraft und elektrostatischer Anziehungskraft $m_{\mathrm{e}}v^2/r = e^2/[4\pi\varepsilon_0(2r)^2] = e^2/(16\pi\varepsilon_0 r^2)$ folgt

$$r = r_n = \frac{\varepsilon_0 h^2}{\pi e^2 m_{\mathrm{e}}} n^2 \quad \text{bzw.} \quad v = v_n = \frac{e^2}{4\varepsilon_0 h} \frac{1}{n} \quad (n = 1, 2, 3, \ldots).$$

Mit der kinetischen Energie beider Elementarteilchen $E_{\mathrm{k}(n)} = 2m_{\mathrm{e}}v_n^2/2 = e^4 m_{\mathrm{e}}/(16\varepsilon_0^2 h^2 n^2)$ und ihrer potentiellen Energie

$$E_{\mathrm{p}(n)} = \int\limits_{\infty}^{2r_n} \frac{e^2}{4\pi\varepsilon_0 r^2} \mathrm{d}r = -\frac{e^2}{8\pi\varepsilon_0 r_n} = -\frac{e^4 m_{\mathrm{e}}}{8\varepsilon_0^2 h^2 n^2} = -2E_{\mathrm{k}(n)}$$

erhält man für die Energiezustände

$$E_n = E_{\mathrm{k}(n)} + E_{\mathrm{p}(n)} = -E_{\mathrm{k}(n)} = -\frac{e^4 m_{\mathrm{e}}}{16\varepsilon_0^2 h^2 n^2}.$$

Die Grundzustandsenergie ($n = 1$) beträgt $E_1 = -e^4 m_{\mathrm{e}}/(16\varepsilon_0^2 h^2) \approx -6{,}8$ eV, der kleinste Atomdurchmesser $a_{\mathrm{P}} = 2r_1 = 2\varepsilon_0 h^2/(\pi e^2 m_{\mathrm{e}}) = 2a_{\mathrm{H}} \approx 1{,}06 \cdot 10^{-10}$ m. Dies folgt auch unmittelbar aus den Beziehungen $r_n$ und $E_n$ für das Wasserstoffatom (siehe Lösung Aufgabe 910), wenn darin die Elektronenmasse $m_{\mathrm{e}}$ durch die reduzierte Masse des Positroniumatoms $\mu = m_{\mathrm{e}}^2/(m_{\mathrm{e}} + m_{\mathrm{e}}) = m_{\mathrm{e}}/2$ ersetzt wird.

**916** a) Hauptquantenzahl $n$, Bahndrehimpulsquantenzahl (Nebenquantenzahl) $l$, Orientierungsquantenzahl für den Bahndrehimpuls (Magnetquantenzahl) $m_l$, Orientierungsquantenzahl für den Spin $m_s$.
b) Nach dem PAULI-Prinzip kann sich innerhalb eines Atoms in jedem möglichen Zustand, der durch $n$, $l$, $m_l$ und $m_s$ beschrieben wird, nur ein Elektron befinden, d. h., es gibt für

| | |
|---|---|
| $l = 0$ mit $m_l = 0$ und $m_s = \pm 1/2$: | 2 s-Elektronen |
| $l = 1$ mit $m_l = 0, \pm 1$ und jeweils $m_s = \pm 1/2$: | 6 p-Elektronen |
| $l = 2$ mit $m_l = 0, \pm 1, \pm 2$ und jeweils $m_s = \pm 1/2$: | 10 d-Elektronen |
| $l = 3$ mit $m_l = 0, \pm 1, \pm 2, \pm 3$ und jeweils $m_s = \pm 1/2$: | 14 f-Elektronen |

usw. Die Zahl der Elektronen in der zu $l$ gehörigen Unterschale kann also maximal $2(2l + 1)$ betragen.
c) Da $l$ die Werte von 0 bis $n - 1$ annehmen kann, finden in der

K-Schale $(n = 1)$ mit $l = 0$ — 2 s-Elektronen ($1s^2$)
L-Schale $(n = 2)$ mit $l = 0, 1$ — 2 s- und 6 p-Elektronen ($2s^2\ 2p^6$)
M-Schale $(n = 3)$ mit $l = 0, 1, 2$ — 2 s-, 6 p- und 10 d-Elektronen ($3s^2\ 3p^6\ 3d^{10}$)
N-Schale $(n = 4)$ mit $l = 0, 1, 2, 3$ — 2 s-, 6 p-, 10 d- und 14 f-Elektronen ($4s^2\ 4p^6\ 4d^{10}\ 4f^{14}$)

Platz, in der $n$-ten Schale also maximal $2n^2$ (2, 8, 18, 32, ...) Elektronen.

**917** Die RYDBERGsche Serienformel für die Frequenzen der Alkalispektren lautet

$$f = R_H\left[\frac{1}{(n+a_l)^2} - \frac{1}{(m+a_{l\pm1})^2}\right] \quad \text{mit} \quad R_H = 3{,}289\,842 \cdot 10^{15}\ \text{Hz}. \tag{1}$$

Den Grundzustand des Leuchtelektrons der Alkaliatome, das sich ähnlich verhält wie das Elektron im Wasserstoffatom, bezeichnet man auch bei den Alkaliatomen mit 1s, als Alkaliniveau konventionell mit 1S. Beim Na-Atom ist dies der Zustand 3s, der Endzustand des Elektronenübergangs bei der Entstehung der Na-D-Linie, der also jetzt wie beim H-Atom die Quantenzahlen $n = 1$, $l = 0$ erhält. Dem Ausgangszustand 3p des Übergangs kommt allerdings nicht wie beim H-Atom das darüber liegende Niveau 2S, sondern das Niveau 2P mit $n$ (hier $m$) = 2, $l = 1$ zu, da gemäß Auswahlregel nur solche Übergänge (optisch) möglich sind, bei denen sich die Nebenquantenzahl $l$ um 1 ändert. Damit folgt mit den angegebenen Korrekturen $a_0$ und $a_1$ für $l = 0$ und $l + 1 = 1$ aus (1) für die Na-D-Linie die Frequenz $f = 5{,}09 \cdot 10^{14}$ Hz und die Wellenlänge $\lambda = c/f = 589{,}0$ nm.

**918** Der Radius der innersten Elektronenbahn $(n = 1)$ ist beim $He^+$-Ion mit $Z = 2$ nur halb so groß wie beim H-Atom mit $Z = 1$ (vgl. Aufgabe 910).

**919** S. dazu die Aufgabe 910! a) Die Gesamtenergie vergrößert sich um $\Delta E = E_2 - E_1$ ($E_2$ ist wegen $E_n < 0$ größer als $E_1$). Dabei nimmt wegen $E_k = -E$ die kinetische Energie um den Betrag $\Delta E$ ab und wegen $E_p = -2E_k = 2E$ die potentielle Energie um $2\,\Delta E$ zu. Die Elektronengeschwindigkeit ist demnach wegen $E_{k(2)} < E_{k(1)}$ weiter außen kleiner (2. KEPLERsches Gesetz). b) $\Delta E = 1{,}63 \cdot 10^{-18}$ J = 10,2 eV; $\lambda = hc/\Delta E = 121{,}6$ nm.

**920** a) Cr: $Z = 24$. Aus $f = c/\lambda = (Z - b)^2 R_H[(1/n^2) - (1/m^2)]$ folgt für $n = 2$, $m = 3$: $b = 7{,}1$. b) W: $Z = 74$; $\lambda = 0{,}147$ nm.

**921** $R_P = e^4 m_e/(16\varepsilon_0^2 h^3) = R_H/2 = 1{,}6449 \cdot 10^{15}$ Hz.

**922** (Tabelle) Bei den jeweils am Ende einer Periode stehenden Edelgasen schließt mit der Besetzung des p-Niveaus in der äußersten Schale mit 8 Elektronen (2 beim He) die Besetzung dieser Schale vorläufig ab. Bei jedem auf ein Edelgas folgenden Element (Alkalimetall) wird stets eine neue Schale bzw. Periode angefangen, bevor die darunter liegenden Schalen voll aufgefüllt werden (ab $Z = 19$, Kalium).

| Schale: | K | L | M | N | O | P |
|---|---|---|---|---|---|---|
| He | 2 | | | | | |
| Ne | 2 | 8 | | | | |
| Ar | 2 | 8 | 8 | | | |
| Kr | 2 | 8 | 18 | 8 | | |
| Xe | 2 | 8 | 18 | 18 | 8 | |
| Rn | 2 | 8 | 18 | 32 | 18 | 8 |

**923** (Tabelle) Mit der Besetzung der N-Schale wird bereits begonnen, bevor die M-Schale voll aufgefüllt ist. Der Grund ist, dass die Unterschale 4s energetisch niedriger liegt als die Unterschale 3d, die erst danach weiter aufgefüllt wird, wodurch bei Ni 2 Zustände unbesetzt bleiben.

| Schale | K | L | | M | | | N | M |
|---|---|---|---|---|---|---|---|---|
| Unterschale | 1s | 2s | 2p | 3s | 3p | 3d | 4s | 3d |
| Anzahl der Zustände | 2 | 2 | 6 | 2 | 6 | 10 | 2 | 10 |
| Anzahl der Elektronen | 2 | 2 | 6 | 2 | 6 | 0 | 2 | 8 |

**924** Das Auftreten eines Dubletts resultiert aus der Wirkung des Spins (Eigendrehimpuls) des Leuchtelektrons, welcher sich zu der durch den Bahndrehimpulsvektor vorgegebenen Richtung im Raum entweder parallel oder antiparallel einstellen kann. Dies führt (außer bei den S-Niveaus) zu einer Aufspaltung der Energieniveaus, beim Na des 3p-Niveaus bzw. 2P-Alkaliterms (s. Aufgabe 917) in zwei Unterterme von 0,6 nm Wellenlängendifferenz. Bei den S-Termen kommt es wegen des fehlenden Bahndrehimpulses ($l = 0$) und damit fehlender Bezugsrichtung für den Spinvektor des Leuchtelektrons zu keiner Dublettaufspaltung.

**925** $r_1 = h^2/(4\pi^2 \gamma m_e m_p) = [e^2/(4\pi\varepsilon_0 \gamma m_e m_p)]a_H \approx 2 \cdot 10^{39} a_H \approx 10^{29}$ m $\approx 10^{13}$ Lichtjahre! Diese Entfernung ist von kosmologischer Größenordnung und entspricht ungefähr dem Radius des sichtbaren Universums (Welthorizont).

**926** a) Wir gehen von der zeitunabhängigen (stationären) SCHRÖDINGER-Gleichung

$$-\frac{\hbar^2}{2m_e}\frac{d^2\psi}{dx^2} + V(x)\psi = E\psi \qquad \text{mit} \qquad \hbar = \frac{h}{2\pi} \tag{1}$$

und $V(x)$ als potentieller Energie bzw. $E$ als Gesamtenergie des Elektrons aus. Außerhalb des Kastens (schraffiertes Gebiet im Bild vorn) kann sich wegen $V(x) \to \infty$ kein Elektron aufhalten, so dass dort $\psi(x) = 0$ gilt. Innerhalb des Kastens ($V = 0$) lautet die SCHRÖDINGER-Gleichung (1)

$$\frac{d^2\psi}{dx^2} + k^2\psi = 0 \qquad \text{mit} \qquad k = \sqrt{\frac{2m_e E}{\hbar^2}}; \tag{2}$$

ihre allgemeine Lösung ist $\psi(x) = A\sin(kx) + B\cos(kx)$. Aus den Randbedingungen $\psi(0) = \psi(l) = 0$ folgt $B = 0$ und (da $A \neq 0$) $\sin(kl) = 0$. Die zweite Gleichung ist nur für bestimmte Wellenzahlen $k_n = n\pi/l$, $n = 1, 2, 3, \ldots$, erfüllt, was nach (2) auf die Energieeigenwerte

$$E_n = \frac{\hbar^2}{2m_e}k_n^2 = \frac{\hbar^2\pi^2}{2m_e l^2}n^2 = \frac{h^2}{8m_e l^2}n^2, \quad n = 1, 2, 3, \ldots$$

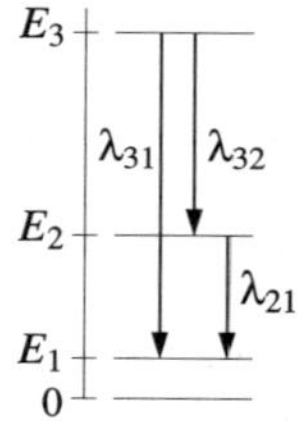


führt. Aus der Normierungsbedingung für die Wellenfunktion

$$1 = \int_0^l |\psi|^2\,dx = A^2\int_0^l \sin^2(k_n x)\,dx = A^2\left[\frac{x}{2} - \frac{1}{4k_n}\sin(2k_n x)\right]_0^l = A^2\frac{l}{2}$$

folgt für die Konstante $A = \sqrt{2/l}$ und somit für die Eigenfunktionen

$$\psi_n(x) = \sqrt{\frac{2}{l}}\sin(k_n x) = \sqrt{\frac{2}{l}}\sin\left(\frac{n\pi x}{l}\right).$$

b) Mit $E_3 - E_1 = hf = hc/\lambda_{31}$ folgt für die erforderliche Wellenlänge der eingestrahlten elektromagnetischen Welle

$$\lambda_{31} = \frac{hc}{E_3 - E_1} = \frac{8m_e l^2 hc}{h^2(3^2 - 1^2)} = \frac{m_e l^2 c}{h} = 412\text{ nm}.$$

c) Wie aus dem Termschema (Bild) ersichtlich ist, können bei Rückkehr in den Grundzustand gemäß der Beziehung $\lambda_{nm} = hc/(E_n - E_m) = (8m_e l^2 c)/[h(n^2 - m^2)]$, $n > m$, folgende Wellenlängen auftreten: $\lambda_{31} = 412$ nm (indigo), $\lambda_{32} = 659$ nm (rot), $\lambda_{21} = 1{,}1$ µm (Infrarot).

**927** a) Es gilt $P_n(x) = |\psi_n(x)|^2 = (2/l)\sin^2(n\pi x/l)$, $n = 1, 2, 3, \ldots$ (Bild). b) Mit $dW_n(x) = P_n(x)\,dx$ folgt für die Aufenthaltswahrscheinlichkeit in einem kleinen Intervall $\Delta x \approx dx$ um den Ort $x$ näherungsweise $W_n(x) \approx P_n(x)\,\Delta x$; somit $W_2(0) = W_2(l) = 0$; $W_2(l/4) = (2/l)\sin^2[2\pi l/(4l)] \cdot 10^{-2}l = 0{,}02$; $W_2(l/2) = 0$. c) Es gilt

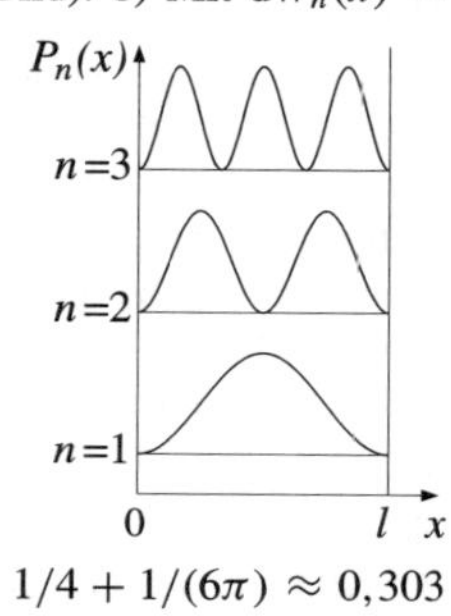


$$W_n = \int_0^{l/4} |\psi_n(x)|^2\,dx = \frac{2}{l}\int_0^{l/4}\sin^2\left(\frac{n\pi x}{l}\right)dx =$$

$$= \frac{2}{l}\left[\frac{x}{2} - \frac{l}{4n\pi}\sin\left(\frac{2n\pi x}{l}\right)\right]_0^{l/4} = \frac{1}{4} - \frac{1}{2n\pi}\sin\left(\frac{n\pi}{2}\right);$$

somit $W_1 = 1/4 - 1/(2\pi) \approx 0{,}091$ (9,1%); $W_2 = 1/4 = 0{,}25$ (25%); $W_3 = 1/4 + 1/(6\pi) \approx 0{,}303$

(30,3%). Für $n \to \infty$ nähert sich $W_n$ dem Wert $W = (1/l) \cdot (l/4) = 1/4 = 0{,}25$ (25%) für die Aufenthaltswahrscheinlichkeit eines klassischen Teilchens im Kastenpotentialbereich $0 \leq x \leq l/4$.

**928** a) Sind $\psi_\mathrm{A}$ und $\psi_\mathrm{B}$ die von Spalt A bzw. B (Bild vorn) ausgehenden Wellenfunktionen der Elektronen, so gilt für die relative Häufigkeit (Wahrscheinlichkeit) der je Zeiteinheit in der Umgebung eines Raumpunktes anzutreffenden Elektronen $\dot{N}_\mathrm{AB} \sim |\psi|^2 = |\psi_\mathrm{A} + \psi_\mathrm{B}|^2$, bzw., wenn nur jeweils ein Spalt geöffnet ist, $\dot{N}_\mathrm{A} \sim |\psi_\mathrm{A}|^2$, $\dot{N}_\mathrm{B} \sim |\psi_\mathrm{B}|^2$. Im Punkt $P$ haben die Wellenfunktionen gleiche Amplitude und gleiche Phase, so dass $\dot{N}_\mathrm{AB}/\dot{N}_\mathrm{A} = \dot{N}_\mathrm{AB}/\dot{N}_\mathrm{B} \sim |\psi_\mathrm{A} + \psi_\mathrm{B}|^2/|\psi_\mathrm{A}|^2 = |2\psi_\mathrm{A}|^2/|\psi_\mathrm{A}|^2 = 4$. Folglich werden $\dot{N}_\mathrm{AB} = 4\dot{N}_\mathrm{A} = 400$ Elektronen je Sekunde im Punkt $P$ registriert. b) Im Falle klassischer Teilchen addieren sich einfach die Zählraten im Punkt $P$; somit würden $\dot{N}_\mathrm{AB} = \dot{N}_\mathrm{A} + \dot{N}_\mathrm{B} = 200$ Elektronen je Sekunde gemessen. Die höhere Zählrate im Fall a) ist eine Folge des Wellencharakters der Elektronen; im Punkt $P$ liegt ein Interferenzmaximum vor. Der Teilchencharakter der Elektronen kommt in der örtlich lokalisierten und zeitlich diskreten Zählrate des Detektors D zum Ausdruck.

**929** a) Mit der Wahrscheinlichkeitsdichte für den Ort eines Teilchens im Kastenpotential $P_n(x) = |\psi_n(x)|^2 = (2/l)\sin^2(n\pi x/l), 0 \leq x \leq l$, (s. Aufgaben 926 und 927) erhält man für den Erwartungswert des Ortes

$$\overline{x} = \int_0^l x\,|\psi_n(x)|^2\,\mathrm{d}x = \frac{2}{l}\int_0^l x\sin^2\left(\frac{n\pi x}{l}\right)\mathrm{d}x,$$

oder mit der Substitution $n\pi x/l = \varphi$ und anschließender partieller Integration,

$$\overline{x} = \frac{2l}{n^2\pi^2}\int_0^{n\pi}\varphi\sin^2\varphi\,\mathrm{d}\varphi = \frac{2l}{n^2\pi^2}\left[\frac{\varphi^2}{2} - \frac{\varphi}{4}\sin(2\varphi)\right]_0^{n\pi} - \frac{2l}{n^2\pi^2}\int_0^{n\pi}\left[\frac{\varphi}{2} - \frac{1}{4}\sin(2\varphi)\right]\mathrm{d}\varphi$$

$$= l - \frac{2l}{n^2\pi^2}\left[\frac{\varphi^2}{4} + \frac{1}{8}\cos(2\varphi)\right]_0^{n\pi} = l - \frac{l}{2} - \frac{l}{4n^2\pi^2}[\cos(2n\pi) - 1] = \frac{l}{2}.$$

Dies stimmt mit dem Mittelwert des Ortes eines klassischen Teilchens im Kastenpotential überein (s. Aufgabe 930). b) Mit

$$\overline{x^2} = \int_0^l x^2\,|\psi_n(x)|^2\,\mathrm{d}x = \frac{2l^2}{n^3\pi^3}\int_0^{n\pi}\varphi^2\sin^2\varphi\,\mathrm{d}\varphi =$$

$$= \frac{2l^2}{n^3\pi^3}\left[\frac{\varphi^3}{6} - \left(\frac{\varphi^2}{4} - \frac{1}{8}\right)\sin(2\varphi) - \frac{\varphi}{4}\cos(2\varphi)\right]_0^{n\pi} = \frac{2l^2}{n^3\pi^3}\left(\frac{n^3\pi^3}{6} - \frac{n\pi}{4}\right) = \frac{l^2}{3} - \frac{l^2}{2n^2\pi^2}$$

und $\overline{x} = l/2$ folgt

$$\Delta x = \sqrt{\overline{x^2} - \overline{x}^2} = \sqrt{\frac{l^2}{12} - \frac{l^2}{2n^2\pi^2}} = \frac{l}{2\sqrt{3}}\sqrt{1 - \frac{6}{n^2\pi^2}}.$$

Für große Quantenzahlen, d. h. $n \to \infty$, ergibt sich die Standardabweichung der Ortsmessung eines klassischen Teilchens im Kastenpotential (s. Aufgabe 930). Dies ist ein Beispiel für das Korrespondenzprinzip, wonach für große Quantenzahlen die Bewegung des Elektrons klassisch beschrieben werden kann.

**930** a) (Bild). b) Mit den Mittelwerten

$$\overline{x} = \int_0^l x\,P(x)\,\mathrm{d}x = \int_0^l \frac{x}{l}\,\mathrm{d}x = \frac{l}{2} \quad \text{und}$$

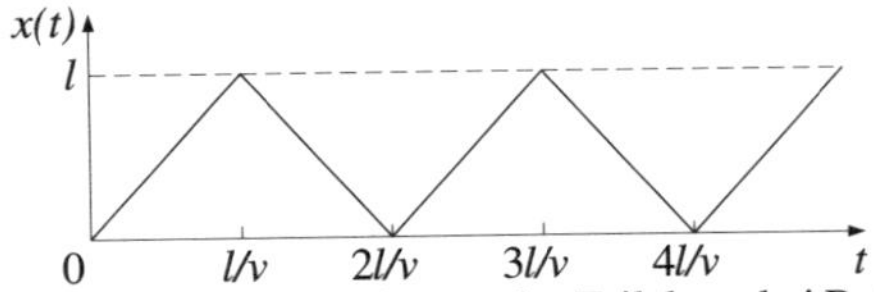


$$\overline{x^2} = \int_0^l x^2\,P(x)\,\mathrm{d}x = \int_0^l \frac{x^2}{l}\,\mathrm{d}x = \frac{l^2}{3}$$

folgt $\Delta x = \sqrt{\overline{x^2} - \overline{x}^2} = \sqrt{l^2/3 - l^2/4} = l/(2\sqrt{3})$.

c) Mit der Impulsänderung des Teilchens bei Reflexion an der Wand $\Delta p = mv - (-mv) = 2mv$ folgt für den innerhalb der Zeit zweier aufeinander folgender Reflexionen $\Delta t = 2l/v$ auf die Wand ausgeübten

Kraftstoß $\int_0^\tau F(t)\,\mathrm{d}t = \Delta p = 2mv$, wobei $\tau \ll \Delta t$. Für die über $N$ Reflexionen gemittelte Kraft auf die Wand ergibt sich daraus

$$\overline{F} = \frac{1}{N\Delta t}\int\limits_0^{N\Delta t} F(t)\,\mathrm{d}t = \frac{1}{N\Delta t} N \int\limits_0^{\tau} F(t)\,\mathrm{d}t = \frac{2mv}{\Delta t} = \frac{mv^2}{l} = \frac{2E_\mathrm{k}}{l}.$$

**931** a) Die Eigenfunktionen $\psi_1(x)$ und $\psi_2(x)$ sind orthonormiert, d. h., es gilt:

$$\int\limits_0^l |\psi_1(x)|^2\,\mathrm{d}x = \int\limits_0^l |\psi_2(x)|^2\,\mathrm{d}x = 1 \qquad \text{und}$$

$$\int\limits_0^l \psi_1(x)\psi_2(x)\,\mathrm{d}x = \frac{2}{l}\int\limits_0^l \sin\left(\frac{\pi x}{l}\right)\sin\left(\frac{2\pi x}{l}\right)\mathrm{d}x = \frac{2}{l}\left[\frac{\sin(\pi x/l)}{2\pi/l} - \frac{\sin(3\pi x/l)}{6\pi/l}\right]_0^l = 0.$$

Damit folgt

$$\int\limits_0^l |\psi(x)|^2\,\mathrm{d}x = \left(\frac{\sqrt{3}}{2}\right)^2 \int\limits_0^l |\psi_1(x)|^2\,\mathrm{d}x + \frac{\sqrt{3}}{2}\int\limits_0^l \psi_1(x)\psi_2(x)\,\mathrm{d}x + \left(\frac{1}{2}\right)^2\int\limits_0^l |\psi_2(x)|^2\,\mathrm{d}x$$

$$= \left(\frac{\sqrt{3}}{2}\right)^2 + \left(\frac{1}{2}\right)^2 = \frac{3}{4} + \frac{1}{4} = 1.$$

b) Dem durch $\psi(x) = (\sqrt{3}/2)\psi_1(x) + (1/2)\psi_2(x)$ beschriebenen Elektronenzustand kann kein scharfer Energiewert zugeordnet werden (jedoch z. B. eine mittlere Energie; s. Aufgabe 937). Als Resultat einer Energiemessung erhält man entweder den Energieeigenwert $E_1$ oder $E_2$, wobei im Einzelfall unbestimmt bleibt, ob $E_1$ oder $E_2$ als Messresultat registriert wird. Über den tatsächlichen Ausgang der Messung können nur statistische Aussagen getroffen werden. Danach wird mit der relativen Häufigkeit von $(\sqrt{3}/2)^2 = 3/4 = 0{,}75$ die Energie $E_1$ und mit der relativen Häufigkeit von $(1/2)^2 = 1/4 = 0{,}25$ die Energie $E_2$ gemessen. c) Infolge der ersten Messung geht das Elektron je nach Messergebnis ($E_1$ oder $E_2$) aus dem Superpositionszustand $\psi(x)$ in einen der beiden Eigenzustände $\psi_1(x)$ oder $\psi_2(x)$ über. Die zweite Messung ergibt daher mit Sicherheit (Wahrscheinlichkeit 1) den Energieeigenwert $E_1$, wenn das Resultat der ersten Messung $E_1$ war, bzw. mit Sicherheit den Energieeigenwert $E_2$, wenn das Resultat der ersten Messung $E_2$ war.

**932** a) Mit dem Ansatz $\Psi_n(t,x) = \psi_n(x)\varphi_n(t)$ und unter Beachtung der zeitunabhängigen SCHRÖDINGER-Gleichung ($V(x) = 0$ für $0 \le x \le l$)

$$-\frac{\hbar^2}{2m_\mathrm{e}}\frac{\mathrm{d}^2\psi_n(x)}{\mathrm{d}x^2} = E_n\psi_n(x)$$

für die Eigenfunktionen $\psi_n(x)$ geht die zeitabhängige SCHRÖDINGER-Gleichung

$$-\frac{\hbar^2}{2m_\mathrm{e}}\frac{\partial^2\Psi_n(t,x)}{\partial x^2} = \mathrm{i}\hbar\frac{\partial\Psi_n(t,x)}{\partial t}$$

über in

$$E_n\psi_n(x)\varphi_n(t) = \mathrm{i}\hbar\,\psi_n(x)\frac{\mathrm{d}\varphi_n(t)}{\mathrm{d}t} \qquad \text{oder} \qquad \frac{\mathrm{d}\varphi_n(t)}{\mathrm{d}t} = -\frac{\mathrm{i}E_n}{\hbar}\varphi_n(t)$$

mit der Lösung $\varphi_n(t) = C\mathrm{e}^{-\mathrm{i}E_n t/\hbar}$. Die Konstante $C$ folgt aus der Normierungsbedingung

$$\int\limits_0^l \Psi(t,x)\,\Psi^*(t,x)\,\mathrm{d}x = C^2\int\limits_0^l \psi_n(x)\,\mathrm{e}^{-\mathrm{i}E_n t/\hbar}\psi_n(x)\,\mathrm{e}^{\mathrm{i}E_n t/\hbar}\,\mathrm{d}x = C^2\int\limits_0^l |\psi_n(x)|^2\,\mathrm{d}x = C^2 = 1$$

zu $C = 1$, womit man als Lösung die Wellenfunktion

$$\Psi_n(t,x) = \psi_n(x)\mathrm{e}^{-\mathrm{i}E_n t/\hbar} = \sqrt{\frac{2}{l}}\sin\left(\frac{n\pi x}{l}\right)\mathrm{e}^{-\mathrm{i}E_n t/\hbar} \qquad (1)$$

erhält. b) Die Wellenfunktion für $t > 0$ erhält man aus der Überlagerung derjenigen Eigenfunktionen (1), mit denen die Anfangsbedingung $\Psi(0,x) = (1/\sqrt{2})[\psi_1(x) + \psi_2(x)]$ erfüllt werden kann, also

$$\Psi(t,x) = \frac{1}{\sqrt{2}}\left[\psi_1(x)\mathrm{e}^{-\mathrm{i}E_1t/\hbar} + \psi_2(x)\mathrm{e}^{-\mathrm{i}E_2t/\hbar}\right].$$

Für die Verteilung der Aufenthaltswahrscheinlichkeit folgt daraus mit $\Delta E = E_2 - E_1$

$$\begin{aligned}|\Psi(t,x)|^2 &= \Psi(t,x)\Psi^*(t,x)\\ &= \frac{1}{\sqrt{2}}\left[\psi_1(x)\mathrm{e}^{-\mathrm{i}E_1t/\hbar} + \psi_2(x)\mathrm{e}^{-\mathrm{i}E_2t/\hbar}\right]\cdot\frac{1}{\sqrt{2}}\left[\psi_1(x)\mathrm{e}^{\mathrm{i}E_1t/\hbar} + \psi_2(x)\mathrm{e}^{\mathrm{i}E_2t/\hbar}\right]\\ &= \frac{1}{2}\left[|\psi_1(x)|^2 + |\psi_2(x)|^2 + \psi_1(x)\psi_2(x)\left(\mathrm{e}^{\mathrm{i}\,\Delta Et/\hbar} + \mathrm{e}^{-\mathrm{i}\,\Delta Et/\hbar}\right)\right]\\ &= \frac{1}{l}\left[\sin^2\!\left(\frac{\pi x}{l}\right) + \sin^2\!\left(\frac{2\pi x}{l}\right) + 2\sin\!\left(\frac{\pi x}{l}\right)\sin\!\left(\frac{2\pi x}{l}\right)\cos(\omega t)\right]\end{aligned}$$

mit $\omega = (E_2 - E_1)/\hbar = 3\pi^2\hbar/(2m_\mathrm{e}l^2)$. Im Bild ist der zeitliche Ablauf der Verteilungsfunktion $|\Psi(t,x)|^2$ bei der Ausbreitung des Wellenpakets dargestellt.

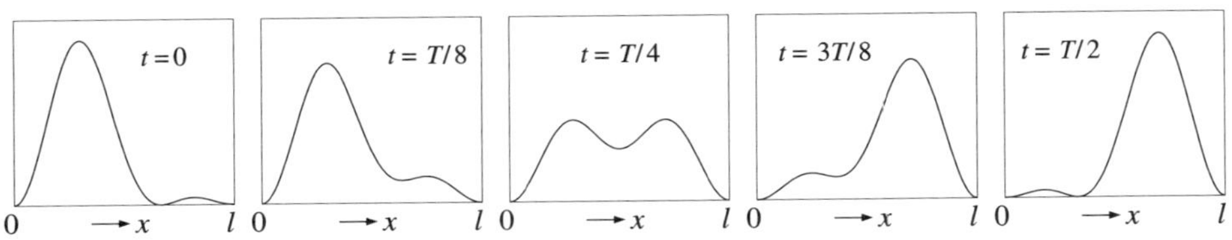


**933** a) Die SCHRÖDINGER-Gleichung $-\hbar^2/(2m_\mathrm{e})\,\mathrm{d}^2\psi/\mathrm{d}x^2 + V(x)\psi = E\psi$ nimmt mit $V(x) = 0$ für $0 \le x \le l$ und $V(x) = V_0$ für $x < 0$; $x > l$ (Bild vorn) sowie $k = \sqrt{2m_\mathrm{e}E/\hbar^2}$ und $\varkappa = \sqrt{2m_\mathrm{e}(V_0 - E)/\hbar^2}$ für $E < V_0$ die Form an:

$$\frac{\mathrm{d}^2\psi}{\mathrm{d}x^2} + k^2\psi = 0,\quad 0 \le x \le l,\qquad \frac{\mathrm{d}^2\psi}{\mathrm{d}x^2} - \varkappa^2\psi = 0,\quad x < 0,\ x > l.$$

Die Lösung dieser beiden Gleichungen, die die Randbedingung $\psi(x \to \pm\infty) = 0$ erfüllt, ist

$$\psi(x) = \begin{cases} A\,\mathrm{e}^{\varkappa x}, & x \le 0\\ B\sin(kx) + C\cos(kx), & 0 \le x \le l\\ D\,\mathrm{e}^{-\varkappa x}, & x \ge l.\end{cases}$$

Aus der Forderung nach Stetigkeit der Wellenfunktion $\psi(x)$ und ihrer ersten Ableitung $\mathrm{d}\psi/\mathrm{d}x \equiv \psi'(x)$ an den Rändern des Potentialtopfes $x = 0$ und $x = l$, d. h. $\psi_{x\le0}(0) = \psi_{x\ge0}(0)$, $\psi'_{x\le0}(0) = \psi'_{x\ge0}(0)$, $\psi_{x\le l}(l) = \psi_{x\ge l}(l)$, $\psi'_{x\le l}(l) = \psi'_{x\ge l}(l)$, folgt für die Integrationskonstanten $A$, $B$, $C$, $D$ das Gleichungssystem

$$\begin{aligned} A &= C\\ A\varkappa &= Bk\\ B\sin(kl) + C\cos(kl) &= D\,\mathrm{e}^{-\varkappa l}\\ Bk\cos(kl) - Ck\sin(kl) &= -D\varkappa\,\mathrm{e}^{-\varkappa l}.\end{aligned}$$

Aus den ersten beiden Gleichungen folgt $B = C\varkappa/k$, aus den letzten beiden Gleichungen

$$B\left[\sin(kl) + \frac{k}{\varkappa}\cos(kl)\right] + C\left[\cos(kl) - \frac{k}{\varkappa}\sin(kl)\right] = 0,$$

oder nach Substitution von $B$

$$C\left[\left(\frac{\varkappa}{k} - \frac{k}{\varkappa}\right)\sin(kl) + 2\cos(kl)\right] = 0.$$

Das Verschwinden des Klammerausdrucks wegen $C \ne 0$ liefert die Eigenwertgleichung für die erlaubten $k$- bzw. $E$-Werte. Mit der Substitution $kl = z$ und der Einführung des dimensionslosen Parameters

$a = l\sqrt{2m_e V_0/\hbar^2}$ kann man dieselbe z. B. in die Form

$$\cot z = \frac{2z^2 - a^2}{2z\sqrt{a^2 - z^2}} \tag{1}$$

überführen. b) Die rechte Seite von (1) stellt innerhalb des erlaubten $z$-Bereichs $0 < z < a$ eine monoton wachsende Funktion dar. Für $z = a$ wird (1) $\cot z = \cot a \to \infty$, also $a = n\pi$, $n = 1, 2, 3, \ldots$. Da im Intervall $0 < z < n\pi$ $n$ Perioden der Kotangensfunktion liegen, ergeben sich für $(n-1)\pi < a < n\pi$ $n$ Schnittpunkte der die beiden Seiten von (1) bildenden Funktionen (Bild). Hieraus folgt, dass genau drei Eigenwerte (also drei Lösungen der Gleichung (1)) existieren, wenn der Parameter $a$ die Bedingung $2\pi < a \leq 3\pi$ erfüllt, oder $2\pi/\sqrt{2m_e V_0/\hbar^2} < l \leq 3\pi/\sqrt{2m_e V_0/\hbar^2}$. Mit $V_0 = 0{,}25$ eV und der Ersetzung von $m_e$ durch $m_e^* = 0{,}067 m_e$ erhält man, dass die Schichtdicke im Bereich $9{,}5$ nm $< l \leq 14{,}2$ nm liegen muss. c) Aus den Graphen der die linke und rechte Seite von (1) bildenden Funktionen für $a = 3\pi$ (Bild) entnimmt man für die Schnittpunkte die Näherungswerte $z_1 \approx 2{,}5$, $z_2 \approx 5{,}0$, $z_3 \approx 7{,}5$, somit

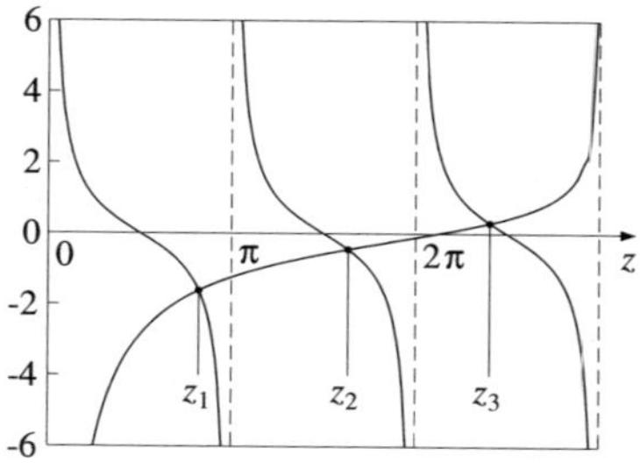


$$E_1 = \frac{\hbar^2 z_1^2}{2m_e^* l^2} = \frac{z_1^2}{9\pi^2} V_0 \approx 0{,}02\,\text{eV}, \quad E_2 = \frac{z_2^2}{9\pi^2} V_0 \approx 0{,}07\,\text{eV}, \quad E_3 = \frac{z_3^2}{9\pi^2} V_0 \approx 0{,}16\,\text{eV}.$$

Für eine genauere iterative Lösung von (1) setzen wir $z = z_n = n\pi - \pi/2 + \varphi$ und erhalten mit $\cot(n\pi - \pi/2 + \varphi) = \cot(\pi/2 + \varphi) = -\tan\varphi$ aus (1)

$$\varphi = \arctan\left(\frac{a^2 - 2z_n^2}{2z_n\sqrt{a^2 - z_n^2}}\right) \quad \text{oder} \quad z_n = \left(n - \frac{1}{2}\right)\pi + \arctan\left(\frac{a^2 - 2z_n^2}{2z_n\sqrt{a^2 - z_n^2}}\right).$$

Mit dem jeweiligen Startwert $n\pi - \pi/2$ findet man nach wenigen Iterationsschritten $z_1 = 2{,}586$, $z_2 = 5{,}132$, $z_3 = 7{,}562$, somit $E_1 = 0{,}075\,V_0 = 0{,}019$ eV, $E_2 = 0{,}297\,V_0 = 0{,}074$ eV, $E_3 = 0{,}644\,V_0 = 0{,}161$ eV. Die Annahme eines Kastenpotentials mit unendlich hohen Potentialwänden (s. Lösung zu Aufgabe 926) ergibt mit $E_n = \hbar^2\pi^2 n^2/(2m_e^* l^2) = (n^2/9)V_0$ die Werte $E_1 = (1/9)V_0 = 0{,}028$ eV, $E_2 = (4/9)V_0 = 0{,}111$ eV, $E_3 = V_0 = 0{,}25$ eV.

**934** Mit $k = \sqrt{2m_e E/\hbar^2}$ und $\varkappa = \sqrt{2m_e(V_0 - E)/\hbar^2}$ erhalten wir für die stationäre SCHRÖDINGER-Gleichung

$$\frac{d^2\psi}{dx^2} + k^2\psi = 0, \quad x < 0,\ x > d, \qquad \frac{d^2\psi}{dx^2} - \varkappa^2\psi = 0, \quad 0 \leq x \leq d. \tag{1}$$

Die Lösungen für $x < 0$, $x > d$ sind in der Form ebener Wellen $\psi \sim e^{\pm ikx}$ anzusetzen, da es sich links und rechts vom Potentialwall um freie Teilchen handelt. Mit $I\,e^{ikx}$ für die einlaufende, $R\,e^{-ikx}$ für die reflektierte und $T\,e^{ikx}$ für die durchgehende Welle lauten die Lösungen von (1)

$$\psi(x) = \begin{cases} I\,e^{ikx} + R\,e^{-ikx}, & x \leq 0 \\ E\,e^{\varkappa x} + F\,e^{-\varkappa x}, & 0 \leq x \leq d \\ T\,e^{ikx}, & x \geq d. \end{cases}$$

Aus der Forderung, dass $\psi(x)$ und $\psi'(x)$ an den Stellen $x = 0$ und $x = d$ stetig verlaufen, folgt für die Amplituden $I, R, E, F, T$ das Gleichungssystem

$$\begin{aligned} I + R &= E + F & E\,e^{\varkappa d} + F\,e^{-\varkappa d} &= T\,e^{ikd} \\ ik(I - R) &= \varkappa(E - F) & \varkappa(E\,e^{\varkappa d} - F\,e^{-\varkappa d}) &= ikT\,e^{ikd}. \end{aligned}$$

Durch Eliminierung von $E$, $F$ und $R$ erhält man

$$\frac{T}{I} = \frac{e^{-ikd}}{\cosh(\varkappa d) - i\alpha\sinh(\varkappa d)} \quad \text{mit} \quad \alpha = \frac{k^2 - \varkappa^2}{2k\varkappa},$$

und daraus für den Durchlasskoeffizienten

$$D = \left|\frac{T}{I}\right|^2 = \left(\frac{T}{I}\right)\left(\frac{T}{I}\right)^* = \frac{1}{\cosh^2(\varkappa d) + \alpha^2 \sinh^2(\varkappa d)} = \frac{4k^2\varkappa^2}{4k^2\varkappa^2 + (k^2+\varkappa^2)^2 \sinh^2(\varkappa d)},$$

der sich für $\varkappa d \gg 1$, also $\sinh(\varkappa d) \approx (1/2)\,\mathrm{e}^{\varkappa d}$ vereinfacht zu

$$D \approx \left(\frac{4k\varkappa}{k^2+\varkappa^2}\right)^2 \mathrm{e}^{-2\varkappa d} = 16\frac{E}{V_0}\left(1-\frac{E}{V_0}\right)\mathrm{e}^{-2d\sqrt{2m_\mathrm{e}(V_0-E)/\hbar^2}}.$$

Danach nimmt die Tunnelwahrscheinlichkeit exponentiell mit wachsender Tunnellänge $d$ und zunehmendem Potentialberg $V_0 - E$ über dem Tunnel ab. Für $\varkappa d \to \infty$, d. h. für einen unendlich hohen oder unendlich breiten Potentialberg tritt Totalreflexion auf. b) Mit $k = 1{,}620 \cdot 10^{10}\,\mathrm{m}^{-1}$, $\varkappa = 1{,}025 \cdot 10^{10}\,\mathrm{m}^{-1}$, $\varkappa d = 5{,}123$ ergibt sich ein Durchlasskoeffizient von $D = 1{,}16 \cdot 10^{-4}$ und somit ein Tunnelstrom von $I = e\dot{N}D = 1{,}9\,\mathrm{nA}$. Bei einer Reduzierung von $d$ um $0{,}2\,\mathrm{nm}$ erhöht sich der Tunnelstrom um fast zwei Größenordnungen auf $I = 1{,}12 \cdot 10^{-7}\,\mathrm{A} = 112\,\mathrm{nA}$. Da $d$ dem Abstand zwischen Probenoberfläche und Sondenspitze beim Raster-Tunnel-Mikroskop entspricht, erklärt dies die gute vertikale Auflösung des Raster-Tunnel-Mikroskops (s. auch Aufgabe 940).

**935** $\dot{N}_\mathrm{AB} = |\psi_\mathrm{A} - \psi_\mathrm{B}|^2 = |\psi_\mathrm{A}|^2 + |\psi_\mathrm{B}|^2 - 2|\psi_\mathrm{A}\psi_\mathrm{B}| = \dot{N}_\mathrm{A} + \dot{N}_\mathrm{B} - 2\sqrt{\dot{N}_\mathrm{A}\dot{N}_\mathrm{B}} = 10\,\mathrm{s}^{-1}$.

**936** a) Die Wahrscheinlichkeit, das Elektron zwischen den Abständen $r$ und $r + \mathrm{d}r$ zu finden, ist $\mathrm{d}W(r) = |\psi_{1\mathrm{s}}(r)|^2\, 4\pi r^2\, \mathrm{d}r = (4r^2/a_\mathrm{H}^3)\,\mathrm{e}^{-2r/a_\mathrm{H}}\,\mathrm{d}r$. Der wahrscheinlichste Abstand $\hat{r}$ ist durch das Maximum der radialen Wahrscheinlichkeitsdichte $P(r) = (4r^2/a_\mathrm{H}^3)\,\mathrm{e}^{-2r/a_\mathrm{H}}$ bestimmt, für den aus der Extremalforderung

$$\left.\frac{\mathrm{d}P(r)}{\mathrm{d}r}\right|_{r=\hat{r}} = \frac{4}{a_\mathrm{H}^3}\left(2\hat{r}\,\mathrm{e}^{-2\hat{r}/a_\mathrm{H}} - \frac{2\hat{r}^2}{a_\mathrm{H}}\,\mathrm{e}^{-2\hat{r}/a_\mathrm{H}}\right) = \frac{8}{a_\mathrm{H}^3}\left(1-\frac{\hat{r}}{a_\mathrm{H}}\right)\hat{r}\,\mathrm{e}^{-2\hat{r}/a_\mathrm{H}} = 0$$

der BOHRsche Radius $\hat{r} = a_\mathrm{H}$ folgt. b) Der mittlere Abstand $\overline{r}$ ist dagegen

$$\overline{r} = \int_0^\infty r\,|\psi_{1\mathrm{s}}(r)|^2\, 4\pi r^2\,\mathrm{d}r = \frac{4}{a_\mathrm{H}^3}\int_0^\infty r^3\,\mathrm{e}^{-2r/a_\mathrm{H}}\,\mathrm{d}r = \frac{3a_\mathrm{H}}{2}.$$

c) Mit

$$\overline{r^2} = \frac{4}{a_\mathrm{H}^3}\int_0^\infty r^4\,\mathrm{e}^{-2r/a_\mathrm{H}}\,\mathrm{d}r = 3a_\mathrm{H}^2$$

folgt $\Delta r = \sqrt{\overline{r^2} - \overline{r}^2} = \sqrt{3a_\mathrm{H}^2 - 9a_\mathrm{H}^2/4} = (\sqrt{3}/2)a_\mathrm{H}$.

**937** Mit $\psi_1(x) = \sqrt{2/l}\,\sin(\pi x/l)$ und $\psi_2(x) = \sqrt{2/l}\,\sin(2\pi x/l)$ als Eigenfunktionen zu den Energieeigenwerten $E_1 = h^2/(8m_\mathrm{e}l^2)$ bzw. $E_2 = h^2/(2m_\mathrm{e}l^2)$ des Elektrons im Kastenpotential (s. Lösung zu Aufgabe 926) können wir für die Wellenfunktion auch schreiben:

$$\psi(x) = \frac{2\sqrt{2}}{3}\psi_1(x) + \frac{1}{3}\psi_2(x) \qquad \text{mit} \qquad \left(\frac{2\sqrt{2}}{3}\right)^2 + \left(\frac{1}{3}\right)^2 = \frac{8}{9} + \frac{1}{9} = 1.$$

a) Der Erwartungswert (Mittelwert) des Ortes

$$\overline{x} = \int_0^l x\,|\psi(x)|^2\,\mathrm{d}x = \frac{8}{9}\int_0^l x\,|\psi_1(x)|^2\,\mathrm{d}x + \frac{1}{9}\int_0^l x\,|\psi_2(x)|^2\,\mathrm{d}x + \frac{4\sqrt{2}}{9}\int_0^l x\,\psi_1(x)\psi_2(x)\,\mathrm{d}x$$

folgt mit $\int_0^l x\,|\psi_1(x)|^2\,\mathrm{d}x = \int_0^l x\,|\psi_2(x)|^2\,\mathrm{d}x = l/2$ (s. Lösung zu Aufgabe 929) und

$$\int_0^l x\,\psi_1(x)\psi_2(x)\,\mathrm{d}x = \frac{2}{l}\int_0^l x\,\sin\left(\frac{\pi x}{l}\right)\sin\left(\frac{2\pi x}{l}\right)\mathrm{d}x = -\frac{16l}{9\pi^2}$$

zu

$$\overline{x} = \frac{8}{9}\cdot\frac{l}{2} + \frac{1}{9}\cdot\frac{l}{2} - \frac{4\sqrt{2}}{9}\cdot\frac{16l}{9\pi^2} = \frac{l}{2} - \frac{64\sqrt{2}l}{81\pi^2} = 0{,}387l.$$

b) Der Erwartungswert der Energie ist

$$\overline{E} = \int_0^l \psi(x)\Big[-\frac{\hbar^2}{2m_e}\frac{d^2\psi(x)}{dx^2}\Big]dx = \int_0^l \Big[\frac{2\sqrt{2}}{3}\psi_1(x) + \frac{1}{3}\psi_2(x)\Big]\Big[\frac{2\sqrt{2}}{3}E_1\psi_1(x) + \frac{1}{3}E_2\psi_2(x)\Big]dx$$

$$= \frac{8}{9}E_1 + \frac{1}{9}E_2 = \frac{h^2}{9m_e l^2} + \frac{h^2}{18m_e l^2} = \frac{h^2}{6m_e l^2}.$$

c) Die Energieänderung $\overline{E}(l') - \overline{E}(l)$ bei (unendlich langsamer) Verschiebung der rechten Kastenwand von $l$ nach $l'$ muss gleich der von der mittleren Kraft $\overline{F}$ verrichteten Arbeit $W$ sein:

$$\overline{E}(l') - \overline{E}(l) = W = -\int_l^{l'} \overline{F}\,dx.$$

Hieraus folgt $\overline{F} = -\,d\overline{E}(l')/dl'\big|_{l'=l} = -d\overline{E}(l)/dl = h^2/(3m_e l^2) = 2\overline{E}/l$. Die Kraft ist genau so groß wie die eines klassischen Teilchens derselben Energie.

**938** Die Grundzustandswellenfunktion $\psi_1(x) = \sqrt{2/l}\sin(\pi x/l)$, $0 \le x \le l$, des Kastens der ursprünglichen Länge $l$ wird als Linearkombination aller Eigenfunktionen $\varphi_n(x) = \sqrt{2/l'}\sin(n\pi x/l')$, $0 \le x \le l'$, des vergrößerten Kastens der Länge $l' = 2l$ dargestellt:

$$\psi_1(x) = \sum_{n=1}^{\infty} a_n\varphi_n(x) \qquad \text{mit den Koeffizienten} \quad a_n = \int_0^{l'} \psi_1(x)\varphi_n(x)\,dx. \qquad (1a,b)$$

Die letzte Beziehung (1b) folgt aus (1a), indem man beide Seiten von (1a) nach Multiplikation mit $\varphi_m(x)$ integriert und die Orthonormalitätseigenschaft

$$\int_0^{l'} \varphi_m(x)\varphi_n(x)\,dx = \begin{cases} 1, & m = n \\ 0, & m \neq n \end{cases}$$

ausnutzt. Die Wahrscheinlichkeit, das Elektron im Energiezustand $n$ des vergrößerten Kastens zu finden, ist dann gleich $a_n^2$. Mit den angegebenen Wellenfunktionen erhält man unter Berücksichtigung, dass $\psi_1(x) = 0$ für $l \le x \le l'$ ist:

$$a_n = \int_0^l \sqrt{\frac{2}{l}}\sin\Big(\frac{\pi x}{l}\Big)\sqrt{\frac{2}{l'}}\sin\Big(\frac{n\pi x}{l'}\Big)dx = \frac{2}{\sqrt{ll'}}\left[\frac{\sin\big(\frac{\pi x}{l} - \frac{n\pi x}{l'}\big)}{2\big(\frac{\pi}{l} - \frac{n\pi}{l'}\big)} - \frac{\sin\big(\frac{\pi x}{l} + \frac{n\pi x}{l'}\big)}{2\big(\frac{\pi}{l} + \frac{n\pi}{l'}\big)}\right]_0^l$$

$$= \sqrt{\frac{l}{l'}}\left[\frac{\sin(\pi - n\pi l/l')}{\pi - n\pi l/l'} - \frac{\sin(\pi + n\pi l/l')}{\pi + n\pi l/l'}\right] = \frac{1}{\sqrt{2}}\left[\frac{\sin(\pi - n\pi/2)}{\pi - n\pi/2} - \frac{\sin(\pi + n\pi/2)}{\pi + n\pi/2}\right].$$

Bei einer Energiemessung unmittelbar nach Expansion des Kastens findet man also das Elektron mit der Wahrscheinlichkeit $a_1^2 = 32/(9\pi^2) = 0{,}360$, d. h. in 36,0% aller Fälle, im Grundzustand, sowie mit den Wahrscheinlichkeiten $a_2^2 = 1/2 = 0{,}5$, $a_3^2 = 32/(25\pi^2) = 0{,}130$, $a_4^2 = 0$ und $a_5^2 = 32/(21^2\pi^2) = 0{,}007$ im ersten bis fünften angeregten Zustand.

**939** Mit $\Psi(t,x) = (1/\sqrt{2})[\psi_1(x)\,e^{iE_1t/\hbar} + \psi_2(x)\,e^{iE_2t/\hbar}]$, $\psi_n(x) = \sqrt{2/l}\sin(n\pi x/l)$ und $E_n = \hbar^2 n^2\pi^2/(2m_e l^2)$ folgt

$$\overline{x}(t) = \int_0^l x\Psi(t,x)\Psi^*(t,x)\,dx = \frac{1}{2}\left[\frac{l}{2} + \frac{l}{2} + \frac{2}{l}\cos(\omega t)\int_0^l x\sin\Big(\frac{\pi x}{l}\Big)\sin\Big(\frac{2\pi x}{l}\Big)dx\right]$$

$$= \frac{l}{2}\left[1 - \frac{32}{9\pi^2}\cos(\omega t)\right] = \frac{l}{2}\,[1 - 0{,}360\cos(\omega t)]\,,$$

mit $\omega = (E_2 - E_1)/\hbar = 3\pi^2\hbar/(2m_e l^2)$. Der mittlere Ort des Elektrons oszilliert zwischen $x_{min} \approx 0{,}32l$ und $x_{max} \approx 0{,}68l$ mit der Periodendauer $T = 2\pi/\omega = 4m_e l^2/(3\pi\hbar)$.

**940** Mit $D = e^{-2\varkappa(d+z)}$ und $\varkappa = \sqrt{2m_e(V_0 - E)/\hbar^2} = \sqrt{2m_e W_a/\hbar^2}$ erhält man eine GAUSS-Verteilung $j(r) = C\,e^{-r^2/(2\sigma^2)}$ mit der Standardabweichung $\sigma = \sqrt{R/(2\varkappa)}$; das laterale Auflösungsvermögen beträgt $\sigma = 2{,}2$ nm.

**941** a) ${}^{14}_{7}N\,({}^{4}_{2}He,\,{}^{1}_{b}Y)\,{}^{a}_{8}X$ ist die Kurzschreibweise für die Reaktion ${}^{14}_{7}N + {}^{4}_{2}He \to {}^{a}_{8}X + {}^{1}_{b}Y$. Aus den Erhaltungssätzen für die Nukleonenzahl (Baryonenzahl) $14+4 = 18 = a+1$ und die elektrische Ladung $7 + 2 = 9 = 8 + b$ folgt für den Kern X die Massenzahl $A = a = 17$, somit das Sauerstoffisotop ${}^{17}_{8}O$, und für den Kern Y die Kernladungszahl (Ordnungszahl) $Z = b = 1$, also Wasserstoff ${}^{1}_{1}H$. b) Aus der Bilanzgleichung ${}^{232}_{90}Th \to 6\,{}^{4}_{2}He + 4\,{}^{0}_{-1}e + {}^{a}_{b}X$ folgt $232 = 6 \cdot 4 + a$, $a = 208$, sowie $90 = 2 \cdot 6 + b$, $b = 82$, somit als Endprodukt der Zerfallsreihe das Bleiisotop ${}^{208}_{82}Pb$. c) Mit $a = 56 + 36 = 92$ und $b = 235 + 1 - (92 + 3) = 141$ erhält man für X den Kern ${}^{235}_{92}U$ (Uran-235) und für Y das Bariumisotop ${}^{141}_{56}Ba$. Es handelt sich um eine spezielle Reaktion der Kernspaltung von U-235. Die Kernspaltung des Uran wurde von HAHN und STRASSMANN (1938) entdeckt.

**942** a) Mit der Anzahl der Protonen $Z$ ($A_{rp} = 1{,}007\,277$) und Neutronen $N = A - Z$ ($A_{rn} = 1{,}008\,665$) sowie der Kernmasse $M_K \approx (A_r - ZA_{re})$u ($A_{re} = 5{,}485\,80 \cdot 10^{-4}$) erhält man für den Massendefekt

$$B = Zm_p + Nm_n - M_K \approx (ZA_{rp} + NA_{rn} - A_r + ZA_{re})\text{u}$$

der einzelnen Kerne $B = 1{,}915\,133$u für Uran-235; $1{,}278\,951$u für Neodym-143 und $0{,}841\,573$u für Zirkonium-90; und daraus (mit u$c^2 = 931{,}5$ MeV) für die Bindungsenergien $E_B = Bc^2 = 1783{,}9$ MeV, $1191{,}3$ MeV; $783{,}9$ MeV. Maßgebend für die Stabilität der Kerne ist die Bindungsenergie je Nukleon $E_B/A = E_B/(N + Z) = 7{,}591$ MeV für U-235, $8{,}331$ MeV für Nd-143 und $8{,}710$ MeV für Zr-90, das sich damit vor Nd und U als der stabilste Kern erweist.

**943** a) Mit $N = A - Z$ und $\delta = 0$ folgt für $A = \text{const}$ aus der Extremalforderung

$$\frac{dE_B}{dZ} = 2b_C Z A^{-1/3} - 4b_{sym}(A - 2Z)A^{-1} = 0$$

die Beziehung (Linie der $\beta$-Stabilität)

$$Z = \frac{A}{(b_C/2b_{sym})A^{2/3} + 2} = \frac{A}{0{,}015\,A^{2/3} + 2}.$$

b) $A = 17$: $Z = 8{,}1 \approx 8$, ${}^{17}_{8}O$ ist stabil, ${}^{17}_{7}N$ und ${}^{17}_{9}F$ sind nicht stabil, ${}^{17}_{9}F \to {}^{17}_{8}O + {}^{0}_{+1}e$ z. B. ist ein bekannter typischer $\beta^+$-Zerfall mit einer Halbwertszeit von $T_{1/2} = 65$ s; $A = 27$: $Z = 12{,}6 \approx 13$, ${}^{27}_{13}Al$ stabil, ${}^{27}_{12}Mg$ und ${}^{27}_{14}Si$ nicht stabil; $A = 45$: $Z = 20{,}5 \approx 21$, ${}^{45}_{21}Sc$ stabil, ${}^{45}_{20}Ca$ und ${}^{45}_{22}Ti$ nicht stabil; $A = 75$: $Z = 33{,}0 \approx 33$, ${}^{75}_{33}As$ stabil, ${}^{75}_{32}Ge$ und ${}^{75}_{34}Se$ nicht stabil.

**944** a) Nach dem für identische Fermionen geltenden PAULI-Prinzip kann jedes Energieniveau des Kastenpotential (s. Lösung zu Aufgabe 926) $E_n = \hbar^2\pi^2 n^2/(2ml^2)$, $n = 1, 2, 3\ldots$, von maximal 2 Neutronen und 2 Protonen besetzt werden. Folglich gilt (bei vollständiger Auffüllung) für die Quantenzahl des von den Neutronen bzw. Protonen besetzten höchsten Energieniveaus (FERMI-Niveau) $n_F^n = N/2$, $n_F^p = Z/2$ und somit für die FERMI-Energien $E_F^n = \hbar^2\pi^2 N^2/(8ml^2)$ und $E_F^p = \hbar^2\pi^2 Z^2/(8ml^2)$. b) Für die gesamte kinetische Energie der Nukleonen folgt somit

$$\begin{aligned} E_k &= 2\sum_{n=1}^{N/2} \frac{\hbar^2\pi^2}{2ml^2} n^2 + 2\sum_{n=1}^{Z/2} \frac{\hbar^2\pi^2}{2ml^2} n^2 \\ &= \frac{\hbar^2\pi^2}{6ml^2}\left[\frac{N}{2}\left(\frac{N}{2}+1\right)\left(2\frac{N}{2}+1\right) + \frac{Z}{2}\left(\frac{Z}{2}+1\right)\left(2\frac{Z}{2}+1\right)\right] \\ &= \frac{\hbar^2\pi^2}{24ml^2}\left[N^3\left(1+\frac{3}{N}+\frac{2}{N^2}\right) + Z^3\left(1+\frac{3}{Z}+\frac{2}{Z^2}\right)\right] \approx \frac{\hbar^2\pi^2}{24ml^2}(N^3 + Z^3) \end{aligned}$$

für $N, Z \gg 1$. c) Mit $A = N + Z$ schreiben wir $N = (A + N - Z)/2$, $Z = [A - (N - Z)]/2$, also

$N^3 + Z^3 = (1/4)A^3 + (3/4)A(N-Z)^2$, somit

$$E_\mathrm{k} = \frac{\hbar^2\pi^2}{24ml^2}\left[\frac{1}{4}A^3 + \frac{3}{4}A(N-Z)^2\right] = \frac{\hbar^2\pi^2}{96mr_0^2}\left[A + 3(N-Z)^2A^{-1}\right],$$

wobei wir mit $r_0 = l/A \approx 10^{-15}$ m den mittleren Abstand zweier Nukleonen im Kern eingeführt haben. Für $N = Z$ ist $E_\mathrm{k}$ immer kleiner als für $N \neq Z$. Der zweite Term in der Klammer hat genau die Struktur des Symmetrieterms $b_\mathrm{sym}(N-Z)^2A^{-1}$ in der BETHE-WEIZSÄCKER-Formel für die Kernbindungsenergie (s. Aufgabe 943), der damit seine qualitative Erklärung in der unterschiedlichen Besetzung der Energieniveaus im Atomkern mit Neutronen und Protonen (Schalenstruktur) für $N \neq Z$ findet.

**945** a) Die Bilanzgleichung der Kernreaktion ist

$${}^{235}_{92}\mathrm{U} + {}^{1}_{0}\mathrm{n} \rightarrow {}^{143}_{60}\mathrm{Nd} + {}^{90}_{40}\mathrm{Zr} + 3\,{}^{1}_{0}\mathrm{n} + 8\,{}^{0}_{-1}\mathrm{e},$$

wobei der Term $8\,{}^{0}_{-1}\mathrm{e}$ von den $\beta$-Zerfällen mit ${}^{143}_{56}\mathrm{Ba}$ und ${}^{90}_{36}\mathrm{Kr}$ als Ausgangskerne herrühren. Die isobaren Zerfallsreihen lassen sich durch sukzessive Erhöhung der Ordnungszahl um den Betrag 1 rekonstruieren:

$${}^{143}_{56}\mathrm{Ba} \rightarrow {}^{143}_{57}\mathrm{La} + {}^{0}_{-1}\mathrm{e} \hookrightarrow {}^{143}_{58}\mathrm{Ce} + {}^{0}_{-1}\mathrm{e} \hookrightarrow {}^{143}_{59}\mathrm{Pr} + {}^{0}_{-1}\mathrm{e} \hookrightarrow {}^{143}_{60}\mathrm{Nd} + {}^{0}_{-1}\mathrm{e},$$

$${}^{90}_{36}\mathrm{Kr} \rightarrow {}^{90}_{37}\mathrm{Rb} + {}^{0}_{-1}\mathrm{e} \hookrightarrow {}^{90}_{38}\mathrm{Sr} + {}^{0}_{-1}\mathrm{e} \hookrightarrow {}^{90}_{39}\mathrm{Y} + {}^{0}_{-1}\mathrm{e} \hookrightarrow {}^{90}_{40}\mathrm{Zr} + {}^{0}_{-1}\mathrm{e}.$$

b) Da die relativen Atommassen $A_\mathrm{r}$ der neutralen Atome verwendet werden, ist die Ruhmasse der 8 Elektronen schon in $A_\mathrm{r}$(Nd) und $A_\mathrm{r}$(Zr) berücksichtigt, so dass sich die insgesamt freigesetzte Energie ergibt zu

$$Q = [A_\mathrm{r}(\mathrm{U}) - A_\mathrm{r}(\mathrm{Nd}) - A_\mathrm{r}(\mathrm{Zr}) - 2A_\mathrm{m}]\mathrm{u}c^2 = 0{,}212\,106\mathrm{u}c^2 = 197{,}6\ \mathrm{MeV}.$$

c) Damit erhält man für $M = 1$ kg Uran-235 mit $N = M/[A_\mathrm{r}(\mathrm{U})\mathrm{u}] = 2{,}56 \cdot 10^{24}$ Atomen eine freigesetzte Energie von $E = NQ = 5{,}06 \cdot 10^{26}\ \mathrm{MeV} = 8{,}11 \cdot 10^{13}\ \mathrm{J} = 2{,}25 \cdot 10^7\ \mathrm{kWh}$.

**946** a) Beide Reaktionsgleichungen lassen sich zusammenfassen zu

$${}^{2}_{1}\mathrm{H} + {}^{3}_{1}\mathrm{H} + {}^{6}_{3}\mathrm{Li} + {}^{1}_{0}\mathrm{n} \rightarrow {}^{4}_{2}\mathrm{He} + {}^{1}_{0}\mathrm{n} + {}^{3}_{1}\mathrm{H} + {}^{4}_{2}\mathrm{He} + Q_1 + Q_2,$$

woraus die Bilanzgleichung

$${}^{2}_{1}\mathrm{H} + {}^{6}_{3}\mathrm{Li} \rightarrow 2\,{}^{4}_{2}\mathrm{He} + Q$$

resultiert; somit $Q = Q_1 + Q_2 = [A_\mathrm{r}({}^{6}_{3}\mathrm{Li}) + A_\mathrm{r}({}^{2}_{1}\mathrm{H}) - 2A_\mathrm{r}({}^{4}_{2}\mathrm{He})]\mathrm{u}c^2 = 3{,}58 \cdot 10^{-12}\ \mathrm{J} = 22{,}4\ \mathrm{MeV}$. b) Mit der bei $N$ Reaktionsabläufen freiwerdenden Energie $E = NQ$ und der Leistung $P = E/t = 1$ MW ergibt sich für die erforderliche Reaktionsrate $R = N/t = P/Q = 2{,}79 \cdot 10^{17}$ Reaktionen je Sekunde. Hieraus folgt für den zeitlichen Masseverbrauch von Deuterium und Lithium $m({}^{2}_{1}\mathrm{H})/t = RA_\mathrm{r}({}^{2}_{1}\mathrm{H})\mathrm{u} = 9{,}33 \cdot 10^{-10}$ kg/s bzw. $m({}^{6}_{3}\mathrm{Li})/t = RA_\mathrm{r}({}^{6}_{3}\mathrm{Li})\mathrm{u} = 2{,}79 \cdot 10^{-9}$ kg/s. Dies ergibt bei der Energieerzeugung von $E = 1{,}6 \cdot 10^6$ TJ einen jährlichen Verbrauch von $m({}^{2}_{1}\mathrm{H}) = E[m({}^{2}_{1}\mathrm{H})/t]/P = A_\mathrm{r}({}^{2}_{1}\mathrm{H})\mathrm{u}E/Q = 1495\ \mathrm{kg} \approx 1{,}5$ t Deuterium und $m({}^{6}_{3}\mathrm{Li}) = 4464\ \mathrm{kg} \approx 4{,}5$ t Lithium.

**947** a) Es gilt das Zerfallsgesetz $N = N_0\,\mathrm{e}^{-\lambda t}$ ($N_0$ Anzahl der anfangs vorhandenen, $N$ Anzahl der nach der Zeit $t$ noch vorhandenen gleichartigen Nuklide). In der Halbwertszeit $t = T_{1/2}$ zerfällt die Hälfte der Kerne, also $N = N_0/2$, womit für die Zerfallskonstante $\lambda = \ln 2/T_{1/2}$ folgt. Für Po-210 mit $T_{1/2} = 138\ \mathrm{d} \approx 1{,}19 \cdot 10^7$ s wird $\lambda = 5{,}82 \cdot 10^{-8}\ \mathrm{s}^{-1}$. Für $N_0 = 10^6$ Kerne und $t = 24\ \mathrm{h} = 86\,400$ s erhält man damit aus dem Zerfallsgesetz $N \approx 995\,000$. Es zerfallen also in 24 h $\Delta N = N_0 - N \approx 5000$ Kerne, je Sekunde demnach durchschnittlich $\approx 0{,}06$. Die Aktivität beträgt somit $A = \Delta N/t \approx 0{,}06$ Bq (Becquerel). b) Aus dem Zerfallsgesetz $N = N_0\,\mathrm{e}^{-\lambda t}$ folgt mit $\lambda = \ln 2/T_{1/2}$ für die Aktivität als Anzahl der Kernzerfälle je Sekunde

$$A = -\frac{\mathrm{d}N}{\mathrm{d}t} = \lambda N_0\,\mathrm{e}^{-\lambda t} = \lambda N,$$

womit man das Zerfallsgesetz in der Form $A = A_0\,\mathrm{e}^{-\lambda t} = A_0\,\mathrm{e}^{-(\ln 2)t/T_{1/2}}$ erhält. Mit $A = A_\mathrm{F} = 50$ kBq, $A_0 = 185$ kBq und $t = nT_{1/2}$ (Abklingdauer) folgt daraus $A_0/A_\mathrm{F} = \mathrm{e}^{n\ln 2}$; $n = \ln(A_0/A_\mathrm{F})/\ln 2 = 1{,}89$.

Für Co-60 ist $T_{1/2} = 5{,}3$ a, somit $t = 10$ a. c) Die Aktivität je Masseneinheit des strahlenden Stoffes wird als spezifische Aktivität $a = A/m$ bezeichnet. Wegen $N/m = N_A/M$ ($M$ Molmasse, $N_A = 6{,}02 \cdot 10^{23}\ \mathrm{mol}^{-1}$ AVOGADRO-Konstante) ist mit $A = \lambda N = (\ln 2)N/T_{1/2}$: $a = N_A \ln 2/(MT_{1/2})$. Für $M \approx 60\ \mathrm{g} = 6{,}0 \cdot 10^{-2}$ kg, $T_{1/2} = 5{,}3\ \mathrm{a} \approx 1{,}67 \cdot 10^8$ s für Co-60 erhält man $a = 4{,}16 \cdot 10^{16}$ Bq/kg.

**948** a) Mit den Zerfallskonstanten $\lambda_a = (\ln 2)/T_{1/2,a} = 2{,}57 \cdot 10^{-6}\ \mathrm{a}^{-1}$ für $^{234}_{92}$U und $\lambda_b = (\ln 2)/T_{1/2,b} = 8{,}35 \cdot 10^{-6}\ \mathrm{a}^{-1}$ für $^{230}_{90}$Th erhält man folgende Ratengleichungen für die zeitliche Änderung der Anzahl der U-Kerne ($N_a$) und Th-Kerne ($N_b$):

$$\frac{dN_a}{dt} = -\lambda_a N_a; \qquad \frac{dN_b}{dt} = -\lambda_b N_b + \lambda_a N_a. \tag{1a,b}$$

Die rechte Seite von (1b) setzt sich dabei zusammen aus der Bildungsrate („Geburtsrate") $\lambda_a N_a$ der Th-Kerne, die betragsmäßig gleich der Zerfallsrate der U-Kerne ist, und der Zerfallsrate („Todesrate") $-\lambda_b N_b$ der Th-Kerne. Mit der Lösung von (1a), $N_a = N_{a0}\,e^{-\lambda_a t}$, geht (1b) über in die Differentialgleichung erster Ordnung

$$\frac{dN_b}{dt} + \lambda_b N_b = \lambda_a N_{a0}\,e^{-\lambda_a t}, \tag{2}$$

deren homogene Gleichung die Lösung $\tilde{N}_b = C_1\,e^{-\lambda_b t}$ hat. Eine partikuläre Lösung erhält man mit dem Ansatz $\hat{N}_b = C_2\,e^{-\lambda_a t}$:

$$-\lambda_a C_2\,e^{-\lambda_a t} + \lambda_b C_2\,e^{-\lambda_a t} = \lambda_a N_{a0}\,e^{-\lambda_a t}, \qquad C_2 = \frac{\lambda_a N_{a0}}{\lambda_b - \lambda_a}.$$

Die vollständige Lösung von (2) lautet daher

$$N_b = \tilde{N}_b + \hat{N}_b = C_1\,e^{-\lambda_b t} + \frac{\lambda_a N_{a0}}{\lambda_b - \lambda_a}\,e^{-\lambda_a t}.$$

Aus der Anfangsbedingung $N_b(t=0) = 0$ findet man $C_1 = -\lambda_a N_{a0}\,e^{-\lambda_a t}/(\lambda_b - \lambda_a)$, so dass

$$N_b = \frac{\lambda_a N_{a0}}{\lambda_b - \lambda_a}\left(e^{-\lambda_a t} - e^{-\lambda_b t}\right). \tag{3}$$

Für $t = T_{1/2,a} = (\ln 2)/\lambda_a$ ergibt sich somit, dass die Anzahl der Th-Kerne

$$N_b|_{t=T_{1/2,a}} = \frac{\lambda_a N_{a0}}{\lambda_b - \lambda_a}\left[\frac{1}{2} - \left(\frac{1}{2}\right)^{\frac{\lambda_b}{\lambda_a}}\right] = \frac{T_{1/2,b} N_{a0}}{T_{1/2,a} - T_{1/2,b}}\left[\frac{1}{2} - \left(\frac{1}{2}\right)^{\frac{T_{1/2,a}}{T_{1/2,b}}}\right] = 0{,}175\,N_{a0}$$

beträgt, wenn die Hälfte der U-Kerne zerfallen ist. Dies entspricht einem Mengenanteil an Th zu diesem Zeitpunkt von

$$\frac{N_b}{N_a + N_b} = \frac{0{,}175 N_{a0}}{0{,}5 N_{a0} + 0{,}175 N_{a0}} = 0{,}260 \quad (26{,}0\%).$$

b) Aus der Extremalforderung

$$\frac{dN_b}{dt} = \frac{\lambda N_{a0}}{\lambda_b - \lambda_a}\left(-\lambda_a\,e^{-\lambda_a t} + \lambda_b\,e^{-\lambda_b t}\right) = 0$$

folgt, dass die maximale Anzahl der Th-Kerne nach der Zeit

$$t_{max} = \frac{\ln(\lambda_b/\lambda_a)}{\lambda_b - \lambda_a} = \frac{T_{1/2,a}\,T_{1/2,b}}{T_{1/2,a} - T_{1/2,b}} \ln\left(\frac{T_{1/2,a}}{T_{1/2,b}}\right) = 0{,}524 T_{1/2,a} = 1{,}703 T_{1/2,b} \approx 141\,000\ \mathrm{a}$$

erreicht wird.

**949** Zwischen der Anzahl der Mutterkerne $N_U = N_{U0}\,e^{-\lambda_U t}$ und der Anzahl der Tochterkerne $N_{Ra}$ gilt nach Gl. (3) der Lösung von Aufgabe 948 der Zusammenhang

$$N_{Ra} = \frac{\lambda_U}{\lambda_{Ra} - \lambda_U} N_{U0}\,e^{-\lambda_U t}\left[1 - e^{-(\lambda_{Ra} - \lambda_U)t}\right],$$

woraus mit $\lambda_{Ra} > \lambda_U$ nach sehr langen Zeiten, d. h. $t \to \infty$, die Beziehung

$$N_{Ra} = \frac{\lambda_U}{\lambda_{Ra} - \lambda_U} N_U \qquad \text{oder} \qquad A_{Ra} = \frac{\lambda_U}{\lambda_{Ra} - \lambda_U} A_U$$

für die Aktivitäten $A_U = -dN_U/dt$ und $A_{Ra} = -dN_{Ra}/dt$ hervorgeht. Wenn weiterhin $\lambda_{Ra} \gg \lambda_U$, was hier wegen $T_U \gg T_{Ra}$ sehr gut erfüllt ist, gilt $N_{Ra} \approx (\lambda_U/\lambda_{Ra})N_U$ oder $\lambda_{Ra}N_{Ra} \approx \lambda_U N_U$, also $dN_{Ra}/dt = -\lambda_{Ra}N_{Ra} + \lambda_U N_U \approx 0$. Es stellt sich also ein radioaktives Gleichgewicht dahingehend ein, dass durch radioaktive Umwandlung (hier des langlebigen U-238) je Zeiteinheit annähernd ebenso viele Tochterkerne neu gebildet werden (hier das nach dem Zerfall des U-238 nach vier weiteren Zerfällen entstehende kurzlebige Ra-226) wie im gleichen Zeitraum zerfallen: $\lambda_U N_U = \lambda_{Ra}N_{Ra}$, oder wegen $\lambda = (\ln 2)/T_{1/2}$ und $m/N = M/N_A$ ($M$ Molmasse, $N_A = 6{,}02 \cdot 10^{23}\ \text{mol}^{-1}$ AVOGADRO-Konstante): $m_U/m_{Ra} = M_U T_U/(M_{Ra}T_{Ra})$. Mit $M_U = 0{,}238$ kg/mol, $M_{Ra} = 0{,}226$ kg/mol und $m_U = 1$ kg wird $m_{Ra} = 0{,}34$ mg.

**950** a) Man geht davon aus, dass beim Aufbau organischer Stoffe die Kohlenstoffisotope $^{12}C$ und $^{14}C$ im mittleren Verhältnis $1 : 1{,}5 \cdot 10^{-12}$ eingebaut werden. Das radioaktive Isotop $^{14}C$ entsteht durch kosmische Strahlung in der oberen Atmosphäre und gelangt beim Assimilationsprozess in Pflanzen und durch Nahrungsaufnahme in Tierkörper. Nach langer Zeit stellt sich eine konstante C-14-Aktivität organischer Stoffe ein, die gleich der C-14-Bildungsrate ist. Nach Aufhören des Stoffaustausches (Tod) fällt diese Aktivität nach dem Zerfallsgesetz $A = A_0\,e^{-\lambda t}$. Mit der spezifischen C-14-Aktivität lebender Materie $a_0 = A_0/m = 13{,}6/(60\ \text{s} \cdot 10^{-3}\ \text{kg}) = 226{,}7$ Bq/kg und der zum Zeitpunkt des Fundes gemessenen Aktivität von $a = (115 \pm 5)$ Bq/kg sowie $\lambda = (\ln 2)/T_{1/2}$ mit $T_{1/2} = 5730$ a erhält man ein Alter von

$$t = \frac{1}{\lambda}\ln\frac{a_0}{a} = \frac{T_{1/2}}{\ln 2}\ln\frac{a_0}{a} = (5609 \pm 360)\ \text{a}.$$

Die Genauigkeit der Altersbestimmung hängt vor allem von der Veränderung des $^{14}C/^{12}C$-Verhältnisses durch technische Einflüsse (Kohleverbrennung, Kernwaffenversuche usw.) bzw. von Veränderungen der Höhenstrahlung ab. b) Uran zerfällt nach der Gleichung $N_U = N_{U0}\,e^{-\lambda t}$, wobei für jeden Zeitpunkt $N_{U0} = N_U + N_{Pb}$ gilt; somit $N_U = (N_U + N_{Pb})\,e^{-\lambda t}$. Durch Umstellen nach der Zeit erhält man daraus das Alter von

$$t = \frac{1}{\lambda}\ln\left(1 + \frac{N_{Pb}}{N_U}\right) = \frac{T_{1/2}}{\ln 2}\ln\left(1 + \frac{N_{Pb}}{N_U}\right) = 3{,}99 \cdot 10^9\ \text{a} \approx 4\ \text{Milliarden Jahren.}$$

**951** a) So wie die Intensität (Lichtstärke) einer punktförmigen Lichtquelle (vgl. Aufgabe 881) nimmt auch die durch eine punktförmige Strahlenquelle erzeugte Äquivalentdosis $H$ [Einheit: Sievert (Sv)] mit dem Quadrat des Abstandes $r$ von der Strahlenquelle ab:

$$H = \Gamma_H \frac{At}{r^2}$$

mit $A$ als Aktivität der Strahlenquelle (in Bq) und $t$ als Bestrahlungsdauer. Für $A = 1{,}2 \cdot 10^9$ Bq, $r = 10$ m und $t = 2000$ h liegt die empfangene Dosis mit $H = 8{,}4$ mSv also noch unter dem zugelassenen Grenzwert. b) Befindet sich zwischen Strahlenquelle und Messstelle eine Absorberschicht der Dicke $d$, so wird durch diese die Intensität der Strahlung von $J_0$ auf $J = J_0\,e^{-\mu d}$ geschwächt und demzufolge auch die bewirkte Strahlungsdosis um den Faktor $k = e^{-\mu d}$ (Abschirmfaktor) herabgesetzt. Die Äquivalentdosis wird dann $H = k\Gamma_H At/r^2$ und die Äquivalentdosisleistung

$$\dot{H} = \frac{H}{t} = k\Gamma_H \frac{A}{r^2}.$$

Im Fall 1) ist $d = 0$ und somit $k = 1$, womit für $\dot{H} = 0{,}003$ Sv/h als Radius des Sperrbereichs $r = \sqrt{\Gamma_H A/\dot{H}} = 2$ m bzw. als Durchmesser 4 m folgt. Im Fall 2) ist $d = 0{,}03$ m, demzufolge $k \approx 0{,}01$ und somit der Sperrbereichsdurchmesser nur $\sqrt{k} \cdot 4\ \text{m} = 40$ cm.

**952** a) $^{184}_{76}Os$, $^{3}_{2}He$; b) 8 $\alpha$- und 6 $\beta$-Teilchen.

**953** Aus $Z = A/(0{,}015A^{2/3} + 2) = 58{,}6 \approx 59$ folgt als stabiles Isobar Praseodynium (Pr)-141, in das Ba-141 nach $59 - 56 = 3$ $\beta$-Zerfällen übergeht:

$$^{141}_{56}Ba \rightarrow {}^{141}_{57}La + {}^{0}_{-1}e$$
$$\hookrightarrow {}^{141}_{58}Ce + {}^{0}_{-1}e$$
$$\hookrightarrow {}^{141}_{59}Pr + {}^{0}_{-1}e.$$

954 a) Mit $R_K = r_0\sqrt[3]{A}$ und $r_0 = 1{,}3 \cdot 10^{-15}$ m erhält man $E_p = Z_1 Z_2 e^2/[4\pi\varepsilon_0 r_0(\sqrt[3]{A_1} + \sqrt[3]{A_2})] =$ 230 MeV. Dies entspricht ungefähr der bei der Kernspaltung von U-235 frei werdenden Reaktionsenergie $Q$. b) Aus Energie- und Impulserhaltungssatz $m_1 v_1^2/2 + m_2 v_2^2/2 = E_p$ bzw. $m_1 v_1 + m_2 v_2 = 0$ folgt für den Ba-Kern

$$v_1 = \sqrt{\frac{2E_p}{m_1}\frac{m_2}{m_1+m_2}} = \sqrt{\frac{2E_p}{A_1 u}\frac{A_2}{A_1+A_2}} \approx 11\,000\ \text{km/s}, \quad E_{k1} = \frac{E_p A_2}{A_1 + A_2} = 88{,}8\ \text{MeV}$$

und für den Kr-Kern $v_2 = -A_1 v_1/A_2 = -17\,400$ km/s, $E_{k2} = E_p A_1/(A_1 + A_2) = 141{,}2$ MeV.

955 a) Der Bruchteil, der je Sekunde zerfällt, ist gleich der Zerfallskonstanten $\lambda = \ln 2/T_{1/2} \approx 1{,}39 \cdot 10^{-11}\ \text{s}^{-1}$; bezogen auf 100 a $\approx 3{,}15 \cdot 10^9$ s ergibt dies $1{,}39 \cdot 10^{-11} \cdot 3{,}15 \cdot 10^9 \approx 0{,}044$, entsprechend 4,4%.
b) $\Delta t = -(\Delta N/N)/\lambda = -(\Delta N/N)T_{1/2}/\ln 2 \approx 0{,}04 \cdot 5 \cdot 10^{10}\ \text{s}/0{,}693 = 2{,}89 \cdot 10^9\ \text{s} \approx 103$ a.

956 Aktivität $A = 1/(5\ \text{s}) = 0{,}2$ Bq; $m = A/a = 3{,}5 \cdot 10^{-20}$ kg Rn. Dies entspricht $N = N_A m/M \approx 9{,}5 \cdot 10^4$ Rn-Atomen ($M = 0{,}222$ kg/mol, $N_A = 6{,}02 \cdot 10^{23}\ \text{mol}^{-1}$).

957 Aus $N = N_0\,e^{-\lambda t}$ erhält man mit $\lambda = \ln 2/T_{1/2}$ (vgl. Aufgabe 947) für den Gesamtvorgang

$$N = N_0\,e^{-(\ln 2)t/T_p}\,e^{-(\ln 2)t/T_b} = N_0\,e^{-(\ln 2)t/T_{\text{eff}}}$$

und daraus $1/T_{\text{eff}} = (1/T_p) + (1/T_b)$. Für Sr-90 wird somit $T_{\text{eff}} = 17{,}8$ a.

958 Ablieferungspflicht für $a > 10^{-4} \cdot 5 \cdot 10^2$ Bq/kg $= 50$ Bq/g. a) Es ist $a = 1{,}3$ MBq/2 kg $=$ 650 Bq/g, d. h. Ablieferungspflicht. b) $a = (20/1000) \cdot 650$ Bq/g $= 13$ Bq/g $< 50$ Bq/g; kann als normaler Abfall entsorgt werden. (Man beachte aber das Umgehungsverbot: Niemand darf sich der Ablieferungspflicht dadurch entziehen, dass er radioaktive Abfälle durch Verdünnung beseitigt!)

959 $m = A_F/a$. Mit $a = 4{,}19 \cdot 10^{16}$ Bq/kg für Co-60 (s. Aufgabe 947) folgt $m \approx 1{,}2 \cdot 10^{-9}$ g $=$ 1,2 ng (sehr kleine Menge).

960 $A = Hr^2\,e^{\mu d}/(\Gamma_H t) = 128$ MBq.

# Sachwortverzeichnis

Die in Klammern stehenden Zahlen sind **Aufgaben-Nummern**, die Zahlen dahinter **Seiten-Nummern.**